汉麻育种与栽培

孙宇峰　张晓艳 主编

黑龙江科学技术出版社

图书在版编目（CIP）数据

汉麻育种与栽培 / 孙宇峰, 张晓艳主编. -- 哈尔滨:
黑龙江科学技术出版社, 2024.1
ISBN 978-7-5719-2112-5

Ⅰ. ①汉… Ⅱ. ①孙… ②张… Ⅲ. ①麻类作物—育
种②麻类作物—栽培技术 Ⅳ. ①S563

中国国家版本馆 CIP 数据核字(2023)第 174606 号

汉麻育种与栽培

HANMA YUZHONG YU ZAIPEI

孙宇峰　张晓艳　主编

责任编辑	王　研　梁祥崇	
封面设计	单　迪	
出　　版	黑龙江科学技术出版社	
地　　址	哈尔滨市南岗区公安街 70-2 号　邮编：150007	
电　　话	（0451）53642106　传真：（0451）53642143	
网　　址	www.lkcbs.cn	
发　　行	全国新华书店	
印　　刷	哈尔滨市石桥印务有限公司	
开　　本	889 mm × 1 194 mm　1/16	
印　　张	19.75	
字　　数	530 千字	
版　　次	2024 年 1 月第 1 版	
印　　次	2024 年 1 月第 1 次印刷	
书　　号	ISBN 978-7-5719-2112-5	
定　　价	90.00 元	

序

汉《诗经·陈风·东门之池》曰："东门之池，可以沤麻。"《吕氏春秋》提及六谷为"禾、粟、稻、菽、麻、麦。"《神农本草经》曰："麻勃，此麻花上勃勃者，七月七日采。"这些古代文献分别记载了麻的纤维、籽食和医药用途。此"麻"即为汉麻（hemp），亦称火麻、线麻、寒麻、魁麻、大麻、小麻等，植物学上为 *Cannabis* 属 *C.sativa L.*种。在漫长的发展历史中，中国古代人民为汉麻的种植、开发、利用做了大量工作，汉麻也在人类的生活中发挥了重要作用。

因为在传播过程中产生变异，汉麻形成了四氢大麻酚（THC）含量很高的印度大麻（*Cannabis* 属 *C.indica L.*种）品种。因印度大麻具有强烈的精神活性，联合国 1961 年《麻醉品单一公约》将其列入国际控制毒品计划。这对汉麻的种植和利用产生了巨大的冲击，全球汉麻种植和利用陷入低谷。

21 世纪以来，因为科学技术发展和人类健康的需要，人们对汉麻有了新的认识，汉麻种植和综合利用技术的研究和产业化进入新篇章。许多国家的科技工作者开始着力培育低 THC 含量品种，并围绕汉麻的皮、秆、籽、根、叶、花等开展综合利用技术研究。以我国高值特种生物资源产业技术创新战略联盟为代表的中国汉麻项目组引领了全球纤维用汉麻的发展，带动全球汉麻利用进入新时代。

为区别毒品大麻（hashish）、药用大麻（marijuana），我国高值特种生物资源产业技术创新战略联盟综合考虑古时称谓、品种区别及英文"hemp"的译音，提出"汉麻"这一名称，逐渐得到大家的认可。特别是《中华人民共和国禁毒法》将"大麻"列为毒品原植物，采用合法"汉麻"名称可以避免误解，有利于汉麻产业的发展。

随着对汉麻认可度的不断提高，汉麻产品市场发展迅速。为满足国内外汉麻市场发展的需求，我国黑龙江、云南、广西、安徽、山西、甘肃、内蒙古等省区纷纷开展汉麻的种植和加工，我国已成为纤维用汉麻最大的生产和出口国。因汉麻产业发展对产品成本和品质性能越来越严苛的要求，汉麻品种选育和栽培技术研究愈发重要。低 THC 含量的高纤、高油、高大麻二酚（CBD）、雌雄同株、籽纤兼用等汉麻品种的选育和栽培技术，已经成为汉麻产业科技创新的首要目标。

近年来，黑龙江省科学院大庆分院在汉麻育种、栽培和产业带动等方面发挥了重要作用，多项育种技术处于国际先进水平，对黑龙江省乃至全国汉麻产业发展做出了重要贡献。本书是黑龙江省科学院大庆分院多年来理论成果和实践经验的总结，针对汉麻的生物学特性、生长环境条件、育种技术及汉麻种子的生产与管理、栽培技术、栽培模式、机械化水平、活性成分的提取与分析技术等进行阐述，既可为汉麻种植和生产提供实践指导，亦可为汉麻育种和栽培技术研究提供理论参考，是汉麻从业者不可多得的参考书。

2023 年 7 月 25 日

汉麻育种与栽培
编 委 会

主　编　孙宇峰　张晓艳

副主编　王晓楠　曹　焜　王书瑞　韩承伟

编　委　孙宇峰　张晓艳　王晓楠　曹　焜　王书瑞　韩承伟　边　境
　　　　　赵　越　高宝昌　张治国　朱　浩　高　宇　孙凯旋　赫大新
　　　　　杨鸿波　姜　颖　肖　湘　石　雨　田　媛　于宗玄

目　录

第一章　绪论

第一节　汉麻的起源及栽培简史

一、汉麻的定义

汉麻(*Cannabis sativa* Linn. Sp.)是桑科（Moraceae）大麻属（*Cannabis*）一年生草本植物，有二亚种。亚种 *ssp. Sativa* 经过人工选育，并通过农作物品种审定（鉴定或登记），植株群体花期顶部叶片及花穗的四氢大麻酚（Tetrahydrocannabinol，THC）含量小于 0.3%（干物质百分比），已不具备提取毒品或直接作为毒品利用价值，主要生产纤维和油，具有较高而细长、稀疏分枝的茎和长而中空的节间，如印度、不丹至我国通常栽培的大麻，也叫线麻（东北）、胡麻、野麻（江苏）、寒麻（安徽）、火麻（广西、湖北、四川、贵州）、云麻（云南）、魁麻（河南）、小麻（山西）。而亚种 *ssp. indica* (Lamarck) Small et Cronquist 即印度大麻，生产大量树脂，特别是在幼叶和花序中，其植株较小，多分枝而具有短而实心的节间。后者乃是生产"大麻烟"违禁品的植物，在大多数国家禁止栽培。

在李时珍《本草纲目·谷一·大麻》及《汉语大词典》中，大麻别称汉麻。为与毒品概念的大麻区分，避免概念误导，高值特种生物资源产业技术创新战略联盟在组织开展汉麻综合利用研究与产业化伊始，引用古时别称，考虑汉名发音及英文"hemp"的译音，恢复提出"汉麻"这一名称，逐渐得到大家的认可，在《天然纤维　术语》（GB/T 11951—2018）中大麻"又称汉麻、火麻"。

二、汉麻发展历史

汉麻最早在中国种植，汉麻纤维是人类最早用于纺织的天然纤维之一，汉麻在人类历史上占有重要的地位，是制造服装、纸张、食品、绳索等的重要原料。先秦的《尚书·禹贡》中记载汉麻野生种的产地为岱（现在的泰山）；2000 多年前的《周礼》中称"麻、麦、稷、黍、豆"为五谷，"麻"即为汉麻籽；《齐民要术》中记载了大麻的栽培方法；《礼记》中提到汉麻织物；我国商周时期的劳动人民就可以将大麻韧皮纤维纺制用于非常精美的织物；约两千年前，欧洲开始有大麻植物传入，18 世纪前，欧洲最重要的纤维资源就是大麻与亚麻，汉麻成为最广泛种植的栽培作物之一。

从公元 10 世纪开始，随着棉花的广泛种植，一直到近现代棉花加工技术、石油化工技术、木浆造纸技术的发展，汉麻生产的各种生活必需品份额逐步降低。再加之从 18 世纪开始世界各国毒品和禁毒问题的日益突出，大麻中含有的四氢大麻酚（THC）能够被用来制造兴奋剂和毒品，使得大麻的种植受到严格控制甚至取缔，从而使汉麻的种植和汉麻纤维的使用走向低迷，很长一段时间，世界范围内对汉麻的应用和研究几乎趋于停滞状态。进入 20 世纪 90 年代，以资源消耗和环境问题为代价的现代工业发展所带来的种种问题受到人类的普遍关注，社会的可持续发展和资源的合理应用成为世界各国的转型发展方向，汉麻产业在世界各国再次兴起。

1988 年颁布的《联合国禁止非法贩运麻醉药品和精神药物公约》有关条款重新定义了大麻的毒性，工业用大麻（汉麻）被允许大面积种植和工业化使用，再次推动了汉麻工业研究、开发和利用。从 20 世纪 70 年代起，世界许多国家的农业科技工作者，着力培育低毒或无毒的品种，经过近 20 年的努力，90 年代初期，荷兰、法国、英国等培育出了低 THC 含量（<0.3%）的汉麻品种，并开始合法化种植。我国也于 2000 年初期成功培育出低 THC 含量（<0.09%）的本地汉麻品种"云麻 1 号"，并通过认证，此后又陆续培育出"云麻 2 号、云麻 3 号、云麻 4 号、云麻 5 号""火麻一号"等品种。目前，只有中国、加拿大和德国等少数几个国家应用了大麻纤维纺织技术，中国处于国际领先水平，已经形成包括由汉麻种植、纤维加工、化工助剂、纺纱制造、服装家纺、黏胶纤维、造纸、汽车内饰、新型建材、复合材料、食品保健和活性炭等多个产业组成的大麻加工与应用产业链。中国汉麻产业在"十三五"期间得到了快速发展，汉麻种植面积也快速增加，现已成为国内种植面积最大的麻类品种。从 2018 年开始，国际上纷纷开放了汉麻和医用大麻的种植及应用，国内国际对汉麻产品的关注度空前高涨，世界上已经有包括欧美发达国家在内的 60 多个国家允许并扶持汉麻的种植和产业化，对汉麻综合开发利用生产出的产品已达 25 000 多种，涉及医药、食品、纺织、造纸、生活用品、能源、材料等众多领域。

三、汉麻栽培简史

汉麻是全球较为广泛种植的一种经济作物。汉麻的原产地有中国、印度、伊朗等，其中我国是最早的汉麻发源地。目前，全世界有 60 多个国家在大面积种植和综合开发利用汉麻。国外汉麻主要用于纺织、造纸、复合材料、建筑材料、油脂、医药、化妆品和功能食品等领域。欧洲的亚麻大麻协会、美国的汉麻协会负责协调本地区大麻行业生产的发展。在国外，意大利的汉麻最负盛名，其纤维长度长，细度好，有丝样光泽，洁白柔韧。在印度、缅甸及其他一些热带地区，出产一种艾麻草属的"仰光大麻"，虽其韧皮可织细布，但其主要用途是从其雌株花穗的树脂中提炼强烈麻醉剂。这种大麻与我国的汉麻是不同科属，植株形态也不同。

我国古代种植的麻类作物，主要是大麻和苎麻；苘麻、黄麻和亚麻居次要地位。大麻、白叶种苎麻（又称中国苎麻）和苘麻原产中国。大麻至今还被一些国家称为"汉麻"或"中国麻"，而苎麻则被称为"中国草"或"南京麻"。在新石器时代的遗址中，就有纺织麻类纤维用的石制或陶制纺锤、纺轮等。浙江吴兴钱山漾新石器时代遗址中出土了苎麻织物的实物，证明中国利用和种植麻类，已有四五千年之久。甘肃永靖县大何庄和秦魏家出土的陶器上还有麻织物的印纹和印痕，河北藁城台西村商代遗址、陕西泾阳高家堡早周遗址等处也出土了大麻织物的实物。从文字记载看，金文中有"麻"字，这时的"麻"指大麻。直到三国之前，"麻"一直是大麻的专名，以后才成为麻类的共名。在《诗经·陈风》中也有"东门之池，可以沤麻"等句，其中的麻指大麻、苎麻。其他如《尚书》《礼记》《周礼》等古籍中，也有不少关于大麻和苎麻的记载，都说明中国种麻的历史久远。

我国古代的汉麻主要分布在黄河中下游，秦、汉时期，齐、鲁为汉麻的主要产区，自唐朝以后移向长江流域及以北地区。先秦时期，大麻和苎麻主要分布在黄河中下游地区。据《尚书·禹贡》记载，当时全国九州的青、豫二州产麻（大麻），扬、豫二州产麻（苎麻），均作贡品。自汉至宋，大麻和苎麻的生产均有很大发展。大麻仍以黄河流域为主要产区，但南方也有推广。汉代在今四川和海南岛，南朝宋在国内曾推广种植大麻。到唐代,大麻在长江流域发展很快,在今四川、湖北、湖南、江西、安徽、江苏、浙江等地已广泛种植,成为另一重要大麻产区。此外,云南和东北部分地区也有大麻种植,当时渤海国显州的大麻布就较有名。至宋元时期,大麻在南方渐趋减少。至于苎麻,汉代在今陕西、河南等地较多,今海南和湖南、四川等地也有分布。三国时期,今湖南、湖北、江苏、浙江等地苎麻已有很大发展,一般能够一年三收。自唐代开始,南方逐渐成为苎麻的主要产地。以苎麻为贡品的也主要在南方。宋元时期,苎麻在北方有一定缩减,但在南方沿海地区则有较大发展,形成北麻(大麻)南苎的一般趋势。宋末元初,棉花生产在黄河流域和长江流域逐渐发展,麻类作物的发展因此受到很大影响。明清时期仍对麻类的生产有所提倡,清代在江西、湖南等地又形成了一些新的苎麻产区(源于网络)。20 世纪 50—70 年代,我国大麻种植面积较大,常年种植面积 70 万 hm²,主要分布在黑龙江、吉林、辽宁、安徽、山东、河南和山西等地,其中以河北蔚县麻、山西潞安麻和山东莱芜麻品质最优。20 世纪 80—90 年代,全国亚麻纺织产业发展较快,加之受世界禁毒形势的影响及国内没有育成低毒大麻品种,大麻种植萎缩。"十五"期间以来,我国大麻种植面积有所回升。汉麻的纤维纺织是中国汉麻的主要用途,汉麻纺织行业在近几年迅猛发展,2016 年开始我国汉麻的种植面积常年保持在 30 万~40 万亩(1 亩约为 0.067 hm²),纤维产量 3 万~4 万 t,约占世界的 38%,主要分布在黑龙江、云南两省。黑龙江省广袤的黑土地和气候条件非常适合纤维汉麻种植,2016 年以来种植面积一直保持在 25 万亩左右,占全国种植面积的 60% 以上,是中国高品质雨露汉麻的主要产地,也是世界汉麻纤维原料的主要供应地。

四、汉麻种植与原料加工方法

(一)种植方法

根据品种特性、生产条件、气候条件、土壤肥力、管理水平、种植方式、产量水平等实际情况进行种植;根据种植目的的不同,需要采用不同的栽培方法。如药用型品种目前国内外普遍采用室内少量多批次繁殖,其他类型品种主要采用田间大面积种植,并根据不同的播种量(种植密度)划分采种田和采麻田。

选择适宜的品种是重要前提,南麻北种或北麻南种在汉麻中均有尝试,但南麻北种花期延长,生育期发生明显变化,种子不能及时成熟,纤维可纺性较差。纤维虽有增产,但增产幅度与引种距离有关,北麻南种生育期缩短,提前开花结实,纤维产量品质均受影响,因此各地品种种植均以适宜当地气候环境的本地育成品种为主,外引品种为辅。如黑龙江省适宜种植本省选育的品种,不宜种植甘肃省和云南省培育的品种,因为不同品种的成熟期和对环境的适应性不同,如甘肃省和云南省的汉麻品种大部分在黑龙江省不能开花结实,出现纤维不成熟、麻质不好等情况。国外引进的品种需要进行品种引种试验、区域试验等一系列试验,确定品种的区域环境适应性才可以种植。

在汉麻的增产中,良种的增产作用占 20%~30%,同时要进行配套栽培技术措施的探索,实现良种良法配套,才能发挥良种的增产潜力,实现高产稳产。如合理的轮作既可调节土壤养分,又可减轻病虫、杂草的危害,使前后作都能增产,是经济、有效的增产措施。经研究,汉麻大豆轮作可使大豆胞囊线虫二龄幼虫数量减少 29.8%,并有效增产 10%,而大豆每重茬一年,理论上自然减产 5%~10%。种植汉麻后再种植小麦,小麦产量可提高 10%~20%。有效轮作显著改善了土壤性质和生物因素,成为引入种植汉麻打破连作作物生产模式的成功样本。在此，要纠正汉麻可以多年连作的错误说法。一方面多年连作汉麻易得伴随性病、虫、草害，并且因地力消耗太多导致养分失衡引起汉麻减产；另一方面汉麻种植过程中还需要适当喷施杀虫剂和除草剂。

（二）加工方法

汉麻初加工是指从收获后的汉麻茎秆中获取纺织用汉麻纤维的过程，包括原茎脱胶（沤麻）和纤维提取（制麻）两部分。汉麻须经过脱胶才能制成汉麻纤维，汉麻茎秆脱胶技术主要包含温水沤麻和雨露沤麻。温水沤麻是利用厌氧微生物分解麻茎的果胶质，使韧皮部与木质部产生分离，达到麻茎脱胶的目的。雨露沤麻是在 18 ℃左右、湿度 50%～60% 的条件下，田间铺放 20 d 左右，利用好氧微生物发酵，把汉麻原茎中的韧皮果胶分解，类似韧皮纤维脱离木质部的沤麻方法。优点：沤制程序简单，依靠天然雨露，不需特殊设备。缺点：需要时间较长，受气候条件影响较大，占地面积大。

汉麻制麻技术流程包含茎秆切割、梳麻、打包等一系列方法。一套完整的汉麻制麻设备生产线，应当具备以下几个部分：联合制麻机、气力物料输送系统、落物短麻拖麻机、干茎短麻拖麻机。随着技术的不断研发，汉麻韧皮加工工艺和设备已有突破性进展，机械脱胶软麻设备、闪爆加工设备、超临界二氧化碳加工设备、高温蒸煮设备、液氨整理设备和纤维分级梳理设备均已成功研制。采用新工艺方法开发出的汉麻纤维除保持了麻原有的优良性能外，还具有纤维长度长、柔软舒适的性能，利用该纤维可以纺出 60 支的优质纯汉麻纱线，而且可以与棉、莫代尔、天丝等其他任何材料进行混纺，极大拓展了汉麻纤维的应用市场和受众群体。

汉麻深加工还包括汉麻籽以及汉麻活性成分提取加工、汉麻秆芯的深加工应用等。

第二节　汉麻的经济价值及意义

一、汉麻的经济价值

汉麻是利用价值和应用领域非常广泛的生物基新材料，其皮、秆、籽、叶、花全株都可以进行开发利用。国家一直在支持、鼓励培育汉麻品种，种植和发展汉麻。

（一）汉麻纤维

汉麻纤维是功能性最强、综合利用最广的天然纤维，汉麻纤维的单纤长度为 15～25 mm，细度为 15～30 μm，密度为 1.48，轻于亚麻，单纤断裂强度也优于亚麻和棉，是所有麻类纤维中最软的一种，细度仅为苎麻的三分之一，因此汉麻纺织制品柔软适体，独特的纤维结构使其具有优异的吸湿排汗、透气快干、天然抗菌、柔软舒适、抗紫外线、耐辐射等特点。随着纺织技术的进步，汉麻纤维既可纯纺，也可与棉、麻、丝、毛及化纤混纺，汉麻纤维已成为各种军民服饰、家居用品不可多得的原料。由于汉麻纤维的抑菌功能，它可用于医用和卫生用品领域，如纱布、湿巾、卫生巾等。世界上最早的纸是由汉麻制成的，树木的纤维素含量仅有 30%，需要使用化学物质去除其他 70% 的杂质，而汉麻的纤维素则高达 85%，可作为替代木浆造纸的首选造纸原料之一。同时汉麻纤维还是高端汽车内饰板的原料，汽车内饰板一般用生物纤维，低档车用红麻、黄麻、亚麻纤维，由于汉麻纤维的优异特性，高档车用的是汉麻纤维内饰板，具有生态环保、抑菌防潮、减少塑料使用、柔韧性好等优点，而且在发生事故后，不会产生锐利的断裂面给人造成二次伤害。国内的长春博超汽车零部件股份有限公司的内饰材料的麻纤维年用量在 2 500 t 左右，每年可带动 2 万余亩汉麻种植量，未来每年会以 15% 的速度递增，如果开拓全国或世界汽车部件制造市场，则产业未来市场空间潜力巨大。以 2016 年奥迪和宝马全球销量分别为 180 余万和 230 余万辆计算，如未来宝马、奥迪等中高端汽车市场主要采用汉麻纤维为内饰加工原料，则全球汉麻纤维原料和复合材料的需求量将不可估量。

（二）汉麻籽

汉麻籽在功能食品中的应用则具有更大市场价值，汉麻籽具有降血脂、降血压等功效，早在我国《中国药典》中，就有记载汉麻籽具有润肠通便、滋阴益气之功效，2002 年我国卫生部将火麻仁列入《关于进一步规范保健食品原料管理的通知》。目前，国际市场上已经开发出来的汉麻系列食品就有 2 万余种。汉麻食品在国际上被称为"超级食品"。

汉麻籽深加工开发主要有三部分：籽壳、油脂、蛋白质，其产品可应用于食品、制药、化妆品、能源和新材料等领域。汉麻籽具有很高的营养价值，汉麻籽中含有人类需要的七大类营养素：蛋白质、脂肪、糖类、维生素、无机盐、膳食纤维和水。此外，还含有小分子多酚类化合物、生物碱、和植物固醇等。汉麻籽中，油脂、蛋白质、糖类、膳食纤维含量丰富，含有 25% ~ 35% 的油脂、20% ~ 25% 的蛋白质、20% ~ 30% 的糖类、10% ~ 15% 的膳食纤维。在金属微量元素中，铁、锌含量及比例最适合人体需要。汉麻籽中的维生素主要含有维生素 A、维生素 E、维生素 B_1、维生素 B_2 四种，其中维生素 E 的含量最高。

汉麻籽含有 25% ~ 35% 的油脂，不饱和脂肪酸含量较高，多不饱和脂肪酸约占总脂肪酸的 80%，不饱和脂肪酸为亚油酸和亚麻酸，而二者的质量比接近 3：1， 这一比例是人体正常代谢所需的最佳比例。汉麻油中的不饱和脂肪酸主要代表有亚油酸、α-亚麻酸、γ-亚麻酸、花生四烯酸、十八碳四烯酸（SDA）等，具有降血压、降胆固醇的作用，防治心脑血管疾病，以及抗炎、抗癌等功效。汉麻油含有陆生植物很少见的 γ-亚麻酸（GLA）和十八碳四烯酸，其能转化为前列腺素，这对人体有着至关重要的作用。汉麻籽油还可以用来做化妆品、润滑剂和涂料树脂。

汉麻全籽的蛋白质含量一般在 20% ~ 25% 之间，而脱壳后籽仁的蛋白质含量超过 40%。汉麻蛋白质中含有 21 种氨基酸，其中包括人体所需的 8 种氨基酸，而且含量较高，组成比值合理，属于"优质完全蛋白"。汉麻蛋白的 65% 为麻仁球蛋白，这种球蛋白只在汉麻种子中存在。大豆蛋白（SPI）是公认的优质蛋白，相对于大豆蛋白，汉麻蛋白不含有酶蛋白抑制因子，不含大豆中的寡聚糖（导致胃胀和反胃），也不含致敏物。汉麻蛋白的氨基酸特性评价分（E/T）为 45.16，高于大豆蛋白（42.72），是公认的优质蛋白。汉麻籽仁还可以做酒、无筋粉、蛋白粉，籽粕还可用作动物饲料等。

汉麻籽壳膳食纤维应用在减肥食品、果蔬乳饮料、咀嚼片等功能性食品中可以疏通肠道，养颜排毒；其用在糖尿病、原发性高血压病人的膳食中，可以调节血糖、血脂。除此之外，用汉麻籽壳制作活性炭可用于食品脱色、香味调整、水处理和各种食品制造中催化剂的载体；用汉麻籽壳制备的麻塑复合材料适用

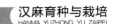
于高档的食品包装材料和仓储物流。

（三）汉麻活性成分

汉麻还具有极其良好的药用价值，其大麻素是发挥药效作用的物质基础，为大麻植物中特有的活性成分，主要集中在花叶中，这其中分为大麻酚类化合物和非大麻酚类化合物。据统计，目前已经从植株中分离出超过525种物质，大麻酚类化合物也至少有113种。大麻二酚（cannabidiol，CBD）、四氢大麻酚是大麻素类化合物的典型代表：四氢大麻酚因具有致幻成瘾性，限制了其药用价值的发挥和体现，大麻二酚与四氢大麻酚截然不同，其具有非成瘾性成分，不具神经毒性。研究表明，大麻二酚具有重要的药用价值，在癫痫治疗、神经保护、多发性硬化症、帕金森病、风湿性关节炎、肿瘤治疗等领域均表现出良好的药理活性。

（四）汉麻秆芯

汉麻秆芯作为占比汉麻植物生物量最大的部分，其可被开发成为特种材料，如用汉麻秆芯超细粉体改性聚氨酯涂层材料关键技术生产的新型军用防水透湿雨衣材料，透湿、防水性能良好。我国目前研制的汉麻秆芯超细粉体改性聚氨酯涂层材料关键技术生产的耐低温、防风透湿涂层面料，具有良好的防风、低温透湿和柔软性能，优于欧美同类产品，且价格比进口产品低20%。用汉麻秆芯超细粉体改性聚氨酯涂层材料关键技术生产的改性聚氨酯超细纤维合成革与常规产品相比，吸水率提高4倍，透湿度提高30%，顶破强力提高30%，抗菌、耐水解等性能明显增强，而且大大降低了生产成本。以汉麻秆芯粉为原料，可制作新一代木质防弹陶瓷，防护能力强、重量轻；汉麻电磁屏蔽板材可用于指挥所电子信息屏蔽；汉麻秆做成的高效炭吸附材料可用于制作高档防毒面具。汉麻秆芯纤维由于其具有较高的比表面积，能够在短时间内充分燃烧，是加工火药碳的重要原料。汉麻秆芯可以制作复合材料，如在建筑领域，利用汉麻秆芯制作的建筑材料具有质量轻、抗压、保温等优点。汉麻秆芯生物炭材料具有增加土壤中碳基-有机质的含量、快速改造土壤结构、平衡盐与水分等优点。同时汉麻秆芯可作为生物质基培养基使用，目前该研究成果应用到黑龙江省木耳培育中，研究表明，汉麻秆芯可以有效抑制木耳被杂菌污染，出耳快，出耳率高，成本低，也可减少木材的使用，取得了良好的实验效果。国外如荷兰已利用汉麻和亚麻纤维聚合成树脂，搭建了世界上首个全生物基桥梁，更预示未来或可用生物质取代钢筋与混凝土。

二、汉麻在国民经济中的意义

相比其他作物，汉麻具有优良的生态性、资源性、环保性、低碳性以及功能性，对带动地方经济发展、促进农业产业结构调整、实现绿色生态可持续发展和"双碳"目标具有重要意义。

（一）汉麻的生态性

汉麻的生态性体现在其强大的生态适应性和生态共生性。汉麻对土地和气候要求不高，在我国的大部分地区都可以大面积种植，也可种植在山坡地、荒地和中低度盐碱地上，以提高土地利用率和经济效益。

汉麻是深耕作物，为直根系，主根能深入土壤 2.0 ~ 2.5 m，其侧根多，倒根多，细根上密布根毛，侧根大部分分布在 20 ~ 40 cm 土层内，横向伸展可达 60 ~ 80 cm。因此种植汉麻可以利用由浅根作物溶脱而向下层移动的养分，并把深层土壤的养分吸收转移上来，保留在根系密集的耕作层。另外，汉麻根系分泌物较多，包括糖类、氨基酸、有机酸和酚类物质等，它们与土壤有着密切的联系，对黑土土壤的保育修复起一定的作用。种植汉麻还可以降低黑土地盐碱化程度、提高黑土地肥力等，因此汉麻是养地作物，易于耕作，并为后作提供充足的养分，是大豆、玉米等良好的前茬，特别适合于和其他作物轮作间作，是种植业结构调整首选的高产高效经济作物。汉麻的种植和管理与水稻、小麦等主要经济作物比较相对简单粗放。

（二）汉麻的资源性

汉麻生物产量高，生长迅速（90 ~ 120 d 收获），在我国北方可以种一季，在南方如云南可以种三季，一季汉麻秆芯的产量相当于一年速生林，汉麻韧皮纤维产量可达 100 kg/亩以上，最高可达 200 kg/亩，比棉花高 50%，比亚麻产量高 30%；汉麻的纤维、秆芯、花、叶和根均具有很高的利用价值，是一种高值特种生物资源。

（三）汉麻的环保性

汉麻具备良好的土壤修复作用。研究表明，汉麻植物对重金属镉有很强的耐受力，当土壤中镉含量达到 800 mg/kg 时，对汉麻的生长没有明显的影响。金属离子选择性地聚集于植物的根部，只有少部分被输送到茎、叶等部位。汉麻对溶液中的铬离子、铜离子、银离子、镉离子的单层吸附能力分别为 367 mg/g、1157 mg/g、89 mg/g、140 mg/g，因此，汉麻植物与汉麻纤维都是优秀的天然金属吸附剂，对水体和土壤起到了有效的自清洁作用。

（四）汉麻具有低碳性

汉麻种植具有显著的低碳性，从种植到收获，每吨汉麻排放的 CO_2 仅为 544 kg，而棉花为 1 680 kg，而合成纤维生产 CO_2 排放量比天然纤维高 10 ~ 20 倍。同时，汉麻也是一种优秀的"碳汇"植物，在生长过程中通过光合作用吸收空气中的 CO_2，并以有机物的形式固定于植物体内，具有明显的固碳效应，是一种很好的低碳环保经济作物。据测算，种植 1 hm^2 汉麻在 100 d 的生长周期内可以在纤维素碳中隔离并储存 20 t 的 CO_2，远高于棉花（11 t），并且在土壤中隔离并贮存另外 500 kg 的 CO_2。发展汉麻符合低碳经济发展方向，用汉麻制造的产品也称"碳汇产品"。

（五）汉麻的功能性

汉麻纤维、秆芯、籽实以及根系都具有独一无二的强大的功能，这一功能决定了其深加工产品的市场竞争力。具体内容在第一部分已经阐明，这里不再赘述。

同时，汉麻种植拥有可观的经济效益。汉麻种植的产量在全国各地不同。资料显示，云南地区由专家指导种植试验的全麻秆最高产量达到 1 500 kg、麻坯亩产达到 250 kg，甘肃农户自行种植麻坯，最低产量有 80 kg，其土地的综合收益每亩在 3 000 元左右，远高于其他作物。经纤维提取、秆芯加工、麻籽榨油，在根和叶中提取自然化合物等初步加工，可实现 5 000 元/亩左右的产值。再制成服装、建材、保健品、药品、纸张等产业产品，其工农业总产值可达 1 万元/亩。

总之，汉麻从生态学原理讲是一种优良的生态性、资源性和低碳性植物，同时还兼备功能性和环保性，并具有优异的经济效益表现，在人类越来越推崇返璞归真、崇尚自然、绿色环保的消费理念下，汉麻产业具有广阔的发展前景，必将拥有广阔的消费市场，对贯彻落实新发展理念，实现国民经济高质量发展具有重要意义。

第三节　国内外汉麻的生产概况

一、政策法规的发展

联合国《1961 年麻醉品单一公约》将大麻列入管制毒品；1972 年通过的《修正 1961 年麻醉品单一公约议定书》（1975 年 8 月生效）进一步修改为："本公约对于专供工业用途（纤维及种子）或园艺用途的大麻植物的种植不适用"；《中华人民共和国禁毒法释义》一书中也明确了 THC 含量低于 0.3% 的大麻为工业用大麻（汉麻）。

目前世界上有 60 余个国家和一些国际组织都放开了对汉麻种植、加工和相关应用的限制。2017 年，世界反兴奋剂委员会将大麻二酚（CBD）从违禁药物中剔除；美国 2018 年 12 月 20 日出台的《农业法案》使汉麻在种植、加工等方面全面合法化；加拿大则在 2020 年 10 月起放开了娱乐用大麻的管控，允许食品中添加大麻二酚；2002 年，我国卫生部就将火麻仁列入既是食品又是药品的"药食同源目录"。

我国只有云南、黑龙江省分别制定了汉麻的种植和（或）加工监管地方性法规。黑龙江省 2017 年 5 月通过实施新修订的《禁毒条例》，明确了对汉麻种植、加工实行备案管理，黑龙江省农业主管部门依据《黑龙江省禁毒管理条例》出台了《黑龙江省工业用大麻品种认定办法》和《黑龙江省工业用大麻品种认定标准》，但暂未开放汉麻的提取加工。

二、国内外汉麻的生产现状

随着 20 世纪 90 年代欧洲放开对工业用大麻的管制，美洲、亚洲很多国家也逐渐放开相关管制，利用汉麻的皮、秆、籽、根、叶、花加工而成的纺织品、保健品、建筑材料、化妆品、药品、纸张等产业如雨后春笋，迅速发展起来。

（一）汉麻的种植现状

欧洲是主要的汉麻种植和生产国之一，欧洲 2018 年汉麻种植面积约 4.7 万 hm²，美国从 2018 年种植的 32 000 英亩（1 英亩约为 0.40 hm²），发展到今天有 140 000 英亩。北美地区主要将汉麻籽、汉麻秆屑以及纤维用于医药、食品、新材料、建材领域。加拿大 2019 年种植汉麻的面积已接近 7 万 hm²，主要是药用、籽用和籽纤兼用品种。

在国内，随着对汉麻功能认可度的不断提高，汉麻产品市场发展迅速。为满足国内外汉麻市场发展的需求，我国云南、黑龙江、山东、广西、安徽、山西、甘肃、内蒙古等省区纷纷开展汉麻的种植和加工。其中，黑龙江、安徽、山东等地以纤维用为主，广西、山西、甘肃、内蒙古等地以籽仁用为主，而云南则从前期的纤维用为主发展为现在的花叶用为主。根据云南省公安厅禁毒局数据，截至 2020 年，云南省已发放 158 张"云南省汉麻种植许可证"，取得加工许可证的有 14 家，取得花叶加工前置审批的有 87 家，取得科学研究种植许可的有 6 家；2019 年云南省核定种植 24 万亩，实际种植 912 万亩，2020 年核定种植 36 万亩，实际种植 15.66 万亩。黑龙江省是纤维汉麻的主产区，常年种植面积约 20 万亩。我国贵州、广西、四川、吉林、辽宁、山西、甘肃、内蒙古、陕西、青海、宁夏、安徽和河南等地，历史上就有汉麻种植传统，以籽用和纤维用为主，称为"火麻"，其总种植面积近 80 万亩。新疆则地方立法严禁大麻（包括汉麻）种植与加工。据不完全统计，我国 2019 年汉麻种植面积超过 3.5 万 hm^2，其中黑龙江、云南两省合计约 2.7 万 hm^2。种植面积的扩大，从另一个角度反映出市场需求旺盛。而且，汉麻的种植综合效益远高于粮食，对于落实我国"调结构转方式"政策也具有积极作用。

（二）汉麻品种现状

国外汉麻育种目标是高纤、高产、无毒，已有 30 个低毒或无毒汉麻品种注册登记。法国、乌克兰、罗马尼亚、波兰、意大利是育成工业用大麻品种较多的国家，乌克兰培育出的雌雄同株汉麻品种纤维含量高达 30% 以上。这些国家良种繁育技术的重点是保持品种的稳定性和一致性，提高种子产量。

目前，我国通过登记认定的汉麻品种有 61 个，按用途和使用价值分为纤维用型、籽用型、药用型（花叶 CBD 提取）、籽纤兼用型（表 1-1）。

表 1-1　我国汉麻品种信息

品种名称	品种类型	适应地区	认定推广时间
云麻 1 号	籽纤兼用型	中国北纬 23°～30°（海拔 1 500～2 500 m）	2001 年
云麻 2 号	籽用型	云南省北纬 23°以北（海拔 1 500～3 000 m）	2007 年
云麻 3 号	籽纤兼用型	云南省北纬 23°以北	2007 年
皖大麻 2 号	纤用型	安徽、山东、河南、四川等省	2008 年
云麻 4 号	籽纤兼用型	云南省北纬 23°以北	2009 年
晋麻 1 号	籽纤兼用型	山西晋城、晋中、吕梁、忻州等	2010 年
云麻 5 号	籽纤兼用型	北纬 22°～27°	2013 年
云麻 6 号	籽纤兼用型	云南省中、北部	2015 年
汾麻 3 号	籽用型	山西省	2015 年
火麻一号	纤用型	黑龙江省哈尔滨、齐齐哈尔、牡丹江、大庆、黑河等	2015 年
云麻 7 号	纤药兼用型	云南省中、北部	2016 年
云麻杂 2 号	纤用型	云南省	2016 年

续表

品种名称	品种类型	适应地区	认定推广时间
云麻杂 3 号	纤药兼用型	云南省	2016 年
庆大麻 1 号	纤用型	黑龙江省	2016 年
中大麻 1 号	纤用型	长江流域、黄淮流域	2016 年
中大麻 2 号	纤用型	适宜区域为黄淮海、长江流域等麻区	2016 年
中皖杂麻 2 号	纤用型	适宜区域为黄淮海、长江流域等麻区	2016 年
龙麻 1 号	籽用型	黑龙江省哈尔滨、齐齐哈尔、牡丹江、大庆、黑河等	2017 年
龙麻 2 号	纤用型	黑龙江省哈尔滨、齐齐哈尔、牡丹江、大庆、黑河等	2017 年
汉麻 1 号	纤用型	黑龙江省哈尔滨、齐齐哈尔、牡丹江、大庆、黑河等	2017 年
汉麻 2 号	纤用型	黑龙江省哈尔滨、齐齐哈尔、牡丹江、大庆、黑河等	2017 年
汉麻 3 号	籽纤兼用型	黑龙江省哈尔滨、齐齐哈尔、牡丹江、大庆、黑河等	2017 年
格列西亚	籽纤兼用型	黑龙江省哈尔滨、齐齐哈尔、牡丹江、大庆、黑河等	2017 年
庆大麻 2 号	纤用型	黑龙江省	2017 年
中杂大麻 3 号	纤用型	适宜区域为黄淮海、长江流域等麻区	2017 年
中大麻 4 号	纤用型	适宜区域为黄淮海、长江流域等麻区	2017 年
汉麻 4 号	籽纤兼用型	黑龙江省哈尔滨、齐齐哈尔、牡丹江、大庆、黑河等	2018 年
汉麻 5 号	纤用型	黑龙江省哈尔滨、齐齐哈尔、牡丹江、大庆、黑河等	2018 年
线麻 1 号	纤用型	黑龙江省哈尔滨、绥化、齐齐哈尔、牡丹江、黑河等	2018 年
牡麻 1 号	纤用型	黑龙江省哈尔滨、绥化、齐齐哈尔、牡丹江、黑河等	2018 年
中杂大麻 5 号	纤用型	适宜区域为黄淮海、长江流域等麻区	2019 年
庆大麻 3 号	纤用型	黑龙江省	2019 年
庆大麻 4 号	纤用型	黑龙江省	2019 年
中汉麻 1 号	药用型	云南省	2019 年
中汉麻 2 号	药用型	云南省	2020 年
中汉麻 3 号	药用型	云南省	2020 年
中汉麻 4 号	药用型	云南省	2020 年
庆大麻 5 号	纤用型	黑龙江省	2020 年
华夏汉麻 1 号	纤用型	黑龙江省哈尔滨、齐齐哈尔、牡丹江、大庆、绥化、黑河等	2020 年
新麻 1 号	纤用型	黑龙江省哈尔滨、绥化、大庆、齐齐哈尔、牡丹江等	2020 年
龙大麻 6 号	籽用型	黑龙江省哈尔滨、绥化、大庆、齐齐哈尔、黑河等	2020 年
龙大麻 9 号	籽用型	黑龙江省哈尔滨、绥化、大庆、齐齐哈尔、黑河等	2020 年
龙大麻 10 号	籽用型	黑龙江省哈尔滨、绥化、大庆、齐齐哈尔、黑河等	2020 年
赛麻一号	籽用型	黑龙江省哈尔滨、齐齐哈尔、大庆、绥化、黑河、七台河等	2020 年

续表

品种名称	品种类型	适应地区	认定推广时间
汉麻 9 号	籽用型	黑龙江省哈尔滨、大庆、绥化、齐齐哈尔、牡丹江、黑河等	2020 年
牡麻 2 号	籽用型	黑龙江省哈尔滨、绥化、齐齐哈尔、黑河	2020 年
牡麻 3 号	籽用型	黑龙江省哈尔滨、绥化、齐齐哈尔、黑河	2020 年
国麻 1 号	籽用型	黑龙江省哈尔滨、齐齐哈尔、大庆、绥化、黑河、七台河等	2020 年
京麻 1 号	籽用型	黑龙江省哈尔滨、绥化、大庆、齐齐哈尔、黑河等	2020 年
中信 1 号	籽用型	黑龙江省哈尔滨、大庆、黑河、齐齐哈尔、绥化等	2020 年
汉麻 11	籽用	黑龙江省哈尔滨、大庆、绥化、齐齐哈尔、黑河、佳木斯等	2021 年 3 月
龙大麻 8 号	籽用	黑龙江省哈尔滨、绥化、大庆、齐齐哈尔、黑河、佳木斯等	2021 年 3 月
方华 1 号	籽用	黑龙江省哈尔滨、绥化、大庆、齐齐哈尔、黑河等	2021 年 3 月
汉麻 12	纤维用	黑龙江省哈尔滨、绥化、牡丹江、齐齐哈尔、大庆、佳木斯、黑河等	2022 年 5 月
龙大麻 7 号	纤维用	黑龙江省哈尔滨、绥化、牡丹江、齐齐哈尔、大庆、佳木斯、黑河等	2022 年 5 月
麒麟一号	籽用	黑龙江省哈尔滨、绥化、大庆、齐齐哈尔等	2022 年 5 月
科神 1 号	籽用	黑龙江省哈尔滨、绥化、齐齐哈尔、佳木斯、牡丹江等	2022 年 5 月
龙大麻 12	籽用	黑龙江省哈尔滨、大庆、绥化、齐齐哈尔、佳木斯、牡丹江等	2023 年 3 月
龙大麻 11	纤维用	黑龙江省哈尔滨、绥化、牡丹江、齐齐哈尔、大庆、佳木斯、黑河等	2023 年 3 月
绿麻 1 号	籽用	黑龙江省哈尔滨、绥化、牡丹江、齐齐哈尔、大庆、佳木斯、黑河等	2023 年 3 月
方科 1 号	籽用	黑龙江省哈尔滨、绥化、齐齐哈尔、佳木斯、牡丹江等	2023 年 3 月
金麻 4 号	籽用	黑龙江省哈尔滨、大庆、绥化、齐齐哈尔、佳木斯、牡丹江等	2023 年 3 月

（三）汉麻韧皮纤维的加工与应用

汉麻综合应用研究也被称为"新一代的纤维革命"，国际市场的汉麻面料需求以每年 30% 的速度递增，发展空间巨大。麻纺织业是中国传统优势的纺织工业中最具有国际竞争力的产业。中国汉麻纺织技术具有绝对领先优势，其加工沿袭了传统亚麻纺纱路线和传统的棉纺路线。2003 年我国某军需所率先开展汉麻综合利用技术研究，引导并开展全国范围内的汉麻种植及产业联盟研究开发工作，成功研制了机械脱胶软麻设备、闪爆加工设备、生物脱胶、高温蒸煮设备、分纤漂洗、液氨整理设备和纤维分级梳理设备及相关的工艺技术，汉麻纤维可以纺织到 60～100 公支纱线。目前，只有中国、加拿大、德国三个国家掌握了汉麻纤维开发利用技术，中国的研发成果在国际上处于领先水平。为了实现汉麻韧皮纤维的绿色加工，在纤维与结构性能研究基础上，军需所、汉麻产业投资股份有限公司、郑州纺织机械有限公司、立信染整机械有限公司等单位联合研制了新型汉麻纤维加工生产线，并于 2009 年 4 月在云南西双版纳正式投产。新技术实现了汉麻纤维生产的节能、减排，所生产的汉麻纤维既可纯纺，又可与棉毛等混纺，其品质达到了国际领先水平。此外，牡丹江恒丰纸业股份有限公司、军需所和欣龙控股（集团）股份有限公司、雅戈尔集团有限公司及李宁体育用品有限公司等初步形成了以天然汉麻纤维为纽带，以品牌和高附加值为发展方向的纺织工业发展新模式。汉麻纤维在军用被装产品上也得到了广泛应用，汉麻军袜、毛巾、短裤等产品装备全军，汉麻鞋靴、衬衣、作训服、毛巾被等产品在部队进行了试穿，受到官兵的一致好评。汉麻纤维的应用增强了军用被装的功能性、卫生性、舒适性，为服务官兵做出了贡献。2019年《国家产业结构调整指导目录》中，已明确将《符合生态、资源综合利用与环保要求的特殊天然纤维产品加工》列入纺织行业鼓励类条目。我国汉麻纺织行业已拥有从脱胶、梳理到纺纱、织造，包括服装、家纺在内的完整制造链和高水平的自主知识产权核心技术。目前，中国有世界最先进的汉麻长麻纺生产线、最先进的汉麻混纺生产线，还拥有光伏电能覆盖全部厂房的汉麻纺织绿色示范工厂。

（四）汉麻食品领域发展现状

汉麻籽可分为三部分综合利用：汉麻籽油、汉麻籽蛋白和壳。汉麻籽油可以用来做化妆品、食品以及润滑剂和涂料树脂，籽仁还可以做酒、无筋粉、蛋白粉，籽仁肥料还可用作动物饲料等。汉麻籽蛋白与植物蛋白组配，用来制作富含蛋白的运动食品，具有快速补充能量和抗疲劳的功效。胡杰等人进行了汉麻籽在压缩干粮中的应用研究，并得到了汉麻籽蛋白和汉麻籽油脂在压缩干粮中应用的最佳营养配方。2012年起欧盟汉麻籽进口量即开始逐年稳步增长，2013年为18 000 t，2015年达21 000 t以上，其中近50%依靠进口，且进口来源国主要为中国。北美汉麻籽的市场从2015—2020年年均复合增长率将达到5.6%，总额达39.08亿美元。国外的汉麻籽食品市场已经非常完善，开发出汉麻籽仁、蛋白粉、功能性饮料、酒等各类上万种汉麻食品，市场规模巨大。

国内汉麻籽食品和市场的开发还处于初级水平，已开发了多种汉麻籽产品，包括汉麻油、汉麻粉、汉麻汁、汉麻粥、汉麻糊等。汉麻籽仁含有优质的蛋白质，是制作植物蛋白饮品的优质原料。在香港，以汉麻籽为原料制作的饮品颇受消费者欢迎。我国原总后勤部军需装备研究所研发出汉麻压缩干粮、汉麻野战能量棒、汉麻野战固体饮料和汉麻野战蛋白饮料，汉麻仁源生物活肽可用于不同功效功能食品研发，丰富了野战军用食品的品种。汉麻籽还具有功能、特医食品开发潜力，功能食品潜在有万亿级市场，黑龙江省科学院大庆分院围绕汉麻蛋白、汉麻籽多肽开展深入研究，分离纯化功能性小分子肽，并开展了功效分析，已研发出汉麻降尿酸肽、抗血栓肽、抗癌肽等多种功能性多肽，开发出汉麻多肽口服液、咀嚼片等10余种汉麻功能食品，应用市场前景广阔。

目前我国汉麻籽食品的开发还处于粗加工阶段，精深加工及高附加值的产品还有待研发。从国际角度讲，当前国外汉麻市场缺口巨大，我国的汉麻纤维和种子占国际原料市场主体地位，中国是世界上汉麻种子和汉麻纤维的最大生产国和出口国，西方国家的大部分纯纺和混纺的汉麻织物都来源于我国，欧盟国家每年有20 000 t的汉麻种子需求量，近50%来源于中国。

（五）汉麻在药用领域发展现状

汉麻叶和花中提取的大麻二酚（CBD）作为医药原料是未来带动整个汉麻产业链良性循环发展的重要组成。相关医药产品可用于治疗儿童顽固性癫痫、癌症、艾滋病等疑难病。目前国际市场上质量分数为99%的CBD成品，市场销售价值最高达每克260美元。此外，国内外市场上还衍生出诸如化妆品等多种CBD产品。大麻二酚在加拿大、荷兰、以色列、瑞士、西班牙等国家及美国近25个州均已将医疗用途的大麻二酚合法化，而在我国大麻二酚尚不允许流通，但可在法律监管条件下生产，产品也几乎全部销往海外。

（六）汉麻秆芯应用现状

汉麻秆芯占汉麻全秆质量的 70%～80%，能否实现其综合利用直接涉及汉麻产业的发展前景。汉麻秆芯具有类似硬木的特征，是造纸、建材、环保材料、动物垫草的上佳原料。国外汉麻秆芯主要用于建筑材料，汉麻秆芯的应用可显著降低建筑成本，满足人们对绿色、健康、低碳和环保的要求。权威机构提供的数据显示，北美汉麻建材方面的综合商业投资每年约 3 000 万美元，市场需求量按照 400 万个建材模块计算，碳固定量超过 88 400 t，每年总的汉麻植株需求量约为 15 630 t，需要种植汉麻 12 000 hm^2，每年吸收二氧化碳 6 500 t，可再生水 2 000 万 t。

国内在汉麻秆芯利用研究上还处于初级阶段，在产业化方面主要用于生产火药碳、活性炭。黑龙江省科学院大庆分院推广了一种"汉麻秆芯栽培基质及其用于栽培黑木耳的工艺"专利技术，并取得良好的效果。军需所与河北吉藁化纤有限公司、山东海龙股份有限公司联合开发了汉麻秆芯黏胶纤维生产技术。经中试生产表明，4 kg 汉麻秆芯可纺制 1 kg 的黏胶长丝或短纤维，纤维保留了汉麻秆芯天然抗菌和防紫外线性能。汉麻秆芯超细粉体作为特殊化工添加剂，应用在聚氨酯、橡胶等高分子材料中可改善透气、抗老化等功能，还可以用于减重、除味；应用于聚丙烯酸酯类涂料可增强防霉、防裂等功效；应用于各种高分子发泡材料可改进其变形、撕裂等性能。军需所与辽宁恒星精细化工有限公司、江苏东邦科技有限公司等联合开发了汉麻秆芯超细粉体生产技术和改性技术，采用秆芯超细粉体改性聚氨酯和橡胶材料已用于生产军队和武警使用的训练鞋、大檐帽、冬季防寒大衣、军用雨衣等。在汉麻秆芯建筑材料加工方面，汉麻秆芯可用于生产各类建筑材料，如用于室内装饰等场合，具有保温隔热、环保、吸附异味等性能。国内企业已试制出具有中密度压缩、防火、原生态装饰等特点的板材，目前正在筹划投入生产。汉麻秆芯活性炭加工技术与应用方面，中国林业科学研究院与林产化学工业研究所合作，通过对汉麻秆芯炭化、活化及成型技术的研究，制备出具有高吸附性能的活性炭材料，比表面积高出椰壳活性炭两倍以上，是竹活性炭的 3～4倍。汉麻秆芯活性炭可应用于核生化防护、食品加工、污水处理、空气净化、医药生产等各个方面。

总之，汉麻产业在我国已初步摸索出一些成功经验，即引进有实力的纺织服装等企业、用创新科技成果打造新型农业种植和工业加工产业链等，并通过研企联合、行业协会、战略联盟、联合体等多种形式，逐步打破各自为战、研究低水平重复、市场潜力不足的产业现状。与国外相比，欧盟和北美部分国家已形成从种植、加工、产品开发到运输、监管、市场服务等比较完整的链条。我国在纤维综合开发利用方面技术占领先优势，麻纤维在纺织领域的技术和应用整体比较成熟。从产业整体情况来看，我国汉麻产业已逐步实现了从传统纺织业到新材料、医药等多领域的开发。

三、我国汉麻产业面临的问题和挑战

汉麻产业作为国家基础性战略新材料和生物资源产业，经历国家"十二五"规划、"十三五"规划的洗礼式发展，再次被列入"十四五"规划的重要内容。在全球纺织纤维原料消费量逐年增长的大背景下，由于全球人口对粮食需求的压力，纺织纤维原料尤其是天然纤维的增长面临着许多困难，而合成纤维随着煤、石油等资源的超量开采也面临巨大的压力。而且随着社会和时代的发展，人们越来越追求服装产品的舒适、绿色环保等功能和特点，而汉麻正是这种符合人们穿着要求的新型纤维资源。汉麻纤维如同几年前的竹纤维一样，必然会给纺织服装行业带来新的发展机遇和方向。随着世界纺织工业面临纺织原料短缺，合成纤维矿物资源枯竭，汉麻产业将成为国家战略性生产资源，更是农业及整个区域经济发展的重要产业，但汉麻产业的发展也面临一些问题和挑战。

1. 系统、科学的全面规划和区域规划有待完善和落实

汉麻产业缺乏系统、科学的战略布局规划、汉麻种植区域规划和特色种植规划，需要因地制宜地发挥资源优势，合理确定汉麻产业发展方向，选用适宜的优良品种（纤维用品种、籽用品种、纤维籽用兼用品种），选择优势发展产业链（纤维加工产业链、秆芯加工产业链、麻籽加工产业链、叶花加工产业链），坚决杜绝各地、各企业各自为战的状况，规避汉麻种植、加工一哄而起、一哄而抢、一哄而散的发展隐患和风险。

2. 科技引导、政策支持、资金扶助有待配套

全国汉麻综合开发利用科技体系、国家和地方产业政策体系、各种资金的有效投入运营体系有待建立和健全，还没有形成有效的合力，对产业的引领、支持、推动、扶助功能还很脆弱。

3. 良种选育、繁育和推广步伐需要进一步加快

我国汉麻优良原种选育、繁殖、推广还远远跟不上产业发展的步伐，纤维用品种、籽用品种、纤维籽用兼用品种的良种率和程度不高，专用品种品质和数量有限。国外优良品种的引进、繁育、试验、示范、推广工作严重不足。特用、专用、兼用品种的培育和区域种植还不明晰，有什么种什么的混杂种植还很普遍。

4. 配套农机具研制滞后成为规模化种植的瓶颈

从全国来看，汉麻选种、播种、割晒、打捆等农机具的研制定型和生产应用，沤麻、剥麻、揉麻、分装等初加工机械设备的研制定型和生产运用，汉麻种植、收获、脱麻等联合作业设备的研制成为制约汉麻产业发展的最大瓶颈。同时，配套农机具研制滞后，对于规模化种植、标准化生产、机械化加工、高效运营也带来了很大的困难，严重影响了种植规模、产品品质和产业效益。

5. 区域发展的核心问题

最突出的问题是汉麻加工产品质量标准、等级标准和价格标准的参与与制定，决定了汉麻的市场话语权。目前全世界只有中国、加拿大、德国三个国家掌握了汉麻纤维开发利用技术，中国的研发成果在国际上处于领先水平。汉麻纤维的成功研发，将有望夺取原先被俄罗斯和法国等国家掌握的麻类产品的话语权。科技创新、建设标准、经营品牌和转型升级是汉麻产业发展的强力引擎，只有主持或参与制定国际标准和行业标准，抢到世界汉麻产业的标准话语权、产品等级的评定权，以及市场经营的定价权，才能掌握汉麻产业的主动权。

第二章 汉麻的种质资源

种质资源（germplasm resources）是育种的原始材料，是将特定的生物遗传性状以信息传递的方式从亲代传递给子代的遗传物质。种质资源所涉及的范围和内容非常广泛，包括在遗传、育种及生产上有利用价值的一切植物材料（品种资源、遗传资源和基因资源），如地方品种、野生种、引进品种、栽培品种、改良品种、新选育的品种、人工创造的种质材料（诱变材料、杂交材料、细胞融合材料和转基因材料等）、无性繁殖器官、DNA 片段、细胞和基因等。

种质资源是经过长期自然演化和人工创造选择而形成的一种非常重要的自然资源，在不同的生态条件下，经过漫长的生物进化，不断地改变和发展。它蕴藏着各种潜在的、可利用的、具有表现优良遗传性状的基因。它是人类生存和国民经济可持续发展的物质基础，是一个国家农业安全的重要组成部分。它具有生物多样性，种质资源是现代植物育种的物质基础，人类通过不同途径获得各式各样的原始材料，保证种质资源的数量和质量，但是大部分基本材料是无法满足人类需求的，所以，人类育种过程中会制定相应的育种目标，在植物形态、生理、产量、品质、适应性和遗传等方面，采用创新的育种途径和新技术，不断利用和改进种质资源，以育成具有优良目标性状的新植物、新作物和新品种。可以从种质资源中筛选出对某类逆境胁迫的抗性基因，增加产量的高产基因，抵御病虫害的抗性基因，充分利用所拥有的种质资源，结合育种目标，培育出经济价值极高的新品种。

一、汉麻种质资源的起源和分布

中国作为汉麻的起源地之一，全国范围内共有 200 个以上的汉麻品种、品系和类型，分布在黑龙江、云南、吉林、辽宁、山东、山西、陕西、宁夏、广西、贵州、四川、安徽、河南、河北、内蒙古和新疆等地。云南、贵州两省由于是少数民族较多的省份，用汉麻纤维纺织做服饰是他们的传统，所以种植面积比较稳定。近年来随着汉麻产业的迅猛发展，汉麻引起了人们的高度重视并在全国范围内广泛种植，云南和黑龙江已经以立法形式规范种植汉麻且商业化。

汉麻生产分布以亚洲、欧洲较多，亚洲汉麻种植生产较多的国家有中国、印度、朝鲜、韩国和印度尼西亚等地；在欧洲，20 世纪 80 年代初期，汉麻在法国、西班牙等地开始种植，1988 年，联合国明确规定汉麻植株中的四氢大麻酚（THC）含量<0.3%，这使得汉麻开发利用进入全新时期，全世界各国加大了汉麻产业开发的力度。1993 年开始，英国、荷兰、奥地利和德国等地开始种植汉麻，种植面积持续上升；美洲汉麻种植较多的国家有加拿大、美国和墨西哥等；在大洋洲，汉麻在澳大利亚、新西兰和巴布亚新几内亚等国种植生产。表 2-1 统计了 2018 年世界汉麻种植合法情况分布，可见，汉麻推广和市场的巨大需求促进了种植生产的积极性。

表 2-1　2018 年世界汉麻种植合法情况分布

序号	国家	序号	国家	序号	国家
1	荷兰	11	意大利	21	中国
2	德国	12	波兰	22	埃及
3	加拿大	13	法国	23	韩国
4	英国	14	芬兰	24	日本
5	奥地利	15	瑞典	25	斯洛文尼亚
6	澳大利亚	16	匈牙利	26	泰国
7	丹麦	17	智利	27	土耳其
8	葡萄牙	18	罗马尼亚	28	乌克兰
9	瑞士	19	印度	29	新西兰
10	西班牙	20	俄罗斯	30	美国

二、汉麻种质资源的分类

种质资源的种类繁多，来源广泛，而且在一个种内常含有多种特征不同的种质，使育种工作者难辨优劣或加以区别，所以为了方便工作者的研究与利用，更充分地认识、区别和利用种质资源，必须对其来源、亲缘关系、生态类型、特性特征、经济性状和应用价值等方面有明确的了解，研究人员将其进行了科学的分类。

汉麻种质资源是研究汉麻育种的基础，其作为生物资源的重要组成部分，是培育新品系、新品种的物质基础和前提保障。粟建光等于 2006 年建立了大麻种质资源描述规范和数据标准，完成了全部库存种质的株高、分枝程度、瘦果形状以及叶子性状、粒色、千粒重、THC 含量、成熟期、植株色泽等植物学形态、主要农艺和产量构成性状鉴定。

（一）按育种实用价值分类

1. 野生种

野生种是从大自然中获得的与现代植物近缘的个体，也就是指非人工诱变的材料，但也是经过大自然选择的结果，携带的野生型的基因组，同时也包括介于栽培型和野生型之间的过渡类型。野生种的形态特征及性状与栽培品种存在较大差异，这类种质资源具有作物所缺少的某些抗逆性，可以通过与栽培品种杂交，将优异的抗逆特性转移到栽培品种中。

Janischevsiuy 于 1924 年发现了野生汉麻。野生汉麻生命力强，环境适应能力强，生长繁茂，大部分植株株高 1~2 m，圆锥形株型且直立，分枝数较多，茎秆基部粗且呈绿色或紫色，叶片细小且呈绿色或紫红色，雄花为总状花序、直径较小且表面不光滑，雌花分布较分散，种子结实率低、表面有花纹且较小，千粒重为 6.5~9.0 g。国外研究人员 Vavilov 和 Zhukovskii 根据汉麻形态特征确定 *C. Ruderalis* 可能是野生汉麻。美国 Win Phippen 教授收获和研究野生汉麻并解决了人们担心在野外种植高 THC 含量的问题。我国已收集保存野生汉麻 20 余份,主要分布在西北、西南、华北和东北等地。董培德(1965)、孙安国(1981)、中国农业科学院麻类研究所考察组(1980)、中国农业科学院作物品种资源研究所组织的考察队(1982)、杨明(1992)等人在新疆、山东、云南和西藏等地采集到多份野生汉麻。

2.地方品种

地方品种也称农家品种和传统品种,在局部地区栽培的品种,未经育种技术的遗传选择修饰,遗传性较保守,易混杂且表现出一些缺点,但由于其具有较强的当地自然生态环境适应性和抗逆性,可作为系统育种的最主要和最基本的原始材料,经过人工选育出具有优良性状的品种。

我国于 20 世纪 80 年代初共收集 218 份汉麻地方品种,如河北省的蔚县大白皮、左权小麻籽等,安徽省的火球子、寒麻,四川省的青花麻籽、白花麻籽等,山东的莱芜水麻,山西省的黄漳大麻等。现代育种工作者也充分利用汉麻地方品种的优点,选出许多优良品种,其中,黑龙江省科学院大庆分院选育的"火麻一号"是利用地方品种的优良变异株系的后代经选择而获得的,选育的"汉麻 1 号"是由地方品种"龙江四合"配置的亲本杂交组合而获得的,选育的"汉麻 2 号"是由地方品种"绿花 2"配置的亲本杂交组合而获得的,选育的"汉麻 5 号"是由地方品种"五常 40"配置的亲本杂交组合而获得的。

3.栽培品种

栽培品种与野生种和地方品种的不同之处,是其经过了育种技术的改良,育种工作者根据育种目标结合当地生态条件,选育或引进了具有较强环境适应性和高产优质特性的品种。

栽培汉麻品种的植株株高 2~4 m,棱形株型且直立,茎秆粗细较均匀且呈绿色或紫色,叶片肥大且呈绿色或紫红色,开花期的雄花先于雌花,种子成熟相对整齐一致,种子结实率高且较大,千粒重 18~32 g。现广泛种植的汉麻栽培品种有黑龙江省科学院大庆分院选育的"火麻一号""汉麻 1 号""汉麻 2 号""汉麻 3 号""汉麻 4 号"等;其他研究院和公司选育的品种有"中大麻 1 号""龙大麻 1 号""云麻 1 号""皖大麻 1 号""晋麻 1 号"和"汾麻 3 号"等。

4.人工创造的种质资源

人工创造的种质资源是指人工应用各种育种方法,如杂交、远缘杂交、组织培养、物理诱变和化学诱变等方法,以及在育种过程中所创造的杂交后代、突变体及合成种等具有一些优良的遗传性状但是又具有某些缺点的种质材料,其可作为进一步育种的理想原始材料。

黑龙江省科学院大庆分院充分利用乌克兰引进的"金刀 15""格里昂"和"格列西亚"等汉麻资源与该院所保存的种质资源进行杂交育种,人工创造了许多杂交后代及远缘杂种及其后代。据研究,用 0.05%~0.5%的秋水仙碱溶液处理汉麻干种子,或喷施在幼苗或枝条上,能有效地诱导汉麻产生四倍体,或出现雌雄同株的材料。黑龙江省科学院大庆分院采用物理诱变方法,应用 ^{60}Co-γ 射线以 100~200 Gy 的筛选剂量辐照汉麻干种子,且采用化学诱变方法以 1.5%的化学诱变剂甲基磺酸乙酯(Ethyl methyl sulfone,EMS)浸泡处理汉麻种子。另外,该院还采用组织培养技术来进行优良单株和品系的提纯,进行汉麻种质资源创新,获得优异的汉麻品系及突变体,为丰富汉麻遗传背景、完整构建种质资源库提供支持。黑龙江省科学院大庆分院还利用航天育种诱变汉麻种子,为汉麻种子在空间辐射生物学变化和空间诱变等研究领域提供了前所未有的宝贵材料,创新了汉麻种质资源。

（二）按主要驯化和种植目的分类

按主要驯化和种植目的不同，汉麻可分为纤用型汉麻、籽用型汉麻、籽纤兼用型汉麻和药用型汉麻，汉麻中四氢大麻酚（THC）含量<0.3%，而药用型汉麻与其他类型汉麻（统称汉麻）主要区别为大麻二酚（CBD）的含量、生物学特点以及用途等，如图2-1所示。

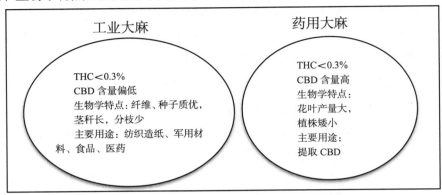

图2-1　汉麻种质按主要驯化和种植目的分类

若汉麻植株高大，分枝少，纤维含量高，通常为栽培汉麻及其他种汉麻中THC含量较低（THC<0.3%）的遗传变种，多为田间种植，可适应各种气候环境，生长周期为108～120 d，其可分为纤用型、籽用型和籽纤兼用型，主要应用部位是茎叶和种子。纤用型汉麻茎中的韧皮纤维具有纤维品质好、韧性强和产量高等特点，被广泛应用于农业、纺织、造纸和建筑等行业；汉麻秆芯的孔隙度丰富、吸湿性好和纤维素含量高，可生产抑菌、防紫外线和附加值高的新功能型黏胶纤维，也可制备高性能和高防水的透湿型聚氨酯，应用于生物质资源开发、军用品以及雨衣的服装生产等多个领域；叶片也被应用在造纸、建筑和畜牧业等方面。籽用型汉麻充分利用了汉麻籽的口感好、含油量高、富含蛋白质和维生素等多种营养物质，被广泛地应用于食品、工业、日用品、新能源和医药等方面（如图2-2）。

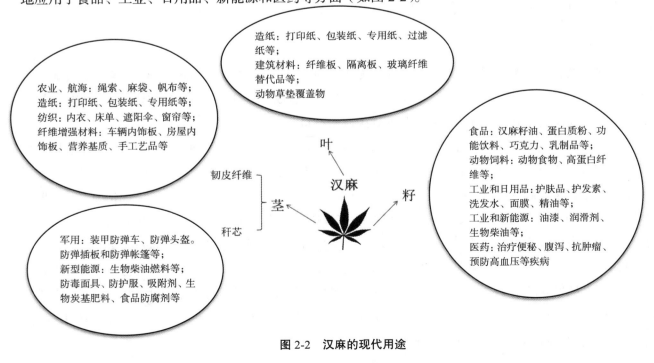

图2-2　汉麻的现代用途

药用型汉麻（THC<0.3%，CBD 含量高）植株相对矮小，枝杈多，纤维含量低，多为温室种植、需谨慎控制温度、湿度、光照，生长周期为 60～90 d，主要应用部位是花、树脂和嫩叶等部位。汉麻中含有的 CBD 用途广泛，医疗健康价值突出。研究发现 CBD 具有治疗多种疾病的潜力，包括对炎症、帕金森病、癫痫、糖尿病，肥胖症、孤独症和皮肤病等都有较大的治疗帮助。CBD 也已被证实具有神经保护作用，其抗癌特性在美国和其他地方的学术研究中心进行研究。

（三）按地理生态条件分类

全世界地域辽阔，地形复杂，各地区海拔差异悬殊，土壤类型繁多，进而形成了多种多样的生态环境，使得作物种质资源丰富多样。因此，研究作物种质资源的地理起源及分布，以及作物品种的生态类型，对制定作物的生产区划具有重要意义。

关凤芝在《大麻遗传育种与栽培技术》一书中，介绍了汉麻按地理起源进行的分类。汉麻地理起源的不同展现了其不同的生态条件、生态类型和应用功能等。按地理起源分类，如野生型汉麻可主要分为起源于中亚的野生型、近野生型和其他大部分地区的人工引进的次级起源；如纤用型汉麻可分为不同的生态群或成熟期群，地理起源的不同（如中国、韩国、日本、俄罗斯远东地区等）使得汉麻在一定程度上反映出基因的差异性和多样性，如药用型汉麻可根据其地理起源（如阿富汗和巴基斯坦）表现的不同形态学类型、用途及化学成分含量进行分类。

中国根据地理生态条件的不同，又习惯将汉麻分为南方型和北方型，南方型大麻比北方型植株健壮高大，茎比较粗糙，茎叶浓绿，短日性较强，开花期较晚，前期生长缓慢，生长期长，皮厚。

（四）按生育期分类

作物生育期一般指作物从播种到种子成熟所经历的时间，可分为以生长根、茎、叶等营养器官为主的营养生长期和以分化形成花、果实和种子等生殖器官为主的生殖生长期。汉麻按照生育期长短进行分类，可分为早熟、中熟和晚熟 3 种类型。其中，早熟类型生育期<120 d，株高 2～3 m，分枝数少，株型紧凑，麻皮较薄，纤维细软、有光泽，品质好，出麻率高，产量低；中熟类型生育期 120～150 d，株高 3 m 左右，分枝数中等，麻皮厚度中等，纤维粗细中等，出麻率中等，产量中等；晚熟类型生育期>150 d，株高 3～5 m，分枝数较多，株型松散，麻皮较厚，纤维粗硬，品质差，出麻率低，产量高。

（五）按种子千粒重分类

根据汉麻种子的千粒重，将其分为小粒种、中粒种和大粒种 3 类。其中，小粒种的种子千粒重<16 g，中粒种的种子千粒重 16～22 g，大粒种的种子千粒重>22 g；也有研究表示小粒种的种子千粒重 9～18 g、中粒种的种子千粒重 19～25 g、大粒种的种子千粒重>26 g。黑龙江省农业科学院经济作物研究所（1957—1961 年）对我国 11 个汉麻主产区的 240 份地方品种进行了观察，以遗传性状较稳定的种子大小为主，结合叶形和生育期等性状，将小粒种又分为小粒窄叶早熟种、小粒窄叶中熟种、小粒中叶晚熟种和小粒大叶晚熟种；中粒种又分为中粒大叶中熟种、中粒中叶晚熟种和中粒大叶晚熟种；大粒种分为大粒大叶早熟种、大粒大叶中熟种、大粒小叶晚熟种、大粒中叶晚熟种和大粒大叶晚熟种。

（六）其他分类

除了上述汉麻种质资源的分类外，汉麻还根据植物色泽进行分类，如按成熟茎的颜色可分为绿茎种和紫茎种两类；日本又将其分为白木型（茎黄绿色）、青木型（茎绿色）和赤木型（茎紫色）三类。苏联根据引种和栽培地区的不同，又将其分为东亚型和欧洲型两类。

此外，汉麻种质资源还按照纤维产量、种子产量、种子含油量、纤维品质等特征特性进行分类。

三、汉麻种质资源的收集与保存

（一）收集与保存汉麻种质资源的重要性

1. 汉麻种质资源的收集与保存是汉麻育种的物质基础

汉麻育种的前提是确定汉麻育种目标，汉麻育种目标是随着种植当地的地理条件和生产需要不断发生改变而调整的。全世界汉麻分布极广且各地汉麻产区的生态和生产条件差别很大，品种的地理性极强。随着科学技术的进步和人们认识的提高，汉麻已成为世界公认的综合利用价值极高的经济作物，近年来汉麻产业发展迅猛，引起了人们的高度重视并在全世界范围内广泛种植。人们对汉麻的育种目标的要求也越来越高，如低 THC 含量、高产、高纤、高油、高蛋白、高 CBD 含量、优质、抗性强以及生育期适宜等，为完成这些不断改变的育种任务，突破育种工作，就要收集和保存更多、更好的汉麻种质资源。

2. 特异优良汉麻遗传资源的收集与利用有利于突破性新品种的育成

不同的汉麻种质资源具有不同的生理特性、遗传特性和生态特点，如雌雄异株和雌雄同株、抗性和感性、纤维产量高和籽粒产量高等，特异优良汉麻种质资源的收集、保存与利用有利于研究不同种质资源的起源、演变、分类、形态、生理和遗传等方面的问题，充分利用这些优良的汉麻种质资源可以获得突破性的研究进展，育成新品种的潜力很大。

3. 大量宝贵的汉麻种质资源流失，亟待收集与保护

种质资源流失又称为遗传流失，随着各地区经济发展的加快和人类活动的频繁，不少地区的生态环境也正发生着重大变化，造成了种质资源的流失，人们对种质资源保护意识的缺乏也是流失的主要原因。汉麻为异花授粉作物，品种生产单一化，易混杂退化，人们为了追求更高的经济效益，汉麻新品种的选育逐渐趋于几个少数品种，且汉麻种子保存不当会影响种子发芽率，这使得大量宝贵的、拥有优良基因的种质资源以及传统的地方品种流失，所以必须采取有效的措施来收集和保存现有的汉麻种质资源。

4. 为避免品种遗传基础贫乏，必须利用更多的基因资源

少数优良品种的推广且育种家经常选用遗传基础相同的一些基因资源，使得资源的遗传多样性大幅度减少，导致作物对病虫害、生物和非生物胁迫的抗性减弱。为解决这一问题，就应在育种过程中充分利用

不同的基因资源，拓宽新品种的遗传基础。近年来，黑龙江省大部分地区受干旱、水涝和病虫害等自然灾害的影响，造成汉麻生育期缩短、植株倒伏、植株矮小等不利情况，制约着汉麻的产量和品质，所以在今后的汉麻育种工作中有必要选择遗传多样性高的亲本，拓宽选育品种的遗传基础。

（二）收集汉麻种质资源的方法

收集汉麻种质资源的方法也是采取直接考察收集、征集、交换和转引这四种方法。汉麻的直接考察收集就是到野外实地考察，收集一些野生种、地方品种和原始栽培种，如黑龙江省科学院大庆分院收集的"五常40""绿化2"和"农安2"等。汉麻的征集是通过跟外地或外国汉麻研究者或研究机构联系有偿或无偿索求本单位所需要的种质资源，该方法花费少、见效快，如黑龙江省科学院大庆分院征集的山西省农业科学院经济作物研究所的资源"汾麻3号"和加拿大的资源"Tygva"等。交换是指汉麻育种单位之间彼此交换各自需要的种质资源，如黑龙江省科学院大庆分院与乌克兰农业科学院麻类研究所互相交换的雌雄异株资源"火麻一号"和雌雄同株资源"金刀15"和"格列西亚"等，通过交换可以充分利用资源的优良性状以改良本地品种。转引是指汉麻育种工作者通过第三方获取所需的其他地区或国外的种质资源以丰富种质资源的数量。采用上述不同的方法收集汉麻种质资源的同时，要进行初步整理、归类、编号，记录其地理起源、驯化目的、驯化状态、适应的生态地理条件、生态类型、亲缘关系、生育特性、农业技术条件、抗病虫和抗逆性特征等，为保存和研究种质资源提供依据。

（三）汉麻种质资源的收集

根据全球性植物遗传资源信息门户Genesys可知，现汉麻种质资源共有1520份，收集的种质资源具有代表性的国家有俄罗斯、乌克兰和中国。俄罗斯的瓦维洛夫植物科学研究所收集的汉麻种质资源主要来源于欧洲国家如俄罗斯、乌克兰和德国以及亚洲国家如中国等，共收集保存491份汉麻种质资源，目前是资源保存数量最多的国家。乌克兰农业科学院麻类研究所于1992年开始筹建麻类作物国家基因库，其收集保存的汉麻种质资源的数量仅次于俄罗斯的瓦维洛夫植物科学研究所，共有454份。中国汉麻种质资源收集开始于20世纪70年代，"七五"期间由黑龙江省农业科学院主持，共收集到17个省份的134份种质资源。云南省农业科学院自1989年起开始收集汉麻种质资源，共收集、鉴定和保存了来自国内外的种质资源250份。据戴志刚报道，2001年起，10年通过国内多个省份的考察共收集汉麻种质资源41份，通过国外引种，从俄罗斯（4份）、乌克兰（15份）和波兰（7份）共收集汉麻种质资源26份。另外，匈牙利收集和保存了大约70个本地品种；德国、土耳其和日本收集和保存了约20个品种。

（四）汉麻种质资源的保存

种质资源保存是后期研究的关键，保存过程应遵守一定的原则：种质资源经保存后，必须注意以下3点：①维持样本的一定数量；②保持各样本的生活力；③保持原有的遗传变异特性。主要保存的种质资源包括用于应用研究和基础研究的种质资源、可能灭绝的稀有种和已经濒危的种质资源、具有经济开发利用潜力但尚未被利用的种质资源和普及教育用的种质资源。种质资源保存主要采用原生境保存（自然生态环境）和非原生境保存（如低温贮存库、试管苗种质库等）。我国现已初步形成作物种质资源长期保存与分发体系，据报道，国家种质资源库长期贮存总量已达 49 万份，位居世界第二。

依托国家麻类种质资源中期库，农业部于 2001 年启动"麻类种质资源保护与利用"项目，由 7 家科研院所联合承担，完成了麻类种质资源收集保存、繁殖更新、鉴定评价和分发利用等方面的研究，使得麻类育种和生产可以高效有序地进行。据戴志刚报道，截至 2010 年底，共有 229 份汉麻种质资源入国家长期库，334 份汉麻种质资源入国家中期库（国外引进 42 份种质），位居世界前列。

种质资源保存的方法：①种植保存；②贮藏保存；③离体保存（试管保存）；④基因文库技术。种植保存是指种质资源材料每隔一段时间在田间种植一次以维持种质资源的种子生活力和数量，材料多时可进行轮换种植。种植时需要注意：①种植条件尽可能与原产地条件相似，以减少由于生态条件改变而引起的变异和自然选择的影响；②尽可能避免和减少天然杂交和人为混杂，以保持种质资源的遗传特性和群体结构。汉麻是异花授粉，易出现生物混杂和机械混杂，品种之间容易杂交，在资源种植保存的过程中必须加强管理和采取隔离措施，主要利用田间套袋隔离法、空间隔离法或屏障隔离法。采用田间套袋隔离法选择田间表现好的植株进行套袋隔离，以保证种子的纯度，其适用于种植保存较多的汉麻种质资源材料；空间隔离法和屏障隔离法是采用单个汉麻种质资源在单独地块繁殖，根据《工业大麻种子第 3 部分：常规种繁育技术规程》（NY/T 3252.3—2018），采用空间隔离法应在开阔或空旷地，原种生产隔离距离应不少于 12 km；采用屏障隔离法是利用山体、树林、村落等自然屏障进行隔离，原种生产隔离距离应不少于 3 km。采用上述方法都有一定的优缺点，繁殖资源较多时，采用田间套袋隔离法易受其他种质资源影响，有混杂的可能性；采用空间隔离法和屏障隔离法时，增加了工作量，在土地、人力、物力、财力等方面加大了负担，且由于人为差错、天然杂交、生态条件的改变和世代交替等因素，易引起遗传变异。为了解决上述所遇困难，选择贮藏保存种质资源变得尤为重要，贮藏保存主要是控制贮藏温度、湿度和种子的含水量，来保持种质资源种子的生活力。汉麻种子在常温条件下贮藏一段时间后其发芽率有所降低，如贮藏 1～2 年后发芽率降为 70%～90%，贮藏 2～3 年后发芽率降为 30%～70%。作物贮藏的资源库按照短期库、中期库和长期库，根据贮藏温度、湿度和贮藏容器，保持种子生活力的时间也有所不同，如表 2-2 所示。

表 2-2 作物种质资源种子贮藏保存

资源库	温度/℃	湿度/%	种子贮藏	保存年限/年
短期库	10	50	纸袋	5
中期库	0～5	40～50	密封容器	20
长期库	-15～-10	<35	真空密封包装	70

另外，研究表明，控制贮藏温度和种子含水量可以更好地保持种质资源的生活力，贮藏温度 0～30 ℃，每降低 5 ℃，种子的寿命延长 1 倍；种子含水量 4%～14%，每减少 1%，种子的寿命延长 1 倍。据报道，研究汉麻种子含水量、保存温度和贮藏容器的不同，可以使汉麻种子生活力的保存时间有所不同，如表 2-3 所示。

表 2-3 汉麻种质资源种子贮藏保存

种子含水量/%	温度/℃	种子贮藏	保存年限/年
9.5	0～10	纸袋	5.5
5.7～8.3	0～10	纸袋	8

续表

种子含水量/%	温度/℃	种子贮藏	保存年限/年
5.7	21	密封容器	6
5.7~8.3	-10	密封容器	15

由表 2-3 可知，汉麻种子贮藏之前控制好种子含水量，选择低温、干燥的环境，可以延长种子寿命，每隔若干年繁殖一次，使得种子可以妥善保存。植物的每个器官或组织已经分化的细胞在遗传上都具有全能性，其具有在适宜的条件下再生成完整个体的遗传潜力，所以，在资源保存的过程中也采取离体保存（试管保存）方法。早在 20 世纪 70 年代，国内外研究人员就利用该方法更好地保存了种质资源，常用来保存的组织和细胞有：愈伤组织、悬浮细胞、幼芽生长点、花粉、花药、幼胚、原生质体和体细胞等，英国的 Withers 还研究了将愈伤组织贮藏在 -196 ℃的液氮中保存后再生成植株，这为保存一些寿命短、濒临灭绝的资源提供了很好的方法。

离体保存（试管保存）方法具有以下优点：①缩小种质资源保存所需的空间，节省土地、人力和物力；②改进常规方法不易保存的某些具有高度杂合性的、不能产生种子的材料等种质资源；③繁殖时不受季节所控制，繁殖速度快；④培养组织或细胞不会携带病虫害，有利于种质资源交流。汉麻种质资源材料暂未见有关报道采用此方法进行保存，但是科研人员现已在汉麻组织培养技术方面做了很多研究，这为今后采取此方法进行汉麻种质资源的保存提供了研究基础和理论支撑。刘以福等 1984 年报道了利用叶茎作为外植体进行组织培养首次获得绿苗。Feeney M.等应用四个不同的汉麻基因型：UnikoB、Kompolt、Anka 和 Felina-34 进行了组织培养的研究。尹品训等从激素水平、琼脂粉浓度、温度、光照和封口膜等进行研究，解决组织培养中的玻璃化苗的问题。Slusarkiewicz-Jaraina A.等利用 5 个汉麻品种 Silesia、Fibrimon-24、Novosadska、Juso-15 和 Fedrina-74 为试验材料，进行愈伤组织诱导及植株再生的研究。佟金凤等利用试管苗研究激素、培养基、蔗糖浓度和 pH 值等以优化生根培养基。程超华等研究不同的灭菌方式（三重处理法）处理汉麻种子以获得污染率低、发芽率高的无菌苗。张利国等以下胚轴作为外植体，对激素浓度和配比进行研究，初步建立了汉麻离体培养再生体系。姜颖等还以下胚轴作为外植体，对无菌苗的获得、植物生长调节剂的选择及浓度等影响汉麻组织培养的关键因素进行研究，初步建立汉麻高效再生体系。另外，姜颖等还以茎尖作为外植体，研究了种子消毒、发芽培养、再生培养和生根培养等过程，建立了一种汉麻茎尖组织培养快速繁殖方法。随着科学技术的不断发展，现采用基因文库技术进行种质资源保存以解决濒临灭绝的资源，保护遗传资源。主要程序为：从资源中提取 DNA，选择目的 DNA 片段，进行载体构建并转化到大肠杆菌中，进行无性繁殖，产生大量单拷贝基因，根据目的性随时选取某个基因进行后续研究。据粟建光报道，采用基因文库技术保存汉麻种质资源可以得到永久的保存，荷兰的阿姆斯特丹保存了 100 份克隆体系。

第三章 汉麻育种及育种技术要点

第一节 汉麻育种概述

汉麻育种是选育及繁殖优良汉麻品种的理论与方法的科学。其基本任务是在研究和掌握汉麻性状遗传变异规律的基础上，发掘、研究和利用汉麻种质资源；在各地区的育种目标和原有品种的基础上，采用适当的育种途径和方法，选育适合该地区生产发展所需要的高产、稳产、优质、耐病虫害及环境胁迫、生育期适当、适应性较广的优良品种；此外，在其繁殖推广过程中，保持和提高其种性，提供数量多、质量好、成本低的生产用种，促进高产、优质、高效汉麻产业的发展。

汉麻的育种目标（hemp breeding objective）是指在一定的自然条件和经济条件下，对计划选育的汉麻新品种提出应具备的优良特征特性，也就是对育成品种在生物学和经济学性质上的具体要求。制定育种目标是汉麻育种计划的头等大事，犹如蓝图一样，它要指明计划育成的新品种在哪些性状上得到改良，达到什么指标。育种目标是否合理直接关系到育种工作的成败，因为它直接涉及原始材料的选择、育种方法的确定、品种适应区域和利用前景等方面。如高产育种就要选择原茎产量高或者纤维产量高的原始材料，抗病育种就要选择具有抗原的原始材料。由于改良性状的遗传基础不同，采用的育种方法也有很大差别，如改良的性状是单基因决定的质量性状，则可以采用回交或诱变育种的方法；如果改良的是多基因控制的数量性状，则可采用杂交育种或轮回选择的育种方法。不同的育种方法所需要的年限是不同的，一般来说常规的杂交育种方法所需的年限较长一些，诱变育种和分子育种则会稳定得快一些。

目前，云南省汉麻产业重点在 CBD 提取及医药、化妆品等后端产品的加工和开发领域，山西省等西北地区汉麻产业重点在籽粒加工方面，黑龙江省等东北地区汉麻产业重点在农业种植和纺织应用方面。可见汉麻产业发展具有较强的地域性差异，同时每个地区的应用范围较狭窄，产业链条后端发展薄弱，因此加大汉麻纤维、籽、花、叶、芯等的综合开发力度，深度开发精深加工产品应用于食品保健、医药、新型材料、造纸等领域，将对延长产业链、提升价值链具有显著效果。为此，育种工作者们需要培育出多类型、高商品性的汉麻新品种，推动汉麻产业发展。

传统良种繁育田为垄作、稀植模式，虽然种子产量较高，但机械化程度低，不宜大面积推广。为此，培育高籽实产量型汉麻品种，不仅应注重高品质，还应具备紧凑的株型、理想的穗长、种子不易脱落等特征，以便于提高机械化程度并配以相应的栽培模式。

英国制药公司 GW Pharma 利用 CBD 开发出不良反应更少的植物源抗癫痫药物 Epidiolex 和治疗多发性硬化症的大麻处方药 Sativex，均取得很好的疗效。随着 CBD 相关药品的开发及医用大麻行业的发展，汉麻的药用价值也逐年上升。国外有些药用型汉麻的 CBD 含量受环境影响较大，不宜进行大面积室外种植，故须按照品种的特性，开展多年的区域试验和生产试验，培育出 CBD 含量稳定的品种，同时也应注重相应配套栽培条件的研究。另外，一些其他的化合物如具有消炎效果的大麻酚（cannabinol，CBN）、具有良好的抗菌效果的大麻萜酚（cannabigerol，CBG）等活性成分也具有较好的药用价值，但目前并没有相关的药用型汉麻品种的报道。为此，应当有针对性地培育药用成分含量稳定的品种，为新药开发提供原料来源。

针对目前的市场需求和农户种植情况，纤维产量和纤维品质仍然是评价品种好坏的主要标准。国外纤维型品种引种至国内，出麻率普遍较高，但纤维品质较差，如乌克兰汉麻品种 Золотоношские-15 引种至黑龙江后，虽然出麻率在30%以上，但纤维粗硬、可纺性较差，因此可以考虑利用杂交育种的方法，在兼顾出麻率的基础上，改良品种的可纺性，培育出麻率达26%以上、纤维柔软、可纺性较好、抗逆性较高的汉麻新品种，同时兼顾其原茎产量，这样才能带动农户种植的积极性，更有利于推动行业的发展。

2010年1月1日，云南省颁布施行了《云南省汉麻种植加工许可规定》；2017年5月1日，黑龙江省颁布实施的《黑龙江省禁毒条例》，对汉麻的培育、种植、加工、管理等方面进行了明确要求，并放宽种植地域范围。以上两省成为目前国内法律规定允许并通过监管可以种植和加工汉麻的省份。《中国农业统计年鉴》和联合国粮农组织的统计数字表明，目前中国已是汉麻种植面积最大的国家，种植面积占全世界的一半左右，已成为国际上最大的汉麻原料供应基地，今后对品种的丰富性、品质和数量要求会越来越高。因此，未来在汉麻新品种培育方面，应当将传统的育种方法与现代分子生物学等技术相结合，实现定向育种，并辅助一些新技术，加速育种进程，为汉麻产业化发展提供更优质种质。

汉麻因其品种在培育过程中极易受到外来花粉影响，所以品种易混杂、纯度低，严重影响汉麻种子质量和新品种培育。大麻遗传育种十分困难，主要有两个障碍：一是通常大麻雌雄异株，不能自交，因此形成天然的杂合体；二是大麻对光照敏感，影响其物候期、生物学周期和产量。当前，汉麻新品种培育向着低THC、抗性强、高产、优质的方向发展，资源基础的数量和纯度就显得尤为重要，种质资源的保存方法和评价方法可以很好地帮助科研工作者找到适宜当地种植的汉麻品种（系）。基于大麻种质资源现状，在一系列常规育种技术方法基础上，通过分子标记等系列方法开发辅助育种、基因工程育种等措施，提高纤维、籽实、茎秆产量或有效成分含量，特别在推进高光效、矮化型药用大麻新品种选育的策略上，依据医药用品种适宜生态因子的特点，通过调控品种营养结构和光照属性、科学采收及存储等措施来提高CBD的含量及花叶的产量，是今后一段时间内育种者的重要工作内容。同时，为进一步加快医药用型品种的应用，可通过挖掘药用资源遗传信息，加快新品种选育进程，加强现代农业的信息化、自动化等技术在该类型品种生产中的应用，为高品质、高产量新型品种的培育和广泛应用提供依据。

大麻多数为雌雄异株、风媒传粉植物，少数为雌雄同株，个体大部分具有杂合性，变异较多，随着汉麻产业的发展，国内多家科研院所针对当地环境特点和产业发展需求，培育出许多汉麻品种。因此，汉麻品种不仅应具有高产、稳产的特点，还要注重整齐度、品质、抗性及THC含量的遗传稳定性等特性，故需根据不同的品种类型及培育目标，选择相应的选育方法。由于汉麻分子育种起步较晚、基础薄弱，可利用的标记位点还很少。有研究者曾基于转录组技术开发汉麻SSR引物，为性别鉴定、抗性分析分子标记辅助育种提供参考位点。通过这些性状或抗性基因的选择，构建基因连锁图谱，用于辅助亲本和后代的选择，可加快育种速度、提高选择效率。在新培育的汉麻品种中，已通过物理诱变育种方法选育出矮秆、早熟籽用型品种"龙麻1号"。陈璇等通过硫代硫酸银溶液诱导的方法，获得全雌汉麻材料，为育种和科研提供了新的方法。近年来，以花叶提取药用成分大麻二酚（CBD）等大麻素应用于新药研发和食品添加，逐渐成为汉麻产业发展的一个重要新方向。目前国内推广种植用于花叶的汉麻品种多为纤药兼用类型，CBD含量较低，远远不能满足产业发展的新需求。因此，培育CBD含量高且THC含量低于0.3%、花叶产量高、抗逆性好、抗病性强的优良汉麻新品种，可以促进我国汉麻产业健康良性发展，提高我国汉麻产业的国际核心竞争力。为了得到该目标品种，需要利用分子育种中的转基因育种将目标基因导入载体中，进而对植株进行转化、培养、选育、收种、传代培养，以及农田实验等一系列选育过程，最终得到转基因植株。同时还用物理、化学方法开展诱变育种，这样的育种方式也是汉麻品种选育的重要手段之一。

汉麻产业发展壮大的技术瓶颈是推广种植低毒（THC）、高纤、优质、高产、高抗的新品种。因此，开拓一种快速、简捷的方法进行种质资源改良、创新，在汉麻育种上有着十分重要的意义。未来在汉麻新品种培育方面，应将传统的育种方法与现代分子生物学等技术相结合，实现定向育种，并辅助一些新技术，加速育种进程，为汉麻产业发展提供更优质种质。

通过不同技术手段，可以产生不同品种类型。国外大麻育种工作进展很快，且在 1960 年以前主要采用包括个体选择和集团选择在内的系统选育。1980 年以后进入汉麻选育阶段，重点进行降毒筛选。乌克兰、法国、荷兰、匈牙利和加拿大走在了汉麻新品种选育的前沿。乌克兰、法国、德国、波兰和罗马尼亚主要选育成熟期一致、THC 含量低的雌雄同株汉麻品种，匈牙利、意大利、西班牙和南斯拉夫则主要选育雌雄异株品种。我国大麻育种研究始于 20 世纪 60 年代，主要经历了农家品种整理、国外品种引种、资源创新及新品种选育等过程。早期主要在引种和南种北种方面提出了指导性意见，但成功案例较少。20 世纪 90 年代末开始汉麻新品种选育研究。值得一提的是，2001 年云南省农科院育成了第一个汉麻新品种，自 2002—2016 年云南省农科院育成 7 个新品种，纤维含量为 18%~22%，推动了云南地方经济发展。在纺织业的引导下，黑龙江省汉麻原料生产发展迅速，也是纤维型品种的主要培育基地，2014—2018 年黑龙江育成了 14 个新品种，其中 10 个为纤维型，纤维含量在 22% 以上，个别品种纤维含量近 30%。近年随着汉麻工业用途的不断拓展研究，食品、医药、新材料等领域均对品种类型提出了新要求，因此，品种培育也向多元化发展，籽用型、籽纤兼用型品种相继问世。虽然我国在汉麻育种上开展了大量工作，但与国外育种技术先进的法国、乌克兰、荷兰、匈牙利等国家相比，整体仍存在一定的差距，如品种出麻率比国外育出的品种低，THC 含量比国外的品种高，所以我国还要加强汉麻新品种选育方面的研究，尽快培育出不同用途的汉麻新品种，满足工、农业生产需求，推动汉麻产业向前发展。

我国地域辽阔，大麻分布极广，各地大麻产区的生态和生产条件差别较大，品种的地理性极强，因而选育汉麻品种只能从当地的地理条件和生产需求出发。如有的产区选育目标主要是解决丰产性和早熟性之间的矛盾，有的产区主要是以选育丰产性强、纤维品质好的品种为目标，虽然各地选种目标不尽相同，但由于我国大麻栽培以纤维用为主，因而目前汉麻大部分育种工作的目标还是以纤维产量高、优质、抗逆性强和生育期适宜等为主。特别是黑龙江省的自然生态环境条件适宜，地处我国的最北部，夏季日照长，昼夜温差大，有利于纤维的形成和积累，而汉麻是一种喜冷凉多湿的短日照作物，在地理和生态上，黑龙江省整个地区的纬度都处于 43° 以上，是比较适宜汉麻大面积种植的区域。

第二节　引种

汉麻引种（hemp introduction）泛指从外地或外国引进汉麻新品种，通过适应性试验，直接在本地推广种植。引种材料可以是种子、营养器官（如分枝）或染色体片段（如含有目的基因的质粒）。虽然不是创造新品种，却是解决生产上迫切需要新品种的迅速有效途径。所谓汉麻驯化，就是科研工作者对汉麻适应新的地理环境能力的利用和改造。由外地引入汉麻种苗或种子后，虽然可以用于生产栽培，但不能达到开花、结实阶段，或者根本就不能留种，这只能算是"引种栽培"，尚未达到"引种驯化"的程度。所以说，引种和驯化是一个整体的两个方面，既相互联系又有区别。引种是驯化的前提，驯化是引种的客观需要，没有驯化，引种便不能彻底完成使命。汉麻引种是人类一项技术经济活动，有着明确的经济目的。

一、引种的意义

引进适宜栽培的汉麻品种，丰富了我国的汉麻种类。引进综合性状好、适应性强的汉麻优良品种，经引种试验和认定登记后，可直接在生产中利用，有效地提高了我国的汉麻产量和品质，并迅速产生巨大的经济效益。

国内各省和地区间也相互进行了广泛的引种工作，对提高汉麻产量也收到了明显的效果，如把南方的汉麻引至北方，其原茎产量和纤维产量比当地种植均有提高。可见，引种是快速解决当地汉麻优良品种缺乏、增加新作物类型及发展汉麻生产的有效措施。

二、影响引种成功的因素

（一）温度

汉麻对温度的要求不高，同一品种在各个生育期要求的最适温度也不同。一般来说，温度升高能促进汉麻生长发育，温度降低会延迟生长，但汉麻生长和发育是两个概念，生长和发育所需的温度是不同的。例如，汉麻种子经过低温处理后，能打破休眠，促进发芽和生长。

（二）光照

光照充足，有利于汉麻的生长，但在发育上，对光照的要求却是十分严格的。汉麻是短日照作物，在生长向发育过渡的时期，对光照有着特殊的要求。我国北方夏季日照长，因而汉麻北移，日照延长，生殖发育受到抑制，而生长时期延长，积累了更多的营养物质，对茎秆和纤维形成有利，为提高产量提供了更多的良好条件。反之，汉麻南移，日照缩短，生长发育受到抑制，而生殖发育提前开始，阻碍了营养物质的积累，造成了茎秆矮小、提前开花的现象，降低了茎秆和纤维的产量。

（三）纬度

在纬度相同或相近的地区间引种，由于地区间日照长度和气温条件相近，相互引种一般在生育时期和经济性状上不会发生太大的变化，所以引种易成功。例如，我国黑龙江引进了乌克兰的品种格列西亚，通过引种试验，发现该品种最适宜在黑龙江省种植，并于2017年通过了黑龙江省农作物品种审定委员会的认定。纬度不同的地区间在引种时，由于处于不同纬度的地区在日照、气温和雨量上差异很大，因此要引种的品种，在这三个生态因子上得不到满足，就很难成功，如加拿大的品种Fenimon等引种至我国黑龙江，无论是在生物产量还是经济产量方面，表现均较差，导致了引种的失败。所以，纬度不同的地区间引种，需要了解汉麻品种对温度、光照以及雨量的要求。

（四）海拔

由于海拔每升高 100 m，日平均气温要降低 0.6 ℃，在云南省高海拔地区的汉麻品种引种至低海拔地区，植株比原产地高大，种子产量增加；相反，植株比原产地矮小，生育期延长，种子产量降低。同一纬度不同海拔地区引种要注意生态因子中的温度等因素。

（五）栽培水平、耕作制度、土壤情况

引入品种的栽培水平、耕作制度、土壤情况等条件与引入地区相似时，引种容易成功。只考虑品种不考虑栽培、耕作等条件往往会使引种失败，如将适宜东北黑土环境下的汉麻材料引种至贫瘠的土壤栽培，在不额外增施肥料的情况下，则会出现植株矮小、产量降低的现象，最终导致引种的失败。

（六）汉麻的发育特性

在汉麻的生长过程中，存在着对温度、日照反应不同的发育阶段，即感温和感光阶段。感温阶段是汉麻生长的第一阶段，当温度不能满足要求时，汉麻生长就会停滞。当汉麻通过感温阶段后，就进入了感光阶段。只有通过此阶段，汉麻才能现蕾结实。在感光阶段中，光照和黑暗起主导作用和决定性作用。汉麻属于短日照作物，即一般认为汉麻起源于低纬度地区，它们通过感光阶段时，要求在 12 h 以下的日照。在一定范围内，日照时间越短，黑暗时间越长，现蕾开花时间提早；而在长日照条件下，则不能通过感光阶段。

了解汉麻的感温阶段和感光阶段的生长发育特性，对引种和栽培都有指导作用。在以收获籽食为目的引种汉麻时，必须满足它对日照长度的要求才能获得成功；在以收获茎秆和纤维为目的引种汉麻时，要尽量不满足它对日照的要求，使其现蕾期推迟，促使其茎秆充分生长，达到丰收的目的。

三、引种的基本步骤

为确保引种的成功，必须按照引种的基本原则，明确引种目标和任务，并按照一定的步骤进行。

（一）引种计划

引入品种材料时，首先应从生育期上评估哪些品种类型能适应本地自然条件和生产要求，然后确定从哪些地区引种和引入哪些品种。引入品种和材料尽量要多一些，保证初步试验的用种量。

（二）引种材料的检疫

引种过程中往往也是一些病、虫、杂草的传播途径。所以，要严格检疫，对检疫材料及时用药处理，清除杂草杂物。引入后要在检疫圃进行隔离种植，一旦发现新的病、虫、草害，要彻底清除，防止蔓延。

（三）引种材料的试验鉴定和评价

为确定某些引进品种能否直接用于生产，必须通过引种试验鉴定。只有对引入品种进行试验鉴定，了解该材料在本地的生长发育特性，对它们的实际应用价值进行判断后，才能决定是否进行认定推广。不可盲目利用，以免造成损失。

1. 观察试验

以当地认定推广的汉麻品种为对照，与引入的材料进行比较试验，初步观察它们对本地生态条件的适应性、丰产性和抗逆性等，选择表现好、符合要求的材料留种，供进一步比较试验用。如，有些美国的汉麻材料引入我国后，汉麻大斑病的发病率显著提升（如图3-1）。

（a） （b）

图 3-1 汉麻大斑病

2. 品种比较试验和区域试验

对于观察试验中表现较好的品种，对其进行品种比较试验和区域试验，了解它们在不同自然条件下、耕作条件下的反应，以确定最优品种及其推广范围，同时加速种子繁殖。

3. 配套栽培技术

对于确定引入的汉麻品种，要进行栽培试验，探索品种特性，制定适宜的栽培措施，发挥引进品种的生产潜力，以达到高产、优质的目的。

四、引种实例

以黑龙江省科学院大庆分院外引高纤型汉麻品种格列西亚（Глесия）为例。该品种是乌克兰农业科学院麻类研究所（原名为乌克兰农业科学院东北农业研究所麻类试验站）选育的"高纤、低毒、雌雄同株汉麻品种"，在乌克兰已审定登记，命名为 Глесия。黑龙江省科学院大庆分院自乌克兰农科院东北农业研究所麻类试验站引进该品种后，在黑龙江省多地开展了该品种的引种试验［大庆市星火牧场、原沈阳军区后勤基地（克山）、宁安市镜泊湖亚麻有限公司、龙江县农业技术推广中心、黑龙江省云山农场、黑龙江省尾山农场和哈尔滨沃尔泰种业公司等］，品种综合表现优异，2017 年 Глесия 品种在黑龙江省经区域试验及生产试验后实现了认定推广（表 3-1）。

该品种为纤维型雌雄同株的工业用大麻品种。在适应区全生育期约 95 d（出苗至种子成熟生育日期），工艺成熟期 82 d（出苗至纤维成熟生育日期），需 ≥10 ℃活动积温 2 000～2 400 ℃。幼苗淡绿色，成株浅绿色、呈掌状复叶，中部复叶由 7 片小叶组成，茎秆绿色。雄花淡黄色。种子呈卵圆形，种皮为黄褐色，外被深褐色花纹，千粒重约 18.1 g。株高 189.7 cm，茎粗 5.4 mm。全麻率 33.6%，比对照品种高 11.6 个百分点。四氢大麻酚检测结果：四氢大麻酚含量 0.025%。品质分析结果：纤维强力 463 N，分裂度 46 Nm。检疫性病虫害检测结果：未发现国家规定的植物检疫性及危险性有害生物，未发现本省规定的植物检疫性及危险性有害生物。抗倒伏性和抗病性较强。

表 3-1　格列西亚品种产量性状

	年份	公顷产量/kg		增产/%		对照品种
		原茎	纤维	原茎	纤维	
区域试验	2015	9 037.6	2 489.0	1.7	60.4	火麻一号
	2016	8 468.6	2 411.3	1.0	53.6	火麻一号
	平均	8 753.1	2 450.1	1.4	57.0	
	年份	公顷产量/kg		增产/%		对照品种
		原茎	纤维	原茎	纤维	
生产试验	2016	7 500.6	2 130.6	2.5	63.3	火麻一号
	平均	7 500.6	2 130.6	2.5	63.3	火麻一号

第三节　系统育种

系统育种（pedigree breeding method）又称选择育种（breeding by selection），指对现有的品种群体中出现的自然变异进行性状鉴定、选择，并通过品系比较试验、区域试验和生产试验培育农作物新品种的育种途径。系统选育的要点是根据既定的育种目标，从现有汉麻品种群体中选择优良个体，实现优中选优和连续选优。这是汉麻育种中最基本、简易、快速而有效的途径。

选择育种是利用现有汉麻品种群体中出现的自然变异，从中选择出符合生产需要的基因型，并进行后续试验，无需人工创造变异。另外，汉麻群体中的自然变异，特别是本地区推广品种中的有利自然变异，从中进行选育，往往就能很快育成符合发展所需的新良种。当然，在品种群体中出现了个别的特殊优异变异，如其综合性状不够理想或其他性状欠缺，也可将其作为育种的中间材料加以利用。前者可以说是自然变异在育种上的直接利用，后者可以说是其间接利用。

火麻一号选育流程："火麻一号"是黑龙江省科学院大庆分院自主选育的汉麻品种。该品种采用系统选育方法，从资源 ZH1 中选育成。2004 年在 ZH1 资源群体中，发现 4 个优良变异单株，对 4 个变异植株分别挂牌套袋隔离，标记为 Z1、Z2、L1、L2。利用单株选择方法选择，通过对比，从 Z2 变异单株材料中选择出 2007-2-16 优良株系，并对该株系进行隔离繁殖。通过品系比较试验，发现该品系表现良好。随后，进行了 2 年的全省区域试验和 1 年的生产试验，最后，于 2014 年经黑龙江省农作物品种审定委员会登记，命名为"火麻一号"，并准予推广。

选择育种方法也有其不足的一面，它是从自然变异中选择优良个体，因此只能从现有群体中分离出好的基因，改良现有材料，而不能有目的地创新，产生新的基因型。

第四节　杂交育种

不同汉麻品种间杂交获得杂交种，继而在杂交种后代进行选择，育成符合汉麻生产要求的新品种，称为汉麻杂交育种。这是国内外目前应用广泛且成效明显的一种育种方法。现在我国用于生产的主要汉麻优良品种绝大多数都是用杂交育种的方法育成的。

为了达到茎秆产量高、出麻率高、麻纤维分裂度高等杂交育种的具体目标，在育种开始之前，必须拟定杂交育种计划，包括具体的育种目标、亲本选配、杂交后代的处理等。目前，汉麻杂交育种是适用最广、成效最明显的一种育种的方式，可综合双亲的优良性状，还可能获得超亲性状。

汉麻杂交育种的指导思想主要是组合育种（combination breeding）。组合育种是将分属于不同品种的、控制不同性状的优良基因随机结合后形成各种不同的基因组合，通过定向选择育种集双亲优点于一体的新品种，其遗传机制主要是基因重组和互作。例如，将分别属于两个亲本的花叶产量高和籽实高产结合育成既花叶高产又种子高产的新品种汉麻 8 号。组合育种所处理的性状，其遗传方式大多比较简单，鉴别也比较容易，所以长期以来汉麻的育种多按组合育种的指导思想进行。

正确地选配亲本是杂交育种工作的关键，亲本选择得当，其后代出现理想的类型就多，并且容易选出优良的品种。从一个优良的杂交组合后代中，往往能在不同的选育阶段育成多个优良品种。例如以花叶产量高、晚熟资源材料 UW4 为母本，以早熟、籽实高产、蛋白质和脂肪含量高的加引 1 号为父本进行杂交，选育出了汉麻 7 号和汉麻 8 号，后来经过遗传改良，又选育出了优良汉麻品系 H2020-251 号等高大麻二酚含量型中间材料。相反，如果亲本选择不当，即使在杂家后代中精心选育多年，也是徒劳无功。由此可见选配亲本的重要性。

一、亲本的选择

亲本选配要依据明确的育种目标，在熟悉所掌握的原始材料主要性状和特性及遗传规律的基础上，只有选用恰当的亲本，并且组配合理，才能在杂交后代中出现优良的重组类型，从而选出优良的品种。一般亲本选配原则如下：

（一）双亲都具有较多的优点，没有突出的缺点，在主要性状上的优点尽可能互补

这是亲本选配中的一条重要基本原则，其理论依据是基因的分离和自由组合。由于一个地区育种目标所要求的优良性状总是多方面的，如双亲都是优点多、缺点少，那么杂交后代通过基因重组，出现综合性状较好材料的概率就大，就有可能选出优良的品种。同时，汉麻的许多经济性状，如株高、出麻率、成熟时期等大多表现为数量遗传性状，杂交后代的表现和双亲的平均值就有密切的关系。所以，就主要数量性状而言，选用双亲均具有较多优点的材料，或在某一数量性状上一方稍差，另一方很好，能予以弥补，后代表现总的趋势也较好，容易从中选得优异材料。从目前育成的汉麻品种看，其亲本选配基本上都注意了这个原则。以2020年黑龙江省科学院大庆分院选育的汉麻10号为例，选择优质、高产、抗性强和适应性广的火麻一号为母本，以出麻率高的雌雄同株资源ED-1为父本配置杂交组合，如图3-2。

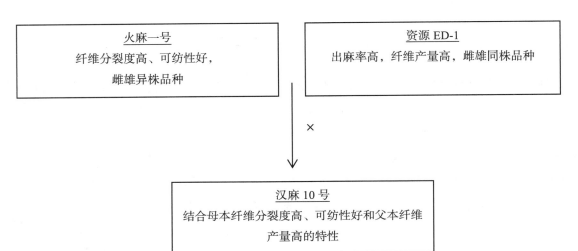

图3-2　汉麻10号品种及其亲本特性

性状互补要根据育种目标抓住主要矛盾，特别是注重限制产量和品种，进一步提高主要性状。一般来说，首要考虑产量构成因素，当育种目标要求的产量因素结构是株高、分枝高度时，可采用高株高型和少分枝型相互杂交。其次是要考虑影响稳产的性状，如抗病性、抗旱性等抗逆性状，以及品质性状的互补。当育种目标要求在某个性状要有突破时，则最好选择双亲在这个性状上表现都较好并有互补作用。双亲之一不能有缺点太严重的性状，特别是在重要性状上，更不能有难以克服的缺点，否则易导致后代在生产上没有利用价值。

（二）亲本之一最好是能适应当地条件、综合性状较好的推广品种

品种对外界条件的适应性是影响丰产、稳产的重要因素。杂种后代能否适应当地条件与亲本的适应性关系很大。适应性好的亲本可以是农家种，也可以是国内改良种和国外引进品种。在自然条件比较严酷，受寒、旱、盐碱等影响较大的地区，当地农家种经历长期的自然选择和人工选择，往往表现出比外来品种有较强的适应性，在这种地区最好选用农家品种作为亲本。为培育适宜于云南省纬度 23° N 以北、海拔 1 500 ~ 2 300 m 地区种植的品种，郭鸿彦等以云南本地（滇南）具有籽纤兼用、晚熟、植株高大、高产特

性的农家品种为母本，以具有低 THC、籽用型、极早熟、植株矮小特性，来源于高纬度地区外引品种 W1 为父本，杂交选育出早熟品种"云麻 3 号"。

（三）注意亲本间的遗传差异，选用生态类型差异较大、亲缘关系较远的亲本材料相互杂交

不同生态型、不同地理来源和不同亲缘关系的品种，由于亲本间的遗传基础差异大，杂交后代的分离比较广，易于选出性状超越亲本和适应性比较强的新品种。一般情况下，利用外地不同生态类型的品种作为亲本，容易引进新种质，克服当地材料作为亲本的某些局限性，增加成功的机会，如以花叶产量高、晚熟资源材料 UW4 为母本，以早熟、籽实高产、蛋白质和脂肪含量高的加引 1 号为父本进行杂交，从杂交后代中选育出了汉麻 8 号、汉麻 11 以及很多表现优良的品系。相反，若过于追求双亲具有很远的亲缘关系，遗传差异越大，定会造成杂交后代性状分离也就越大，分离世代延长，影响育种的效率。一般过去所讲的地理远缘或地理差距有时候虽然可以反映其遗传差异，但两者之间并无直接联系。尤其是近代以来相互频繁地引种，世界各地常常共享汉麻种质资源，许多汉麻品种经过多次杂交改良后，已经很难从地理位置上判断其亲缘关系的远近了。

（四）杂交亲本应具有较好的配合力

亲本本身优良性状多、缺点少，是选择亲本的重要依据，但并非所有优良品种都是优良的亲本。例如黑龙江省科学院大庆分院在配制的杂交组合中，用一个国外引进的资源 WK-23 进行杂交组合，该资源 THC 含量极低、出麻率较高、纤维品质好，在原地区产量也高，但是用它和本地品质火麻一号做亲本，配制了两个杂交组合，通过多次试验，虽然达到了花期相遇、正常授粉，但结实率极低，最终也没有获得成功。

所谓配合力，是指亲本与其他亲本结合时产生优良后代的能力。对于特定的材料，需要考虑它们的特殊配合力，即两个特定材料杂交组配后代在某个数量性状的表现。一般配合力好的亲本，在其配制的杂交组合中都能产生较多的、稳定的优良品系，往往容易得到很好的后代，容易选出好的品种。即一个优良的品种常常是好的亲本，在其后代中能分离出优良的品系，但并非所有的优良品种都是好的亲本。所以，在选择亲本的时候，需要注意配合力的问题。

二、杂交技术

杂交工作前，应对汉麻的花器构造、开花习性、授粉方式、花粉寿命、胚珠受精能力以及持续时间等一系列问题有所了解。并对汉麻的不同品种在当地条件下的具体表现有一定的认识，才能有效地开展工作。

（一）调节开花期

如果双亲品种在正常播种期播种的情况下花期不遇，则调节花期的方法是亲本的花期相遇。

最常用的方法是分期播种，一般是将花期难遇的早熟亲本或主要亲本每隔 10 ～ 15 d 为 1 期，分 2 ～ 3

期播种。对于汉麻这种对光敏感的作物，可通过缩短光照的方式促进开花。

（二）控制授粉

准备用作母本的材料，必须防止异花授粉。需要在母本的雌蕊成熟前进行去雄，对于雌雄异株的汉麻材料，只需将雄株拔出即可［图 3-3（a）］；对于雌雄同株的汉麻材料，需要每天人工夹除雄花［图 3-3（b）］。

（a）雌雄异株的雄花　　　　　　　（b）雌雄同株的雄花

图 3-3　雌雄异株和雌雄同株材料的雄花

授粉最适时间一般是每日的上午 9—11 时，此时采粉较易。所采花粉应该是纯洁的、来自亲本典型植株上的新鲜花粉。一般在开花期柱头受精能力最强，此时的柱头光泽鲜明，授粉后结实率高。

（三）授粉后的管理

杂交后在植株上挂牌，标明父母本名称，授粉后雌花变褐色，要及时对授粉未成功的花补充授粉，以提高结实率，保证杂种种子的数量，务求按照计划完成所有杂交组合的配制。

三、杂交方式

杂交方式是指一个杂交组合里要用多少亲本，以及各亲本间如何配制的问题。他是影响杂交育种成效的重要因素之一，并决定杂种后代的变异程度，杂交方式一般需根据育种目标和亲本的特点确定。一般汉麻的杂交方式是单交，两个亲本可以互为父、母本，因此又有正交和反交之分。

四、杂种后代的选择

通过正确地选配亲本，并运用适当的杂交方式，获得杂种后，应进一步根据育种目标，在良好而一致的试验条件下种植汉麻杂种种子，并保证有足够数量的杂种分离群体。

（一）系谱法

自杂交种第一世代开始选株，分别种植成株，即系统，以后各世代均在优良系统中继续进行单株选择，直至选出性状优良一致的系统升级进行产量试验。各世代予以系统编号，以便考察株系历史和亲缘关系，故称作系谱法（pedigree method）。

黑龙江省科学院大庆分院选育的汉麻 11 就是用系谱法选育的，以植株长势繁茂、抗性强、花叶产量高，四氢大麻酚含量低、大麻二酚含量高的优良品系 UW4-1 为母本，以千粒重大、籽实产量高的佳木斯大粒（农家种）为父本进行杂交，利用系谱进行选择，经过 7 个世代的优良选择，决选出优良新品系 2017—106，当年进行田间品系鉴定试验，表现出籽实和花叶高产、蛋白质和脂肪含量高、中熟、抗逆性强等优良特性。选育经过，如图 3-4 所示。

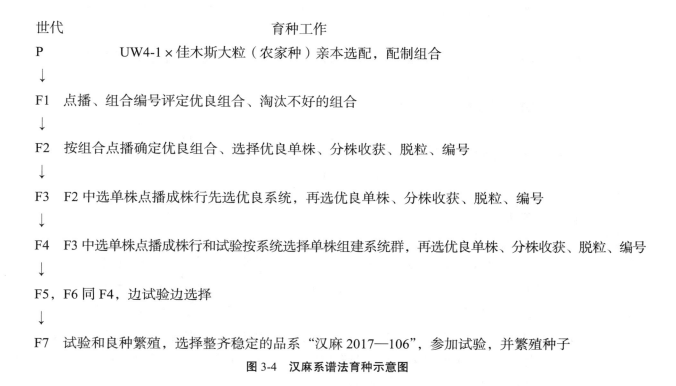

世代	育种工作
P	UW4-1×佳木斯大粒（农家种）亲本选配，配制组合
↓	
F1	点播、组合编号评定优良组合、淘汰不好的组合
↓	
F2	按组合点播确定优良组合、选择优良单株、分株收获、脱粒、编号
↓	
F3	F2 中选单株点播成株行先选优良系统，再选优良单株、分株收获、脱粒、编号
↓	
F4	F3 中选单株点播成株行和试验按系统选择单株组建系统群，再选优良单株、分株收获、脱粒、编号
↓	
F5，F6	同 F4，边试验边选择
↓	
F7	试验和良种繁殖，选择整齐稳定的品系"汉麻 2017—106"，参加试验，并繁殖种子

图 3-4 汉麻系谱法育种示意图

（二）衍生系谱法

衍生系谱法（derived line method）克服了系谱法和混合法的缺点，利用了它们的优点。由 F2 或 F3 的一个单株所繁衍的后代群体分别称之为 F2 或 F3 的衍生系统。这一方法是在 F2 或 F3 进行一次株选，以后各代分别按照衍生系统混合种植，而不加选择。淘汰明显不良的衍生系统，并逐步明确优良的衍生系统，直到产量和其他性状趋于稳定，再从更优良衍生系统内选择单株，种成株系，从中选择优良系统，进行比较试验，直至育成品种。以汉麻 8 号为例，以花叶产量高、晚熟资源材料 UW4 为母本，以早熟、籽实高产、蛋白质和脂肪含量高的加引 1 号为父本进行杂交，利用衍生系谱法进行选择，7 个世代选择，决选出优良新品系 2016—138，田间鉴定试验，表现出籽实和花叶高产、蛋白质和脂肪含量高、中熟、抗逆性强等特性。选育经过，如图 3-5。

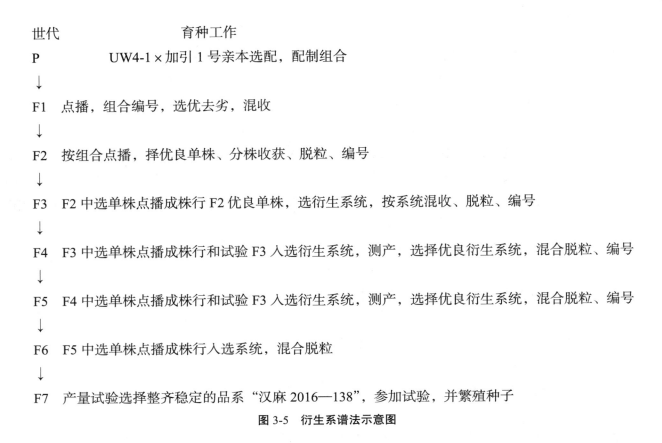

世代　　　　　　育种工作

P　　　UW4-1×加引 1 号亲本选配，配制组合

↓

F1　　点播，组合编号，选优去劣，混收

↓

F2　　按组合点播，择优良单株、分株收获、脱粒、编号

↓

F3　　F2 中选单株点播成株行 F2 优良单株，选衍生系统，按系统混收、脱粒、编号

↓

F4　　F3 中选单株点播成株行和试验 F3 入选衍生系统，测产，选择优良衍生系统，混合脱粒、编号

↓

F5　　F4 中选单株点播成株行和试验 F3 入选衍生系统，测产，选择优良衍生系统，混合脱粒、编号

↓

F6　　F5 中选单株点播成株行入选系统，混合脱粒

↓

F7　　产量试验选择整齐稳定的品系"汉麻 2016—138"，参加试验，并繁殖种子

图 3-5　衍生系谱法示意图

（三）单籽传法

单籽传法（single seed descent method，SSD），用两个亲本杂交，得到 F1，经自由授粉，得到 F2，在 F2 植株的每一株上或大量选株上各取一粒种子晋级到 F3，在 F3 每株仍取一粒种子晋级到 F4，再利用同法晋级至 F5、F6 代，直到所需的世代。一般晋级到 F6 代便可以进行单株收获了，在 F7 种成株行，F7 的株行数等于 F2 的选择株数。在 F7 的株行系统间要认真选择，中选系统分别混收，进行产量比较试验。

单籽传法在育种过程中尽可能地保存了杂种群体的遗传变异多样性。但该方法缺乏对后代株系的鉴定，全程中仅进行一次选择，保留了较多的品系进行后续比较试验，增加了后期的工作量。

五、杂交育种程序

汉麻属异花授粉作物，在杂交过程中，需要设置几个不同的试验圃，才能完成整个实验流程。

（一）原始材料圃和亲本圃

原始材料圃种植的是国内外搜集来的种质资源，分类种植，每份种植几十株。因为汉麻属于异花授粉作物，在同一个材料圃种植多份材料的时候，需要进行物理隔离，防止花粉乱飞，严防生物学混杂，保持原始材料的典型性和一致性。作为育种单位，需要不断引入新的种质资源，丰富育种材料的基因库。有目的地引入一些在株高、分枝性、花叶产量、活性物质含量、种子含油率等方面表现优异的材料。对所有材料的物候学特性和品种特性进行田间调查并记录。一般汉麻种质的低温保藏时间为 3~5 年，需分年轮流进行种植扩繁，这样不但可以减少工作量，还可以降低混杂。

从原始材料圃中每年选出合乎杂交育种目的的材料作为亲本。对于物候学特性不一致的亲本，需要分期播种，以便花期相遇；并适当增加株行距，便于进行杂交工作。

（二）选种圃

种植汉麻杂交组合的各世代群体的区域称为选种圃。采用系谱法时，在选种圃内连续选择单株，直到选出优良一致的品系进行升级为止。

（三）鉴定圃

主要种植从选种圃升级的新品系。根据汉麻新品系的特点，采取条播或者垄作方式，力求接近大田生产条件，进行初步的产量比较试验及性状评定。鉴定圃多采用顺序排列，每隔 2~3 个区种植一个对照材料。每一品系一般试验 1~2 年。产量超过对照品种且达到标准的优良品系升级至品种比较试验，不符合升级的材料可以淘汰。

（四）品种比较试验

种植由鉴定圃升级的材料，或继续进行品种比较试验的优良品系。如果试验小区面积相对较小，则需要重复3-5次。

（五）区域试验和生产试验

对表现优异的品种，可以送到品种的适宜地区，在不同地点进行区域试验和生产试验，以测试品种的适应性。

第五节　回交育种

回交育种是育种家改良汉麻个别性状的一个有效方法。用于多次回交的亲本称为轮回亲本（recurrent parent），又称为受体亲本（receptor parent）。只有一次杂交时应用的亲本，称为非轮回亲本（non-recurrent parent），也称为供体亲本（donor parent）。

轮回亲本必须是各方面农艺性状都很好的，只有个别缺点需要改造的品种。缺点多的品种不能用作轮回亲本，轮回亲本最好是当地适应性强、产量高、综合性状比较好，经过多年改良后仍有发展前途的推广品种。供体亲本须具有改进轮回亲本缺点所必需的基因，其他性状也不能有严重缺陷。

一、回交后代的选择

在回交后代中必须选择具备目标性质的个体再做回交才有意义，这关系目标性状能否被导入轮回亲本。以汉麻 5 号为例，以高产、农艺性状优良的五常 40 为母本，以出麻率高、纤维品质好、四氢大麻酚含量低的资源材料 SHD08-1 为父本配制杂交组合（五常 40×SHD08-1）。再利用 SHD08-1 为父本，回交 3 代，利用混合选择方法，通过温室加代选择与田间选择相结合进行选种，选择出低毒、高纤、优质及农艺性状优良的新品系 2016-1，如图 3-6。

年次	回交次数	回交过程	工作内容
		A×B	杂交，B 为供体
1		↓	
2	BC1	F1×B	A 回交于 F1
		↓	
3	BC2	BC1F1×B	从回交 1 代中选择具有供体性状的材料，但似 A 品种的材料
		↓	
4	BC3	BC2F1×B	从回交 2 代中选择具有供体性状的材料，但似 A 品种的材料
		↓	
5		BC3F1	从回交 3 代中选择具有供体性状的材料，但似 A 品种的材料
		↓	
6		BC3F2	自交，选择具有供体性状的材料，其余性状恢复成 A 品种的优良单株
		↓	
7		BC3F3	自交，选择具有供体性状的材料，其余性状恢复成 A 品种的优良单株
		↓	

图 3-6　汉麻 5 号回交育种步骤示意图

注：A 是五常 40，B 是 SHD08-1。

回交育种的目的，是使育成的品种除了来自非轮回亲本的性状外，其他性状必须恢复到和轮回亲本相一致的状态。在回交工作中，根据育种目标及亲本性状差异的大小，通常进行 3～4 次回交，即可恢复轮回亲本的大部分优良性状。以汉麻 5 号的育种过程为例，五常 40 属于高产、农艺性状优良的育种材料，但是在纤维品质和出麻率方面表现稍差，利用出麻率高、纤维品质好、四氢大麻酚含量低的资源材料 SHD08-1 进行回交的过程中，也得到了综合性状良好的中间材料，这些材料虽然与 SHD08-1 有些差异，却结合了五常 40 的部分性状，丰富了汉麻 5 号的遗传基础。值得注意的是，无论是杂交还是回交等不同育种方法，在亲本选择以及对后代筛选的过程中，亲本品种应典型性好，每一亲本品种和后代都应该选留性状优良、生长正常和无病的植株。如在回交育种中，其母本如为雌雄异株材料，应在现蕾期及时拔出母本中的雄株，母本为雌雄同株材料，应在开花前及时进行隔离，并在现蕾期对母本及时进行去雄花蕾处理，各个组合严格进行隔离种植。因汉麻为风媒传粉，在室内和温室进行育种需每天上午适宜时间进行人工辅助授粉一次。在每一育种周期的几个发育关键阶段，对单株进行快速半定量大麻酚类检测，优选出的单株进行标号挂牌。辅助筛选低毒材料，着重对大麻酚类物质如四氢大麻酚（THC）、大麻二酚（CBD）和大麻酚（CBN）进行科学评价，重点筛选 THC 含量最低的单株材料，经过几轮降毒优选，组合内材料的 THC

含量会逐渐降低，高 THC 含量的材料在此过程中逐渐被剔除，育种后代材料 THC 含量降低，甚至达到无毒。

二、回交育种的特点及其价值

应用回交法进行汉麻品种改良时，通过杂种与轮回亲本多次回交可对育种群体的遗传变异进行较大程度的控制，使其按照育种目标的方向发展。既可保持轮回亲本的基本性状，又增加了非轮回亲本的特定目标性状，这是回交育种的最大优点。

回交育种法需要的育种群体较小，主要针对轮回亲本中被转移的目标性状进行选择，因此，只要是这种性状得到发育和表现，在任何环境下都可以进行回交育种。目前，在温室大棚、育种间进行加代，缩短了育种年限，提高了育种效率。

用回交育种法培育的汉麻新品种，在农艺性状方面与轮回亲本的相似度较高，其生产性能、适应范围及所需的栽培条件也与轮回亲本相似。所以可以适当免去一些复杂的比较试验，即可进行区域试验和生产试验，且在轮回亲本的主栽地区易于受到种植户青睐。

回交育种也有一定的局限性。回交方法选育的汉麻新品种仅仅是在原品种的个别缺点上进行改良，而大多数的性状没有提高。虽然利用逐步回交法改良了一个缺点后，再改良另一个缺点，使培育的汉麻品种趋于完善，但延长了育种年限，这是回交育种法的最大弊端。

第六节　诱变育种

诱变育种（induced mutation breeding）是指在人为控制的条件下，利用各种物理和化学因素诱导植物，使其产生变异，再通过选择可遗传的目标性状而培育出种质资源或新品种的方法。与常规育种相比，诱变育种方法操作简单，突变频率显著提高，可在较短的时间内获得更多的变异类型，丰富了遗传变异范畴，扩大了突变体资源库，为育种工作者筛选和创制种质、品种提供了崭新的平台和手段。诱变方法包括物理诱变和化学诱变，其中物理诱变以 γ 射线、X 射线与 ^{32}P 内照射、快中子处理为主，尤以射线处理获得的品种较多，化学诱变利用甲基磺酸乙酯（ethyl methanesulfonate，EMS）进行诱导，并取得了一批研究成果。

随着人类对宇宙空间的深入认识，特别是各类飞行器（卫星、飞船、空间站、航天飞机）的出现，空间生命科学应运而生，并得到了迅速发展。近几十年来，航天诱变育种已成为空间生命科学研究的重要内容之一。所谓航天诱变育种（spaceflight mutation breeding）就是指在距离地球 20～40 km 的高空进行各种农作物飞行搭载处理，使农作物在太空特殊环境条件下产生突变，返回地面种植选育，获得生物新品种。航天诱变育种是航天技术、生物技术和农业育种技术相结合的产物，是近几十年来产生的一种崭新的育种技术。与传统辐照育种相比，航天搭载育种具有诱变作用强、变异幅度大和有益变异多等优点，可从中获得传统育种难以获得的罕见种质材料，特别是对于产量和品质等经济性状能产生重大影响的特异性状。

一、诱变剂处理方法

汉麻进行诱变育种时，通常利用种子进行诱变处理，因为其操作方便，能大量处理，便于运输和贮藏。

对于没有诱变条件的单位也可以邮寄处理。另外，种子对环境适应能力强，可以在极度干燥、高温、低温或真空等条件下进行处理，也极易在氮气或氧气等条件下进行处理，适于进行诱变效应等研究，但缺点是所需剂量和强度较大。另外，种子生理状态、环境条件以及处理后的贮存时间对诱变效应都有一定的影响，须注意控制。

（一）物理诱变剂处理方法

当被照射的汉麻种子所受的辐射来自外部某一辐射源时，如钴源、χ 射线源和中子源等，则称之为外照射。这种方法操作简便，处理量大，是最常用的处理方法。目前，^{60}Co-γ 射线诱变已成为培育汉麻新品种的重要手段之一。采用物理诱变 ^{60}Co-γ 射线产生突变体是创造新种质的有效途径之一。^{60}Co 的获得，是将同位素 ^{59}Co，在原子反应堆里的中子流冲击下，激发形成不稳定的同位素即 ^{60}Co，释放 γ 射线。在辐射育种中，适宜辐射剂量的选择是诱变成功的前提。

实践中多以半致死剂量作为判断植物种子辐射适宜剂量的指标。辐射后，汉麻种子发芽受到一定程度的抑制。50 Gy-γ 射线辐射后，种子发芽率与对照较为接近。100 Gy 以上的 γ 射线辐照后，种子发芽率明显降低，不同品种种子的发芽率也有所不同，根据种子死苗率的情况观察，种子发芽受到中等程度抑制的情况表现为：五常 40 抗性较差，筛选剂量约为 100 Gy；农安 2，筛选剂量约为 150 Gy；火麻一号，筛选剂量约为 150 Gy；格里昂，筛选剂量约为 150 Gy；格列西亚，筛选剂量约为 150～200 Gy；金刀 15 抗性较强，筛选剂量 150～200 Gy。

种子发芽率、苗高、根系、鲜重等指标也常作为确定适宜辐射剂量的指标。经 ^{60}Co-γ 射线辐射后，植株生长受到了不同程度的抑制，随辐射剂量增加，抑制作用加强。而在 5 月 16—24 日是生长势最快的一个阶段。各个材料的株高随着处理剂量的增加而降低，五常 40 在 100 Gy 株高就呈现明显下降；农安 2 在 150～200 Gy 之间株高呈现明显下降；火麻一号在 150 Gy 株高也呈现明显下降；格里昂在 150 Gy 株高呈现明显下降；格列西亚，在 200 Gy 株高呈现明显下降，其筛选剂量为 150～200 Gy；金刀 15，在 200 Gy 株高呈现明显下降。

根据种子出苗期可以看出，γ 射线辐射延缓了种子发芽，这种延缓效应随辐射剂量增大而增大，种子受到 γ 射线辐射后，辐射效应会在田间出苗上表现出来。可见，汉麻种子 ^{60}Co-γ 射线的辐照剂量应集中在 100～200 Gy 之间进行筛选，不同品种的汉麻种子对 ^{60}Co-γ 射线的敏感性不同，针对不同品种还要进行单一精确的试验。

（二）化学诱变剂处理方法

与物理诱变一样，汉麻种子是主要的处理材料。常用的方法是浸泡法，把种子浸泡在适当的诱变剂溶液中。用化学诱变剂处理时必须有足够的溶液进入细胞，处理种子必须使种子完全被溶液浸透。处理湿润种子或者萌动的种子可以比处理干种子减少时间。

运用化学诱变剂甲基磺酸乙酯（EMS）来进行诱变是一种较为简便、经济、易操作的诱变方法。EMS可以通过与 DNA 核苷酸中的碱基对作用使其结构改变，诱发点突变。此诱变方法对植物基因组的改变较小，类似于自然界的自发突变，对作物产生的不利影响较小，故经常被人们用来进行化学诱变育种。EMS

诱变具有两面性，需要选择合适的诱变条件来达到需要的诱变目的。

明确 EMS 诱变的适宜条件是开展 EMS 诱变育种研究的前提。EMS 在大麻上的诱变只有少数人进行过研究。考虑到品种与地域的特异性，有必要重新研究筛选确定特定品种的适宜诱变条件，为相关人员开展下一步的诱变育种提供参考。通过试验，发现汉麻汾麻 3 号适宜的 EMS 诱变条件是：用体积分数为 2.5% 的 EMS 浸种处理 7.5 h；汉麻火麻一号的适宜 EMS 诱变条件是：用体积分数为 1.5% 的 EMS 浸种处理 8 h。

发现 EMS 诱变可以使植物从 M2 代开始发生不同类型的农艺性状及生物学性状的遗传变异，实现突变体库的充分利用，缩短筛选到目标材料的周期，为种质创新或品种遗传改良提供了珍贵的中间材料或新种质。研究获得苗期和成株期发生变异的突变体，包括叶色变异、叶形变异、株型变异及生育变异 4 个类型。

（三）航天育种处理方法

航天育种是我国科学工作者开创的农作物诱变遗传改良的一种有效新途径。其方法是将作物的种子存放在卫星里，利用其在太空中的停留特性，通过太空中特殊的环境加强辐射、光照、磁场等，使种子内部的遗传物质发生变异，待卫星回收后，再结合常规的育种方法进行选育。

长征五号 B 运载火箭于 2020 年 5 月 5 日圆满完成首飞，"搭乘"它遨游太空的 3 500 粒汉麻种子也随之顺利完成航天育种任务。黑龙江省科学院大庆分院和加美汉麻生物科技（黑龙江）有限公司共同参与了此次搭载任务，他们将自主研发的纤维用、籽用及全新药用型工业用品种共计 3 500 粒汉麻种子送入太空，完成了首次汉麻的航天育种。

二、诱变育种程序

与其他育种方法一样，诱变育种首先要明确育种目标，并比较应用哪种育种方法最容易达到目的。

（一）诱变材料的选择

诱变育种一般选择高产、优质、综合性状优良和适应性广的品种为材料，通过诱变改良个别性状的缺点。选用的材料一般是稳定一致的品系，否则较难在后代进行鉴定和选择。

（二）诱变剂量的选择

除了根据育种高目标和育种工作者的具体条件选择合适的诱变剂外，还必须考虑处理的剂量。在改良个别性状的时候，为了减少发生突变，处理剂量可以稍微低一些。如果期望产生较多类型的突变体，以满足育种家进一步育种工作的需要，则应该采取较高的剂量。

（三）处理群体的大小

一般根据突变率和 M2 代群体大小来决定处理材料，考虑到 M1 的存活率和结实率问题，通常在 M1 代不进行选择。在 M2 代获特定有益性状突变体的频率很低，一般只有万分之一到百万分之一。

（四）后代种植和选择方法

系谱法：M1 不进行选择，M1 按单株进行收获，M2 按株行进行种植，易于发现突变体。M3 仍以株行方式进行种植，随着世代的提高，某些突变性状逐渐显现出来，所以，M3 是被选择为突变的关键世代。M4 及以后的世代，除了鉴定株系内是否整齐一致外，还得开展品系间的产量鉴定试验。

第七节　生物技术育种

植物细胞工程（plant cell engineering）是以植物组织和细胞培养技术为基础发展起来的一门学科。它以细胞为基本单位，植物细胞全能性是植物细胞工程理论基础。细胞全能性是指已经脱分化的植物细胞能再形成植株的能力。

一、汉麻细胞和组织培养

（一）培养基的种类和特点

汉麻离体培养过程中，无菌苗的获得是关键，选择适宜的消毒剂和处理时间，既有良好的除菌效果，大大降低了初始污染率，又获得了生长状态更好的实生苗。用体积分数为 75% 的乙醇浸泡 2 min 后，再用体积分数为 5% 的次氯酸钠溶液（NaClO）浸泡处理 15 min，出苗率达到 91.7%，没有污染的情况而且无菌苗的生理状态很好，叶片舒展、挺拔、整齐。

培养基是植物组织培养的物质基础，对国内外汉麻再生体系的培养基做的统计发现：Murashige and Skoog（MS）培养基是应用最广泛的培养基。所以，本研究选用 MS 培养基作为基本培养基。植物生长调节剂用量虽然微小，但却是不可或缺的，它可以调节培养物的生长发育进程、分化方向和器官发生。NAA 是广谱型植物生长调节剂，有促进细胞分裂与扩大、诱导形成不定根等作用。汉麻新品种龙麻一号适合的再生条件为：1.0 mg/L 6-BA 和 0.5 mg/L NAA 组合的愈伤组织诱导率最高，达到 91.67%；1.0 mg/L KT 和 0.5 mg/L NAA 组合较适合不定芽的分化，不定芽分化率达到 76.67%；0.05 mg/L IBA 和 0.05 mg/L NAA 激素组合生根能力较好，生根率达到 75%。

二、分子辅助育种

分子标记辅助育种是指利用与目标基因紧密连锁或者共分离的分子标记，对选择个体进行目标区域基因型进行鉴定，以期获得期望的个体，达到辅助选择，提高效率的目的。选择是育种中最重要的环节之一，传统育种方法是通过表现型间接对基因型进行选择，这种选择方法存在周期长、效率低等缺点，最有效的选择方法应是直接依据个体基因型进行选择。20 世纪 80 年代中期，随着分子生物学理论与技术的飞速发展，建立了以 DNA 为基础的新型遗传标记体系——分子标记，为作物遗传育种工作带来了新的研究工具，对汉麻种质资源的有效合理保护和利用、新品种的培育有着重要的理论指导和实践意义。

随着生物技术的发展，汉麻基因组序列也被测定组装出来，极大地推动了汉麻特异性标记的开发与利用。根据汉麻的基因组序列信息，利用 RADP、SSR 和 AFLP 等分子方法，寻找到了多对引物组合。但这些研究内容与重要农艺性状相关的分子标记研究较少，在某种程度上制约了分子标记在汉麻上的应用。尽管汉麻在分子生物学方面的研究起步比较晚、基础较差，但近几年也取得了可喜的进步，相信这些新技术结合传统育种技术一定能大大加快我国的汉麻育种进程，促进汉麻产业的发展。

三、转基因育种

汉麻转基因技术是指将外源基因通过物理、化学或生物学方法导入汉麻细胞并得以在汉麻基因组中遗传转化表达出相应功能的过程。目前，汉麻转基因育种主要采用农杆菌介导法。利用转基因技术对汉麻进行遗传改良是一种高效的分子育种手段，拓宽了可利用的基因资源，实现动物、植物和微生物之间有利基因的相互转移；实现对目标性状进行定向变异和定向选择，随着技术的进步，也能进行多个基因的共同定向转化；转基因技术为培育高抗、高产、优质的品种提供了新的途径，减少农药化肥的使用，有利于环境的保护；同时利用转基因技术可以提高选择效率，加快育种进程。目前，所能研究和改良的可能只是汉麻高产育种工作的冰山一角，还有大量工作要继续开展下去。

四、CRISPR/Cas9 基因组定向编辑技术

基因组定向编辑技术是近几年发展起来的对基因组进行定向精确修饰的一种技术。基因组定向编辑技术可以对基因组中的靶位点进行缺失、敲入、核苷酸修正等操作。当前备受瞩目的基因组定向编辑技术是 CRISPR/Cas9（ clustered regularly interspaced short palindromic repeats/CRISPR-associated nuclease 9， Cas9 ）技术，由导向 RNA 介导的基因组定向编辑技术。目前，通过优化外植体、选取品种、优化基因编辑工具等方法，在汉麻中首次成功获得了基因编辑植株以及具有卡那霉素抗性的稳定转基因植株。

现代汉麻产业飞速发展，对汉麻品种的要求更加多样，运用生物育种技术，改善汉麻的抗虫、抗除草剂、耐逆、抗病和品质等性状，并让这些有利于汉麻生产的性状在较短的时间内聚合，才能满足今后汉麻生产的需要。因此，综合利用生物育种技术，培育高产、优质、抗逆的突破性新品种，是中国汉麻育种发展的根本。

第八节　制种技术

良种繁育以及示范基地的建设，是从根本上解决作物品种和原料多、乱、杂等问题的重要手段，也是育种过程中的关键环节之一。

为保证汉麻种子纤维的纯度、品质和统一管理，通过规模化生产，严格对各个环节进行把关，可实现

统一规划、统一供种、统一播量、统一技术指导、统一收获、统一检查验收等环节，并有利于产业布局。对于汉麻这一特种经济作物来说，其开发利用优势已不仅限于农业，工业布局应用才是其根本出发点，基于此，在汉麻产业发展规划中，种植面积布局不可能超过玉米、大豆、水稻等主要粮食和经济作物，在有限的种植量和供应量的前提下，良种和原料基地建设成为产业前端规范供应链的有效手段，以推广优质、高产、高效汉麻种子和优质纤维原料为目标，以提高标准化生产、增强供种和原料能力为前提，不断满足农业和军需发展对品种和纤维优质化、标准化的要求，加大良种繁育和原料基地建设，推进区域化布局、规模化生产、专业化加工，对促进农业增收、提高产品品质、降低工业应用成本具有重要作用。

项目中通过良种繁育和生产示范基地的建设的实施，一方面实现了良种良法的标准化结合和技术示范，同时有效保证和推进了乌方优质品种如 Глесия 和 Золотоношские15 等品种在黑龙江省的种植示范和推广进程，有效起到了示范带动作用；另一方面也提高了品种在我省部分地区的良种繁育生产供应能力，对加快筛选适宜我省种植的高纤型汉麻品种具有推动意义，特别是对促进品种原料在军需用品方面的应用具有重要作用。

第四章　汉麻育种试验技术

近几年,我国的品种试验暴露出的一个主要问题就是育种策略落后于市场需求。汉麻是异花授粉作物,易于受到外界干扰,保持种性难度较大。具体体现在:首先从材料的利用率以及其抗逆性的能力看,同国外先进水平仍然存在很大的差距,研制出一些市场普遍需要的品种,无法满足市场的需求。从育种的质量看,同样无法满足市场的需求,很多品种的生育期已经超过对照,第一分枝高度相对较低、出麻率低、生物产量低、活性物质含量低、种子产量低等现象均有发生。从一定程度上来说,我国育种的水平还是与国外先进育种水平存在很大的差距,而且一些种子企业受到经济利益的驱使,急功近利,急于求成,导致育种质量受到很大的影响。因此,国家种子企业以及科研单位应该将汉麻种子的育种环节重视起来,积极借鉴国外先进技术,努力创新,研制出符合中国国情的适应中国种植的汉麻新品种。

第一节　汉麻有性杂交技术

杂交育种可将不同亲本的优良性状整合,是汉麻育种中获得新品种的最重要和最有效的途径。汉麻杂交育种是利用植物遗传规律,通过有性杂交,亲本遗传物质分离、重组,创新遗传变异,培育出具备双亲优良性状或综合性状超双亲的新品种,同时可以利用亲本的加性、非加性遗传效应,用无性繁殖保持杂合类型的遗传特性的育种方式。我国汉麻资源丰富,但许多品种都存在一定的缺陷,如 THC 含量高、出麻率低、分枝高度低等问题。杂交育种对改善品种的缺陷有很强的目的性,通过杂交育种可以将不同亲本的优良性状整合在一起,培育出综合性状优良的新品种。

汉麻杂交育种分为自然杂交和人工杂交两种类型。它们的区别在于授粉方式的不同,自然杂交采用地理隔离自然授粉的方式,在一个母本一个父本的组合中,获得子代;而人工杂交严格按照局部隔离的方式,人工配制多个杂交组合,并以人工授粉的方式进行(如图 4-1),获得杂种后代父母本清楚。局部隔离(隔离罩隔离法,如图 4-2)方法的提出和践行,是汉麻杂交育种的一次飞跃,以此为基础开辟了多条育种方法和途径。

图 4-1　配制杂交组合

图 4-2　隔离罩法开展杂交育种

在防止自然杂交的基础上进行环境控制杂交，即隔离罩隔离法，利用绳索、固定骨架等将无纺布隔离罩支撑起来，在隔离罩内部配制杂交组合，并通过控制花粉的扩散范围进行杂交授粉的方式。在授粉工作结束以后，根据实际情况，拔除雄株，撤掉无纺布隔离罩，等待收获，完成一次杂交育种工作。杂交育种过程中有几个关键点，具体如下。

一、掌握汉麻的开花物候期

进行开花物候观察，准确掌握汉麻杂交亲本的开花期（如图 4-3），以便不失时机地收集花粉和适时进行人工授粉，是杂交育种的重要环节。通过多年来对不同汉麻品种或种质资源开花物候的观察，基本掌握了黑龙江省认定推广品种及本地引种驯化的种质资源开花物候期，为适时进行汉麻杂交提供了有利的条件。不同地域的汉麻具有不同的物候学特性，根据生育期可分为早熟、中熟和晚熟三个类型，生育期为 80 ~ 200 d。所以，准确地掌握亲本的开花期是杂交育种的关键。

雌株开花　　　　雄株开花

图 4-3　汉麻的开花期

二、花粉的收集及储存

汉麻大多是雌雄异株，随着育种技术的发展，也培育出很多雌雄同株的品种。汉麻雄花为复总状花序，单生或群生，有花柄，每花有 5 个黄白色或紫色萼片，5 个雄蕊，花药附垂于细长的花丝上，花药二室，花粉黄白色，圆形，有刺。雄花的花药具有大量花粉（如图 4-4），汉麻开花期因品种不同，花期开放时间长短不一，一般为 10 ~ 25 d，在上午 9 ~ 12 时开放。用小剪刀剪下雄蕊，摊放在玻璃培养皿内，在室内气干半天，然后轻弹容器，便可获得花粉粒。

在汉麻新品种选育的过程中，了解花粉生活力，准确掌握花粉的储存条件及时间，能很好地解决雌雄花期不遇的问题。新鲜汉麻的花粉萌发十分迅速，培养 0.5 h 就开始萌发，2 h 后达到萌发高峰，4 h 后萌发率几乎不再增加，但花粉管并未停止生长。不同储存条件对汉麻花粉的萌发率影响很大，其中水分和温度是两个最重要的因素。干燥的花粉要比不干燥的花粉储存时间长。在常温下，未干燥的汉麻花粉生活力最多只能保持 3 d，干燥的花粉生活力也只能保持 5 ~ 8 d；干燥、密封后在 1 ~ 4 ℃条件下花粉活力最多可保持 30 d；干燥、密封后在-20 ℃条件下，储存 90 d 后的花粉还有较高的萌发率，储存 120 d 后的花粉也还有 34.76%的萌发率，这对育种工作和大田生产具有重要意义。

图 4-4　汉麻的雄花与花粉

三、人工授粉

根据育种目标，配制杂交组合，在现蕾期时，及时去掉母本中的雄花（包括雌雄异株的雄株和雌雄同株的雄花）。授粉时期，若父母本花期相遇，可正常开展人工授粉工作；若父母本花期不遇，则需要利用已经收集的花粉对母本进行授粉。授粉完成后的 5~7 d，雌花柱头会变褐缩回。

四、授粉后的管理

隔离罩内因空气的流动性差，汉麻的呼吸和蒸腾作用导致隔离罩内的温、湿度高于大气，特别是在夏季，病菌易繁殖浸染幼果造成落粒，影响种子的收获量，故授粉后适时摘除隔离罩是很重要的。授粉后至种子生理成熟的时间，尾叶桉需要 40~50 d。在此期间，需要做好授粉雌株的保护工作，包括去除有可能擦伤擦落和影响授粉果枝光照的其他枝叶，天气干旱时要给母本进行灌溉。

五、杂交种的收获

种子成熟后，要及时采收、处理和保存。当种皮由青色转变成褐色或出现花纹的时候，为果实已成熟的标志，要及时采收。对各个杂交组合进行单采、单晾、单独保存，并做好档案，记录各杂交组合的父母本情况、种子质量、千粒重等。种子晾干后，应在-20~-5 ℃的干燥环境下进行低温贮藏。

第二节　汉麻籽粗蛋白和粗脂肪含量测定

汉麻籽富含脂肪和蛋白质，可榨油，磨成蛋白粉或者制成汉麻籽乳等，在国外被称作"超级食品"。所以，在育种过程中，需要对种子的粗蛋白和粗脂肪进行测定，选择含量较高的材料。

一、粗蛋白的测定

（1）选取有代表性的种子（带壳种子须脱壳）挑拣干净，按四分法缩减取样，取样量不得少于 20 g。

（2）将种子放于 60～65 ℃烘箱中干燥 8 h 以上，用粉碎机磨碎，95％通过 40 目筛，装入磨口瓶备用。

（3）称样：称取 0.1 g 试样两份（含氮 1～7 mg），准确至 0.000 1 g，同时测定试样的水分含量。

（4）将试样置于 25mL 凯氏瓶中，加入加速剂粉末。除水稻为 1 g 外，其他均为 2 g。然后加 3mL 浓硫酸，轻轻摇动凯氏瓶，使试样被硫酸湿润，将凯氏瓶倾斜置于电炉上加热，开始小火，待泡沫停止后加大火力，保持凯氏瓶中的液体连续沸腾，沸酸在瓶颈中部冷凝回流。待溶液消煮到无微小的碳粒并呈透明的蓝绿色时，谷类继续消煮 30 min，豆类继续消煮 60 min。

（5）将试样置于 50 mL 凯氏瓶中，加入 0.5 g 加速剂和 3 mL 混液，在凯氏瓶上放一曲颈小漏斗、倾斜置于电炉上加热，开始小火（用调压器将电压控制在 175 V 左右），保持凯氏瓶中液体呈微沸状态。5 min 后加大火力（将电压控制在 200 V 左右），保持凯氏瓶中的液体连续沸腾。消煮总时间：水稻、高粱为 30 min，其他均为 45 min。

（6）蒸馏、消煮液稍冷后加少量蒸馏水，轻轻摇匀。移入半微量蒸馏装置的反应室中，用适量蒸馏水冲洗凯氏瓶 4～5 次。蒸馏时将冷凝管末端插到盛有 10 mL 硼酸—指示剂混合液的锥形瓶中，向反应室中加入体积分数为 40％的氢氧化钠溶液 15 mL，然后用蒸汽蒸馏，当馏出液体积约达 50 mL 时，降下锥形瓶，使冷凝管末端离开液面，继续蒸馏 1～2 min，用蒸馏水冲洗冷凝管末端，洗液均需流入锥形瓶中。

（7）滴定：以 0.05 mol/L 盐酸或硫酸的标准溶液滴定至锥形瓶内的溶液由蓝绿色变成灰紫色为终点。

（8）空白：用 0.1 g 蔗糖代替样品做空白测定。消耗酸标准溶液的体积不得超过 0.3 mL。

（9）测定结果的计算：

$$计算公式：粗蛋白质（干基）= \frac{(V2-V1) \times N \times 0.0140 \times K \times 100}{W \times (100-X)} \times 100$$

式中：　$V2$——滴定试样时消耗酸标准溶液的体积（mL）；

$V1$——滴定空白时消耗酸标准溶液的体积（mL）；

N——酸标准溶液的当量浓度（0.05 mol/L）；

K——氮换算成粗蛋白质的系数；

W——试样质量（g）；

X——试样水分含量（％）；

0.014 0——每毫克当量氮的量（g）。

二、粗脂肪的测定

（1）选取有代表性的种子，拣出杂质，按四分法缩减取样。试样选取和制备完毕，立即混合均匀，装入磨口瓶中备用。

（2）汉麻种子带壳，取样量不得少于 50 g。逐粒剥壳，分别称重，计算出仁率，再将子仁切碎。

（3）称取备用试样 2～4 g 两份（含油 0.7～1 g），准确至 0.001 g。置于 105±2 ℃烘箱中，干燥 1 h，取出，放入干燥器内冷却至室温。同时另测试样的水分。

（4）将试样放入研钵内研细，必要时可加适量纯石英砂助研，用角勺将研细的试样移入干燥的滤纸筒内，取少量脱脂棉蘸乙醚抹净研钵、研锤和角勺上的试样和油渍，一并投入滤纸筒内，然后将滤纸筒放入抽提管内。

（5）在装有 2 ~ 3 粒浮石并已烘至恒重的、洁净的抽提瓶内，加入约瓶体 1/2 的无水乙醚，把抽提器各部分连接起来，打开冷凝水流，在水浴上进行抽提。调节水浴温度，使冷凝下滴的乙醚速率为 180 滴/min，抽提时间一般需 8 ~ 10 h，至抽提管内的滤纸试验无油渍时为抽提终点。

（6）抽提完毕后，从抽提管中取出滤纸筒，连接好抽提器，在水浴上蒸馏回收抽提瓶中的乙醚。取下抽提瓶，在沸水浴上蒸去残余的乙醚。

（7）将盛有粗脂肪的抽提瓶放入 105 ℃烘箱中烘干 1 h，在干燥器中冷却至室温后称重，准确至 0.000 01 g，再烘 30 min，冷却，称重，直至恒重。抽提瓶增加的质量即为粗脂肪质量。抽出的油应是清亮的。否则应重做。

（8）测定结果的计算。

（9）计算公式

$$粗脂肪（干基）= \frac{粗脂肪质量}{试样质量×（1-含水率）} × 100$$

带壳油料种子粗脂肪（%）=子仁粗脂肪×出仁率

平行测定的结果用算术平均值表示，保留小数后两位。

平行测定结果的相对相差不得大于 1%。

第三节　汉麻纤维品质测定

汉麻纤维作为自然界最宝贵的礼物，几千年来成为人类息息相关的生产和生活物资之一。随着人类对自然认识的逐步加深，对纤维了解和应用的能力不断提高，一些过去难以应用的纤维，也因技术的进步而逐步挖掘出其优异的特性来。汉麻纤维的再次兴起，正是由于新技术在这一领域内应用的成果。

汉麻是一种传统的可再生经济作物，曾被人类广泛应用达几千年。但由于其纤维固有的刚硬、易皱等特点，近百年来逐步被棉花和化纤所取代，应用逐年下降。但研究发现，汉麻具有独特的性能，其在纺织、食品、医药、造纸、建材等领域的应用前景非常广阔。纤维品质的优劣决定着纤维的可纺性能和织物的使用性能。随着我国加入 WTO 和纺织品市场的国际化，其纤维品质的优劣显得尤为重要。目前对于汉麻纤维品质的评价，是以束纤维断裂比强度和束纤维断裂强力来评判的。

一、束纤维断裂强力

（1）试样整理：将试样整理平直，对齐基部，在每个麻束整体中部剪取 30 cm 的纤维约 10 g。

（2）试验条件：试样置于温度 20 ± 2 ℃，相对湿度 65% ± 3%的条件下调湿平衡（即每隔 2 h 的连续称重质量变化不超过 0.25%）后试验。

（3）束纤维整理：将调湿平衡后的样品去除麻屑、秆芯等杂质后，称取质量为 1 g 的试验材料 7 ~ 8

个，精确到 0.01 g。

（4）扎缚：用麻纤维在距离试样一段 5 cm 处扎缚。

（5）拉伸：将试验样品扎缚的一端夹入上夹持器，另一端捋直夹入下夹持器，并使试样同钳口垂直。启动强力试验机，直至纤维束断裂，记录断裂强力值。然后将被动指针退回至零位，松开上、下夹持器，清除内部的纤维。如果遇到试样在夹持器钳子口处断裂，或从夹持器中滑脱，则试样作废。

（6）计算方法：$\bar{P} = \frac{\sum_{i=1}^{n} Pi}{n}$

$\bar{P}$——断裂强力平均值，单位是牛顿（N）；

Pi——断裂强力实测值，单位是牛顿（N）；

n——总试验次数；

把以上全部试样的试验结果平均值作为该批次样品的评价断裂强力。

二、束纤维断裂比强度试验

按照"束纤维断裂强力"试验，计算出纤维断裂强力后进行计算，

$$Pt = k \times Pi$$

其中，Pi——是试样平均拉伸断裂强力，单位是牛顿（N）；

Pt——束纤维平均断裂比强度，单位是厘牛每分特克斯（cN/dtex）；

k——单位转换系数，数值是 0.003，结果一般保留小数点后两位。

第四节 区域试验和生产试验

为加快工业用大麻产业的发展，依据汉麻生产和产品开发对不同类型品种的需要，对各育种单位选育出的纤维、籽用和籽纤兼用优良品种，在不同生态区域进行试验，明确其适应性、抗逆性、增产效果和新品种生产力水平。明确其适应性、抗逆性和增产效果及新品系生产力水平，为提升优异新品种认定和推广提供试验依据，为新品种的注册登记提供客观的理论依据。

一、区域试验

采用随机区组设计，四次重复，小区面积为 12.0 m²，区长 8.0 m，宽 1.5 m，10 行区条播，区间道 1 m，组间道 1.0 m，试验区四周设 1.5 m 宽保护行（如图 4-5）。纤维用品种每平方米有效播种粒数为 450～500粒，籽用品种和籽纤兼用品种需根据品种特性设置播种粒数和栽培模式。

图 4-5　汉麻区域试验

二、生产试验

对已参加两年区域试验、综合性状表现优良的材料进行进一步生产鉴定，明确其丰产性、适应性、抗逆性以及生产利用价值，为下一年度新品种注册登记及推广提供理论依据。

纤用型品种的试验采用大区对比法，不设重复，大区面积为 90 m²，区长 20 m，宽 4.5 m，行距 15 cm，30 行区条播，每平方米有效播种粒数 450 粒，区间设观察道 1.0 m（如图 4-6）。籽用品种和籽纤兼用品种需根据品种特性设置播种粒数和栽培模式。

图 4-6　汉麻生产试验

三、试验要求

（1）选地、选茬。整块试验地应选择地势平坦，茬口一致，地力均匀，适于汉麻生长的地块。前茬小麦、大豆和玉米，切忌重迎茬和前茬除草剂药害残留地。

（2）整地。秋整地，及时耙耢，达到播种状态，要求耙、耢、压连续作业。春整地，翻，耙、耢、压一体作业。

（3）施肥。根据各试验点地力情况适量施肥。一般每亩施氮、磷、钾含量 46% 以上的玉米复合肥 20 ~ 25 kg。

（4）播种。根据当地的气候条件，土壤温度稳定在 8 ℃左右开始播种。第一、二积温带一般在 4 月

15—25 日播种，第三、四积温带 4 月 20—30 日播种，第五、六积温带 5 月 1—10 日播种。人工播种开沟要直，深浅一致，种子撒播要均匀，不断条，不积堆，覆土后，统一镇压。

（5）田间管理。及时进行田间管理，保证汉麻的正常生长发育，有效控制杂草发生及防治病虫害（特别注意大麻跳甲、叶甲发生）。

（6）田间调查。根据项目要求，及时准确地进行田间调查。

（7）取样考种。收获前在田间采取有代表性的植株做考种样，每区取 20 株用于考种，并对田间长势进行拍照、留档。

（8）收获。试验区在工艺成熟期适时收获（工艺成熟期标志：试验区中的雄株花粉散尽，上部叶片变黄，下部 1/3 叶片脱落），一般 8 月 10—15 日开始收获，8 月 25 日前收获完毕。麻茎晒干后测原茎产量，全区测产称原茎质量（称 2 ~ 3 次达恒重）。

（9）沤制取样。测产后每个小区随机取 500 g 有代表性的原茎挂牌捆好，带到省科学院大庆分院统一沤制。余下的各试验区原茎留在原试验区进行雨露沤制，雨露沤制好后每区取 500 g 有代表性的干茎挂牌捆成大捆，带到省科学院大庆分院。

（10）制麻分析。沤好干茎试样，测定其全麻率。在剥麻前做好顺序登记，一人解牌喂麻，另一人按顺序接麻挂牌，保证不漏接挂错，制成麻后检测纤维强度。

（11）调查项目及标准。参照《黑龙江省工业用大麻认定办法田间调查标准》中大麻调查项目及标准部分。

（12）产量结果分析。分别计算原茎产量、全麻产量与对照的百分比。原茎产量须用新复极差法（LSR）进行方差分析，对于产量超出 30%以上的数据采用离均差法重新计算，凡超出平均值 15%以上的数据为超高数据，不计入统计。

（13）总结。按照汉麻品种区域试验报告书认真填写，并根据当地气候条件及各种生长发育特点、根据产量分析结果，客观评价出每个品种的优缺点，提出试验处理意见，于规定日期前形成完整的试验报告书。

四、田间调查项目及标准

（1）播种期。播种当天的日期。

（2）出苗期。全区有 50%的子叶出土并展开的日期。

（3）现蕾期。全区 50%雄株见蕾的日期。

（4）开花期。全区 50%的雄株开花散粉的日期。

（5）工艺成熟期。试验区中的雄株花粉散尽，上部叶片变黄，下部 1/3 叶片脱落日期。

（6）生长日数。自出苗期至工艺成熟期的日数。

（7）生长势。

苗期调查：分强、中、弱三级或加"较"字比较；

强——茎叶浓绿色，茎较粗，叶片较宽而厚，植株生长旺盛；

弱——茎叶浅绿色，茎较细，叶片较窄而薄，植株生长不旺盛；

中——介于两者之间。

快速生长期调查：分繁茂、中等、弱三级或加"较"字比较：

繁茂—植株生长迅速，健壮，茎叶浓绿色；

弱——植株生长缓慢，茎叶绿色或浅绿色，植株不太健壮；

中——介于两者之间。

（8）抗旱性。分强、中、弱三级。一般在干旱条件下以影响植株正常生育时调查：

强——干旱发生后，植株叶片颜色正常，或有轻度萎蔫卷缩，但晚上或次日早能较快地恢复正常状态；

弱——干旱发生后，植株叶片变黄，生长点萎蔫下垂，叶片明显卷缩，晚上或次日恢复正常状态较慢；

中——介于两者之间。

（9）倒伏。分四级，一般在中到大雨或大风过后调查：

0级——植株直立不倒；

1级——植株倾斜角度在15°以下；

2级——植株倾斜角度为15°～45°；

3级——植株倾斜角度在45°以上。

（10）倒伏恢复程度。一般大风雨过后2～3 d内调查恢复情况，分四级：

0级——有90%以上倒伏植株恢复直立；

1级——有90%以上倒伏植株恢复到15°；

2级——有90%以上倒伏植株恢复到15°～45°；

3级——有90%以上倒伏植株恢复到45°以上。

（11）病害。种类有灰霉病、霉斑病、菌核病、霜霉病等。危害程度分为四级，每区取1行调查死苗数，取平均值：

无——死苗株数占调查株数的5%以下；

轻——死苗株数占调查株数的5%～10%；

中——死苗株数占调查株数的11%～30%；

重——死苗株数占调查株数的30%以上。

注：该项调查2～3次，每次间隔3～5 d，每次把死苗株拔除。

（12）出苗率。每平方米实际出苗数与每平方米有效播种粒数的百分比。即：

出苗率（%）=每平方米实际出苗数/每平方米有效播种粒数×100%

收获时的成麻株数与出苗后株数的百分比。即：

（13）保苗率（%）=收获时的成麻株数/出苗株数×100%

注：出苗率、保苗率两项每试验区调查1行。

五、室内考种项目及标准

（1）株高。汉麻茎基部至生长点的距离，以厘米（cm）表示。

（2）工艺长度。工艺成熟期，汉麻茎基部至第一分枝节位的距离，以厘米（cm）表示。

（3）分枝数：工艺成熟期，汉麻主茎上的有效分枝数，单位为个。

（4）茎粗：工艺成熟期，汉麻茎秆基部以上株高 1/3 处的直径，用厘米（cm）表示。

（5）原茎产量：去掉茎上的叶及果实的麻茎称原茎。每小区实收面积上获得的原茎质量称原茎产量，以 kg/hm² 表示。

（6）干茎制成率（%）= $\dfrac{干茎质量}{供试原茎质量} \times 100$

（7）全麻率（%）= $\dfrac{全纤维产量}{供试干茎质量} \times 100$

（8）纤维产量（kg/hm²）=原茎产量×干茎制成率×全麻率

第五章　汉麻无性繁殖

常规植物育种涉及具有所需特征的亲本植物的定向杂交、种群评估、选择和固定所需性状（自交）。在大麻中，由于植物生物学（例如雌雄异株）和法规，这些标准很难满足。汉麻植物主要是雌雄异株，可以通过在雌性植物上诱导雄花产生雌性种子来实现自交。汉麻的这些限制使传统的育种方法耗时、昂贵且费力。因此，利用无性育种技术加快汉麻育种生育进程具有重要意义。

第一节　汉麻组织培养技术

一、植物组织培养的起源及概念

19 世纪 30 年代，德国植物学家施莱登和德国动物学家施旺创立了细胞学说，根据这一学说，如果给细胞提供和生物体内一样的条件，每个细胞都应该能够独立生活；1902 年，德国植物学家哈伯兰特首次提出细胞全能性的理论是植物组培的理论基础。1958 年，一个振奋人心的消息从美国传向世界各地，美国植物学家斯蒂瓦特等人，用胡萝卜韧皮部的细胞进行培养，终于得到了完整植株，并且这一植株能够开花结果，证实了哈伯兰特在五十多年前关于细胞全能的预言。植物组培的简单过程如下：剪接植物器官或组织——经过脱分化形成愈伤组织——再经过再分化形成组织或器官——经过培养发育成一棵完整的植株。植物组培的大致过程是：在无菌条件下，将植物器官或组织（如芽、茎尖、根尖或花药）的一部分切下来，用纤维素酶与果胶酶处理用以去掉细胞壁，使之露出原生质体，然后放在适当的人工培养基上进行培养，这些器官或组织就会进行细胞分裂，形成新的组织。不过这种组织没有发生分化，只是一团薄壁细胞，叫作愈伤组织。在适合的光照、温度和一定的营养物质与激素等条件下，愈伤组织便开始分化，产生出植物的各种器官和组织，进而发育成一棵完整的植株

植物组织培养是指在无菌条件下，将离体的植物器官（如根尖、茎尖、叶、花、未成熟的果实、种子等）、组织（如形成层、花药组织、胚乳、皮层等）、原生质体（如脱壁后仍具有活力的原生质体），培养在人工配制的培养基上，给予适宜的培养条件，诱发产生愈伤组织或潜伏芽等，或长成完整的植株，统称为植物组织培养。由于是在试管内培养，而且培养的是脱离植物母体的培养物，因此也称离体培养和试管培养，根据外植体来源和培养对象的不同，又分为植株培养、胚胎培养、器官培养、组织培养、原生质体培养等。

植物组织培养技术是最常用于基础和应用目的的生物技术工具，包括植物发育过程调查、功能基因研究、商业植物微繁殖、具有特定工业和农艺性状的转基因植物的产生、植物育种和作物改良、病毒从受感染的材料中消除以提供高质量的健康植物材料，保存和保存营养繁殖植物作物的种质，以及拯救受威胁或濒临灭绝的植物物种。此外，植物细胞和器官培养物对于生产具有工业和制药价值的次级代谢物也很重要。新技术，如基因组编辑结合组织培养和根癌农杆菌感染，是目前对作物植物中有趣的农艺或工业性状的高

度特异性遗传操作的有希望的替代品。组学（基因组学、转录组学、蛋白质组学以及代谢组学）在植物组织培养中的应用肯定有助于了解复杂的发育过程，如器官发生和体细胞胚胎发生，还可能有助于提高顽固物种再生方案的效率。此外，应用于组织培养的代谢组学将有助于提取和表征具有工业意义的天然植物产品的复杂混合物。

二、植物细胞的全能性

植物细胞全能性（ttotipotency）是指植物体的每一个活细胞具有发育成完整个体的潜在能力，即植物体的每个细胞都具有该植物的全部遗传信息，在适当的内、外条件下，一个细胞分裂、增殖发育有可能形成一完整的新个体。

从理论上讲，任何一个生活细胞都有发育成完整生物个体的能力，但生活细胞要表达全能性必须首先恢复到分生状态或胚性细胞状态，而这种恢复能力在不同类型细胞间具有相当大的差异。在植物的生长发育中，从一个受精卵可产生具有完整形态和结构功能的植株，这是细胞全能性，是该受精卵具有该物种全部遗传信息的表现。同样，植物的体细胞，是从合子有丝分裂产生的，也应具有像合子一样的全能性。但在完整植株上，某部分的体细胞只表现特定的形态和局部的功能，这是由于它们受到具体器官或组织所在环境的束缚，但细胞内固有的遗传信息并没有丧失。因此，在植物组织培养中，被培养的细胞、组织或器官，由于离开了整体，再加上切伤的作用以及培养基中激素等的影响，就可能表现它的全能性，生长发育成完整植株。

三、植物组织培养的优点

（1）能保持原有品种的固有性状和特性。

（2）节约繁殖材料。采集一小部分营养器官就能繁殖出大量花苗。

（3）繁殖速度快。从优良母株上取一小块组织，在合适的条件下经过离体培养，一年就能繁殖出成千上万株苗。

（4）节省土地。组培材料是放在三角瓶或试管内培养的，通常一间 30 m² 的培养室就能摆放 1 万多个三角瓶，可以繁殖几万株苗。而且周转快，全年均可连续培养。

（5）去病毒。目前许多花卉病毒病较为严重，直接影响观赏和出口。通过组织培养可以进行脱毒，使之成为无毒的种苗。

（6）复壮品种。对于长期使用无性繁殖，并开始退化的花卉品种，采用组培方法繁殖，可使个体发育向年轻阶段转化。

（7）可进行无性繁殖。对一些生产上难以进行无性繁殖的花木，或者不能进行无性繁殖的花木，在组培的特殊条件下，可以在短期内获得大量营养苗。

四、植物组织培养的培养基及配置

（一）培养基的成分

培养基是植物组织培养中离体植物材料赖以生存、生长发育的基地。培养基的合适与否是培养能否成功的关键因素之一。培养基的成分是根据被培养植物材料的生长发育所需要的营养而设计的。目前在植物组织培养中所采用的培养基成分除水（用蒸馏水）外，一般包括以下 6 个大类。

1. 无机营养物

培养的植物组织、器官、细胞或者原生质体需要连续供给某些无机化学物质，这些无机化学物质称无机营养物。无机营养物主要由大量元素和微量元素两部分组成，除了 C、H、O 之外，需要量比较多的元素叫大量元素，需要量比较少的元素叫微量元素。大量元素中，氮源通常有硝态氮或铵态氮，但在培养基中用硝态氮的较多，也有将硝态氮和铵态氮混合使用的。磷和硫则常用磷酸盐和硫酸盐来提供。钾是培养基中主要的阳离子，在培养基中，其含量有逐渐提高的趋势。而钙、钠、镁的需要则较少。培养基所需的钠和氯化物，由钙盐、磷酸盐或微量营养物质提供。微量元素包括碘、锰、锌、钼、铜、和铁。培养基中的铁离子，大多以螯合铁的形式存在，即 $FeSO_4$ 与 Na_2-EDTA（螯合剂）的混合。

2. 碳源

培养的植物组织或细胞，它们的光合作用较弱。因此，需要在培养基中附加一些糖类以满足需要。培养基中的糖类通常是蔗糖。蔗糖除作为培养基内的碳源和能源外，对维持培养基的渗透压也起重要作用。

3. 维生素

在培养基中加入维生素，常有利于外植体的发育。培养基中的维生素属于 B 族维生素，其中效果最佳的有维生素 B_1、维生素 B_6、生物素、泛酸钙和肌醇等。

4. 有机附加物

有机附加物包括人工合成有机附加物或天然有机附加物。最常用的有酪蛋白水解物、酵母提取物、椰子汁及各种氨基酸等。另外，琼脂也是最常用的有机附加物，它主要是作为培养基的支持物，使培养基呈固体状态，以利于各种外植体的培养。

5. 植物激素

植物激素（plant hormone）又称为植物生长调节剂（plant growth regulator），是人工合成培养基中必不可少的物质，是调节植物生长与分化的重要因子，对离体植物细胞的分裂、分化以及根、芽的形成起着积极的作用。植物细胞工程的重要内容之一就是要借助植物生长激素的合理使用来控制各类植物组织和细胞的生长、分化及器官的发生和胚胎的发生以及进一步的完整植株的再生。另外，在进行细胞大量培养时，也需要利用植物激素来获得最大的细胞量和次级代谢产物的产量。

常用的生长调节物质主要有生长素（auxin）、细胞分裂素（cytokinin）、赤霉素（gibberellin）、脱落酸（abscisic acid）和乙烯（ethylene）5 大类。

植物生长素类如吲哚乙酸（indole-3- acetic acid，IAA）、素乙酸（naphthalen acetic acid，NAA）、2，4-二氯苯氧乙酸（dichlorophenoxy acetic acid，2，4-D）。细胞分裂素如玉米素（zeatin，ZT）、6-苄基腺嘌呤（6- benzyladenine，6-BA 或 BAP）和激动素（kinetin，KT）。

赤霉素：组织培养中使用的赤霉素只有一种，即赤霉酸（GA$_3$）。

生长素和细胞分裂素是植物细胞工程制药技术中最常用的植物生长激素。它们的种类、比例及含量都对植物细胞的生长、繁殖、分化、发育和新陈代谢起着重要的调控作用。一般来说，当培养基中细胞分裂素与生长素的比例高时，细胞容易分化出芽，当比例低时，细胞容易分化生根，在比例适当时，细胞可以维持生长和繁殖而不分化。

6. 诱导子

诱导子（ elicitor）根据性质可分为非生物诱导子和生物诱导子两类。非生物诱导子是指非细胞天然成分，但又能触发形成植保素的信号因子，主要有水杨酸（salicylic acid，SA）、莉酸（jasmonic acid，JA）和莉酸甲酯（methyl jasmonate，MJ），其次是稀土元素以及重金属盐类。生物诱导子主要是指微生物类诱导子，如真菌孢子、菌丝体、真菌细胞壁成分、真菌培养物滤液等。诱导子活化植物次级代谢途径具有种属专一性、快速性、时间效应、浓度效应及协同效应等明显特点。在适宜条件下，利用诱导子来调节药用植物的次级代谢途径，可明显提高植物细胞中有用的植物次级代谢产物的含量。

（二）常用培养基的配方及其特点

在长期的组织培养中，根据不同的植物材料、不同培养目的和对各种营养成分的不同要求，人们已设计出不同的培养基（表 5-1）。不同培养基的特点不尽相同，一般以无机盐的变化较大，在氮的运用上，有的只用硝酸盐，也有的混用硝酸盐和铵盐。

例如 MS 培养基是最广泛应用的培养基，其中的无机盐用量较合适，足以满足很多培养材料在营养和生理上的要求，一般情况下，不必加入蛋白质水解物、酵母提取物等有机附加物。MS 培养基中硝酸盐、铵和钾的含量比其他培养基高，是它的明显特点。

LS 培养基或称为 RM-1965 培养基，是在 MS 培养基的基础上修改而来的，只是去掉了甘氨酸、盐酸吡哆酸、烟酸，硫胺素提高为 0.4 mg/L。

White 培养基与 MS 培养基相比，则是一个具有较低浓度无机盐的培养基。它的使用也较广泛，在根培养、胚胎培养及木本植物的组织培养上效果较好。

B5 培养基是 O. L. Gamborg 等 1968 年为培养大豆的细胞而设计的。它的主要特点是含有低浓度的铵。而铵这一营养成分对有些培养物可能有抑制生长的作用。

N6 培养基适用于禾谷类植物的花药、花粉培养及某些植物的组织培养上。

表 5-1　几种常见植物组织培养基配方（单位：mg/L）

化合物	培养基			
	MS（1962 年）	White（1963 年）	B5（1968 年）	N6（1974 年）
KCl		65		

续表

化合物	培养基			
	MS（1962年）	White（1963年）	B5（1968年）	N6（1974年）
MgSO₄·7H₂O	370	720	250	185
NH₄NO₃	1650			
（NH₄）₂SO₄			134	463
KNO₃	1900	80	2500	2830
CaCl₂·2H₂O	370	720	250	185
Ca（NO₃）₂·4H₂O		300		
Na₂SO₄		200		
NaH₂PO₄·H₂O		16.5	150	
KI	0.83	0.75	0.73	0.8
H₃BO₃	6.2	1.5	3	1.6
MnSO₄·4H₂O	22.3	7		
MnSO₄·H₂O			10	
ZnSO₄·7H₂O		3	2	1.5
ZnSO₄·4H₂O	8.6			
Na₂MoO₄·2H₂O	0.25		0.25	
CuSO₄·5H₂O	0.025		0.025	
CoCl₂·6H₂O	0.025		0.025	
Na₂-EDTA	37.3		37.3	37.3
FeSO₄·7H₂O	27.8		27.8	27.8
Fe（SO₄）₂		2.5		
肌醇	100		100	
烟酸	0.5	0.5	1	0.5
盐酸硫胺素	0.1	0.1	10	1
盐酸吡哆素	0.5	0.1	1	0.5
甘氨酸	2	3		
蔗糖	30 000	20 000	20 000	50 000
pH	5.8	5.6	5.5	5.8

近年来，培养基都倾向于采用高浓度的无机盐。高浓度的无机盐能较好地保证组织生长所需的矿质营养。由于离子浓度高，在配制、贮存和消毒的过程中，即使某种成分稍有出入，也不至于影响培养基的离子平衡。

（三）培养基的配制方法

1. 制备母液

为了避免每次配制营养基都要对几十种化学药品进行称量，应该将营养基中的各种成分，按原量 10 倍、100 倍或 1000 倍称量，配成浓缩液，这种浓缩液叫作母液。这样，每次配制培养基时，取其总量的 1/10、1/100、1/1000，加以稀释，即成培养液。现将培养液中各类物质制备母液的方法说明如下。

（1）大量元素。

大量元素包括硝酸铵等用量较大的几种化合物。制备时，按表中排列的顺序，以其 10 倍的用量，分别称出并进行溶解，以后按顺序混在一起，最后加蒸馏水，使其总量达到 1 L，此即大量元素母液。

（2）微量元素。

因用量少，为称量方便和精确起见，应配成 100 倍或 1000 倍的母液。配制时，每种化合物的量加大 100 倍或 1000 倍，逐次溶解并混在一起，制成微量元素母液。

（3）铁盐。

铁盐要单独配制。由硫酸亚铁（$FeSO_4 \cdot 7H_2O$）的质量为 5.57 g 和乙二胺四乙酸二钠（Na_2-EDTA）的质量为 7.45 g 溶于 1 L 水中配成。每配制 1 L 培养基，加铁盐 5 mL。

（4）有机物质。

主要指氨基酸和维生素类物质。它们都是分别称量，分别配成所需的质量浓度（0.1～1.0 mg/L），用时按培养基配方中要求的量分别加入。

（5）植物激素。

最常用的有生长素和细胞分裂素。这类物质使用的质量浓度很低，一般为 0.01～10 mg/L。可按用量的 100 倍或 1000 倍配制母液，配制时要单个称量，分别贮藏。

配制植物生长素时，应先按要求的质量浓度称好药品，置于小烧杯或容量瓶中，用 1～2 mL 0.1 mol/L 氢氧化钠溶解，再加蒸馏水稀释至所需的质量浓度。配制细胞分裂素时，应先用少量 0.5 或 1 mol/L 的盐酸溶解，然后加蒸馏水至所需量。

以上各种混合液（母液）或单独配制药品，均应放入冰箱中保存，以免变质、长霉。至于蔗糖、琼脂等，可按配方中的要求，随称随用。

2. 配制培养基的具体操作方法

（1）根据配方要求，用量筒或移液管从每种母液中分别取出所需的用量，放入同一烧杯中，并用粗天平称取蔗糖、琼脂放在一边备用。

（2）将配制培养基的具体操作（1）中称好的琼脂加蒸馏水 300～400 mL，加热并不断搅拌，直至煮沸溶解呈透明状，停止加热。

（3）将配制培养基的具体操作（1）中所取的各种物质（包括蔗糖），加入煮好的琼脂中，再加水至1 000 mL，搅拌均匀，配成培养基。

（4）用 1 mol/L 的氢氧化钠或盐酸，滴入培养基里，每次只滴几滴，滴后搅拌均匀，并用 pH 试纸测其 pH，直到将培养基的 pH 调到 5.8。

（5）将配制好的培养基，用漏斗分装到锥形瓶（或试管）中，并用棉塞塞紧瓶口，在瓶壁写上号码。瓶中培养基的量约为容量的 1/4 或 1/5。

培养基的成分比较复杂，为避免配制时忙乱而将一些成分漏掉，可以准备一份需配制的培养基成分表，将培养基的全部成分和用量填写清楚。配制时，按表列内容顺序按项按量称取，避免出现差错。

3. 培养基的灭菌与保存

培养基配制完毕后，应立即灭菌。培养基通常应在高压蒸汽灭菌锅内，121 ℃灭菌 15 min。如果没有高压蒸汽灭菌锅，也可采用间歇灭菌法进行灭菌，即将培养基煮沸 10 min，24 h 后再煮沸 20 min，如此连续灭菌 3 次，即可达到完全灭菌的目的。

经过灭菌的培养基应置于 10 ℃下保存，特别是含有生长调节物质的培养基，在 4 ~ 5 ℃低温下保存要好些。含吲哚乙酸或赤霉素的培养基，要在配制后的 1 周内使用完，其他培养基最多也不应超过 1 个月。在多数情况下，应在消毒 2 周内用完。

五、汉麻组织培养技术

接种时由于有一个敞口的过程，所以是极易引起污染的时期，这一时期的污染主要是空气中的细菌和工作人员本身导致，接种室要严格进行空间消毒。接种室内保持定期用体积分数为 1% ~ 3% 的高锰酸钾溶液对设备、墙壁、地板等进行擦洗。除了使用前用紫外线和甲醛灭菌外，还可在使用期间用体积分数为 70% 的乙醇或 3% 的煤酚皂溶液喷雾，使空气中灰尘颗粒沉降下来。

（一）无菌操作步骤

（1）在接种 4 h 前用甲醛熏蒸接种室，并打开其内紫外线灯进行杀菌。

（2）在接种前 20 min，打开超净工作台的风机以及台上的紫外线灯。

（3）接种员先洗净双手，在缓冲间换好专用实验服，并换穿拖鞋等。

（4）上工作台后，用乙醇棉球擦拭双手，特别是指甲处。然后擦拭工作台面。

（5）先用乙醇棉球擦拭接种工具，再将镊子和剪刀从头至尾过火一遍，然后反复过火尖端处，对培养皿要过火烤干。

（6）接种时，接种员的双手不能离开工作台，不能说话、走动和咳嗽等。

（7）接种完毕后要清理干净工作台，可用紫外线灯灭菌 30 min，若连续接种，每 5 d 要大强度灭菌一次。

接种是将已消毒好的根、茎、叶等离体器官，经切割或剪裁成小段或小块，放入培养基的过程。现将接种前后的程序连贯地介绍。

（二）无菌接种步骤

（1）将初步洗涤及切割的材料放入烧杯，带入超净台上，用消毒剂灭菌，再用无菌水冲洗，最后沥去水分，取出放置在灭菌过的纱布上或滤纸上。

（2）材料吸干后，一手拿镊子、一手拿剪刀或解剖刀，对材料进行适当的切割。如叶片切成 0.5cm² 的小块；茎切成含有一个节的小段。微茎尖要剥成只含 1～2 片幼叶的茎尖大小等。在接种过程中要经常灼烧接种器械，防止交叉污染。

（3）用灼烧消毒过的器械将切割好的外植体插植或放置到培养基上。

具体操作过程（以试管为例）是：先解开包口纸，将试管几乎水平拿着，使试管口靠近酒精灯火焰，并将管口在火焰上方转动，使管口里外灼烧数秒钟。若用棉塞盖口，可先在管口外面灼烧，去掉棉塞，再烧管口里面。然后用镊子夹取一块切好的外植体送入试管内，轻轻插入培养基上。若是叶片直接附在培养基上，以放 1～3 块为宜。至于材料放置方法，除茎尖、茎段要正放（尖端向上）外，其他尚无统一要求。接种完后，将管口在火焰上再灼烧数秒。并用棉塞塞好后，包上包口纸，包口纸里面也要过火。

（三）培养

培养指把培养材料放在培养室（无光、适宜温度、无菌）里，使之生长、分裂和分化形成愈伤组织，光照条件下进一步分化成再生植株的过程。

1. 培养方法

（1）固体培养法。即用琼脂固化培养基来培养植物材料的方法。是现在最常用的方法。虽然该方法设备简单，易行，但养分分布不均，生长速度不均衡，并常有褐化中毒现象发生。

（2）液体培养法。即用不加固化剂的液体培养基培养植物材料的方法。由于液体中氧气含量较少，所以通常需要通过搅动或振动培养液的方法以确保氧气的供给，采用往复式摇床或旋转式摇床进行培养，其速度一般为 50～100 r/min，这种定期浸没的方法，既能使培养基均一，又能保证氧气的供给。

2. 培养步骤

1）初代培养

初代培养旨在获得无菌材料和无性繁殖系。即接种某些外植体后，最初的几代培养。初代培养时，常用诱导或分化培养基，即培养基中含有较多的细胞分裂素和少量的生长素。初代培养建立的无性繁殖系包括：茎梢、芽丛、胚状体和原球茎等。根据初代培养时发育的方向可分为：

（1）顶芽和腋芽的发育。采用外源的细胞分裂素，可促进具有顶芽或没有腋芽的休眠侧芽启动生长，从而形成一个微型的多枝多芽的小灌木丛状的结构。在几个月内可以将这种丛生苗的一个枝条转接继代，重复芽苗增殖的培养，并且迅速获得多数的嫩茎。然后将一部分嫩茎转移到生根培养基上，就能得到可种植到土壤中去的完整小植株。一些木本植物和少数草本植物也可以通过这种方式来进行再生繁殖，如月季、茶花、菊花、香石竹等等。这种繁殖方式也称作微型繁殖，它不经过发生愈伤组织而再生，所以是最能使无性系后代保持原品种的一种繁殖方式。

适宜这种再生繁殖的植物，在采样时，只能采用顶芽、侧芽或带有芽的茎切段，其他如种子萌发后取枝条也可以。

茎尖培养可看作是这方面较为特殊的一种方式。它采用极其幼嫩的顶芽的茎尖分生组织作为外植体进行接种。在实际操作中，采用包括茎尖分生组织在内的一些组织来培养，这样便保证了操作方便以及容易成活。

用靠培养定芽得到的培养物一般是茎节较长，有直立向上的茎梢，扩繁时主要用切割茎段法，如香石竹、矮牵牛、菊花等。但特殊情况下也会生出不定芽，形成芽丛。

（2）不定芽的发育。在培养中由外植体产生不定芽，通常首先要经去分化的过程，形成愈伤组织的细胞。然后，经再分化，即由这些分生组织形成器官原基，它在构成器官的纵轴上表现出单向的极性（这与胚状体不同）。多数情况下它先形成芽，后形成根。

另一种方式是从器官中直接产生不定芽，有些植物具有从各个器官上长出不定芽的能力如矮牵牛、福禄考、悬钩子等。当在试管培养的条件下，培养基中提供了营养，特别是提供了连续不断植物激素的供应，使植物形成不定芽的能力被大大地激发起来。许多种类的外植体表面几乎全部为不定芽所覆盖。在许多常规方法中不能无性繁殖的种类，在试管条件下却能较容易地产生不定芽而再生，如柏科、松科、银杏等一些植物。许多单子叶植物储藏器官能强烈地发生不定芽，用百合鳞片的切块就可大量形成不定鳞茎。

在不定芽培养时，也常用诱导或分化培养基。用靠培养不定芽得到的培养物，一般采用芽丛进行繁殖，如非洲菊、草莓等。

（3）体细胞胚状体的发生与发育。体细胞胚状体类似于合子胚但又有所不同，它也经过球形、心形、鱼雷形和子叶形的胚胎发育时期，最终发育成小苗。但它是由体细胞发生的。胚状体可以从愈伤组织表面产生，也可从外植体表面已分化的细胞中产生，或从悬浮培养的细胞中产生。

（4）初代培养外植体的褐变。外植体褐变是指在接种后，其表面开始褐变，有时甚至会使整个培养基褐变的现象。它的出现是植物组织中的多酚氧化酶被激活，而使细胞的代谢发生变化所致。在褐变过程中，会产生醌类物质，它们多呈棕褐色，当扩散到培养基后，就会抑制其他酶的活性，从而影响所接触外植体的培养。褐变的主要原因如下：①植物品种。研究表明，在不同品种间的褐变现象是不同的。由于多酚氧化酶活性上的差异，因此，有些花卉品种的外植体在接种后较容易褐变，而有些花卉品种的外植体在接种后不容易褐变。因此，在培养过程中应该有所选择，对不同的品种分别进行处理。②生理状态。由于外植体的生理状态不同，所以在接种后褐变程度也有所不同。一般来说，处于幼龄期的植物材料褐变程度较浅，而从已经成年的植株采收的外植体，由于含醌类物质较多，因此褐变较为严重。一般来说，幼嫩的组织在接种后褐变程度并不明显，而老熟的组织在接种后褐变程度较为严重。③培养基成分。浓度过高的无机盐会使某些观赏植物的褐变程度增加，此外，细胞分裂素的水平过高也会刺激某些外植体的多酚氧化酶的活性，从而使褐变现象加深。④培养条件不当。如果光照过强、温度过高、培养时间过长等，均可使多酚氧化酶的活性提高，从而加速被培养的外植体的褐变程度。

为了提高组织培养的成苗率，必须对外植体的褐变现象加以控制。可以采用以下措施防止、减轻褐变现象的发生。①选择合适的外植体。一般来说，最好选择生长处于旺盛的外植体，这样可以使褐变现象明显减轻。②合适的培养条件。无机盐成分、植物生长物质水平、适宜温度、及时继代培养均可以减轻材料的褐变现象。③使用抗氧化剂。在培养基中，使用半胱氨酸、抗坏血酸等抗氧化剂能够较为有效地避免或减轻很多外植体的褐变现象。另外，使用质量分数为 0.1%~0.5%的活性炭对防止褐变也有较为明显的效果。④连续转移。对容易褐变的材料间隔 2~24 h 的培养后，再转移到新的培养基上，这样经过连续处理 7~10 d 后，褐变现象便会得到控制或大为减轻。

2）继代培养

在初代培养的基础上所获得的芽、苗、胚状体和原球茎等，数量都还不够，它们需要进一步增殖，使之越来越多，从而发挥快速繁殖的优势。

继代培养是继初代培养之后的连续数代的扩繁殖培养过程。旨在繁殖出相当数量的无根苗，最后能达到边繁殖边生根的目的。继代培养的后代是按几何级数增加的过程。如果以 2 株苗为基础，那么经 10 代将生成 210 株苗。

继代培养中扩繁的方法包括：切割茎段、分离芽丛、分离胚状体、分离原球茎等。切割茎段常用于有伸长的茎梢、茎节较明显的培养物，这种方法简便易行，能保持母种特性，培养基通常是 MS 基本培养基；分离芽丛适于由愈伤组织生出的芽丛，若芽丛的芽较小，可先切成芽丛小块，放入 MS 培养基中，待到稍大时，再分离开来继续培养。

增殖使用的培养基对于一种植物来说每次几乎完全相同，由于培养物在接近最良好的环境条件、营养供应和激素调控下，排除了其他生物的竞争，所以能够按几何级数增殖。

在快速繁殖中初代培养只是一个必经的过程，而继代培养则是经常性不停地进行的过程。但在达到相当数量之后，则应考虑使其中一部分转入生根阶段。从某种意义上讲，增殖只是储备母株，而生根才是增殖材料的分流，生产出成品。

3）继代培养时材料的玻璃化

实践表明，当植物材料不断地进行离体繁殖时，有些培养物的嫩茎、叶片往往会呈半透明水迹状，这种现象通常称为玻璃化。它的出现会使试管苗生长缓慢、繁殖系数有所下降。玻璃化为试管苗的生理失调症。

因为出现玻璃化的嫩茎不宜诱导生根，因此，使繁殖系数大为降低。在不同的种类、品种间，试管苗的玻璃化程度也有所差异。当培养基上细胞分裂素水平较高时，也容易出现玻璃化现象。在培养基中添加少量聚乙烯醇、脱落酸等物质，能够在一定程度上减轻玻璃化的现象发生。

呈现玻璃化的试管苗，其茎、叶表面无蜡质，体内的极性化合物水平较高，细胞持水力差，植株蒸腾作用强，无法进行正常移栽。这种情况主要是培养容器中空气湿度过高，透气性较差造成的，其具体解决的方法为：①增加培养基中的溶质水平，以降低培养基的水势；②减少培养基中含氮化合物的用量；③增加光照；④增加容器通风，最好进行 CO_2 施肥，这对减轻试管苗玻璃化的现象有明显的作用；⑤降低培养温度，进行变温培养，有助于减轻试管苗玻璃化现象发生；⑥降低培养基中细胞分裂素含量，可以考虑加入适量脱落酸。

4）生根培养

当材料增殖到一定数量后，就要使部分培养物分流到生根培养阶段。若不能及时将培养物转到生根培养基上去，就会使久不转移的苗子发黄老化，或因过分拥挤而使无效苗增多造成抛弃浪费。根培养是使无根苗生根的过程，这个过程目的是使生出的不定根浓密而粗壮。生根培养可采用 1/2 或者 1/4 MS 培养基，全部去掉细胞分裂素，并加入适量的生长素（NAA、IBA 等）。

诱导生根可以采用下列方法：①将新梢基部浸入（50～100）×10^{-6} mg/L IBA 溶液中处理 4～8 h。②在含有生长素的培养基中培养 4～6 d。③直接移入含有生长素的生根培养基中。

上述三种方法均能诱导新梢生根，但前两种方法对新生根的生长发育则更为有利。而第三种对幼根的生长有抑制作用。其原因是当根原始体形成后较高浓度生长素的继续存在，则不利于幼根的生长发育。不过这种方法比较可行。另外采用下列方法也可生根。①延长在增殖培养基中的培养时间。②有意降低一些增殖倍率，减少细胞分裂素的用量（即将增殖与生根合并为一步）。③切割粗壮的嫩枝在营养钵中直接生根，此方法则没有生根阶段。可以省去一次培养基制作，切割下的插穗可用生长素溶液浸蘸处理，但这种方法只适于一些容易生根的作物。

另外少数植物生根比较困难时，则需要在培养基中放置滤纸桥，使其略高于液面，靠滤纸的吸水性供应水和营养，从而诱发生根。

从胚状体发育成的小苗，常常有原先已分化的根，这种根可以不经诱导生根阶段而生长。但因经胚状体发育的苗特别多，并且个体较小，所以也常需要一个低浓度或没有植物激素的培养基培养的阶段，以便壮苗生根。

试管内生根壮苗的阶段，为了成功地将苗移植到试管外的环境中，以使试管苗适应外界的环境条件。通常不同植物的适宜驯化温度不同。如菊花，以 18～20 ℃为宜。实践证明植物生长的温度过高不仅会牵涉蒸腾速率的加强，而且还牵涉菌类易滋生等问题。温度过低使幼苗生长迟缓，或不易成活。春季低温时苗床可加设电热线，使基质温度略高于气温 2～3 ℃，这不但有利于生根和促进根系发达，而且有利于提前成活。

移植到试管外的植物苗光照强度应比移植前培养有所提高，并可适应强度较高的漫射光（约 4000lx），以维持光合作用所需的光照强度。但光线过强刺激蒸腾加强，会使水分平衡的矛盾更尖锐。

（四）驯化移栽

试管苗移栽是组织培养过程的重要环节，这个工作环节做不好，就会前功尽弃。为了更好地移栽试管苗，应该选择合适的基质，并配合相应的管理措施，确保整个组织培养工作能够顺利完成。

试管苗由于是在无菌、有营养供给、适宜光照和温度，以及近 100%的相对湿度环境条件下生长的，因此，在生理、形态等方面都与自然条件生长的小苗有着很大的差异。所以必须采取炼苗（控水、减肥、增光、降温）等措施，使它们逐渐地适应外界环境，从而使生理、形态、组织上发生相应的变化，使之更适合于自然环境，以保证试管苗顺利移栽成功。

从叶片上看，试管苗的角质层不发达，叶片通常没有表皮毛，或仅有较少表皮毛，甚至叶片上出现了大量的水孔，而且，气孔的数量、大小也往往超过普通苗。由此可知，试管苗更适合于高湿的环境生长，当将它们移栽到试管外环境时，试管苗失水率会很高，非常容易死亡。因此，为了改善试管苗的上述不良生理、形态特点，则必须经过与外界相适应的驯化处理，通常采取的措施有：对外界要增加湿度、减弱光照；对试管内要通透气体、增施二氧化碳肥料、逐步降低空气湿度等。

另外，对栽培驯化基质要进行灭菌是因为试管苗在无菌的环境中生长，对外界细菌、真菌的抵御能力极差。为了提高其成活率，在培养基质中可掺入体积分数为75%的百菌清可湿性粉剂 200～500 倍液，以进行灭菌处理。

1. 移栽用基质和容器

适合于栽种试管苗的基质要具有透气性、保湿性和一定的肥力，容易灭菌处理，并且不利于杂菌滋生的特点，一般可选用珍珠岩、蛭石、沙子等。为了增加黏着力和一定的肥力可配合草炭土或腐殖土。配制时需按比例搭配，一般用珍珠岩、蛭石、草炭土或腐殖土，其质量比为 1∶1∶0.5。也可用沙子、草炭土或腐殖土，其质量比为1∶1。这些介质在使用前应高压灭菌。或用至少8 h烘烤来消灭其中的微生物。要根据不同植物的栽培习性来进行配制，这样才能获得满意的栽培效果。以下介绍几种常见的试管苗栽培基质。

（1）河沙。河沙分为粗沙、细沙两种类型。粗沙即平常所说的河沙，其颗粒直径为 1~2 mm。细沙即通常所说的面沙，其颗粒直径为 0.1~0.2 nm。河沙的特点是排水性强，但保水蓄肥能力较差，一般不单独用来直接栽种试管苗。

（2）草炭土。草炭土是由沉积在沼泽中的植物残骸经过长时间的腐烂所形成，其保水性好，蓄肥能力强，呈中性或微酸性反应，但通常不能单独用来栽种试管苗，宜与河沙等种类相互混合配成盆土而加以使用。

（3）腐殖土。腐殖土是由植物落叶经腐烂所形成。一种是自然形成，一种是人为造成，人工制造时可将秋季的落叶收集起来，然后埋入坑中，灌水保湿的条件下使其风化，然后过筛即可获得。腐叶上含有大量的矿质营养、有机物质，它通常不能单独使用。掺有腐殖土的栽培基质有助于植株发根。

（4）容器。栽培容器可用 6 cm×6 cm~10 cm×10 cm 的软塑料钵，也可用育苗盘。前者占地大，耗用大量基质，但幼苗不用移栽，后者需要二次移苗，但省空间、省基质。

2. 移栽前的准备

移栽前可将培养物不开口移到自然光照下锻炼2~3 d，让试管苗接受强光的照射，使其长得壮实起来，然后再开口炼苗1~2 d，经受较低湿度的处理，以适应将来自然湿度的条件。

3. 移栽和幼苗的管理

从试管中取出发根的小苗，用自来水洗掉根部黏着的培养基，要全部除去，以防残留培养基滋生杂菌。但要轻轻除去，应避免造成伤根。移植时用一根筷子粗的竹签在基质中插一小孔，然后将小苗插入，注意幼苗较嫩，防止弄伤，栽后把苗周围基质压实，栽前基质要浇透水。栽后轻浇薄水。再将苗移入高湿度的环境中。保证空气湿度达90%以上。

1）保持小苗的水分供需平衡

在移栽后5~7 d内，应给予较高的空气湿度条件，使叶面的水分蒸发减少，尽量接近培养瓶的条件，让小苗始终保持挺拔的状态。保持小苗水分供需平衡首先营养钵的培养基质要浇透水，所放置的床面也要浇湿，然后搭设小拱棚，以减少水分的蒸发，并且初期要常喷雾处理，保持拱棚薄膜上有水珠出现。当5~7 d后，发现小苗有生长趋势，可逐渐降低湿度，减少喷水次数，将拱棚两端打开通风，使小苗适应湿度较小的条件。约15 d以后揭去拱棚的薄膜，并给予水分控制，逐渐减少浇水，促进小苗长得粗壮。

2）防止菌类滋生

由于试管苗原来的环境是无菌的，移出来以后难以保证完全无菌，因此，应尽量不使菌类大量滋生，以利成活。所以应对基质进行高压灭菌或烘烤灭菌。可以适当使用一定浓度的杀菌剂以便有效地保护幼苗，如多菌灵、托布津，质量浓度 800~1000 倍，喷药宜 7~10 d 一次。在移苗时尽量少伤苗，伤口过多、根损伤过多，都会造成死苗。喷水时可加入质量分数为 0.1% 的尿素，或用 1/2MS 大量元素的水溶液作追肥，可加快苗的生长与成活。

3）一定的温、光条件

试管苗移栽以后要保持一定的温光条件，适宜的生根温度是 18~20 ℃，冬春季地温较低时，可用电热线来加温。温度过低会使幼苗生长迟缓，或不易成活。温度过高会使水分蒸发，从而使水分平衡受到破坏，并会促使菌类滋生。

另外在光照管理的初期可用较弱的光照，如在小拱棚上加盖遮阳网或报纸等，以防阳光灼伤小苗和增加水分的蒸发。当小植株有了新的生长时，逐渐加强光照，后期可直接利用自然光照。促进光合产物的积累，增强抗性，促其成活。

4）保持基质适当的通气性

要选择适当的颗粒状基质，保证良好的通气作用。在管理过程中不要浇水过多，过多的水应迅速沥除，以利根系呼吸。

综上所述，试管苗在移栽的过程中，只要控制好水分平衡、适宜的介质，控制好杂菌以及适宜的光、温条件，试管苗是很容易移栽的。图 5-1 为汉麻芽尖分生组织转化获得的再生植株。

（a）消毒的种子　（b）无菌苗　（c）处于转化培养（d）茎尖再生植株　（e）生根植株
基的汉麻茎尖

（f）生根植株　（g）再生植株

图 5-1　汉麻芽尖分生组织转化获得的再生植株

第二节　汉麻扦插繁殖技术

汉麻可以无性繁殖或有性繁殖，无性繁殖就是所谓的"扦插"。现在越来越多的人利用扦插技术进行汉麻的无性繁殖。简单地说，通过从母株那里采扦插枝条，当生长芽或枝条从选定的供体植物中移除并诱导在单独的生长培养基中形成根后，通过这个过程每个个体都将是雌性植物。一个苗圃可以通过在植物开花之前利用扦插的方式来无限期地延续下去。

扦插给种植者带来了许多好处。一方面，通过使用扦插技术，我们将获得一个持续的、稳定的、健康的雌性植物来源。扦插是其亲本的精确遗传复制品。因此，可以用它最有活力和最强大的植物作为母株，从中剪取的每一个扦插都将是强大的和有活力的。扦插将永远保持和母株相同的性别和活力。也有可能通过扦插单一母株来建立一个植物花园，并将持续几十年。

扦插是复制植物的一种流行的简化方法。汉麻扦插就是从生长的分枝尖端"切割"，并根深蒂固（如图 5-2）。扦插是迄今为止在室内和室外种植者传播汉麻的最有效的方法。当获得一个性状优良的品种时，利用最好的时间来制造和使用扦插，其特殊的遗传代码就能够保存和延续。性状一致是高质量汉麻种植者的共同种植目标，由于室内种植者通常不能把时间和空间花在植物上，这些植物在生长、开花时间或产期上可能有完全不同的习惯，扦插体提供了均匀遗传学的优势。

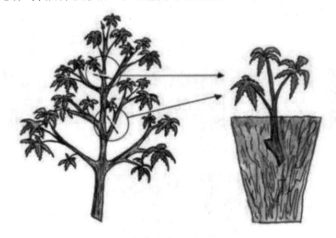

图 5-2　汉麻扦插示意图

均匀遗传学意味着你的植物将是相同的高度，有相同的生长习惯，有相同的成熟时期和花期，并有相同的效力、气味等。它们也会以同样精确的方式（如肥料、照明、弯曲、切割等）对相同的外部刺激作出反应。过了一段时间，种植者就会知道该对作物做些什么，以确保每次都有高品质、高质量的收成。

从一种特别受欢迎的母株中创造一个基因相同的扦插苗圃的好处就是能够从每种植物中产生一致的质量和数量，并期望所有的植物同时成熟，这保证了植物的一致性和质量，从而取得连续的作物收获。

但是遗传的一致性是双向的。这意味着如果选择的植物缺乏效力、健康、收获质量等，它的扦插也将缺乏这些性状。因此，选择健康的亲本植物是至关重要的。

如果发现了一种非常喜欢的种子，可以通过正确的扦插来无限期地保持它。也可以从一个健康的雌性母株那里创造出 100 株甚至更多健康的雌性植物。扦插对那些没有多少钱花在多个种子上的种植者来说是很好的。

扦插还有一个好处，那就是减少植物成熟所需的时间。扦插一旦达到约30 cm就能开花，因此扦插可以缩短总生长时间（从种子到收获通常需要90～130 d）。通过这种方式，扦插可以让种植者种植想要的强效植物，这些植物将以非常快的速度继续生长到完全的效力。一个月大的扦插苗就可以生长得很健康，可以很容易地通过使用12/12的光照周期来触发开花。

一种特殊的植物即使在开花和收获后也可以恢复活力和扦插。如果植物底部留下少量的营养物质，并将其置于18 h的光照周期下，那么所有的小生长点都会伸展成营养芽，然后可以扦插并生长成完整的母株，可以无限期地扦插。

使用扦插用来再生时，苗圃可以被设计和使用得最有效，因为已经了解植物的确切生长习惯。此外，也可以用于商业增长，因为已经了解植物的品质，因此可以建立一个永久的创收周期。扦插的缺点是，它们存在严重的故障率。

注意：必须从一种母植物中提取扦插。从扦插苗中剪取扦插枝条可能导致植物"遗传漂移"，并形成突变或不良的生长特征。

种植者通常会在仍然处于营养生长阶段的植物中选取扦插枝条。这种以无性繁殖的方式来保证生长、产量和一致性的方法在当今相当流行。

一、扦插的种类

扦插的种类依据选取植物器官的不同、插穗成熟度的不同而将扦插分为叶插、茎插、根插三种方式。

（一）叶插

叶插用于能够从叶片上发生不定芽及不定根的种类。凡是能进行叶插的植物及花卉，大都具有粗壮的叶柄、叶脉或肥厚的叶片。叶插必须选取发育充实的叶片，在设备良好的繁殖床内进行，并维持适宜的温度及湿度，才能得到良好的结果。

1. 全叶插

以完整的叶片为插穗。根据扦插位置的不同而分为两种方式。①平置法：切去叶柄，将叶片平铺在沙面上，用铁针或竹针把叶片固定在沙面上，下面与沙面紧接，例如落地生根则是从叶缘处产生幼小的植株。②直插法：也称叶柄插法，即将叶柄插入沙中，叶片立于沙面上，使叶柄基部发生不定芽。

2. 片叶插

将一个叶片分切为数块，分别进行扦插，使每块叶片上都形成不定芽。

（二）茎插

茎插可以在露地进行，也可以在室内进行。露地茎插可以利用露地床插进行大量繁殖，依据季节种类的不同，可以采用覆盖塑料棚保温或荫棚遮光的方式，以利于成活。寒冷的季节或者少量繁殖时，也可以在室内进行扣瓶扦插、大盆密插及暗瓶水插等方法。

1. 芽叶插

插穗只有一个芽附带一片叶，芽下部带有盾形茎部 1 片，或一小段茎，然后插入沙床中，仅露出芽尖即可。扦插后最好盖一玻璃罩，防止水分过量蒸发。叶插不容易产生不定芽或不定根的种类，宜采用芽叶插法。

2. 软材扦插

软材扦插也称生长期扦插，选取枝梢部分为插穗，长度依据花卉种类、节间长度及组织软硬而异，通常长度为 5~10 cm。枝条组织以老熟适中为宜，过于柔嫩易腐烂，过老则生根缓慢。如果选取生长强健或年龄较幼的母本枝条，生根率则较高。软材扦插必须保留一部分叶片，若去掉全部叶片则难以生根。对叶片较大的种类，为避免水分蒸腾过多，可把叶片的一部分剪掉，切口位置宜靠近节下方，切口以平剪、光滑为好。多汁液种类应使切口干燥后扦插，多浆植物使切口干燥半日至数天后扦插，以防止腐烂。多数植物及花卉应该在扦插之前剪取插条，以提高成活率。

3. 半软材扦插

在木本花卉中，常采用半软材扦插。插穗应选取较充实的部分，如果枝梢过嫩，则可弃去枝梢部分，保留下段枝条备用。

4. 硬材扦插

硬材扦插也称休眠期扦插，多用于园林树木育苗。

（三）根插

有些植物及宿根花卉能从根上产生不定芽形成幼株，这些种类可采用根插繁殖的方式。可采用根插的植物及花卉大多具有粗壮的根的植物，粗度不应小于 2 mm，同种种类，较粗较长者含营养物质多，也易成活。早春或晚秋均可进行根插，也可在秋季掘起母株，储藏根系过冬，到第二年春季进行扦插。冬季也可以在温室或温床内进行根插。

二、扦插的优点及缺点

（一）扦插的优点

（1）扦插是保持周围植物稳定供应得很好的一种方法。

（2）节省了很多时间。

（3）保证有一株雌性植物。

（4）相比于种植种子，扦插体能更快地生根开花，收获快，周转时间短得多。

扦插可以很快地生长成母株并重新扦插,用于瞬间的营养和开花作物,因为室内种植者通常不能将时间和空间用于生长、开花时间或产量方面可能有完全不同的习性的植物,扦插提供了均匀遗传学的优势。扦插在基因上是相同的,但在表型上仍然存在一些差异。一般来说,扦插将表现出均匀的生长和生长特征。

(二)扦插的缺点

(1)遗传均匀性意味着对昆虫攻击、疾病、微生物感染和任何其他类型的弱点具有相似的抗性和敏感性,如果母株是由许多不同的品种培育的,通常不太可能对植物造成伤害。换句话说,退化可能会更快地蔓延。

(2)缺乏多样性。来自同一亲本的扦插看起来非常相似,并创造出完全相同的高度。这对于寻求统一标准化增长以大规模增加利润的商业种植者来说是完美的,但大多数需要更多性状的工业汉麻种植者,这无疑是一大缺点。

(3)扦插母株很难找到。来自未知来源的扦插苗具有未知的表型和遗传倾向。

(4)种植者在选取母株扦插时会有很高的风险继承:根腐病,蜘蛛螨,白粉病等。如果这些问题得不到识别和处理,它们可以迅速蔓延到整个作物。

(5)不健康的扦插可能会在很长一段时间内死亡或处于休克状态。

(6)可用性。受损的扦插可能处于休克状态,需要几个星期才能恢复。与种子相比,扦插在操作上需更轻敏和细腻,扦插需要时间才能建立起来,而且很容易被过度的光和营养物质刺激。因此它们在早期生长阶段需要更多的关注和照顾。

(7)由于扦插几乎总是雌性的,因此,育种选择是有限的。不稳定的扦插杂交体总是有可能实现雌雄同株的发育。

三、汉麻扦插繁殖过程

(一)母株准备

选择无性系最重要的过程是正确选择母株。 盆景母株是一种保存在植物状态的雌性植株,从不允许开花。雌性植株用作扦插母株其后代 100%为雌性,所有扦插植株的遗传性状都与它们的母亲一模一样。盆景母株可以保存几年,但建议每年用种子重新开始,以建立一个新鲜的健康的母株。也可以从至少两个月大的母株中剪取扦插枝条。在 2 个月前成为无性系的母株很可能发育不均匀,并且生长缓慢。

任何雌性植物都可以转化为盆景母株。它可以从种子中生长,也可以是母株的扦插苗。扦插母株应该是健康的,无害虫、无疾病的,完全处于良好的生长状态下。在培养母株时,应该将几种盆景母株植物保持在相同的植物生长阶段,以保持扦插的一致来源。如果想确保最大质量的扦插苗生产,那么就该每年从种子开始培养新的母株。

作为一个专业的扦插种植者,在扦插前 3 ~ 4 d,用含有生长激素的营养物质喷施在母株表面,以刺激其生长出茂盛和健康的枝条(如图 5-3)。

图 5-3　扦插母株

（二）母株培养条件

光照：在 24 h 的恒定光照下，其优点就是母株会表现为很难开花，但是其缺点是母株的生长速度可能比想象的要快。在 18 h 的光照和 6 h 的黑暗（通常称为 18/6）条件下，植物的生长将慢得多，植物将得到一个良好的休息时间。18/6 的缺点是，敏感植株可能开始开花，或至少产生预花，特别是如果母株被长期保存，有些植株更容易开花。一般来说，纯种需要最大的光照才能使植物认为它的夏天来临，而稳定的、更好的光照周期就是 18/6。在较低的光照范围内，18/6 应该被认为是实验性的。1 200 束蓝色光谱的光给予母株每天 18～24 h 的光照，使其保持快速旺盛的生长。

养分：当植物处于营养生长阶段时，用优质、全能或高氮肥喂养。在扦插一周前，可用低氮、高磷的开花肥喂盆景母株，因为较低的氮促进了无性系生根。在扦插前 3 天减少营养液中的氮含量。因为氮抑制根系生长；降低母株中的氮水平有助于扦插更快地生根。

开花肥料将降低植物中储存的氮量，增加生产根系储存所需的碳水化合物的数量。每天用水喷洒树叶将有助于加速这一过程。

（三）从开花植株选取扦插枝条

如果在开花期间进行扦插，扦插至少需要两周的时间才能重新生根。还可能需要几个星期的时间来重新吸收芽。在此期间，根系的生长往往非常缓慢。如果未从这些扦插中收获过任何芽，那么，未来的产量不会受到影响。而从开花的植物中提取的扦插通常不会存活。因此，在开花母株上选取扦插枝条无疑是一场赌博，若想要获得健康的扦插植株，就应该选择无性母株扦插。

由于在植物开花时进行的切割将需要在 24 h 的光照下被迫恢复到营养状态，这会导致额外的压力，会减缓生长和发育。在开花周期中，当插条被采时，生根可能需要长达 3 倍的时间。扦插后可能没有储存足够的营养物质或碳水化合物以维持生存。

一些种植者不喜欢在母株的高处选扦插枝条，更喜欢从较低的侧枝取扦插，以保持垂直生长和防止茂密地生长。但顶端同一节点会产生更多分支，可供下一轮扦插使用。

（四）扦插枝条数量的选择

扦插枝条总是存在着自然的差异。大量采集的扦插可以弥补后期高死亡率和生长不佳的植株。生根最快的无性系有最旺盛的营养生长条件，通常开花潜力最好。

（五）剪取扦插枝条的时期

虽然在植物的生命周期中可以随时扦插枝条，但最好的时间是在植物开花之前，这有助于切割且更容易生根。许多种植者只种植一种植物，直到它开始生长节间，然后他们拿走植物的扦插并丢弃该植物。

四、扦插技术

成功的扦插需要清洁、温暖和精心培育。扦插对生长环境很敏感。恶劣的环境会延缓生根，提高死亡率。

（一）扦插前的准备工作

开始扦插之前，为了确保尽可能接近100%的成功率，请参照以下建议。

选一株健壮的雌性植物（盆景母株）。

事先彻底洗手。

保持工作区域、工具和工作表面清洁和无菌。（可以用乙醇或醋浸泡工具，如剃须刀、锋利的剪刀、X-ACTO木材刀等。）

开始扦插之前，一定要把所有的扦插用品准备好，并做好一切消毒工作。

（二）生根试剂的准备

生根试剂的选择对于扦插的成活率至关重要，现在市面上较为常见的为生根凝胶，生根粉（激素）及腐殖酸试剂，可根据试剂的情况进行选择。

（三）扦插基质准备

扦插基质的不同会对扦插的成活率产生不同的影响，土壤的通透性、土壤中氮、磷、钾及有机质的含量对于扦插生根至关重要。

为了探究不同的营养基质对扦插成活率造成不同的影响，本课题组前期使用3种不同的营养基质土壤进行扦插，分别为：草炭土∶蛭石=3∶1（体积比），黑土∶蛭石=3∶1（体积比），育苗营养基，结果如表

5-2 所示。

表 5-2　不同营养基质对汉麻生根性状影响的比较

基质类型	成活率/%	生根数/条	平均根长/cm
黑土	93.33 ± 2.56b	8.45 ± 1.42b	3.06 ± 0.71a
草炭土	98.77 ± 1.38a	12.22 ± 1.56a	3.57 ± 0.44a
育苗营养基	98.37 ± 1.82a	12.89 ± 1.67a	3.66 ± 0.62a

注：表中小写字母表示处理间在 0.05 水平的差异显著，下同。

因此，可以选用草炭土∶蛭石=3∶1（体积比）为扦插基质。同时也可选用育苗营养基。注：选择好扦插基质后，需用恶霉灵药水拌匀，以起到消毒作用。

（四）扦插枝条时期的选择

选择不同生长时期的扦插枝条，其成活率是不同的，如表 5-3 所示

表 5-3　汉麻插穗时期对生根性状影响的比较

插穗时期	成活率/%	生根数/条	平均根长/cm
快速生长期	97.33 ± 1.87a	12.44 ± 1.94a	3.12 ± 0.50a
开花期	33.44 ± 3.28b	7.0 ± 1.67b	2.52 ± 0.40b
种子成熟期	20.55 ± 2.96c	6.0 ± 2.18b	1.82 ± 0.33c

因此，应首选积极生长的枝条的顶部，因为它们含有更多的生长激素。较低的扦插通常是纺锤形的和不发达的。最好选择扦插 3 片叶顶部与 1/8 的茎, 2~3 扇叶和一个稍微坚定(但尚未木本)的茎(如图 5-4)。

图 5-4　汉麻扦插剪枝

短无性系最好不超过 2~3 个节，否则新形成的根必须为大叶和茎。扦插也应该是"成熟的"，有交替的叶子。不成熟的无性系有相对的叶子，通常呈苍白色和纺锤形。

避免茎切割（没有节点）和插头切割，因为它们几乎没有根（根主要形成在节点）。修剪大扇叶的一

半，以尽量减少叶面积，新形成的根必须支持。

（五）扦插

将剪刀和剃须刀刀片蘸乙醇，将修剪过的扦插浸入扦插凝胶/生根溶液中，确保最低的节点也被薄薄地涂上凝胶。去除切割表面本身的任何多余部分（这样切割就不会窒息）。如图5-5。

图 5-5　汉麻扦插蘸取营养液

轻轻地把茎推到营养基质里。切记要一次性插入，不可重复拔出、插入。如图5-6。

图 5-6　汉麻扦插

（六）扦插后管理

扦插后，需在叶面上喷洒恶霉灵药水，以达到避免叶片腐烂及保持湿度的效果，喷洒药水后应盖上育苗盖以保持温度及湿度。将盖好盖子的扦插苗放置温度 25～28 ℃、湿度 80%～85%，光照 50～100 μmol·m^{-2}·s^{-1} 条件下进行培养，扦插 10 d 后需每天打开育苗盖进行通风 1～2 h，如图5-7。

图 5-7　扦插后管理

（七）生根检查

如果选用育苗营养基作为扦插基质，7～10 d 内就可以在营养基外部看到生出的根。一个健康的扦插枝条会在 10 d 左右长出新生根，没有长出根的扦插枝条可以拔出看根是否存在，如若没有新生根，就可将其舍弃。

最初，扦插将从叶片中提取它们的营养需求，并且可能会变得稍微苍白，这是一个很好的迹象，因为它证明了扦插已经开始生根，并且正在积极发展。通常没有生根的扦插枝条会保持健康和绿色的叶片，并将保持这种形态几个星期。

为了操作更简单，可以把扦插（没有根，很少根，精力充沛）整理到不同的托盘中。健康的根应为白色，如果一个扦插在两周内没有显示出根，就应该考虑移除它。棕色根表示腐烂，如发现这种情况，应及时移除，避免同一托盘内发生传染。

弱营养物质 $[(50～200)×10^{-6}\ mg/L]$ 应开始在根无性系上，并更频繁地浇水，以避免暴露的根尖干燥。也可以尝试用任何海带提取进行物微弱的叶面喂养，以逐渐开始增加氮水平。

如图 5-8 为汉麻扦插后的生根情况。

图 5-8　汉麻扦插后生根

（八）初生根

第一次看到扦插苗新生根通过营养基底部时，可以停止叶面喷洒并开始准备拿掉上方的保湿盖。

这是一个关键时刻：当你在营养基下方看到根后，给营养基浇水，稍微打开保湿盖，让湿度散发，每20分钟检查一次是否有枯萎的迹象。如果在第一个小时后没有萎蔫，就多开一点保湿盖，每小时检查一次。经过 4～6 h，没有枯萎，就可以将扦插苗暴露于外界环境当中。如果有任何扦插苗开始枯萎需立即盖好保湿盖，并在叶面上喷洒水，第二天再试一次。如果在同一托盘中，可以看到部分的扦插苗在营养基底部生根，而其余没有在底部看到新生根，就可以过几天再拿掉保湿盖。

一旦扦插苗完全生长出了根，它们就可以被置于弱 HID 光和弱 $[（250～500）×10^{-6}\ mg/L）]$ 营养状态下，或者被种植到土壤、水或空气中。扦插苗被给予 18～24 h 的光照，使它们停留在营养生长阶段。扦插苗一般需要 10～20 d 才能生长出强大的健康根系。一旦建立了根系，扦插苗就会被移植到更大的容器或生长介质中。一般情况下，它们需在营养生长阶段生长 1～4 周才可以开花。

（九）扦插苗移栽

3～5 周，扦插苗将形成一个坚实的根结构，这时应将它们移植到一个更大的容器中，这样它们的根结构就可以进一步扩展和生长。确保生长介质中有足够的空气，因为这将大大促进健康的根系生长（如图 5-9）。

图 5-9　汉麻扦插苗移栽

一旦植物超过它们的容器，移植就很重要。这是因为植物的根系在狭窄空间内生长会出现病态、发育迟缓的现象。应尽量保持生长培养基相同，以防止植物移植后产生不适宜的情况。如果把营养块移植到土壤中，需要调节水分平衡以获得最佳效果。植入土壤中的营养块要保持足够干燥，同时保持土壤湿润，这样根就会渗透到新的生长介质中寻找水分和营养。

第六章　汉麻种子生产与管理

第一节　汉麻种子的生产原理

汉麻的种子生产是采用最新技术繁育出的优良汉麻品种和杂交亲本的原种；按照汉麻良种生产技术规程，生产出能够满足快速的生产市场急需的、质量合格的、生长上作为播种材料大量使用的、种植者自己不能留种或留种效果不好的汉麻种子。

一、汉麻种子生产的意义与任务

为了充分发挥优良汉麻品种的特性，新认定、新引进的汉麻品种应该加速繁殖，替代原有的老品种，实行品种更换；采用科学技术防杂保纯，保持品种的纯度和特性，延长利用汉麻品种的年限。

对生产上大量应用推广的汉麻品种，要有计划地用原种繁殖生产出高纯度汉麻种子加以代替，实现汉麻品种更新；要预测市场的需求量，生产出种类齐全、数量充足、质量上乘的优质汉麻种子，即要满足农业生产播种需要，又要防止出现由生产过剩或市场营销失败导致的压库现象。

二、汉麻品种混杂退化的原因及预防措施

（一）汉麻品种混杂退化的原因

汉麻品种混杂退化是指在生产过程中汉麻品种纯度降低，失去汉麻品种原有的形态特点，抗逆性和适应性减退，产量下降、品质劣化、THC 含量升高。汉麻品种退化的原因很多，主要有生物学混杂、机械混杂、品种变异等，根本原因是汉麻新品种在推广中缺乏完善的"汉麻良种繁育制度"。

（1）机械混杂：在汉麻良种繁育过程中，在播种、收获、运输、脱粒、晾晒、贮藏、包衣等环节，不严格按照良种繁育技术规程操作，工作不细致、不精心而混入其他汉麻品种的种子，由于汉麻是"异花授粉"风媒传粉作物，经过几代繁殖，退化程度会日益严重。人为机械混杂是当前汉麻品种混杂退化的主要原因之一。对已经发生的混杂，如果不及时清除，混杂的程度会逐年加大。

（2）生物学混杂：由于自然环境的各种因素引起品种群体内某些个体产生遗传性变异而导致品种的混杂，是汉麻品种混杂退化的重要原因之一。汉麻属于风媒作物，花粉可随风飘扬至 200 m 高空，最远能飘至 2 000 m，花粉在干燥环境下可维持 14d。因此汉麻品种间极易杂交，繁育过程中隔离距离不足或繁殖区内野生麻清除不净，花期接受了其他品种的花粉，发生了天然杂交。品种中混杂了杂种，杂种后代发生分离。由于遗传性发生变异，使原品种的纯度、典型性状、产量、品质降低，THC 含量变大。生物学混杂后代的分离造成群体内个体间出现明显差异，植株高矮不齐，花期不一致，种子颜色和大小不一等。

（3）自然杂交：通常叫"串粉"和"串花"，由于汉麻良种繁殖田某些植株与异品种的混杂株或邻近种植的其他品种串粉后，后代性状发生分离，产生五花八门的变异单株而导致品种混杂。这样混杂的特点

是：今年杂一粒，明年杂一片。

（4）自然变异：因受到自然环境的各种物理、化学、生物等因素的影响，某些个体的性状会发生变异，经过自然选择而被保存下来导致品种的混杂现象。例如：长期栽培在盐碱地或者恶劣的环境条件下，经常会出现变异单株。主要是因为基因突变或杂交遗传性不稳定而发生的分离。

（5）新品种的性状分离与人工选择不当引起变异：杂交或诱变品种在推广中，因种植环境的不同某些个体的性状仍然会发生变异。在人工选种过程中由于掌握品种特征、特性不全面、不准确，则后代产生性状分离产生变异，导致品种混杂退化。

（6）栽培管理不当引起品种混杂退化：汉麻品种生育期所要求的条件得不到满足，有些优良性状表现不出来，会发生遗传性的变异导致品种混杂、退化。例如生育期内对微量元素或农药等使用不当引起变异、退化。

引起汉麻品种混杂退化的原因是复杂的。有些品种性状产生明显变异，至今还无法确定原因，但是相互之间不是孤立存在的，是相互影响的。汉麻品种的机械混杂、自然变异、新品种的性状分离等，必然会增加自然杂交的概率，加速汉麻品种混杂退化的速度。

（二）汉麻品种混杂退化预防措施

1. 防止作业混杂

在播种、脱粒、晾晒、运输、筛选、精选、贮藏、包衣等环节容易造成品种混杂。播种前要认真清理播种机，更换品种时要彻底清理播种机后再播另一品种。繁育各地块应有专业技术人员负责管理，汉麻因品种不同，要单收、单脱粒、单选、单贮藏等；种子袋要写明标签：品种名称、产地、级别等。

2. 防止自然杂交

隔离繁育，汉麻良种繁育要具备严格的隔离措施，汉麻为风媒异花授粉作物，品种之间的相互"传粉"产生自然杂交，良种繁育田 5 km 内不能种植其他汉麻品种，在汉麻植株苗期至现蕾期要严格排查 5 km 范围内的线麻、野麻、大麻等大麻科作物，野麻通常生长在房前、屋后、山坡地、沟壑、地头等，一经发现务必在良种繁育田现蕾期前铲除。

3. 除杂、去杂与选择

除杂去杂是把已经出现的非繁育品种的植株和生长不良的病株、劣株拔除。这项工作在生育期间的每天上午要反复进行去杂、去劣，严格剔除非繁育品种、分化植株、杂、劣、病、虫、生育不良和 THC＞0.3% 等植株，应整株连根拔除，并且带出田外。这项工作在各级良繁田每年都要进行，去杂、去劣的专业技术人员要熟知繁育汉麻品种各生育期的形态特征及特性，以便有效地做好去杂去劣工作。

选择是保持和提高品种纯度、种性的有效措施。在原种阶段，要保持下级种子田有充足典型的、优良的种源，必须根据品种的特征、特性进行正确选择，否则会把品种引向其他方向，失去品种原有的典型性状。

4. 严格田间检验制度

做好田间检验是保证汉麻品种纯度的关键措施，要掌握汉麻品种的典型性状和形态特征。对受检的汉麻种子田经过去杂、去劣后汉麻品种纯度仍然达不到纯度标准的，要按照实际纯度降级使用。

5. 环境和条件的选择减少退化

为有效地防止汉麻良种退化，汉麻良种繁育基地的土壤、气候等因素要适应繁育品种的需求。良种繁育基地的良繁田要求地势平坦、肥沃，应具备排灌、整地、播种、中耕、收获、脱粒、晾晒、初选等基础条件。

6. 定期更换汉麻良种

汉麻良种繁育要定期使用原原种，定期更换原种，定期更换良种。用纯度高、质量高的原原种，每隔一定年份进行更换。各级汉麻种子田的种子不能倒流，这是长期保持汉麻品种纯度与汉麻品种种性的重要措施之一。

第二节　汉麻种子生产的程序和条件

一、汉麻种子的分级

（一）"原原种"

原原种是育种单位培育或由育种单位从国外引进的汉麻种子，保持原品种的特征特性。由育种单位掌握并繁育，是生产原种的主要来源。汉麻原原种的标准：纯度100%，具备品种的特征特性，遗传性稳定。

原原种生产采用"株行法"。将上年从原原种繁殖圃中选择的定量单株，每株种一行，生育期对可疑株行、出现杂株的株行、THC＞0.3%的株行予以淘汰。种子成熟期，从纯度高的株行中选择单株，单独脱粒、考种选留保存，作为下一年单行种子，其余入选株行分别收获、脱粒、考种后将选留株行种子混合。

（二）"原种"

原种是由原原种繁殖的第一代至第二代的汉麻种子。原种一代由原原种直接繁殖，原种二代由原种一代繁殖，汉麻原种标准：纯度≥99%。

（三）"良种"

良种是"原种"繁殖的第一代至第三代，达到良种质量标准的汉麻种子。"良种一代"由"原种二代"繁殖，"良种二代"由"良种一代"繁殖，"良种三代"由良种二代繁殖。汉麻良种标准：纯度≥97%、净度≥96%、发芽率≥85%、含水率≤9.0%。

二、汉麻良种提纯复壮

通过提纯复壮生产汉麻良种，实现汉麻种子质量标准化，是克服汉麻品种混杂退化，发挥优良品种增产潜力和延长汉麻品种使用年限最有效的措施。

如何提纯复壮？提纯就是把一个汉麻品种内的机械混杂和生物学混杂的杂株去除，提高品种的纯度。复壮就是把汉麻品种纯化，恢复和提高汉麻品种原有的生产力。提纯和复壮是两个不同的概念。汉麻品种提纯复壮工作是非常重要的，如果有一株混杂了，要经过 5 代才能够提纯。

（一）雌雄异株汉麻品种的提纯复壮

生产中普遍使用的是"株系提纯法"此方法掌握简单，效果好。

选择汉麻优良单株：选择纯度高，符合原品种典型性状的地块用作采株圃。选择植株健壮、抗病性强、抗逆性强的典型优良单株，单独收获，中选单株单独脱粒，单独贮藏，供下一年比较鉴定用种。次年将上年入选的单株种在株行圃进行比较鉴定，株行圃要注意隔离，杜绝生物学混杂，生育期注意观察比较，株系典型性状不符合要求或变异的单株要及时拔除，雄株现蕾期按原品种雄株特性观察比较，拔除不符合要求的雄株，雌株雄株的数量比按 1:1 留株，花期末授粉结束后要及时割除雄株，利于雌株通风、籽粒饱满，成熟后及时脱粒。对上年入选的株行各成一单系，种于株系圃，每系一区，对其典型性、丰产性、适应性等进行比较试验。种植方法和选株标准参照株行圃进行。入选的各系经过去杂、去劣后混收、脱粒，种子脱粒后单独贮藏，下年进行繁殖。将上年繁殖的混选种子种于原种圃，扩大繁殖，产出的种子为汉麻原种。在种子量许可的情况下进行"系谱鉴定"，从中再选择优良株系。播种原种所获得的种子为一级汉麻原种。播种一级原种再繁殖出的种子为二级汉麻原种，二级汉麻原种供应大田生产用种。

（二）雌雄同株汉麻品种的提纯复壮

雌雄同株品种的性状不稳定，退化速度快，随着世代的增加，如 2～3 年未严格执行技术操作规程，雌雄同株品种会转变为雌雄异株品种，失去原有的特征、特性，因此雌雄同株汉麻品种良种繁育所有措施应重在保持雌雄同株品种的典型性上。提纯时间在现蕾期的每天上午进行，此时分化的雄株较原雌雄同株品种高大、花絮松散、分枝增多，发现分化的雄株要及时连根拔除，切勿割除。

雌雄同株原原种原始材料，应在处于现蕾期的超级原种田进行选择，通过田间观察结合室内考种进行淘汰，田间选择时要在植株站立状态下仔细鉴定。对原原种的原始材料进行工艺鉴定，数量为 3 000～3 500 株，鉴定性状：株高一致、花序典型、成熟期一致、种子不散落、种皮颜色正常、种子颗粒均匀，经淘汰后入选单株为 2 000～2 500 株，脱粒后的种子供超级原种田用种。

三、汉麻种子生产条件

汉麻良种是决定种植者是否稳产、高产的主要因素之一。种植者购买伪劣汉麻种子用于生产会严重影响个人和深加工企业的经济效益，甚至制约了局部地区汉麻产业的发展。

（一）空间隔离

汉麻良种繁育必须有严格的隔离措施，禁止在汉麻良种繁育区域直线距离 5 km 内种植其他汉麻品种，防止外来汉麻品种花粉混入。在汉麻良种繁育田的"苗期"至"现蕾期"，要仔细排查且铲除尤其是地头、房前屋后 5 km 区域内的野麻、农家种、线麻等大麻科植株。

（二）土地、隔离区的选择

土地的选择直接影响到制种的质量。地力不均、低洼冷浆、黏性强、盐碱含量高的土地都不适宜做汉麻制种田。必须选择土壤肥力好，地力均匀，地势平坦，旱涝保收的地块。避免因地力不均等因素，造成制种田花期参差不齐的现象，导致种子成熟度不够，严重减产。

汉麻良种繁育基地应选择年积温≥2700 ℃，无霜期≥120 d，并具备隔离、灌溉、排涝、遮光、种子晾晒、种子初选、种子贮藏、种子运输，整地、播种、中耕和收获等农机必备试验条件。

（三）去杂去劣

在繁殖汉麻制种工作中，必须树立"严字当头、质量第一"的思想，农技人员认真做好汉麻良种繁育田去杂去劣工作，防止生物学混杂和机械混杂。田间去杂工作宜早不宜迟。

1. 苗期的去杂去劣

汉麻苗期时即开始去杂去劣，可结合定苗同时进行，做得彻底，减少以后的工作量，最重要的是能保证汉麻制种田的留苗数，提高汉麻种子产量，观察幼苗下胚轴色、叶色、叶形、叶姿、叶柄等特征，拔除与品种特征、特性不一致的杂株。

2. 快速生长期的去杂去劣

汉麻植株进入"快速生长期（第三对真叶展开日期）"至"现蕾期"，每天技术人员根据品种的特征和典型性状进行去杂去劣，观察下胚轴色、叶色、叶型、叶姿、叶柄等特征，拔除与品种特征、特性不一致的杂株。

3. 种子成熟期的去杂去劣

汉麻进入种子成熟期时勤观察雌株株高、整齐度、分枝特点、成熟度等进行选择。

4. 建立严格的汉麻种子管理制度

汉麻种子，在收获、运输、晾晒、脱粒、贮藏的环节，必须严格执行各项操作规程，避免人为的机械混杂。

第三节　汉麻种子生产技术

汉麻种子生产是汉麻育种成果迅速转化为生产力的重要手段，也是汉麻育种工作的继续，搞好汉麻种子生产，实施汉麻种子工程战略，对我国麻类产业的发展具有重大意义。汉麻原种、良种生产与大田生产和汉麻生产田不尽相同，汉麻良种繁育田要抓好"精细整地、精细播种、严格管理、及时抢收"四个环节，每年汉麻良种繁育技术负责人要详细记录"汉麻良种繁育田田间调查项目记录表"，详见表6-1。

表 6-1　汉麻良种繁育田田间调查项目记录表

品种名称		播种日期		备注
出苗日期		出苗率		
前茬药害情况		快速生长期		
现蕾期		花期		
种子成熟期		分枝期		
生育期长势		快速生长期		
株高		茎粗		
分枝		倒伏		
病害率		虫害率		
杂草防除情况				
其他				

试验单位：　　　　　　　　　　　　　　　　　记录人：

一、汉麻良种生产技术要点

汉麻良种繁育要抓好整地、播种、田间管理和收获4个关键环节。汉麻良种繁育田要想获得高产，整地好是保障，播种好是基础，管理好是保证，收获好是关键。

（一）整地保墒

1. 精细整地的意义

汉麻种子小，汉麻种子发芽时需水量多，汉麻子叶拱土能力弱，所以播种覆土不宜过厚，汉麻良种生产对整地质量要求严格，黑龙江省春季多风雨少，十春九旱，在这样的气候条件下，春季土壤水分成为汉麻良种田出苗、保苗的主要限制因素，因此整好耕地、保住墒情，对抗旱、保苗意义重大。

首先通过秋季和春季系列的耕作措施，使土壤中的水分保蓄起来，给汉麻苗前和苗期生长备足底墒；其次，通过整地可以创造一个有利于提高播种质量，使麻苗顺利出土的良好环境条件；第三，适宜翻耕可消灭杂草和病虫害、提高地温、疏松土壤，促进土壤微生物的活动，提高土壤肥力，创造适宜汉麻生长发育的良好土壤环境。

整地应根据不同地区和不同前茬的土壤、气候特征，因地制宜地掌握好整地时间和整地方法。只有提高整地质量才能达到防旱、保墒、提高汉麻出苗率、保苗率和稳产增产的效果。

2. 整地方法

1）秋翻秋耙秋起垄

应进行秋翻秋起垄。秋翻秋起垄地块可促进土壤熟化，保墒防旱，土壤墒情好，田间出苗率高。耕深 20~30 cm，做到无漏耕、无坷垃、无秸秆等，垄距 65~70 cm。

2）秋翻秋耙春起垄

早春耕层化冻 14 cm 时，及时进行耙、耢、起垄、镇压连续作业，严防整地不及时跑墒。耕深 20~30 cm，做到无漏耕、无坷垃，垄距 65~70 cm。

3）整地技术要求

秋季或春季系列的整地措施：一定要达到破碎土块，灭除明、暗坷垃，疏松土壤，地面平整，防止土壤水分蒸发，创造表土蓬松，底土紧实，透气、保温、保水的良好土壤环境条件，利于汉麻的播种连续作业，为汉麻种子发芽出苗提供适宜的环境条件。

整地质量要求：要精细整地才能保住土壤墒情，达到一次播种出全苗。第一，灭除前茬作物秸秆。第二，要严防机械作业时漏翻、漏耙、漏压等。因漏翻、漏耙、漏压等地块坷垃多，严重影响一次保全苗。第三，要耙匀、耙细，切勿留垄沟垄台，会造成垄沟土湿先出苗，垄台有夹干土不易出苗，会出现出苗不齐的现象。第四，地面平整，易提高播种质量。地面高低不平，播种时会出现汉麻种子入土深浅不一、出苗不齐的现象。

（二）精细播种

汉麻良种繁育的整个农事活动，"七分种，三分管"，抗旱播种保全苗，如果不提高汉麻播种质量，会出现出苗不齐、出苗不全的现象。在前期整好地，达到待播状态的基础上，适期播种，确保一次播种出全苗、保全苗，才能为汉麻良种繁育丰产、高产奠定基础。

1. 播种前准备

1）种子准备

汉麻种子品质的优劣是保证汉麻全苗、壮苗的重要因素，要选用低毒、纯度高、净度高、发芽率高的汉麻种子做种源。为防止汉麻苗期病虫害，播种前需对汉麻种子进行消毒处理。可采用先正达出品的"亮盾"和"锐胜"，在播种前对种子进行包衣。

2）播种

（1）播种方法。垄作稀植点播，垄距 60~65 cm，雌雄异株品种株距 40~50 cm，雌雄同株品种株距 15~20 cm。

（2）播种量。汉麻种子用量 3~4 kg/hm²。

（3）播种机械。可采用甜菜精量播种机，高粱、绿豆、红小豆精量播种机点播（如图 6-1）或新型气吸式播种机（如图 6-2、6-3）。

（4）播种深度。播种深度以镇压后的覆土厚度为准，播种深度要适宜，播种过深出苗期延长，出苗率降低，保苗率降低，导致汉麻种子产量降低，因此汉麻良种田播种深度应以 3~5 cm 为宜。

（5）播种时间。根据气温、汉麻品种特点和土壤水分情况确定播种时间。

图 6-1　甜菜、高粱、小豆轮式 2 垄播种机

图 6-2　气吸式 2 垄播种机

图 6-3　气吸式 5 垄播种机

2. 镇压

在春季干旱多风的气候条件下，镇压对提高整地和播种质量，保住土壤墒情有良好的作用。镇压不仅仅可以破碎土坷垃，平整地面，土壤上虚下实，使种子入土深浅一致，镇压后地表用 2 cm 细碎蓬松的干土层覆盖，减少土壤水分蒸发，增强土壤蓄水抗旱的能力，利于汉麻出苗和苗期生长。

镇压时可根据土壤水分状况，灵活掌握镇压的次数和程度。"播后看墒情镇压"土壤疏松、墒情不好的地块，可多压、重压；墒情好的地块可少压、轻压；春季雨水较多的年份或土壤湿度过大的地块可不压，防止因压后出现土层板结，影响出苗。

播种前地表干土层>4 cm时，播种前须镇压1次，加强土壤毛细管作用，促进下层水分上升，利于"提墒播种"，提高田间出苗率。播后镇压利于种子与湿土紧密结合，利于汉麻种子吸水发芽，加快出苗，缩短出苗天数。

3. 汉麻良种田的间苗、定苗

汉麻出苗后要及时进行间苗、定苗。间苗通常分两次进行，第一次出苗两周后，拔除高株、弱株和病株，确保汉麻幼苗整齐均匀；第二次在汉麻植株高度达到20～30 cm时，可间苗、定苗一次性完成，拔除生长势弱、徒长株、过高株、过矮株、病害株、虫害株，定苗雌雄异株品种株距80～100 cm，雌雄同株品种株距30～40 cm。

（三）科学管理、防治杂草

1. 防除杂草

汉麻苗期抗草力弱。在低温、高湿情况下麻苗长势弱而杂草生长不受影响，各地杂草通常在4月末5月初开始发芽，5月末至6月初是杂草出苗高峰期，随着温度升高以及降雨量充沛的情况下，杂草长势迅猛，与麻苗争水、争肥，发生"草荒"现象，因此，要结合种植地的天气情况及早进行草害的预防。

杂草的危害：

（1）降低汉麻种子的产量和质量。杂草与汉麻植株争夺水分、肥料、阳光、生长空间等，抑制汉麻植株的生长发育，严重影响了汉麻种子的产量和质量。

（2）增加了汉麻种子繁育的生产成本。除草环节是汉麻良种繁育过程中最耗时、最艰苦的工作，杂草发生后要投入大量的人力、物力和财力进行防除。

（3）杂草是传播病虫害的重要媒介。杂草是汉麻病虫害的中间寄主和宿主，杂草种群给病、虫提供了栖息场所。

2. 汉麻田杂草群落

汉麻田杂草群落主要包括：稗草+无芒稗+酢浆草，落藜+稗草+狗尾草，马唐+狗尾草+苣荬菜，落藜+稗草+狗尾草+苣荬菜等。

3. 汉麻良种繁育田杂草防治方法

1）人工除草

人工除草是指在汉麻株高达到20～30 cm时采取人工拔除、铲除等措施进行杂草防治方法（如图6-4）。手工拔草、利用锄头等工具铲除的方法，其缺点是效率低，耗时耗力耗财，种植面积较大时，短时间难以达到效果。

图 6-4　汉麻良种田苗期人工除草

2）中耕、机械除草

中耕是一项重要的田间管理措施之一。中耕可以改善土壤环境条件，调节土壤的水、肥、气、热状况。中耕可以清除田间杂草，解决杂草与汉麻争光、争肥、争水的矛盾，减少以杂草为中间寄主的病虫为害。

（1）增加土壤通气性。中耕可增加土壤的通气性，增加土壤中的氧气含量，增强汉麻植株根系的呼吸作用和吸收能力，从而使汉麻枝叶繁茂。

（2）增加土壤有效养分含量。土壤中的有机质和矿物质养分必须经过土壤微生物的分解后才能被农作物吸收利用。当土壤板结不通气、氧气不足时，微生物活性弱，土壤养分不能充分分解和释放。中耕松土后，土壤微生物因氧气充足而活动旺盛，大量分解和释放土壤潜在养分，提高了土壤养分的利用率。

（3）调节土壤水分含量。干旱发生时进行浅中耕，能切断土壤表层的毛细管，减少土壤水分向土表运送而蒸发散失，提高土壤的抗旱能力。

（4）提高土壤温度。中耕松土能使土壤疏松，受光面积增大，吸收太阳辐射的能力增强，散热能力减弱，并能使热量很快向土壤深层传导，提高土壤温度。

（5）抑制徒长。汉麻良种田营养生长过旺时进行"深中耕"，可切断部分根系，减少汉麻对养分的吸收，抑制汉麻徒长。

（6）土肥相融。中耕可将追施在土壤表层的肥料搅拌到底层，达到土肥相融的目的，还可促进通气、排除土壤中的有害物质，防止脱氮现象的发生。

在汉麻株高达到 35 ~ 40 cm 时，可以利用机械驱动除草机除草。生产中使用的除草机械有：中耕除草机、机耕犁、运锄机（如图 6-5）或中耕、除草、追肥一次性作业机器（如图 6-6）。机械除草具有省时省力省钱，效率高、效果好、成本低等优点。

图 6-5　运锄式除草机

图 6-6　汉麻良种田中耕、除草、追肥一次性作业机器

3）化学除草

化学除草指的是利用化学除草剂有效防除汉麻田杂草。化学除草在现代化农业生产中发挥着重要作用，具有省时、省力、效率高的特点。由于化学除草成本低，进入 20 世纪 90 年代以来，农业生产中由于过分依赖化学除草剂导致了新问题：杂草抗药性增强、除草剂药害、杂草群落的演替等，只有建立科学规范的化学除草技术才能保证汉麻良种田的高产。汉麻良种繁育田化学除草要做好以下三方面：

首先要建立实施汉麻良种繁育田杂草综合治理技术体系；其次要适应大规模农业生产需求，新品种开发、推广配套的化学除草技术；再次要加强汉麻良种繁育田除草技术培训、宣传和普及，促进化学除草科学、健康发展。

（1）苗前药剂封闭除草。汉麻幼苗对化学除草剂敏感性高，易产生药害，应使用安全、高效、低毒、低残留的除草剂。播种镇压后在苗前采用体积分数为 96% 的精异丙甲草胺乳油（先正达）封闭除草，地势低洼地块要严禁使用。在播后苗前施药进行土壤处理，有效防除禾本科杂草和部分阔叶杂草而不伤害汉麻苗初生根，不影响麻苗长势，该除草剂药效期 50 ~ 60 d，能够有效控制当茬作物封行前的田间杂草。

（2）苗后药剂除草。汉麻苗后可选用拿扑净、精稳杀得或精喹禾灵，在禾本科杂草三至五叶期喷药，有效防治禾本科杂草；汉麻株高 30 ~ 40 cm 时选用阔立清（质量分数为 30% 的辛酰溴苯腈）可有效防治阔叶杂草，为杜绝产生药害，用药量严格控制在 1 350 ~ 1 425 mL/hm²。

图 6-7 为汉麻良种田苗后药剂除草、防虫一次性作业。

图 6-7　汉麻良种田苗后药剂除草、防虫一次性作业

（四）病、虫害防治

汉麻植株在苗期、快速生长期、现蕾期、花期、种子成熟期易发生的虫害主要有"跳甲""玉米螟""双斑萤叶甲""天牛"等，要提前做好虫害预防工作。汉麻植株在连雨天时在通风不畅、湿度过大的情况下易发生病害，各地区普遍存在的病害有"霉斑病""霜霉病""秆腐病""白星病""白斑病"等，发病时汉麻植株逐渐枯萎、死亡，造成严重减产，在出苗后要勤观察，早发现早治疗。

（五）合理灌水

黑龙江省年降雨量分布不均，降雨多集中在 7—9 月，十春九旱现象严重。多数年份不能满足汉麻良种对水分的需要，在干旱时期需要及时合理灌水，对提高汉麻良种产量和汉麻良种品质极为重要。灌水时期只有根据汉麻需水特点，结合苗情、墒情、雨情，采取相应的措施进行合理灌水汉麻良种才能得到良好的增产效果。

汉麻成长的关键时期为快速生长期前后和种子成熟期。可根据当地天气预报进行合理灌水，要做到"久晴无雨速灌，降雨将至不灌，降雨不定早灌"。气温高、空气湿度低、蒸发量大，0~30 cm 土层中含水量<21%麻叶片呈现萎蔫状时应及时进行灌水。灌水时期要因地制宜，通常快速生长期至开花期效果最好。灌水方法可采用"喷灌""滴灌"，或采用经济实惠的"漫灌"。灌水量以灌透犁底层为宜，使水分更多地积蓄在土壤中下层。

（六）及时追肥

汉麻进入快速生长期需要吸收大量营养，此时如果底肥不足，汉麻植株会出现生长缓慢、叶片枯黄等脱肥现象，当汉麻株高达到 40~50 cm 时可在雨前或结合中耕及时进行追肥，尿素 120~150 kg/hm²，切忌追肥过早、过晚，易造成汉麻植株徒长、分枝减少、返青晚熟，并严重减产。

（七）排水防涝

汉麻植株全生育期，尤其进入快速生长期后如遇突发连雨天气，要及时进行排水防涝，避免因积水严重影响汉麻植株正常生长，长时间积水会严重影响汉麻植株正常生长，并且会造成汉麻植株倒伏、根部淹水，甚至烂根引发汉麻植株死亡。

（八）严格去除杂株

汉麻良种繁育田在繁殖过程中，必须严格进行去杂保纯工作，以保证繁殖汉麻品种的质量。进行去杂工作从苗期开始，每天上午进行检查去杂，可根据繁殖幼苗长势、叶色、叶形等形态进行对比辨别，拔除杂株、病株等。汉麻植株进入现蕾期至开花期，根据汉麻品种的典型性状，包括株高过高和过矮的植株、现蕾期过早和过晚的植株、开花期过早和过晚的植株、花大小一致性、花序特点等进行除杂去劣；汉麻植株进入种子成熟期后特征、特性表现得最为明显，可根据株型、果穗、颖壳色、叶色、种子成熟度、植株分枝特点等性状进行再次选择。所有汉麻良种田内杂株拔除后，应带离汉麻良种繁育田，切勿用镰刀割除的办法去杂，割除后该株会二次发芽且分枝更多，会给后续汉麻良种繁育田间管理增加困难。

（九）适时收割

汉麻良种繁育田收获时期对汉麻种子产量影响很大。收获过早，种子成熟度不够，影响汉麻种子发芽率；收获过晚，汉麻种子脱落，汉麻种子产量降低，只有做到适时收获，汉麻种子的产量才会高，品质才会好。

汉麻良种田雌雄异株品种收获季在 10 月初前后，雌雄同株品种在 9 月初前后，汉麻品种根据生育时间可分为早熟、中熟和晚熟品种，繁育的汉麻品种多的情况下可根据各地块品种成熟度编排好收获日期，做到成熟一个收获一个（如图 6-8）。为防止汉麻种子落粒，收割时间可选择每天上午 10 时前和下午 3 时后，空气湿度大、植株潮湿不易落粒的情况下进行，避开每天干热的时间，防止落粒、减少损失。收割后打捆就地田间晾晒，以促进梢部种子后熟；晒干后就地进行脱粒。

图 6-8　汉麻良种田种子成熟期

（十）汉麻植株的晾晒保管

汉麻植株收割后因水分过大不能及时脱粒，为防止霉烂损失可将汉麻植株打捆后就地平铺进行风干、晾晒，待汉麻植株茎秆、叶片变黄，手搓果穗汉麻种子即刻脱落时可进行脱粒。这种方法通风好，透光透气性强，麻茎秆干得快。

二、汉麻良种田鸟害的预防

汉麻春播的 5 月和种子成熟期的 9—10 月初，鸟害严重，要提前做好预防工作。鸟害主要有麻雀、鸽子、野鸡等，鸟类、野鸡等多数为国家保护动物，严禁猎杀，鸟害要以防为主，治为辅。春播前对汉麻种子包衣后，种衣剂气味儿可预防鸟类啄食，以保证出苗率。种子成熟期鸟害预防如下：

（一）人工驱鸟

鸟类通常在清晨、黄昏时段危害汉麻种子田，要及时把来鸟驱赶到田外；被赶出田外的害鸟还可能再回来，因此，一刻钟后应再检查、驱赶 1 次，每个时段一般须驱赶 3~5 次。这个方法比较费工，适合种植面积小的地块。

（二）噪声驱鸟

噪声驱鸟是利用声音来把鸟类吓跑。鸟类的听觉和人类相似，人类能够听到的声音，鸟类也能够听到。声音设施应放置在田地的周边和鸟类的入口处，以利用风向和回声增大声音，以起到防治设施的作用，通常使用鞭炮、鼓、铜锣等工具制造噪声驱鸟。

（三）煤气驱鸟炮

由专业公司生产的装置，通过电子遥控向空中发出空洞声响，对鸟类起到吓阻作用。其原理是发出突然而强烈的噪声，刺激鸟类听觉系统，使鸟类感到紧张或恐惧，从而达到驱鸟的目的。另外，煤气炮发声间隔不能低于 3 m，否则容易让鸟类很快适应。

（四）太阳能驱鸟器

利用数字技术制造出不同种类鸟的哀鸣、鞭炮声、鹰叫声、敲打声，以及鸟的惊叫声等对同类的鸟造成恐吓作用，同时还可以把它们的天敌吸引过来，把过路的鸟类吓跑。也可以用录音机录下来，在田地内用扩音器不定时地大音量播放，以随时驱赶地中的散鸟。

（五）彩带驱鸟

彩带驱鸟法成本较低，因此多数作物种子田均采用此法。具体方法是：用以聚酯薄膜为基材的银白色与红色相间的闪光驱鸟彩带，通过反射光线来驱赶鸟，在有风的情况下还可以发出金属样的响声，有助于鸟类远离这一区域。彩带驱鸟是一种视觉驱鸟，主要利用鸟类视觉好，能敏锐发现移动的物体和它们的天敌。还可选用那些能够反射银色光芒的物品（如银色的废弃光盘、银色的易拉罐及磁带）悬挂于田间，驱避鸟害，但鸟类一旦适应驱鸟彩带及闪光物体，防治能力将会大大减弱。

（六）化学药剂防鸟

驱鸟剂是一种化学防鸟措施，种子临近成熟期用粮食拌驱鸟剂撒在田间，能有效驱避鸟害危害种子，但成本投入较大。

（七）驱鸟航模

驱鸟航模是近年来才开始应用的驱鸟装备，此种航模的驱鸟功能模块由发光装置、发声装置和驱鸟弹3个部分组成，对高空盘旋的鸽群、麻雀等鸟类驱赶效果显著，可用于大面积汉麻良种繁育地块。

三、汉麻良种田鼠害的预防

汉麻春播和种子成熟期是鼠害严重的阶段，春播前汉麻种子包衣可预防鼠害保证出苗率，种子成熟期鼠害严重影响汉麻种子产量，预防方法如下：

（一）物理灭鼠

物理灭鼠首要是运用物理学的原理制成捕鼠器械灭鼠。物理灭鼠的历史悠久，运用的办法较多，现有的器械约有百余种，包含压、卡、关、夹、翻、灌、控、粘等，常见的如鼠夹、鼠笼等。

（二）生物防治

运用鼠类的天敌捕食鼠类或运用有致病力的病原微生物消除或操控鼠类的办法。主要有：①运用天敌灭鼠，鼠类的天敌很多，如黄鼬、猫、狐类，以及鹰、猫头鹰和蛇类等。②运用对人、畜无毒而对鼠有致病力的病原微生物灭鼠，如肉毒素。③选用引进不一样的基因，使之因不适应环境或损失种群调节作用而达到防治意图。

（三）化学防治

化学灭鼠是指运用有毒化合物杀灭鼠类的办法。它是当前国内外灭鼠最为广泛运用的办法。从灭鼠的发展趋势看，不管城市、农居，还是鼠害严峻的农田，化学灭鼠仍是治理的首要方法之一。它的优点是办法简单、灭效高、见效快、经济。缺点是易污染环境，若是灭鼠药物使用或保管不当，易导致人、畜中毒。因而，化学灭鼠要取长补短，科学合理用药。

四、汉麻种子的脱粒

汉麻种子脱粒要选择晴朗天气，并备好防雨苫布，当日脱粒好的种子要"起场归堆"，避免因大雨造成种子的损失。

汉麻种子脱粒的方法很多，实际生产中经济、实惠的方法是就地在"土场院"用机车对汉麻茎秆果穗部位进行碾压（如图6-9）；在场院地面铺上苫布，将麻秆整齐摆放，用机车进行碾压脱粒（如图6-10）。避免在"水泥地"等坚硬路面上碾压，以免碾碎汉麻种子而影响汉麻种子的发芽率。

图 6-9　场院上机车碾压汉麻茎秆脱粒汉麻种子

图 6-10　苫布上机车碾压汉麻茎秆脱粒汉麻种子

五、汉麻种子的预清

汉麻种子脱粒后的"预清"，可就地采用"鼓风式振动电筛"（如图 6-11）。预清环节可将影响汉麻种子流动的麻屑、糠皮、碎叶等杂质选出，预清后的种子含水量≤10%，可装袋运抵种子加工车间待分级精选，含水量>10%要及时进行晾晒，杜绝因处理不及时导致种子发热、发霉而影响种子等级。

图 6-11　鼓风式振动电筛预清汉麻种子

六、麻糠、麻叶等废弃物的处理

预清后筛出的"麻糠、麻碎叶"等含有酚类物质的汉麻废弃物被列入国家禁止加工、流通、销售范围，也被列入秋收后禁烧范围，可结合秋整地在属地公安禁毒部门监管下利用秋整地机械进行深翻，一次性还田作业，杜绝流失。

汉麻良种繁育技术负责人在整个汉麻良种繁育周期要翔实记录"汉麻良种繁育田田间档案记录表"（表6-2），当年汉麻良种繁育结束后，负责人要签字存档。

表6-2　汉麻良种繁育田间档案记录表

品种名称		繁育地点		地块编号		年降雨量/mm	
经纬度		面积/㎡		积温/℃		前茬作物	
品种及种子处理情况							
整地情况							
播种情况							
基肥与追肥情况							
灌溉或排涝							
病害防治情况							
虫害防治情况							
除草情况							
意外影响或自然灾害							
属地禁毒监管单位、负责人							
麻秆、麻糠等废弃物处理情况							
平均产量/kg							
备注							

试验单位：　　　　　　　　　　　　　　　　负责人：

第四节　汉麻种子生产经营法律制度

我国汉麻种子产业还处于起步阶段，汉麻种子管理中还存在很多问题，各地农业行政主管部门和工商行政管理机关要严格按照法定条件办理汉麻种子企业证照，加强对汉麻种子经营者的管理。

汉麻种子生产经营行业，要办理"汉麻种子生产许可证"和"汉麻种子经营许可证"，凭借汉麻种子经营许可证到当地工商行政管理机关办理营业执照；各地公安禁毒部门依法严格监管汉麻育种单位和汉麻良种繁育加工企业，汉麻苗期时核实属地汉麻种植面积，检查汉麻种植备案材料，对不具备汉麻育种和汉麻良种繁育资质的单位和证件不符、来历不明的非法种源依法处理，杜绝伪劣、违法大麻种子进入市场流通。

第五节　汉麻种子市场管理

一、汉麻种子市场管理

汉麻种子管理范畴对汉麻种子生产、汉麻种子经营整个环节的依法管理，对种植、收获、干燥、清选、分级、包衣、贮藏、标志、销售的活动进行监督管理。汉麻属新兴特种经济作物，日常管理中仅在经营领域检查，没有延伸到整个环节，给非法分子留下可乘之机，造成汉麻种子市场混乱。

二、依法审查、规范生产行为

加强"汉麻种子生产企业"和"汉麻种子经营企业"资质审查，规范汉麻种子生产企业生产行为。严厉打击以挂靠、租赁等方式利用合法种业公司证件从事非法生产活动。

三、建立健全公安禁毒部门、农业和工信部门联合工作机制

随着汉麻产业的发展壮大，汉麻种子打假行动日益严峻，用违法的大麻种子冒充汉麻种子通过异地调运、重新包装、流动非法销售。汉麻植株 THC>0.3%属于大麻，因此打击"伪汉麻种子"的违法行为，加强汉麻种子市场监管十分重要。深化公安禁毒、农业、工信等部门联合工作机制，加大查处力度，规范汉麻种子市场，抓好汉麻种子源头，让"伪汉麻种子""毒品大麻"无可乘之机，助力中国汉麻产业健康发展。

第六节　汉麻种子品种管理

一、汉麻品种保护

农业科技创新最重要的是作物新品种的创新——作物育种，加强汉麻新品种权保护是推进汉麻育种创新的基础；要加强对原创知识产权的鼓励和对汉麻新品种权的保护，依据《中华人民共和国种子法》严厉惩罚汉麻新品种侵权者。

二、汉麻品种退出市场

（一）汉麻品种退出市场的依据

《主要农作物品种审定办法》第六章规定，审定通过的品种，有下列情形之一的，应当退出市场：
（1）在推广、应用和使用过程中发现有不可克服的缺点的。
（2）种性严重退化。
（3）未按要求提供品种标准样品的。

（二）公告退出汉麻品种完全退市的时间界定

汉麻品种退市公告发布日有的品种企业已经生产完，因此退出市场品种自公告之日起满一年停止推广和经营。

第七节　汉麻种子质量管理

汉麻是重要麻纺原料，属于特种经济作物，汉麻种子的质量对汉麻种植者、汉麻原料加工厂、麻纺厂等企业和个人的增产、增收、增效具有重要意义。汉麻种子的净度、发芽率、纯度、含水量等决定了汉麻种子是否能够推广和应用。

一、我国种子质量管理法规、文件和条例简介

（一）《中华人民共和国种子法》

该法于 2000 年 7 月 8 日第九届全国人民代表大会常务委员会第十六次会议通过，2000 年 12 月 1 日实施，2021 年 12 月 24 日，中华人民共和国全国人民代表大会常务委员会第三十二次会议通过《全国人民代表大会常务委员会关于修改<中华人民共和国种子法>的决定》，于 2022 年 3 月 1 日起执行。

（二）《中华人民共和国植物新品种保护条例》

该法于 1997 年 3 月 20 日中华人民共和国国务院令第 213 号公布，根据 2013 年 1 月 31 日《国务院关于修改〈中华人民共和国植物新品种保护条例〉的决定》第一次修订根据 2014 年 7 月 29 日《国务院关于修改部分行政法规的决定》第二次修订）。2014 年 7 月 29 日《国务院关于修改部分行政法规的决定》已于 2014 年 7 月 9 日国务院第五十四次常务会议通过，中华人民共和国国务院令（第 653 号）公布，自公布之日起执行。

（三）《黑龙江省禁毒条例》

2017 年 4 月 7 日黑龙江省第十二届人民代表大会常务委员会第三十三次会议通过《黑龙江省禁毒条例》，2017 年 5 月 1 日起执行。此条例第四章对"二业大麻（汉麻）"进行了系统解读，黑龙江省育种单位、科研院所、种植合作社、加工企业等要依此条例开展工作。

（四）《黑龙江省工业大麻品种认定办法》

近年来，全球汉麻合法化持续推进，已有 30 多个国家实现汉麻合法化，市场规模不断扩大。中国发展为全球汉麻种植较大的国家，汉麻产业发展较快，特别是黑龙江省的汉麻产业发展上升趋势显著，种植面积不断扩大。黑龙江省农业农村厅发布了《黑龙江省工业大麻品种认定办法》，对全省汉麻品种实行认定管理。近两年黑龙江省汉麻产业迅猛发展，对品种认定工作提出了新要求，迫切需要从源头加强品种监管，完善品种认定制度。为促进黑龙江省汉麻产业可持续健康发展，维护社会公共安全，规范汉麻品种认定管理工作，黑龙江省农业农村厅根据《中华人民共和国种子法》《黑龙江省禁毒条例》《黑龙江省实施<中华人民共和国种子法>条例》，修订了《黑龙江省工业大麻品种认定办法》。

《黑龙江省工业大麻品种认定办法》的修订立足于黑龙江省汉麻产业发展实际，以助力黑龙江省汉麻产业健康发展为目标，明确了汉麻品种认定以安全为前提，确定了汉麻品种认定范围，制定适合黑龙江省汉麻产业发展的认定办法。通过办法的实施，加强黑龙江省汉麻品种认定制度建设，规范汉麻品种试验认定工作，全面提升黑龙江省汉麻种子管理能力，加快推进黑龙江省汉麻产业健康发展。

（五）《中华人民共和国农业行业标准——工业大麻种子第 1 部分：品种》

《中华人民共和国农业行业标准——工业大麻种子第 1 部分：品种》（NY/T 3252.1—2018）于 2018 年 12 月 1 日实施、《中华人民共和国农业行业标准——工业大麻种子第 2 部分：种子质量》（NY/T 3252.2—2018）于 2018 年 12 月 1 日实施，工业大麻（汉麻）种子质量要求详见"表 6-3"、《中华人民共和国农业行业标准——工业大麻种子第 3 部分：常规种繁育技术规程》（NY/T 3252.3—2018）于 2018 年 12 月 1 日实施。

表 6-3　工业大麻（汉麻）种子质量要求　　　　　　　　　　　　　　　　　　单位 %

种子类别		纯度/%	净度/%	发芽率/%	含水量/%
常规种	原种	≥95.0	≥99.0	≥85	≤8.0
	大田用种	≥93.0	≥98.0	≥84	≤8.5
杂交种	大田用种	≥93.0	≥98.0	≥84	≤8.5
雌雄同株种	大田用种	≥90.0	≥98.0	≥84	≤8.5

二、假、劣汉麻种子认定及汉麻种子质量标准

（一）《中华人民共和国种子法》的颁布实施

根据相关规定发布的种子质量国家标准，纤维汉麻执行 GB 4407.1—2008 经济作物种子—纤维类，籽用汉麻执行 GB 4407.2—2008 经济作物种子—油料类。

（二）假、劣种子的认定

依据《中华人民共和国种子法》第四十九条：

1. 假种子

（1）以非种子冒充种子或者以此种品种种子冒充其他品种种子的。
（2）种子种类、品种与标签标注的内容不符或者没有标签的。

2. 劣种子

（1）质量低于国家规定标准的。
（2）质量低于标签标注指标的。
（3）带有国家规定的检疫性有害生物的。

生产中由于汉麻种源不足、种植者计算投入成本而选用淘汰良种、农家种、鸟粮、榨油籽等充当汉麻良种进行扩繁，虽然具备发芽能力，由于先天不足、活力弱、THC 含量高、抗性差等不良因素，一旦流入汉麻种子市场势必会造成汉麻纤维田：植株变粗、植株矮化、雌株过多，出麻率、纤维产量极低、纤维品质极差，THC 含量高等诸多因素，势必严重影响和制约局部地区汉麻产业的发展。

第八节　汉麻种子加工

汉麻种子加工是指汉麻种子从收获到次年播种前对汉麻种子所采取的各种处理，包括汉麻种子清选、精选分级、种子干燥、种子包衣等系列工序。

一、汉麻种子加工的内容及其在农业生产中的意义

（一）汉麻种子加工的内容

汉麻种子加工也叫汉麻种子机械加工。是指汉麻种子脱粒、预清、精选、干燥、精选分级、包衣、包装等机械化作业。汉麻种子加工业的发展是汉麻种子生产现代化的标志。汉麻种子预清、精选、干燥是汉麻种子加工的初级阶段，任何国家的汉麻种子加工业都是从预清、精选、干燥工序开始的，然后才发展到分级、拌药、包衣（caating）和丸粒化（pelleling），以及计量、包装、运输等多个环节。一般先从单机作业开始，进而形成工厂化流水线作业。

（二）汉麻种子加工在农业生产中的意义

收获后的汉麻种子经过系列工厂化加工，汉麻种子净度可提高 2%～3%、发芽率提高 5%～10%、增产 3%～5%，有了优质汉麻种子的保障才能苗齐、苗壮，更利于大型机械化作业且提高工作效率。

二、汉麻种子加工技术

汉麻种子加工指的是从收获期到播种前对汉麻种子采取的各种处理，包括干燥、预清、分级精选、包装等工序。主要目的是提高汉麻种子质量，提高田间出苗率和产量。

（一）汉麻种子干燥

汉麻种子收获脱粒后及时利用自然条件或种子烘干设备，使汉麻种子内部水分向外汽化，降低汉麻种子含水量的过程。刚收获的汉麻种子水分高达 20%～30%，种子易发热霉变，或者很快耗尽种子堆中的氧气而因厌氧呼吸产生的乙醇令胚中毒而死，或者遇到零度以下的低温受冻害而死亡。因此必须及时将含水量超标的汉麻种子及时干燥，将其水分降低到安全包装和安全贮藏标准≤9.0%，以保持汉麻种子旺盛的生命力和活力，保证种子质量，使种子能安全经过从收获到播种的贮藏期。

（二）汉麻种子干燥方法

种子干燥是利用太阳、燃料或电的热能升高温度，通过接触传导或辐射，使种子内外的游离水分变成蒸气；或者借助风力降低空气中的相对湿度，加快蒸气的散失，达到干燥的目的，目前生产中汉麻种子干

燥主要采用自然干燥、通风干燥的方法。

1. 自然干燥

自然干燥就是利用阳光、风等自然条件，使汉麻种子的含水量降低，达到汉麻种子安全贮藏≤9.0%的标准。这种古老的传统方法简单有效，阳光中紫外线有杀菌作用。

优点：简单容易、经济而又安全，一般情况下不会丧失种子生活力，还有促进后熟，兼有杀菌杀虫作用。

缺点：易受天气影响、场地限制；劳动强度大，种子量大很难实现；只能去掉部分自由水。

需要注意的问题：

（1）防止混杂。

（2）出晒不宜太早，防止地面结露，晒种先晒场。

（3）薄摊勤翻，厚度不超过5 cm，含水>15%时，1 h翻一次，含水<15%时，2～3 h翻一次。若当天不进仓，要聚堆，外加覆盖物，第二天再摊场。平摊的12h，种子水分可增高0.9%～1.7%。

（4）适时进仓。

2. 机械干燥

1）汉麻种子机械干燥要注意的问题

（1）进行间接加热时，不能将汉麻种子直接放在热铁板上，避免烫伤汉麻种子，影响汉麻种子发芽率。

（2）严格控制烘干机内的温度，使种子出口温度不超过规定温度，防止影响汉麻种子的发芽率。

（3）含水量高的汉麻种子不能一次性达标，采用多次间歇烘干。

（4）机械烘干的汉麻种子，要冷却后入仓，防止堆积发热和发生结露等现象。

2）机械干燥方法

（1）自然风干燥。干燥介质是未加热的空气，把汉麻种子自身蒸发出来的水蒸气及时带走，只用一台鼓风机和仓库配套就能工作。道理简单，鼓风机增加仓库内外气体交换，以相对湿度较小的空气代替相对湿度较大的空气，使种子水分减少。新收获的含水量超标的汉麻种子，遇到阴雨天气时，利用库房通风设备将外界凉冷干燥空气吹入种子堆中，不断吹走种子堆间的水蒸气和热量，避免因热量积聚导致汉麻种子发热、发霉变质，达到汉麻种子干燥和降温的目的。

（2）热空气干燥。送来热气流，带走湿空气。原理是提高空气温度，改变水分与空气相对湿度的平衡关系。温度越高，达到平衡的相对湿度越大，空气的持水量随之增多，干燥效果越明显。流程：加热系统——热空气更换系统——种子移动系统，各系统的热风温度、通风时间决定烘干速度。出机种温很重要，一般不超过43 ℃，加热气体的温度70 ℃为宜），籽粒厚度25～60 cm。

3. 其他干燥法

（1）红外线辐射干燥法。红外线是一种电磁波，波谱介于可见光和微波之间的波段，波长是0.76～1 000 μm。红外线按它的电磁波长可分为近红外线，以及中、远红外线三种。目前还没有统一的划分标准，如以吸收光谱的方法来区分，一般将波长为0.76～1.5 μm的红外线称为近红外线，波长为1.5～5.6 μm的红外线称为中红外线，波长为 5.6 ~ 1 000.0 μm 的红外线称为远红外线。由于水分在远红外区有较宽的吸收带，故可利用远红外线来干燥种子。

其优点是：①升温快（红外线有一定的穿透能力，透热深度约等于波长）。当种子被红外线照射时，其表面与内部同时加热，此时由于谷物表面的水分不断蒸发吸热，使其表面温度降低，因而种子热扩散方向是由内向外的。另一方面，种子在干燥过程中，水分的扩散方向总是由内向外的。因此，当种子接受红外线辐射时，种子内部水分的湿、热扩散方向一致，加速了水分的汽化，提高了干燥速度。②干燥质量好。国内外经验证明，用远红外线干燥种子，只要温度适当，不会影响种子的质量，当种温小于 45 ℃时，不会影响种子的发芽率。此外，经红外线照过的种子还具有杀虫卵、灭病菌的作用而利于种子质量的提高。③设备简单，控制方便。④投资少，便于推广，是较理想的一种干燥方法。

红外线加热的原理：从物质结构看，分子内部的原子是以若干化学键相连接的，而且这些原子都以一定的固有频率运动着，当分子受到红外线辐射时，如红外线的振动频率与原子的固有运动频率相等时，就会发生与共振运动相似的情况，使分子运动加剧，由一个能级跃迁到了另一个能级运动，而使被照射物体升温加热。

（2）微波干燥法。微波通常是指频率在 300 MHz ~ 300 × 10³ MHz 之间的电磁波，低于 300 MHz 电磁波是通常的无线电波，高于 300 × 10³ MHz 的依次是红外线、可见光等。微波的波长范围是 1 mm 到 1 m。原理：一般物质按其导电性质大致可分为两类，第一类是良导体，微波在其良导体表面产生全反射，极少吸收，所以良导体不能用微波直接加热。第二类是不导电的介质，微波在其表面发生部分反射，其余部分透入介质内部继续传播。微波在介质内部传播很少被吸收，热效应甚微，故不导电介质也不适宜用微波直接加热。此外，还有吸收性介质，微波在其中传播时显著地被吸收而产生热，即具有明显的热效应，这类吸收性质最宜于用微波加热。水能强烈地吸收微波，含水物质一般都是吸收性介质。可以用微波加热干燥。

特点：在干燥过程中，由于种子的表面与周围介质之间发生热、湿交换，使种子表面消耗掉一部分热，种子表面温度升高就慢于内部，其结果是种子内部的温度高于物料表面的温度，不会造成外焦现象。速度快，效率高，提高种子发芽率，使种子消毒。主要特点是：投资大，成本高，应用不够广泛。

（3）干燥剂脱湿干燥。适合少量种子采用，常用生石灰、氯化钙、木炭、硫酸钠等与种子一起密闭。

（三）汉麻种子精选

1. 汉麻种子精选的意义

（1）汉麻种子精选是清除混入汉麻种子中的其他作物种子、杂质和杂草种子，以提高汉麻种子纯度，并为汉麻种子安全干燥和包装贮藏做好准备。

（2）汉麻种子的精选分级，去除混杂在汉麻种子中破碎的、不饱满的、虫蛀或劣变的种子，以提高汉麻种子的级别、发芽率和汉麻种子的活力。

2. 汉麻种子精选设备及功能

利用复式种子精选机精选汉麻良种（如图 6-12），复式种子精选机在生产中使用比较广泛，根据汉麻种子的外形、尺寸和空气动力学特性，通过更换筛片、风量调节来进行精选。预清后的汉麻种子经过该机器一次精选，可将汉麻种子净度提高一级，千粒重和外形尺寸基本一致。

图 6-12　种子复选机精选汉麻良种

三、汉麻种子的包装

黑龙江省各地区汉麻种子收获是在 10 月中下旬。在天气寒冷、气温低的环境下汉麻种子不易干燥，汉麻种子成熟期种子含水量多在 16%～25%；同时会混入杂质，易吸湿，又易堵塞种堆孔隙，不利于汉麻种子的通风散湿，汉麻种子易发生霉变。要严格控制汉麻种子含水量。汉麻种子含水量的高低对汉麻种子的安全贮藏影响很大，含水量高的汉麻种子呼吸强度大，内部有机物质消耗严重，从而引起汉麻种子发热，生活力下降，严重时会丧失使用价值，汉麻的含水率应控制在 10% 以内，种子在贮运过程中，为了便于检查、搬运、装卸等，应采用一定的包装方式。

精选后的汉麻种子，经过合理的包装后可以保持汉麻种子的活力，并保证汉麻种子安全贮藏和运输，可防止种子混杂、病虫害感染、吸湿回潮等。

（一）汉麻种子包装的作用

1. 利于种植户对汉麻品种的认知

包装上印有品种特性等信息和防伪标志，是指导种植户正确使用汉麻种子的重要依据，对种植户认知汉麻品种具有重要作用。

2. 利于树立种业公司形象

汉麻种子包装袋就是种业公司的名片，可以有效地加深种植户对种业公司的印象。

（二）汉麻种子包装袋的要求

（1）包装的汉麻种子必须达到包装袋印刷上对纯度、发芽率、含水量和净度所要求的标准，确保在贮藏或运输中汉麻种子保持原有的质量、不变质。

（2）包装袋必须有透气、清洁、无毒、耐磨损、质量轻等特点。

（3）为便于汉麻种子运输，汉麻种子包装袋的规格为 40 ~ 50 kg。

（三）汉麻种子包装袋材料的选择

目前汉麻种子普遍用麻袋、布袋、编织袋等。

（1）麻袋、布袋：具有强度好、透湿透气性好，但防雨、防虫性差且造价高。

（2）编织袋：强度较好，透气性较好的材料包装运输，因麻袋和布袋材料成本较高，所以可以用密度较小的塑料编织袋，但为保证种子袋的通风和透气性，袋子内部不能有防潮和防雨塑料薄膜。

总之要按汉麻种子需求进行包装，减少因盲目包装引起种子积压而造成经济损失。汉麻种子包装前要进行精选，保证清洁率在＞95%以上，种子中夹杂的瘪粒、破碎粒、泥沙、杂草种子等杂质，会携带和传播霉菌，因此必须通过精选机将汉麻种子中的杂质清除掉，以保证汉麻种子正常的含水量、清洁率、发芽率和温度等相关要求。

图 6-13 为汉麻种子定量包装的照片。

图 6-13　汉麻种子定量包装

（四）汉麻种子包装的注意事项

1. 严格监管种子质量

要严格按照国家的种子质量标准，把好质量关，使汉麻种子纯度、净度、水分、发芽率等指标均符合国家种子质量标准。

2. 汉麻种子标签

种子标签是《中华人民共和国种子法》所要求的一项重要内容。

汉麻种子袋的内、外应有种子标签，详细注明：汉麻种子名称、汉麻种子等级、净重、生产单位、繁殖年月等。要保证产品质量的真实性。

3. 定量包装准确

汉麻种子包装时所使用的计量器必须为计量单位检测的计量器，要达到准确无误，杜绝缺斤少两，损害种植户的利益和种业公司的信誉等级。

4. 汉麻种子包装袋上的图片、文字要醒目

《中华人民共和国种子法》规定，汉麻种子包装袋上必须使用规定字号，用醒目的颜色印有简单的汉麻品种栽培说明和汉麻品种名称、汉麻种子产地、质量标准、净含量、生产日期、汉麻品种种类、汉麻种子类别、汉麻种子经营许可证编号、生产商、生产商地址等。

5. 包装缝口

汉麻种子包装采用电动缝包机一次性卷口封牢，严禁利用旧包装袋二次封包作业。

四、汉麻种子运输

汉麻种子是重要的生产资料，所有的调出和调入都必须符合规定的种子标准，并要严格遵循禁毒条例和相关法律政策，在主管部门的统一计划和合理安排下，组织调运。

（一）汉麻种子的发运和接收

发运汉麻种子时，每一批次，要有"汉麻种子品级检验单"和"种子检疫证"，随货同行。大批汉麻种子发运，尽量一车一个品种，有两个以上汉麻品种时，包装袋上要有明显标志，防止混杂错乱。运输时要保证安全，防止汉麻种子受潮、雨淋和污染等，接收人收到发运汉麻种子通知后，立即组织接收，发现问题及时查清。如图 6-14。

图 6-14　汉麻种子接收入库待精选

（二）运输工具的要求

装运汉麻种子的车辆，要符合清洁、干燥的要求，随车备有防雨布，严禁用运输化肥、农药的车辆运输汉麻种子。

第九节　汉麻种子贮藏

汉麻种子收获后，无论是用作长期贮备或用于下一年播种，都要经过在种子库或低温库贮藏的阶段。汉麻种子在贮藏过程中，既要防虫、防霉、防鼠等危害，还要保持汉麻种子的生命力，特别是发芽力；同时还应该避免品种的机械混杂和杂质的混入，保持和提高汉麻种子的纯度和净度。

一、汉麻种子贮藏的意义

（1）提高汉麻单位面积产量，是经济、有效的增产措施之一。经过加工、安全贮藏后的汉麻种子出苗齐、出苗全、出苗壮，可增产 3%~5%。

（2）保持优良种性。

（3）提供不同级别种子，有效防止伪劣种子的流通。

（4）提高劳动效率，减轻劳动强度。

（5）减少土地污染，促进农业可持续发展。

二、汉麻种子的呼吸作用

呼吸作用是汉麻种子生命活动的集中表现。在氧气供应充分的情况下，汉麻种子中贮藏的糖作为分解物质进行呼吸，经过酶参与的一系列生物化学反应，把糖转化为二氧化碳和水，并放出大量热能；在密闭缺氧的环境下呼吸，糖转化为乙醇和二氧化碳，放出的热能较少。同时种子中贮藏的其他物质，如脂肪和蛋白质等，也在酶的作用下进行分解。

三、影响汉麻种子呼吸作用的因素

汉麻种子呼吸强度的大小，因品种、收获期、成熟度、种子大小而不同，同时还受环境条件的影响，其中水分、温度、通气状况等影响更大。

（一）水分

呼吸强度随着种子水分的提高而增加，通常潮湿种子的呼吸作用旺盛，干燥种子的呼吸作用则非常微弱。

酶随种子水分的增加而活化，把复杂的物质转变为简单的呼吸底物。汉麻种子内水分愈多，贮藏物质的水解作用愈快，呼吸作用愈强，氧气的消耗愈大，释放的二氧化碳和热量愈多。

（二）温度

在一定温度范围内汉麻种子的呼吸作用随着温度升高而加强。汉麻种子在低温环境下，呼吸作用极其微弱，随着温度升高，呼吸强度不断增加，尤其在汉麻种子水分增高的情况下，呼吸强度随着温度升高而发生显著的变化。

（三）通气

空气流通的程度可以影响汉麻种子的呼吸强度与呼吸方式。在实际生产中，为长期有效保持汉麻种子的生活力，干燥、低温和合理密闭、通风是十分必要的。

（四）种子状态

汉麻种子的呼吸强度受自身状态的影响。成熟的、饱满的、无损伤的汉麻种子呼吸强度低。所以汉麻种子在入库前一定要精选分级，把不同状态的种子精选，从而提高汉麻种子贮藏的稳定性。

（五）化学物质

部分熏蒸类杀菌剂、杀虫剂对汉麻种子呼吸作用是有影响的，当浓度过大时候，会严重影响汉麻种子发芽率，所以汉麻种子库进行药剂熏蒸时必须由专业技术人员操作，控制好剂量、浓度。

四、汉麻种子安全贮藏技术

（一）环境条件对汉麻种子的影响

汉麻种子从收获到再次播种的这段时间是在室内度过的，在室内阶段（在黑龙江省大庆市≥180 d）往往比在田间阶段（在黑龙江省大庆市 80～120 d）更长，因此汉麻种子的贮藏特别重要。生产当中用的汉麻良种是指优良品种的优质种子，优质汉麻种子必须是：饱满完整、纯净一致，健康无病虫、活力强，要达到这些标准就要在汉麻种子室内阶段努力，在汉麻种子加工与贮藏上努力，要减少贮藏期间汉麻种子的数量损失和生活力损失。

（二）汉麻种子的保存

良好的贮藏条件、科学的加工、精心管理可以延长汉麻种子的寿命。提高汉麻种子的品质，保持汉麻种子的活力，为汉麻产量的增产打下良好的基础。如果汉麻种子的贮藏工作没有做好，汉麻种子的生活力会下降，发芽率低甚至不能作为种子使用，致使汉麻种子发热、霉烂、生虫，给汉麻生产带来巨大损失。汉麻种子安全贮藏可以保持汉麻种子的优良种性，节约种子，减少保管费用，为扩种、备荒提供充足的种源；为汉麻育种工作提供种质，为汉麻种子推广提供物质保证。

汉麻种子在我国黑龙江省地区常温条件下贮藏 1.5 年发芽率为 70%～80%，贮藏 2.5 年发芽率降为30%～50%，在温度适宜的密封器中和-10 ℃的低温条件下，可保持生活力 15 年。可以采取低温干燥措施贮藏汉麻种子，延长汉麻种子寿命，并且分期分批若干年繁殖一次，使原始材料得以妥善保存。

（三）汉麻种子发热的原因

新收获的汉麻种子、受潮或者含水量过高，在贮藏期间新陈代谢旺盛，释放出大量的热能，聚积在种子堆内。这些热量进一步促进了种子的生理能力，释放出更多的热量，导致微生物的迅速生长和繁殖。种子堆放不合理，各个层之间和局部与整体间温差较大，也能够造成水分转移、结露；种子库条件不良或管理不善均能够引起种子发热。

（四）汉麻种子发热预防措施

汉麻种子入库要严格。种子入库前必须严格进行筛选、分级、测试含水量，确保干燥、冷却后方可入仓；做好消毒工作，改善种子库的仓储条件，尽量减少不良的环境条件对汉麻种子的影响，使汉麻种子长期处于低温、密封和干燥的条件下。加强种子库的管理，由专人负责定期定点检查，发现异常情况要及时采取补救措施。

（五）汉麻种子贮藏期间的检查和管理

防止发热。汉麻种子入库前进行筛选、测试含水量、分级，达不到标准的种子不能入库。种子库要具备通风、隔湿、防热等条件。根据气候变化和汉麻种子生理状况，制定详细的管理措施，及时检查，发现问题及早解决。合理通风，当室外温度低于种子库内温度时，可以通风（遇到雨天、大风、大雾等天气不宜通风）；室外温度与种子库内温度相同，而室外湿度低于种子库内湿度，可以通风；室外温度高于种子库内温度而相对湿度低于种子库内，或者室外温度低于种子库内温度而相对湿度高于种子库内的湿度的时候不能通风。

1. 建立严格的检查制度
汉麻种子在贮藏期间要定期检查温度、含水量、发芽率。

2. 温度
将种子堆分为上、中、下 3 层，每层设 5 个点，共有 15 处，取点部位在每层的四角和中央，根据种子堆大小适当增减，对屋角、近窗处和漏水部位增设辅助点，便于全面掌握种子堆情况。

3. 水分
水分检查期限取决于种子堆的温度，温度高缩短检查期限，水分的检验同样采取 3 层 5 点 15 处的方法，每个月检查 1 次，遇有特殊情况可以增加检查次数。

4. 发芽率
每年 5~8 月，每月检查 1 次，其他月份每 3 月检查 1 次，同时要观察种子的色泽、气味。在高温、低温后或药剂熏蒸前后要检查 1 次种子,最后 1 次要在汉麻种子出库前 10 d 完成。

5. 害虫

在夏秋季节种子水分高时,勤检查,冬春季根据水分和温度情况,可延长检查周期,注意观察有无虫、鼠、霉等危害。

根据汉麻种子库和品种类别,把每次检查内容,分别填入"汉麻种子库库存种子检查记录表",将每次处理情况要详细记载,归档备查,见表 6-4。

表 6-4 汉麻种子库库存种子检查记录表

品种名称		入库时间		种子总重		存放方式		上次检查	
繁育年代		室内温度		室内湿度		上次消毒		检查人	
温 度									
含水量									
发芽率									
虫害情况									
鼠害情况									
霉变情况									
处理意见									
备注									

试验单位:　　　　　　　　检查人:　　　　　　　　负责人:

(六)汉麻种子库害虫的防治

汉麻种子在贮藏期间会受到仓储害虫和鼠类的危害,汉麻种子受虫害后发芽率会降低 30% ~ 40%,为确保汉麻种子的安全贮藏,要加强对仓虫和鼠类的防治工作。

种子库通常采取以下三种措施:首先要熟悉仓虫和鼠类的生活习性和发生规律特点,破坏仓虫和鼠的生活条件,抑制其生长繁殖;其次切断害虫的传播途径,使害虫不能蔓延;第三直接使用化学药剂,使害虫中毒死亡。

(七)汉麻种子库仓虫的特点

1. 适应恶劣环境

仓虫具有耐热、耐寒、耐饥、耐干等特点,并有抗药性。通常能耐 48 ℃左右高温,温度<10 ℃时仓虫停止发育,0 ℃时处于休眠状态。

2. 繁殖能力强

仓虫在适应的环境中，在一年中不断地繁殖，雌虫的生活周期短，产卵量多，孵化率较高，可在短时间内大量繁殖。

3. 食性广、食性杂

仓虫的食性比较杂，多数为多食性。

4. 体小、色深

仓虫通常个体较小，体色较深，成虫飞翔力比较弱而善于爬行。

5. 汉麻种子库仓虫的种类、生活习性和防治方法

1）玉米象

玉米象（如图 6-15）别名"象鼻虫""四纹谷象"等，成虫体长 2.3～4.5 mm，体宽，呈赤褐色。头部向前伸，呈象鼻状，口喙粗短稍直，前胸背板的刻点圆而明显，每鞘翅基部和端部各生有一个橙黄色椭圆形斑。鞘翅上有密且粗的刻点，腹部末端显著下垂。膜质后翅发达。玉米象幼虫体长 2.5～3.0 mm，无足，体肥胖呈乳白色，体多横皱，背面隆起，略呈半球形。头小呈淡黄色。卵椭圆形，长 0.5～0.70 mm，宽 0.24～0.30 mm，乳白色，半透明，蛹体长 3.50～4.0 mm，椭圆形，乳白色后渐变褐色。

图 6-15　玉米象成虫

玉米象是种子库头号害虫。寄生于玉米、豆类、荞麦、花生仁、大麻子、谷粉、干果、酵母饼、通心粉、面包等。黑龙江省一年发生一代至二代，因地区而异。既能在仓内繁殖，也能飞到田间繁殖。耐寒力、耐饥力、产卵力均较强，发育速度较快。

防治方法：可采用溴甲烷或磷化铝等药剂进行封仓熏蒸。

2）谷蠹

谷蠹（如图 6-16）别名"米长蠹""小眼谷蠹""谷长蠹"。成虫体长 2.0～3.0 mm。细长呈圆筒形，有光泽，暗红色渐变成黑褐色，头大隐于前胸下，不能上抬。触角呈暗黄色为 11 节，第 3～7 节细小念珠状，末端 3 节膨大为腮叶状。前胸背板从背面观察近似圆形，中央隆起，上有许多小瘤突。幼虫体长 2.5～3.0 mm，乳白色。头小，半缩在前胸内，胸部较腹部大，尾部弯向腹面，上生有短细毛。卵长 0.4～0.6 mm，长椭圆形。乳白色，一端较大，一端略尖微微弯曲带有褐色。蛹长 2.5～3.0 mm，体为乳白色。一年发生一代至二代，谷蠹耐干耐热性很强，即使汉麻种子含水量在 8%～10% 或温度在 38～40 ℃，也能发育繁殖。但

对低温抵抗较差，温度<0.6 ℃以下，最多只能存活 7 d。

图 6-16　谷蠹成虫

防治方法：可用体积分数为 80% 的敌敌畏乳油 0.2 ~ 0.3 g/m³ 喷施，然后密闭仓库进行熏蒸，或用磷化铝熏蒸。

3）大谷盗

大谷盗（如图 6-17）别名"米蛀虫""乌壳虫""谷老虎"等。成虫体长 6.5 ~ 10 mm，扁平呈椭圆形，深褐色渐变至漆黑色。头呈三角形，触角 11 节棍棒状，前胸背板前缘两角突出，密布小刻点，前胸与鞘翅衔接处呈颈状。幼虫体长 14 ~ 20 mm，呈长扁平形，体灰白色，头部近方形，腹部后半部较肥大。头部、尾端背面骨化区为红褐色渐变至黑褐色，前胸盾和中、后胸背面各有一对黑褐色斑。腹末臀叉大，为黑褐色。成虫、幼虫性凶猛，常自相残杀或捕食其他仓虫。喜在阴暗处、种子堆底层活动，幼虫耐饥力、抗寒性强。在 4.4 ~ 10 ℃条件下，成虫耐饥>140 d，幼虫耐饥 2 年。

图 6-17　大谷盗成虫

防治方法：冬季将库温降至<0.6 ℃以下，持续 7 d 以上，也可在种子库中把虫粮在仓外薄摊后冷冻。或采用磷化铝熏蒸法。

4）黑毛皮蠹

黑毛皮蠹（如图 6-18）别名"黑鲣节虫""日本鲣节虫""毛毡黑皮蠹"。成虫体长 2.8 ~ 6.0 mm，宽 1.5 ~ 2.8 mm，体呈红褐色渐变至黑色，倒卵形，全体密生褐色至黑色细毛。头部扁圆形，口器红褐色，触角棍棒状 11 节末端三节膨大。老熟幼虫体长 8.0 ~ 10 mm，圆锥形，除头外 12 节，第一节最大，至尾端逐渐缩小，体壁骨化部分红褐色，节间乳白色，密生红褐色毛。尾部无臀叉，有长毛一束。卵长 0.6 ~ 0.9 mm，宽 0.25 ~ 0.35 mm，椭圆形，乳白色，略有光泽。蛹呈扁圆锥形，长 5 ~ 8 mm，宽 2 ~ 3 mm，淡黄褐色，体密生淡黄褐色绒毛。鞘翅伸达第五腹节腹面。腹部背面第 5 ~ 7 节间各有一黑褐色口形凹陷，凹陷的前缘有微小齿突。腹末有 1 对褐色肉刺。

一年发生一代，幼虫期所占时间最长，幼虫耐饥、耐寒能力强。多发生 6—9 月，喜黑暗，多群集于地板、壁角、砖石缝隙或尘芥杂物内过冬。全期蜕皮 6 ~ 20 次，食物缺乏时可取自身蜕皮来维持生命，化蛹于老熟幼虫皮内。成虫往往飞到室外，聚集在花上取食花粉和花蜜，进行交尾活动。

图 6-18　黑毛皮蠹成虫

防治方法：采用磷化铝、硫酰氟熏蒸或采用充氮降氧法防治。

5）印度谷螟

印度谷螟（如图 6-19）别名"印度谷蛾""印度粉螟""封顶虫""印度螟蛾"等。成虫体长 6.5 ~ 9.0 mm，翅展 13 ~ 18 mm。密被灰褐色和红褐色鳞片，触角丝状多节。前翅呈长三角形，基部为淡褐色渐变为黑褐色，近翅基部为灰黄色，其余为亮红褐色，并散生紫黑色小斑点。后翅灰白色，有闪光，翅脉和翅端颜色深。幼虫体长 10 ~ 15 mm，体呈圆筒形，中间稍膨大。头部红褐色，前胸淡黄色，腹末臀板色淡，其余各节淡黄色。卵长 0.3 mm，乳白色，椭圆形，一端略凹入，一端甚尖。表面粗糙并有许多小颗粒凸起。蛹长 5.7 ~ 7.2 mm，宽 1.6 ~ 2.1 mm，细长形。

黑龙江省通常一年发生 3 ~ 4 代。以幼虫在仓壁及种子包装袋缝隙中布网结茧越冬。幼虫行动敏捷，具避光性，受惊后会迅速匿藏。缺食时，幼虫会自相残杀。幼虫 5 ~ 6 龄，老熟后多离开受害物，爬到墙壁、梁柱、天花板及包装物缝隙或其他隐蔽处吐丝结茧化蛹。

图 6-19　印度谷螟

防治方法：日光下暴晒汉麻种子。采用磷化铝、溴甲烷、硫酰氟熏蒸或采用充氮降氧法防治。

6）麦蛾

麦蛾（如图 6-20）别名麦蝴蝶。成虫体长 4.0 ~ 6.5 mm，翅展 8.0 ~ 16.0 mm，灰黄色。触角丝状 35 节。前翅呈"竹叶形"，淡黄褐色，上有不明显黑色斑点，外缘毛长，淡褐色，后翅呈"菜刀形"，银灰色，外缘凹入致翅尖明显凸出，后缘毛特长，与翅面等宽，雌虫较雄虫粗大。雌虫前翅顶端呈"尖形"，雄虫前翅顶端呈"钝圆形"。幼虫体长 5.0 ~ 8.0 mm，乳白色。头小，淡黄色。胸节较大，腹足退化，呈"肉突状"。雄虫在第八腹节背面有淡紫黑色斑 1 对。卵长 0.5 ~ 0.6 mm，呈"扁平椭圆形"，一端较细且平截，表面有纵横的凹凸条纹，初产时为乳白色，渐变为淡红色。蛹长 4.0 ~ 6.0 mm，细长，黄褐色。

图6-20　麦蛾

黑龙江省一年发生2~4代，幼虫越冬。幼虫老熟后，结一薄白茧。成虫飞行力强

防治方法：采用磷化铝、溴甲烷、硫酰氟熏蒸或采用充氮降氧法防治。

6. 仓虫的传播途径

仓虫的传播途径多种多样且复杂，为了更好地预防仓虫，阻止仓虫的发生和蔓延，须了解仓虫的活动规律和传播途径。仓虫的传播途径主要有以下两种：

1）自然传播

（1）虫卵伴随种子传播。当汉麻种子成熟时，害虫在汉麻种子上产卵，孵化的幼虫在种子中为害，随着种子收获后进入种子库，继续在种子库中为害汉麻种子。

（2）害虫活动的传播。

成虫在种子库外砖石、杂草丛、旧包装中或杂物堆中隐藏越冬，次年春季又返回种子库中继续为害。

（3）伴随动物活动传播。附在鸟类、昆虫、鼠类、牲畜等身上蔓延传播。

（4）风力传播。小型仓虫可以借助风力随风飘扬，扩大传播范围。

2）人为传播

（1）包装用具、运输工具的传播。使用以下工具也能造成仓虫的蔓延传播：运输工具，如农用车、汽车、火车、轮船等；包装用具，如麻袋、布袋、编织袋等；农用工具和种子加工设备，如苫布、扫帚、筐箩、电筛、种子清选机、复式种子精选机等。

（2）已被感染的仓虫种子的传播。已经被感染的汉麻种子在运输、出入库的时候感染了健康种子，造成了蔓延传播。

（3）空仓中的传播。仓虫藏在库房、种子加工车间，以及种子中转库内潮湿、阴暗、通风不畅的洞、缝隙、孔内越冬，新种子入库后就会继续为害。

7. 汉麻种子库仓虫防治方法

仓虫的防治应采取"预防为主，防治结合"的措施，要及时开展"春防、夏防、冬防"，及时在防护检查中发现问题，采取适当的防护措施保证汉麻种子的安全贮藏，减少汉麻种子的损失。仓虫的预防工作应采取以下措施：

（1）农业防治：许多仓虫不仅在仓内为害，在田间也进行为害，并在田间越冬。在汉麻栽培过程中一系列的田间管理措施，可以有效地预防或减少害虫发生的概率，达到了保护汉麻种子和防治害虫的目的。

（2）清洁卫生防治：贮藏种子的场所和种子库用具，要彻底地清洁、防毒和隔离，创造不利于仓虫生存活动的条件，阻碍仓虫的发展。

清洁卫生要做到经常化和制度化，定期对种子库、种子垛进行大扫除，清除灰尘、杂物和废旧包装等，对种子库内的门窗、墙壁、棚顶的孔洞和缝隙进行修补和封闭，使仓虫没有藏身之处。清洁后用药剂进行消毒处理，要特别注意初春随着气温的升高，越冬的成虫和幼虫开始复苏活动，虫卵开始孵化，此时采取药物消毒能够减少仓虫的危害。

（3）加强入库验收和贮藏期的检查：汉麻种子入库要认真检查，发现害虫应先灭治处理后才能入库，入库后要单独存放，不能与其他品种堆放在一起，做好记录便于及时检查，一旦发现虫情，及时处理，杜绝滋生蔓延。

（4）加强种子库温湿度管理：仓虫的滋生和蔓延与种子库温湿度有直接关系，要因地制宜地适时采取通风、密闭、吸潮等措施调节种子库的温湿度，保持种子库内干爽，使仓虫不易滋生蔓延。

（5）加强生产、运输、贮藏等环节的联系配合：仓虫是来自多方面的，仅仅依靠种子库的防治是远远不够的，应从生产、种子加工、运输等环节来共同预防。种子库负责人要随时和生产、种子加工、种子运输负责人反映种子库中仓虫虫害情况，共同研究汉麻种子入库前后的仓虫防治措施。

（6）习性防治：根据害虫产卵、羽化、越冬和群集等习性，采取诱杀方法予以扑灭。

（7）低温冷冻：在低温种子库-15～-5℃，经过一定时间可大量杀死虫卵、甲虫类和蛾类害虫。

（8）机械防治：此法利用种子复式精选机，通过鼓风机吹扬和振动筛的筛选，清除裸露在种子外部的害虫，经过处理后的种子，不但除掉了仓虫，而且去除了杂质，提高了汉麻种子的质量。

（9）化学药剂防治：利用有毒的化学药剂破坏害虫的生理功能，制造不利于害虫生长繁殖的条件，迫使害虫停止活动或致死。化学药剂防治虫害具有高效、快速、经济实惠等优点，在安全水范围内感染害虫的种子可采用药剂熏蒸的办法。但缺点是使用不当会影响种子质量和对工作人员的人身安全带来隐患，熏蒸时严格控制剂量和熏蒸时间，剂量过大、时间过长会直接影响种子的发芽率。所以使用此法防治务必由专业技术人员进行，并戴好防护用具。

第十节　汉麻种子检验

一、汉麻种子检验总则

我国采用国际种子检验协会（ISTA）的习惯称谓，将种子检验程序或种子检验方法称为检验规程，如国家发布的《农作物种子检验规程》（GB/T 3543）。

二、汉麻种子检验的目的和作用

（一）汉麻种子检验的目的

通过检验选用高质量的汉麻种子进行播种，杜绝因汉麻种子质量问题而造成的缺苗、减产，甚至绝产的风险，充分发挥审定、主栽品种的丰产特性，确保汉麻农业生产的安全。

（二）汉麻种子检验的作用

1. 预防作用

通过专业技术人员对汉麻种子质量进行检验、测定和鉴定，把好汉麻种子质量关，杜绝伪劣汉麻种子流入市场，避免伪劣种子用于农业生产。

2. 监督作用

利用对汉麻种子的抽查、质量评价等形式监督汉麻种子生产、汉麻种子流通领域，以及汉麻种子质量状况，便于及时打击伪劣汉麻种子的经营活动。

3. 执法决策作用

监督检测机构出具的"种子检验报告"可作为判定汉麻种子质量优劣的重要依据，对及时调节汉麻种子纠纷具有决定性作用。

三、汉麻种子质量检验

汉麻种子质量检验包括"品种品质检验"和"播种品质检验"两个方面。

（一）汉麻品种品质检验

汉麻品种品质检验是对汉麻品种的纯度进行检验，同时对病虫感染杂交、异品种和异作物进行混入调查。检验以田间检验为主，补充室内检验。

1. 汉麻田间检验

汉麻品种纯度鉴定采用田间鉴定的方式。汉麻花期对花色、花序性状进行检验，工艺成熟期对株高、工艺长度和生育时间进行检验，确定汉麻品种的真实性。同时调查检疫性杂草、检疫性病害、异品种和异作物混入情况。田间检验方式采用对角线选点，每点检验面积 $2 \sim 3 \ m^2$，检验结果记录后，确定品种的真实性和纯度。

$$品种纯度 = \frac{本品种株数}{供检株数} \times 100\%$$

2.汉麻室内检验

汉麻室内检验依据种子形状、大小辅助确定汉麻品种种子纯度和真实性。随机抽取样品观察种子形状，测试种子大小，同一品种的形状和大小基本一致、差异显著的说明品种纯度不够。

（二）汉麻品种播种品质检验

1.汉麻品种播种品质

指的是汉麻种子播种后与田间出苗有关的品质，可用"真、纯、净、壮、饱、健、干、强"8 个字概括。

（1）真：是指汉麻种子在品种上的真实性、可信程度，可用品种的真实性表示。如果汉麻种子失去原品种的真实性，不是所需要的优良品种，其造成的危害性，小则不能获得丰收，造成减产、降低麻纤维和籽仁的品质，大则甚至会绝产。

（2）纯：是指汉麻品种典型一致的程度，可用品种纯度表示。汉麻品种纯度高的汉麻种子因具有该品种的优良特性而能获得丰收，相反，品种纯度低的汉麻种子由于其混杂、退化而明显会减产或降低纤维及籽仁的品质。

（3）净：是指汉麻种子清洁干净的程度，可用净度表示。汉麻种子净度高，表明汉麻种子中杂质（无生命杂质及其他植物种子）含量少，可利用的种子数量多。净度是衡量种子价格的重要指标之一。

（4）壮：是指汉麻种子发芽出苗齐壮的程度，可用发芽力、生活力、活力表示。发芽力、生活力高的汉麻种子，发芽、出苗整齐；活力高的种子田间出苗率高，幼苗健壮，抵御不良环境能力强，还可适当减少单位面积的播种量。"发芽率"也是衡量汉麻种子价格的重要指标之一。

（5）饱：是指汉麻种子充实、饱满的程度，可用汉麻种子千粒重表示。汉麻种子充实饱满则表明种子中贮藏物质丰富，成熟度好，有利于种子发芽和幼苗生长。种子千粒重也是衡量汉麻种子活力重要指标之一。

（6）健：是指汉麻种子的健康状况，通常用"病虫感染率"或供检样品单位质量中"病原体的数目"来表示。汉麻种子病、虫害程度直接影响种子发芽率和田间出苗率，并影响汉麻的生长发育和纤维产量、籽仁产量及品质。

（7）干：是指汉麻种子干燥耐藏程度。可用汉麻种子水分百分率表示。汉麻种子水分低，有利于汉麻种子安全贮藏、保持汉麻种子的发芽力和活力。因此，汉麻种子水分与汉麻种子播种品质密切相关。

（8）强：指汉麻种子强壮，抗逆性强，增产的潜力巨大。用种子活力来表示，汉麻活力强的种子可以适期早播，出苗迅速且整齐，出苗率、保苗率高，增产潜力大，麻纤维或籽仁质量佳，经济效益可观。

综上所述，汉麻种子品质检验的主要内容就是检验种子的真实性、品种纯度、净度、发芽力（生活力）、千粒重、种子水分和种子健康状况。汉麻种子质量分级标准则是以纯度、净度、发芽率和水分四项指标为主，并作为汉麻种子收购、汉麻种子贸易和经营分级定价的依据。

2. 汉麻种子检验的扦样方法

扦样工作是汉麻种子检验的基本环节，只有在汉麻种子样品真正具有代表性的基础上，才能获得准确的检验结果，汉麻种子扦样工作见表6-5。

表 6-5　汉麻种子扦样方法一览表

	堆放方法	扦样方法	备注
1	散堆式	使用长柄散装扦样器在种子堆中逐点分层扦取样品。分区设点，每区面积 <25 m²。每区在中央和四角设点，然后按堆分层。堆层<1 m，分上下两层，堆层>2 m，分上、中、下三层。自上而下依次扦样	
2	袋装式	使用"包式扦样器"探入袋子中扦样	<7 包要逐包扦样，<10 包扦样 7 包，<30 包扦样 8 包，<50 包扦样 9 包，<100 包扦样 10 包
3	圆仓式	圆仓高度 3~5 m，分 4 层扦样，每层分为内、中、外三部分，分 5 个点，分点扦样	

1）扦样的目的和意义

扦样的目的即从一批大量的汉麻种子中，扦取适当数量有代表性的送检样品供试。样品是否具有代表性，扦样的正确与否，直接影响检验结果的正确性。

2）扦样的原则

扦取扦样的步骤应牢牢把握样品的代表性，因此要遵循以下原则：

（1）种子批的均匀度。只有种子质量均匀的种子批，才能扦取代表性样品，对质量不均匀的种子，存在异质性的种子批拒绝扦样。

（2）扦样点的均匀分布。扦样点要均匀分布在种子批的各个部位。

（3）扦样点的扦取样品数量应相等。检验员要亲自从各扦样点扦取数量相等的样品才能代表整个种子批。

（4）专业技术人员扦取样品。只有受过专业培训的专业技术人员扦取样品才能确保按照程序扦取代表性样品。

四、汉麻种子净度检验

（一）种子净度

种子净度也叫种子清洁度，是指样品中除去杂质后，本品种好种子质量占总质量的百分比。汉麻种子的净度检验是汉麻种子检验的一个必要环节，也是汉麻种子加工和贮藏的前提。汉麻种子净度检验按表6-6汉麻种子净度检验记载表翔实记录。

表6-6　汉麻种子净度检验记载表

品种名称			来　源		
样品数量/g			代表数量		
批　　号			收到日期		
种子色泽			种子气味		
种子清洁率检验	试样1（10g）	%	种子含杂率检验	试样1（10g）	%
	试样2（10g）	%		试样2（10g）	%
	试样3（10g）	%		试样3（10g）	%
	平均	%		平均	%

年　　月　　日　　　　　　　　　　检验员　　　　　　　　　盖章

（二）汉麻种子净度检验方法

取汉麻种子样品50 g，挑选出破碎籽、草籽、土、沙等杂物，然后称出杂物质量，根据样品总质量求出种子净度。

$$汉麻种子净度（\%）=\frac{供试样品总质量-（杂质质量+废种子质量）}{供试样品总质量}\times100$$

（三）汉麻好种子和废种子及杂质的区分

1. 好种子

原品种为完好的有种胚的并符合下列条件的汉麻种子。

（1）完整的、发育正常、籽粒饱满的汉麻种子（如图6-21）。

（2）虽然不十分饱满，按规定的筛片未筛下的汉麻种子。

图6-21 饱满的汉麻种子

2. 废种子

无种胚或胚受到极大损害的种子及原品种的废种子，包括破碎的、瘦小的、无胚的、霉烂的汉麻种子（如图6-22）。

（1）无种胚的种子。

（2）规定筛孔筛下的小粒或瘦粒的汉麻种子。

（3）饱满度不及正常种子的1/3的汉麻种子。

（4）幼根已经穿出种皮的汉麻种子。

（5）腐烂、压扁、破碎和残缺达到1/3以上的汉麻种子。

（6）种皮或种壳明显破裂的汉麻种子。

（7）裸粒的汉麻种子。

图 6-22　伪劣的汉麻种子

3. 无生命杂质

无生命杂质包括泥沙、石砾、麻屑、秸秆、害虫排泄物、虫尸等。

（1）土、沙、石块、鼠雀或昆虫的粪便、苞叶、破碎茎秆、无籽仁的种子、种皮、空果及金属物等。

（2）无种胚的其他作物种子或碎屑等。

（3）已经死的种子、害虫尸体等。

4. 有生命杂质

有生命杂质包括杂草种子、其他作物种子、其他汉麻品种种子等。

（1）杂草或其他作物的种子，不论是否已经受损。

（2）活的害虫或幼虫、卵、蛹等。

（3）有种胚可能生根发芽的其他作物种子。

（4）菌核、菌瘿的孢子团、孢子块、线虫病粒及附有病菌的汉麻种子颖壳。

（四）净度分析的意义

净度分析是将样品分为净种子、其他作物种子和杂质，测定百分率，测定其他作物的种类及含量。这样可从净种子百分率了解到种子批的利用价值；该杂质种类和含量可为下一步汉麻种子精选加工提供依据，确保汉麻种子安全贮藏，提高汉麻种子的利用率，净度分析是汉麻种子检验的重要项目之一，对汉麻生产有着重要意义。

五、汉麻种子水分含量测定

汉麻种子水分含量测定是汉麻种子检验的一项重要工作之一，含水量过高会直接影响到汉麻种子安全贮藏，并使种子霉烂变质而丧失发芽率。

检验汉麻种子水分的方法很多，目前多采用不同类型的电子仪器来测定，但和实际存在误差，标准的测定方法如下：

（一）常规法

将汉麻种子磨碎，称出样品 5 g，放在 105 ℃电烘箱中，烘 3 ~ 4 h 后，取出冷却称重，然后放入烘箱继续烘 30 min，再称重，直到质量不再降低为止，最后得出恒重，即为种子干质量。按下面公式计算：

$$汉麻种子含水量（\%）= \frac{烘干前汉麻种子质量 - 烘干后汉麻种子质量}{烘干前汉麻种子质量} \times 100$$

（二）快速测定法

称 5 g 磨碎的样品，放在 130 ℃高温电烘箱中烘 40 min，冷却后称重计算。

六、汉麻种子发芽试验

发芽试验是鉴别汉麻种子是否具有旺盛的生活力和发芽是否整齐一致。种子发芽力通常用发芽势和发芽率表示。

种子发芽势是指种子在发芽试验初期（规定的天数内），正常发芽的汉麻种子数占供试种子的百分比。种子发芽率是指发芽试验终期（规定的天数内）全部正常发芽种子数，占供试种子的百分率。

测定汉麻种子发芽所用的种子要从经过净度检验后的种子中采集，每组 100 粒，分 3 组，共 300 粒，

$$汉麻种子发芽势（\%）= \frac{发芽初期（规定天数内）全部发芽种子粒数}{供试种子粒数} \times 100$$

$$汉麻种子发芽率（\%）= \frac{发芽期（规定天数内）全部发芽种子粒数}{供试种子粒数} \times 100$$

（1）发芽床的准备：用培养皿做发芽床，衬垫物用滤纸，铺平后待用。

（2）摆放种子：随机抽取 3 份种子，每份种子 100 粒，每份种子均匀、整齐地摆放在培养皿内，注入清水，培养皿上标记好品种名称、试验日期、编号等。

（3）恒温发芽：将摆好种子加水后的培养皿放在 25 ℃培养箱内，每天观察发芽情况。

（4）汉麻种子发芽的鉴定：

①发芽：汉麻种子幼根与幼芽达到种子的直径长度，为发芽。

②不发芽：幼芽或幼根残缺、畸形、腐烂，不生幼芽；幼根枯萎，中间呈线状或水肿状幼根，无根毛，到试验结束时未生出幼根。

七、汉麻品种纯度检验

（一）品种纯度

品种纯度是衡量良种的重要指标之一，检验品种纯度首先看品种真实性，有无张冠李戴。其次看特征、

特性的一致程度，观察有无混杂现象和混杂程度。

品种纯度检验应在田间检验和室内检验相结合进行。

1. 田间检验方法

品种纯度为具有本品种特征、特性的植株数量占调查总株数的百分比。在汉麻盛花期对花色、花序性状进行检验，工艺成熟期对株高、工艺长度和生育时间进行检验，确定品种的真实性和一致性。

田间纯度检验同时要调查检疫性杂草、检疫性病害、异品种和异作物情况，检验方法为对角线选点，每点检验面积 3 m²。根据确定的取样株，就地进行品种纯度鉴定，确定出品种的真实性、纯度。

$$品种纯度（\%）=\frac{本品种株数}{供检作物株数}\times100$$

$$病害感染（\%）=\frac{感染株数}{鉴定总株数}\times100$$

2. 室内检验方法

田间鉴定后，在收割、脱粒、运输、贮藏过程中，汉麻种子易发生混杂，必须进行种子纯度检验。

检验方法：从净度检验后的种子中，随机数取试样 2 份，每份 500 粒，根据本品种种子的粒形、大小、色泽等逐粒观察，区分开本品种和异品种，根据下面公式计算种子纯度。

$$品种纯度（\%）=\frac{供检种子粒数-本品种粒数}{供检种子粒数}\times100$$

八、病虫害检验

汉麻种子是传播病虫害的重要途径，通过检验了解汉麻种子病虫害为害情况，制定相应的防治措施。获得无病虫害的汉麻种子，是培育汉麻良种的基本要求之一。

1. 感官检验

称出定量样品，放在白纸上，用肉眼或 10 倍的放大镜检出病粒或病原体，称重后，计算出带病百分率。

2. 过筛检验

病原体和汉麻种子形态大小不同，可使用过筛法检出混杂的病原体和杂草种子。用 3 层不同孔径的重叠筛，筛后将较大筛筛出物，用肉眼或 15 倍放大镜检验，下层细小筛筛出物，用 60 倍显微镜检查，用公式计算出病原体含量。

$$病原体含量（g/kg）=\frac{病原体数量（g）}{试样质量（g）}\times1000$$

3. 萌芽试验

由汉麻种子携带的寄生菌，在汉麻种子发芽时开始为害，在进行汉麻种子发芽试验同时，可检查带病情况，汉麻种子发芽试验再经 5~7 d，检查汉麻幼根、幼芽、幼茎及子叶发病情况。

4. 汉麻种子虫害检验

采集检验虫害的样品时，不要去除杂质，立即封存好样品，以备检验，检验前在 20 ~ 25 ℃环境下 1 h，使害虫活动便于检查。

（1）感官检验。用放大镜观察汉麻种子外表斑点、突起或变色情况。有无虫类蛀孔或附着虫卵、虫茧、蛹及活虫等。取样 1 000 g，筛选后检查活虫头数。

（2）剖粒检验。隐藏在汉麻种子内的害虫，进行剖粒检验。在样品中取 5 g 小样品，逐粒剖开检查。计算出每个样品内的害虫头数。

（3）染色检验。样品去除杂质后，取样 10 g 小样品，倒入细网筛中，在 30 ℃温水中浸泡 1 m，移至高锰酸钾溶液中浸泡 50 ~ 60 s，取出后立即用清水洗涤，在吸水纸上检查。如果汉麻种子表面有直径 0.5 mm 的突起黑色阻塞物，挑出检查有无虫害。

（4）比重法检验。当汉麻种子被米象、谷蠹等害虫蛀蚀后，密度大大减轻，可用比重法检验害虫的侵染情况。在样品中随机取汉麻种子 100 g，倒入饱和含盐溶液中（在 20 ℃环境下，100 mm 水溶有 35 g 食盐），充分搅动 15 s，感染了虫害的汉麻种子上浮，可结合剖粒检验法检查害虫为害程度。

九、综合检验后的处理评定

为贯彻汉麻种子检验责任制，保证汉麻良种品质，防止病虫害、草害的传播，检验结束后，根据田间、室内分析鉴定结果，综合评定，填写检验结果报告单，对检验合格的种子，根据种子分级标准划分等级，对不合格的种子提出建议和处理意见，填写汉麻优良品种田间检验报告（表 6-7）和汉麻优良品种室内检验报告（表 6-8）。

表 6-7　汉麻优良品种田间检验报告

年　　月　　日

品种名称		生育情况	
品种来源		种植面积/m²	
杂草混杂度/%		倒伏级别	
品种纯度/%		病虫害程度	
检验者意见			
检验单位意见		检验单位负责人	检验员

表 6-8　汉麻优良品种室内检验报告

年　　月　　日

品种名称		品种来源	
样品来源		取样日期	
样品编号		存放情况	
病虫害程度		发芽率/%	
清洁率/%		供检数量/g	
检查日期		含水率/%	
品种纯度		种子等级	
检验者意见			
检验单位意见		检验单位负责人	检验员

注：1.样品来源填自取或送样。

　　2.存放情况填库内散存、囤存、袋装等。

第十一节　黑龙江省汉麻优良品种介绍

我国是全球汉麻种植较大的国家，汉麻产业发展较快，特别是黑龙江省的汉麻产业发展上升趋势显著，种植面积逐年增加，目前汉麻种植面积占全国的 80%。黑龙江省科学院大庆分院历经 20 余年为顺应国际、国内汉麻产业的发展趋势选育了一批汉麻品种，这些品种在黑龙江省汉麻产业发展中发挥了重要作用，促进了黑龙江省汉麻产业的发展。

每个汉麻品种的性状表现受外界环境条件的影响很大，在应用一个汉麻良种的同时，要研究良法，要采用同良种特性相适应的栽培技术措施，才能充分发挥优良汉麻品种的增产潜力。在生产上采用一个新的汉麻品种前，必须经过一定时间的试种和观察，才能确定该汉麻品种能否大面积推广，切忌盲目地大量调种，避免造成损失。

一、火麻一号

育种者：黑龙江省科学院大庆分院和大连汉邦企业管理有限公司。

品种来源：采用系统育种方法从品种资源 ZH1 材料中选择育成的。2007 年从 Z2 变异单株材料中选择出 2007-2-16 优良株系。

纤维用品种，2015 年 5 月登记，黑龙江省首个汉麻品种，黑龙江省科学院大庆分院与大连汉邦企业管理有限公司联合培育，品种特性：适应区出苗至工艺成熟生育时间 86~94 d，出苗至种子成熟生育时间

115~120 d。需≥10 ℃活动积温 2 000~2 400 ℃；雌雄异株，株高 170~200 cm，四氢大麻酚含量 0.133 75%，全麻率 24.1%，纤维强力 278 N，具有抗倒伏、抗病和耐盐碱性较强的特性； 区域试验平均每公顷原茎产量比对照增产 8.4%、纤维产量增产 15%。生产试验平均每公顷原茎产量比对照 8.3%、纤维产量增产 15.1%。

栽培技术要点：15cm 行距机械条播，有效播种粒数为 400~500 粒/m²。黑龙江省南部地区 4 月 23 日—5 月 5 日，黑龙江省北部地区播种时间为 4 月 28 日—5 月 10 日。施肥深 8cm。常规施肥量施磷酸二铵 275~300 g/hm²、硫酸钾 100~150 g/hm² 或玉米长效复合肥 380~450 kg/hm²。播种后三天内完成封闭除草。

适应区域：哈尔滨、牡丹江、大庆、齐齐哈尔、黑河等地区种植。

二、汉麻 1 号

育种者：黑龙江省科学院大庆分院。

品种来源：以（雌雄同株品种 uso31 为×龙江四合）F₃ 为母本，以低毒雌雄同株品种 Золотоношская 为父本复合杂交选育。

雌雄同株纤维用品种，2017 年 5 月登记，黑龙江省科学院大庆分院培育，适应区出苗至工艺成熟生育时间 90~96 d，出苗至种子成熟的生育时间 100~120 d。需≥10 ℃活动积温 2000 ℃以上；株高 188~200 cm，四氢大麻酚含量 0.001 7%，全麻率 30%，打成麻强力 299N，线密度 84 kg/m，具有抗倒伏和抗病性较强的特性；区域试验平均每公顷原茎产量比对照增产 4.7%、纤维产量增产 37%。生产试验平均每公顷原茎产量低于对照、纤维产量比对照增产 36.6%。属高纤品种。

栽培技术要点：第一积温带、第二积温带 4 月 15 日—5 月 5 日播种；第三积温带至第五积温带 4 月 20 日—5 月 15 日播种为宜。15 cm 行距机械条播，有效播种粒数 450~500 粒/㎡。施肥深 8 cm。常规施肥量施磷酸二铵 275~300 kg/hm²、硫酸钾 100~150 kg/hm² 或玉米长效复合肥 380~450 kg/hm²。

田间管理及收获：选择体积分数为 96%的精异丙甲草胺化学除草剂播后苗前进行封闭除草。采麻田在工艺成熟期适时收获，采种田种子 80%成熟时收获。

注意事项：适时播种和收获，苗期、花期和成熟期及时预防大麻跳甲和双斑萤叶甲。

适应区域：齐齐哈尔、牡丹江、大庆、黑河等地。

三、汉麻 2 号

育种者：黑龙江省科学院大庆分院

品种来源：以原始材料 2007-2-16 为母本，以绿花 2 为父本杂交选育。

纤维用品种，2017 年 5 月登记，黑龙江省科学院大庆分院培育，适应区出苗至纤维成熟生育时间 87~94 d，需≥10 ℃活动积温 2 000 ℃以上；雌雄异株，株高 170~230 cm，种子为卵圆，种皮为灰褐色，千粒重 19.3~20.0g。四氢大麻酚含量 0.1297%，全麻率为 24.5%，打成麻强力 438 N，线密度 105 kg/m，具有抗倒伏、抗病和抗旱性强，耐盐碱性较强的特性；区域试验平均每公顷原茎产量比对照增产 10.9%、纤维产量增产 17.4%。生产试验平均每公顷原茎产量比对照增产 10.8%、纤维产量比对照增产 16.5%。属高纤、优质品种。

栽培技术要点：第一积温带至第三积温带 4 月 15 日—5 月 10 日播种；第四积温带至第六积温带 4 月

20 日—5 月 15 日播种为宜。15cm 行距机械条播，有效播种粒数 450～500 粒/m²。施肥深 8 cm。常规施肥量施磷酸二铵 150～200 kg/hm²、硫酸钾 50～100 kg/ hm² 或玉米长效复合肥 350～450 kg/ hm²。选择体积分数为 96% 的精异丙甲草胺化学除草剂播后苗前进行封闭除草。采麻田在工艺成熟期适时收获，采种田种子 85% 成熟时收获。

注意事项：不宜重迎茬，苗期、花期和成熟期及时预防大麻跳甲和双斑萤叶甲。

适应区域：哈尔滨、齐齐哈尔、牡丹江、大庆、绥化、黑河等地。

四、汉麻 3 号

育种者：黑龙江省科学院大庆分院

品种来源：以雌雄异株品种云麻 4 号为母本，雌雄同株品种 USO—14 为父本杂交。

籽纤兼用雌雄同株品种，2017 年 5 月登记，由黑龙江省科学院大庆分院培育。

特征特性：在适应区种植从出苗至工艺成熟期生长时间 70～79 d，从出苗至种子成熟生育时间 90～100 d。需 ≥10 ℃活动积温 2 000 ℃以上。叶片浅绿色，心叶微现紫红色，掌状复叶。中部复叶由 7 个小叶组成，株高 200 cm 左右。雄花黄绿色，果穗长 30～40 cm；种子为卵圆形，种皮为灰褐色，种皮上有褐色花纹，千粒重 15.0～15.5 g。四氢大麻酚检测结果：四氢大麻酚含量 0.000 43%。品质分析结果：打成麻强力 393 N，线密度 85 kg/m。种子粗脂肪（干基）31.41%，粗蛋白（干基）24.49%。田间发病鉴定结果：霜霉病田间发病率 0.4%，未发现其他病害。

产量表现：2015—2016 年两年区域试验结果：原茎平均产量 8820.2 kg/hm²，比对照品种火麻一号增产 2.4%。全纤维平均产量 1932.8 kg/hm²，比对照品种火麻一号增产 23.8%。种子平均产量 703.0 kg/hm²，比对照品种火麻一号增产 26.3%。全麻率 26.7%，比对照品种火麻一号高 4.6 个百分点。生产试验结果：原茎平均产量 7402.5 kg/hm²，比对照火麻一号增产 1.3%，全纤维平均产量 1599.0 kg/hm² 增产 22.6%。种子平均产量 650.0 kg/hm²，比对照火麻一号增产 25.8%。

栽培技术要点：第一积温带至第二积温带 4 月 23 日—5 月 5 日播种；第三积温带至第五积温带 4 月 28 日—5 月 15 日播种为宜。15 cm 行距机械条播，有效播种粒数 400～450 粒/m²。

测土施肥，施肥深 8 cm。常规施肥量施磷酸二铵 280～300 kg/hm²、硫酸钾 150 kg/hm² 或玉米长效复合肥 450 kg/hm²。

田间管理及收获：选择体积分数为 96% 的精异丙甲草胺化学除草剂播后苗前进行封闭除草。采麻田在工艺成熟期适时收获，采种田种子 75% 成熟时收获。

注意事项：不宜重迎茬，苗期、花期和成熟期及时预防大麻跳甲和双斑萤叶甲。

适应区域：哈尔滨、齐齐哈尔、牡丹江、大庆、黑河等地。

五、汉麻 4 号

育种者：黑龙江省科学院大庆分院。

品种来源：以雌雄异株品种云麻 4 号为母本，雌雄同株品种 USO—31 为父本杂交。

雌雄同株籽纤兼用型品种，2018 年 3 月登记，黑龙江省科学院大庆分院培育，品种来源：以雌雄异株品种云麻 4 号为母本与雌雄同株品种 USO—31 为父本杂交育成。

特征特性：籽纤兼用型汉麻品种。在适应区种植从出苗至工艺成熟期生长时间 77～82 d，从出苗至种子成熟生育时间 98d。需≥10 ℃活动积温 2 000 ℃以上。雌雄同株。植株绿色。叶片浅绿色，叶型为 3～7 片掌状裂叶；茎圆形、绿色，上下粗细均匀；雄花黄绿色；株高 200 cm 左右；穗长 40 cm 左右；雌雄同株占比大于 96%；种子为卵圆形，种皮为浅褐色，种皮上有黑色点状和条状花纹，千粒重 17g。种子产量比对照品种增产 10.4%，全麻率 28.7%，比对照品种高 1.8 个百分点。品种的抗旱性和耐盐碱性较强。四氢大麻酚检测结果：四氢大麻酚含量 0.0115%。品质分析结果：麻束纤维强力 341 N，麻束断裂比强度 0.0102 kg/m，分裂度 67 Nm。种子粗脂肪（干基）31.69%，粗蛋白（干基）26.72%。田间发病鉴定结果：霜霉病田间发病率 0.6%，未发现其他病害。

产量表现：2016—2017 年两年区域试验结果：原茎平均产量 8 777.0 kg/hm²，比对照品种汉麻 3 号增产 4.3%。全纤维平均产量 2 074.7 kg/hm²，比对照品种汉麻 3 号增产 11.9%。种子平均产量 719.0 kg/hm²，比对照品种汉麻 3 号增产 10.7%。全麻率 28.6%，比对照品种汉麻 3 号高 1.8 个百分点。

栽培技术要点：播种期：第一积温带至第二积温带 4 月 25 日—5 月 5 日播种；第三积温带至第五积温带 5 月 1 日—5 月 15 日播种。适宜种植方式与栽培密度：15～30 cm 行距机械播种，有效播种粒数 120～350 粒/m²。施肥方法及施肥量：测土施肥，施肥深 8 cm。常规施肥量施磷酸二铵 300 kg/hm²、硫酸钾 150 kg/hm² 或玉米长效复合肥 450 kg/hm²。田间管理及收获：选择精异丙甲草胺化学除草剂进行苗前封闭除草。采麻田种子 50% 成熟时收获，采种田种子 75% 成熟时收获。其他栽培要点：如苗期出现前作除草剂残留药害，要及时喷洒萘胺或其他植物调节剂。

注意事项：不宜重迎茬，预防大麻跳甲。

适应区域：哈尔滨、牡丹江、大庆、齐齐哈尔、黑河。

六、汉麻 5 号

育种者：黑龙江省科学院大庆分院和大庆市天木汉麻开发股份有限公司。

品种来源：以高产、农艺性状优良的五常 40 为母本×SHD08-1 为父本，再以 SHD08-1 为父本回交 3 代，利用混选方法进行选种。

纤维型工业用大麻品种，2018 年 3 月登记。在适应区出苗至工艺成熟期的生育时间 90～97 d，需≥10 ℃活动积温≥2000 ℃。出苗至种子成熟的生育时间 117～120d，需≥10 ℃活动积温≥2400 ℃。雌雄异株，幼苗绿色，叶色为中绿掌状复叶，每片复叶小叶数 7～9 片，叶柄和心花青甙弱。雄花为复总状花序，雌花为穗状花序，雌雄株的数量比约 1：1，株高 200～230 cm。种子为卵圆形，种皮为灰褐色，千粒重 21.2～22.0 g。抗倒伏、抗病和抗旱性强，耐盐碱性较强。全麻率为 25.4%。四氢大麻酚检测结果：四氢大麻酚含量 0.229%。品质分析结果：麻束纤维强力 507 N（1.52cN/dtex）、分裂度 134 Nm。田间发病鉴定结果：霜霉病发病率 0.4%，未发现其他病害。

产量表现：2016—2017 年区域试验原茎平均产量 9 509.7 kg/hm²，比对照品种平均增产 10.8%。全纤维平均产量 1985.5kg/hm²，比对照品种火麻一号增产 20.4%，全麻率 25.1%，比对照高 1.9 个百分点。2017 年生产试验原茎平均产量 10 018.1 kg/hm²，比对照品种火麻一号增产 11.3%，全纤维平均产量

2 125.3 kg/ hm²，比对照品种火麻一号增产 18.5%。全麻率为 25.4%，比对照高 1.3 个百分点。

栽培技术要点：播种、育苗、定植期：第一至第三积温带 4 月 15 日—5 月 10 日播种，第四至第六积温带 4 月 20 日—5 月 15 日播种；适宜种植方式与栽培密度：7.5 ~ 10.0 cm 行距机械播种，有效播种粒数 400 ~ 500 粒/m²；施肥方法及公顷施肥量：测土配方深施肥、施肥深度 8 cm。常规施肥通常施磷酸二铵 150 ~ 200 kg/ hm²、硫酸钾 50 ~ 100 kg/ hm² 或复合肥 300 ~ 375 kg/ hm²；田间管理及收获：选择异丙甲草胺在播种后至出苗前封闭除草；采麻田在工艺成熟期收获，采种田在种子成熟期及时收获；其他栽培要点：苗黄、苗弱喷施叶面肥。

注意事项：及时防治大麻跳甲和叶甲。

适应区域：哈尔滨、齐齐哈尔、牡丹江、大庆、黑河。

七、龙麻 1 号

育种者：黑龙江省科学院大庆分院。

品种来源：以 γ 射线 20 万伦琴（0.002 c/kg）[①] 的剂量处理 gabcy-3 亲本种子，采用物理诱变方法选育。

籽用品种，2017 年 5 月登记，由黑龙江省科学院大庆分院、亿阳集团股份有限公司培育，适应区出苗至种子成熟生育时间 80 ~ 85 d，需 ≥ 10 ℃活动积温 2500 ℃以上；雌雄异株品种，掌状复叶，叶片深绿色，株高 130 ~ 140 cm，雄花为复总状花序，雌花为穗状花序，种子为卵圆形，种皮灰褐色，千粒重 16.0 ~ 18.0 g，为矮秆、早熟、适宜机械收获。四氢大麻酚含量 0.021%。粗脂肪（干基）32.01%，蛋白质（干基）28.4%。

2014—2015 年区域试验平均每公顷籽实产量比对照增产 11.4%，2016 年生产试验平均每公顷籽实产量比对照增产 11.9%。

栽培技术要点：第一、第二积温带 5 月 20 日播种，第三积温带 5 月 10 日播种；平播有效播种粒数 50 粒/m²，垄作有效播种粒数 20 粒/m²；施肥深度 8cm。常规施肥通常施磷酸二铵 150 ~ 200 kg/hm²、硫酸钾 50 ~ 100 kg/hm² 或长效复合肥 300 ~ 375 kg/hm²；播后苗前选择 96% 的精异丙甲草胺封闭除草；采麻田在工艺成熟期收获，采种田在种子成熟期及时收获；其他栽培要点：苗黄、苗弱喷施叶面肥。

注意事项：种子成熟期及时收获，苗期及时防治大麻跳甲和叶甲。

适应区域：哈尔滨、齐齐哈尔、牡丹江、大庆。

八、龙麻 2 号

育种者：黑龙江省科学院大庆分院。

品种来源：以品种资源 Dnieper 为亲本，利用系统选育方法，经田间和温室连续选择育成。

纤维用品种，2017 年 5 月登记，适应区全生育期 98 ~ 100d（出苗至种子成熟生育日期），工艺成熟期 76 ~ 80d（出苗至纤维成熟生育日期），需 ≥ 10 ℃活动积温 2 000 ℃；

雌雄同株，株高 191 cm，茎粗 5.1 mm。四氢大麻酚含量 0.0026%，打成麻强力 460 N；分裂度 62 Nm，具有抗病性和抗倒伏性较强的特性；2015—2016 年区域试验平均产量原茎 8 862.6 kg/hm²，纤维

---

① 1 伦琴（R）=2.58 × 10⁻⁴c/kg。

2148.5 kg/ hm²，分别比对照品种高 2.7%和 29.1%，全麻率 29.2%，比对照高 7.2 个百分点。2016 年生产试验平均原茎产量 7 415.8 kg/hm²，比对照高 1.4%，纤维 1 758.9 kg/hm²，比对照高 30.2%。

区域试验平均每公顷原茎产量比对照增产 2.7%、纤维产量增产 29.1%。生产试验平均每公顷原茎产量比对照增产 1.4%、纤维产量比对照增产 30.2%；全麻率 29.5%比对照品种高 7.5 个百分点。

栽培技术要点：第一至第二积温带 4 月 23 日—5 月 5 日播种，第三至第五积温带 4 月 28 日—5 月 10 日播种；15 cm 行距机械条播，有效播种粒数 400～450 粒/m²；施肥深度 8 cm。常规施肥通常施磷酸二铵 275～300 kg/ hm²、硫酸钾 100～150 kg/hm²或长效复合肥 375～450 kg/hm²；播后苗前选择 96%精异丙甲草胺再封闭除草；采麻田在工艺成熟期收获，采种田在种子成熟期及时收获；其他栽培要点：苗黄、苗弱喷施叶面肥。

注意事项：适时播种和收获，苗期及时防治大麻跳甲和叶甲。

适应区域：哈尔滨、齐齐哈尔、牡丹江、大庆、黑河。

九、格列西亚

育种者：黑龙江省科学院大庆分院。

品种来源：乌克兰农业科学院东北农业研究所麻类试验站引进的高纤、低毒、雌雄同株汉麻品种（格列西亚）Глесия。

纤维用雌雄同株品种，2017 年 5 月认定，适应区全生育期 90～95d（出苗至种子成熟生育日期），工艺成熟期 80～82 d（出苗至纤维成熟生育日期），需≥10 ℃活动积温 2 000～2 400 ℃；千粒重 18.1g，株高 189.7 cm，茎粗 5.4 mm。四氢大麻酚含量 0.025%，全麻率 33.6%，打成麻强力 463 N、分裂度 46 Nm，具有抗倒伏性和抗病性较强的特性；区域试验平均每公顷原茎产量比对照增产 1.4%、纤维产量增产 57.0%。生产试验平均每公顷原茎产量比对照增产 2.5%、纤维产量比对照增产 63.3%；属特高纤品种，但分裂度低，可作为纤维新材料应用品种推广。

栽培技术要点：第一至第二积温带 4 月 23 日—5 月 5 日播种，第三至第五积温带 4 月 28 日—5 月 10 日播种；15 cm 行距机械条播，有效播种粒数 400～450 粒/m²；施肥深度 8 cm。常规施肥通常施磷酸二铵 275～300 kg/hm²、硫酸钾 100～150 kg/hm²或长效复合肥 375～450 kg/hm²；播后苗前选择 96%的精异丙甲草胺封闭除草；采麻田在工艺成熟期收获，采种田在种子成熟期及时收获；其他栽培要点：苗黄、苗弱喷施叶面肥。

注意事项：苗期及时防治大麻跳甲和叶甲。

适应区域：哈尔滨、齐齐哈尔、牡丹江、大庆、黑河。

十、汉麻 6 号

育种者：黑龙江省科学院大庆分院。

品种来源：以乌克兰汉麻品种 USO—14 为母本，以资源材料 10 HBLF 为父本杂交，再以 10 HBLF 回交。

纤维用品种，2015 年 5 月认定，出苗至纤维成熟生育时间 84～88 d，需≥10 ℃活动积温 1 900～2 000 ℃。

出苗至种子成熟生育时间 95～98 d，需≥10 ℃活动积温≥2300 ℃。雌雄异株，株高 200～210 cm，四氢大麻酚含量 0.025%，麻束纤维强力 320N，麻束断裂比强度 0.096 kg/m，田间发病鉴定，霜霉病发率 0.3%，未发现其他病害。

产量表现：2016—2017 年参加全省区域试验，平均原茎产量 9 374.5 kg/hm²，比对照品种火麻一号增产 9.3%；平均纤维产量 2 027.6 kg/ hm²，比对照增产 21.4%；全麻率为 27.9%，比对照提高 4.7 个百分点。2018 年全省生产试验，原茎产量 9 419.8 kg/hm²，比对照品种火麻一号增产 6.6%；纤维产量 2 134.6 kg/hm²，比对照增产 22.2%；全麻率为 27.7%，比对照品种高出 3.5 个百分点。

栽培技术要点：选择平地或慢岗地，不宜选择洼地，前茬以栽培玉米、小麦、大豆和马铃薯为宜。

适期播种，第一至第三积温带 4 月 15 日—5 月 10 日播种，第四至第六积温带 4 月 20 日—5 月 15 日播种。

适应区域：黑龙江省哈尔滨、齐齐哈尔、大庆、绥化、七台河。

十一、汉麻 9 号

育种者：黑龙江省科学院大庆分院。

品种来源：利用系统育种技术从资源材料 Y1403 中选育而成。

籽用型汉麻品种，2020 年 5 月认定，出苗至成熟生育时间 85～90 d，需≥10 ℃活动积温在 1900 ℃以上，属早熟品种。雌雄异株，雌株多，雄株少。幼苗深绿色，下胚轴花青甙极弱。叶片和茎秆深绿色，雄花开花时间早。下胚轴花青甙极弱，种子为卵圆形，种皮为灰褐色，千粒重 13.4g。株高 140～145 cm。品质分析结果：粗蛋白含量 28.21%，粗脂肪含量 31.35%，四氢大麻酚含量 0.021 6%～0.046 3%。田间霜霉病自然发病率 0.3%，未发现其他病害。

产量表现：2017—2018 年区域试验籽实平均产量 1 351.7 kg/hm²，比对照品种龙麻 1 号增产 8.3%。2019 年生产试验籽实平均产量 1 282.0 kg/hm²，比对照品种龙麻 1 号增产 13.5%。

栽培技术要点：播种期：适期播种，第一至第二积温带 5 月 20 日—6 月 20 日，第三至第四积温带 5 月 20 日—5 月 30 日，第五至第六积温带 5 月 10 日—5 月 20 日。适宜种植方式与栽培密度：机械平播，有效播种粒数 100 粒/m²，行距 30～45 cm。施肥方法及施肥量：测土配方深施肥、施用种肥。施肥深度 8 cm～9 cm。常规施肥通常施磷酸二铵 150～200 kg/hm²、硫酸钾 50～100 kg/hm² 或玉米长效复合肥 300～375 kg/ hm²。田间管理及收获：使用异丙甲草胺苗前封闭除草，使用拿捕净或精稳杀得苗后除草。种子成熟期使用汉麻或大豆联合收割机收获。其他栽培要点：苗弱可喷施叶面肥。

注意事项：生育期间注意防治大麻跳甲虫害。种子成熟时及时收获，防止落粒。

适应区域：黑龙江省哈尔滨、大庆、绥化、齐齐哈尔、牡丹江、黑河等。

十二、赛麻一号

育种者：黑龙江省科学院大庆分院和黑龙江赛必得汉麻科技有限公司。

品种来源：以 UW—4 为母本，加引 1 号为父本杂交选育而成。

籽用型汉麻品种，2020 年 5 月认定。从出苗至籽实成熟的生育时间 110～115 d，需≥10 ℃活动积温在 2 100 ℃以上。雌雄异株。茎秆绿色圆形。叶片浅绿色，叶形为掌状裂叶，单叶小叶数 7 个，叶片稠密。分枝极多，分枝高度矮。株高 170～180 cm。雄花复总状花序，雌花穗状花序。种子为卵圆形，种皮为褐色，种皮上有黑色条状花纹，花纹程度中等。千粒重 17.3g。品质分析结果：粗脂肪含量 34.92%，粗蛋白含量 26.29%。四氢大麻酚含量 0.0216%～0.1400%。霜霉病田间发病率 0.3%，未发现其他病害。

产量表现：2017—2018 年区域试验籽实平均产量 1 403.0 kg/hm²，比对照品种增产 18.1%，干花叶平均产量 2 120.1 kg/hm²。2019 年生产试验籽实平均产量 1 255.8 kg/hm²，比对照品种龙大麻 5 号增产 16.2%。干花叶平均产量 2 342.7 kg/hm²。

栽培技术要点：第一至第三积温带 5 月 5—15 日播种，第四至第五积温带 5 月 10—20 日播种；育苗田间定植期为 5 月 25 日—6 月 15 日。垄作稀植，精量点播，株距 60～70 cm，行距 130～140 cm。深施肥 8～10 cm。常规施肥磷酸二铵 275～300 kg/hm²、硫酸钾 100 kg/hm² 或玉米长效复合肥 375～450 kg/hm²。中耕封垄时追肥一次。在苗期和生育后期及时除草、防虫。雄花授粉后，雄株全部拔除。籽实成熟期及时收获。

注意事项：田间栽培及时防治大麻跳甲和叶甲。

适应区域：黑龙江省哈尔滨、齐齐哈尔、大庆、绥化、黑河、七台河。

十三、华夏汉麻 1 号

育种者：黑龙江省科学院大庆分院和华夏汉麻产业科学研究院有限公司。

品种来源：以杂交组合（火麻一号×ED-1）为亲本，以 ED-1 为轮回亲本并用回交法选育而成。

纤维用汉麻，雌雄同株品种，2020 年 5 月认定；从出苗至纤维成熟（工艺成熟期）时间 90～93 d，属中熟品种，需≥10 ℃活动积温 2 000 ℃以上。株高约 260 cm，茎粗约 1.60 cm；种子卵圆形，种皮褐色，外被深褐色花纹，千粒重 14～15 g。全麻率 27.1%。品质分析结果：麻束断裂强度比 1.15 cN/dtex，麻束纤维强力 382N。四氢大麻酚（THC）含量 0.042 1%～0.070 0%。田间发病鉴定结果：田间霜霉病自然发病率 0.3%，未发现其他病害。

产量表现：2017—2018 年区域试验原茎和纤维平均产量分别为 9 786.2 kg/hm² 和 2 240.3 kg/hm²，比对照品种汉麻 1 号增产 10.0% 和 13.6%。2019 年生产试验原茎和纤维产量 9 781.6 kg/hm² 和 2 179.1 kg/hm²，比对照品种汉麻 1 号增产 13.8% 和 20.4%。

栽培技术要点：播种期适期播种，第一至第三积温带 4 月 15 日—5 月 10 日播种，第四至第六积温带 4 月 20 日—5 月 15 日播种。适宜种植方式与栽培密度：7.5～10 cm 行距机械播种，有效播种粒数 450 粒/m²。施肥方法及施肥量：测土配方深施肥，施肥深度 8 cm。常规施肥通常施磷酸二铵 150～200 kg/hm²、硫酸钾 50～100 kg/hm² 或玉米长效复合肥 375～450 kg/hm²。田间管理及收获：播种后至出苗前使用异丙甲草胺进行苗前封闭除草。采麻田在工艺成熟期收获，采种田在种子成熟期收获。进入快速生长期，苗高 30 cm 时喷叶面肥。

注意事项：生育期间及时防治大麻跳甲和叶甲。

适应区域：黑龙江省哈尔滨、齐齐哈尔、牡丹江、大庆、绥化、黑河等。

十四、汉麻 11

育种者：黑龙江省科学院大庆分院。

品种来源：以 UW4-1 为母本，佳木斯大粒（农家种）为父本，经系谱法选育而成。

籽用汉麻品种，雌雄异株，2021 年 5 月认定。在适应区出苗至雌株盛花期 95 ~ 100 d，需≥10 ℃活动积温 2 000 ~ 2 100 ℃，出苗期至种子成熟期生育时间为 118 ~ 120 d，需≥10 ℃活动积温 2300 ℃。品种株型为灌木型，株高 175 cm，分枝数极多。叶色深绿色，雌花花色绿色，雄花花色黄绿色，种子灰褐色，种皮有花纹，千粒重 17.5g。品质分析结果：籽实粗脂肪含量 31.50%，粗蛋白含量 28.44%。四氢大麻酚（THC）含量：0.138%。

产量表现：2018—2019 年区域试验种子产量 1 260.6 kg/hm²，比对照品种龙大麻 5 号增产 19.2%；2020 年生产试验种子产量 1 014.3 kg/hm²，比对照品种龙大麻 5 号增产 17.66%。

栽培技术要点：第一至第二积温带 4 月 25 日—5 月 15 日播种，第三至第四积温带 4 月 30 日—5 月 5 日播种；育苗田间定植期为 5 月 15 日。垄作稀植，精量点播，株距 60 ~ 70 cm，行距 100 ~ 130 cm。深施肥 8 ~ 10 cm。常规施肥磷酸二铵 275 ~ 300 kg/ hm²、硫酸钾 100 kg/ hm² 或玉米长效复合肥 375 ~ 450 kg/hm²。中耕封垄时追肥一次。在苗期和生育后期及时除草、防虫。雄花授粉后，雄株全部拔除。籽实成熟期及时收获。

注意事项：田间栽培及时防治大麻跳甲和叶甲。

适应区域：黑龙江省哈尔滨、大庆、绥化、齐齐哈尔、黑河、佳木斯等。

十五、汉麻 12

选育单位：黑龙江省科学院大庆分院。

品种来源：以火麻一号为母本，以 GW0020 为父本，采用回交及混合选择方法选育而成。

纤维用汉麻品种，雌雄同株，2022 年 5 月认定。在适应区出苗期至工艺成熟期生育时间为 90 ~ 92 d，需≥10 ℃活动积温 2000 ~ 2100 ℃。品种株型为乔木型，株高 237cm，茎粗 0.9cm，分枝数 1.6 个。叶色深绿色，雌花花色绿色，雄花花色黄绿色，种子灰色，种皮有花纹，千粒重 19.2g，工艺长度 213.5cm。品质分析结果：麻束纤维断裂比强度 2.70 cN/dtex，全麻率 24.0%。四氢大麻酚（THC）含量：0.05%。

产量表现：2019—2020 年区域试验原茎产量 9 055.4 kg/hm²，比对照品种汉麻 1 号增产 16.0%；纤维产量 1 844.4 kg/hm²，比对照品种汉麻 1 号增产 25.2%；全麻率 26.2%。2021 年生产试验原茎产量 9 601.8 kg/ hm²，比对照品种汉麻 1 号增产 8.6%；纤维产量 1 738.4 kg/hm²，比对照品种汉麻 1 号增产 9.6%；全麻率 24.0%。

栽培技术要点：第一至第三积温带 4 月 15 日—5 月 10 日播种，第四至第五积温带 4 月 20 日—5 月 15 日播种。7.5 ~ 15.0 cm 行距机械播种，有效播种粒数 450 粒/m²。测土配方深施肥，施肥深度 5 ~ 10 cm。常规施肥通常磷酸二铵 150 ~ 200kg/ hm²、硫酸钾 50 ~ 100 kg/ hm² 或玉米长效复合肥 375 ~ 450 kg/hm²。苗前使用异丙甲草胺进行封闭除草。采麻田在工艺成熟期收获，采种田在种子成熟期收获。

注意事项：注意防治跳甲、前茬除草剂药害，防止重迎茬。

适应区域：黑龙江省哈尔滨、绥化、牡丹江、齐齐哈尔、大庆、佳木斯、黑河等。

十六、汉麻 7 号

选育单位：黑龙江省科学院大庆分院。

品种来源：利用系统育种方法，从品种资源 UW4 变异植株中，经单株选择和酚类物质稳定性测试育成。

药用汉麻品种，2019 年 5 月认定。在适应区出苗至雌株开花末期的生长时间 85~90d，需≥10 ℃活动积温 2 000~2 100 ℃，出苗期至种子成熟期生育时间为 115~120 d，需≥10 ℃活动积温 2300 ℃。室内种植 10~12 h/d 光照，从出苗至雌株开花末期生长时间 65 d，从出苗至种子成熟期 85 d。大麻二酚 1.2073%。

栽培技术要点：播种、育苗、定植期，温室设施栽培，宜采用育苗、盆栽方式，每盆定植 1 株。适宜种植方式与栽培密度：田间种植垄作稀植。精量点播，垄距 65~70 cm，株距 100~120 cm。施肥方法及施肥量：田间种植要测土施肥，深施肥 8cm。常规肥用磷酸二铵 275~300 kg/hm²、硫酸钾 100 kg/hm² 或玉米长效复合肥 375 kg/hm²。

田间管理及收获：雄株叶子收获期，雄花开始现蕾时将雄株全部拔除，采收全株叶片。雌株花叶收获期，雌株花蕾膨胀为丰满的果穗状，花丝变为红褐色时收获。同时采收全部叶片。收获后及时晾晒。

注意事项：田间种植、生育期间及时防治大麻跳甲和叶甲。

适应区域：哈尔滨、大庆、绥化、齐齐哈尔、七台河。

第七章　汉麻的生物学特性

第一节　汉麻的遗传学特性

一、大麻的起源及演化

作为世界上最古老的驯化作物之一，关于大麻的起源存在许多不确定性和争论。几个世纪以来，作为一种高产高值的农作物，人们对于大麻起源的研究提出猜想，认为其起源于中亚、东亚和南亚，并迅速传播到亚洲和欧洲。目前，全球范围内都存在合法和非法的大麻种植。对于大麻属的归属和物种数量一直存在争议。早期一类观点认为，根据明显的表型差异分为三个类型，具体为：大麻 *Cannabis sativa L.*、印度大麻 *Cannabis indicaLam*（Lamarck）和莠草大麻 *Cannabis ruderalis*，另一种被大多数接受的观点认为其是作为一个独立的属，由 *Cannabis sativa L.* 组成。

对于大麻的驯化历史可追溯到东亚新石器时代早期，根据分布和古植物学数据，发现该植物的早期栽培范围广泛，分布于西亚、中亚及东亚等地区，后来在世界各地广泛种植的品种，来自适应当地环境的地方品种和改良品种之间的连续人工选择和杂交育种。私自栽培药用品种增加了重构物种驯化史的难度。对此 Ren 等为了探究大麻的驯化历史对大规模种质进行了全基因重测序，他们的最新结果表明，目前中国的一些地方品种和野生品种与大麻祖先的亲缘关系最近，汉麻和毒品大麻的栽培品种就是由此衍生的。同时还得出在驯化过程中两个主要大麻素合酶基因功能丢失，这也可能是反映汉麻种植合法化的选择育种手段。Hyehyun 等为了验证汉麻在蔷薇目（Resale）中的位置，对汉麻和毒品大麻的叶绿体基因组序列进行系统发育分析，进一步验证了以大麻为代表的大麻科与桑科的密切关系。同样对叶绿体基因组进行研究的还有 Deng 等，为了探究云麻 7 号在大麻属中的系统发育关系，利用新一代测序技术组装其完整的叶绿体基因组，结果发现云麻 7 号与 Matielo 等人报道的大麻杂交品种 AK Royal Auto 密切相关，两种材料均取自云南，表明了它们可能有相似的遗传背景。

二、大麻的类型划分

大麻的类型存在不同的划分方法。如根据大麻的用途及化学成分含量不同，分为不同的类型，四氢大麻酚（THC）含量高于 0.3% 的为毒品大麻，在许多国家和地区禁止种植，而低于 0.3% 的为低毒品种允许种植。汉麻又根据用途不同分为纤维型、籽用型、药用型以及兼用型。另外也有研究者除根据用途对大麻作物进行分类外，通过大麻素组成和含量进行划分，目前国际上将大麻主要划分为五种化学类型：Chemotype I（m_{THC} : m_{CBD}>1）、Chemotype Ⅱ（m_{THC} : m_{CBD}≈1）、Chemotype Ⅲ（m_{THC} : m_{CBD}<1）也被定义为纤维型、Chemotype Ⅳ 以含有大麻萜酚酸（cannabigerolic acid，CBGA）为主要的大麻素成分的类型、Chemotype Ⅴ 几乎不含大麻素成分。已有研究证实，大麻植物的化学类型（m_{THC} /m_{CBD} 比值）从植株生长发育开始阶段就很明显，在生长过程中的表现也很稳定，叶片中 m_{THCA} 和 m_{CBDA} 百分含量在不同化学类型下均表现出相同的时段性变化，且在花中含量达到最高。因此，研究者也认为从判断品种是否属于药用类

型角度来说，无须等待至开花阶段，根据发育早期质量比即可进行推测。

汉麻为二倍体植株，含有 10 对染色体，其中 9 对常染色体，1 对性染色体。多数汉麻为雌雄异株，偶尔有雌雄同株的存在，因此其性染色体为 XY/XX，Y 染色体决定雄性。汉麻的性别分化发生在花早期发育阶段，目前的研究很难在花期之前确定性别。目前，许多国家和地区对大麻的法律限制使得汉麻的基因组资源较少，缺乏对种质资源的收集和研究。尽管有诸多限制，但在遗传特性方面取得了重大进展，包括大麻素的生产、性别表达、纤维质量以及种群结构和多样性，如 Henry 等的研究中证实了大麻中的大麻素和萜类化合物与其遗传特性密切相关。

第二节　汉麻的生物学特性

一、汉麻的发育节律

我国汉麻栽培育种历史悠久，在黑龙江省、吉林省、云南省等 20 个省份均有种植，主要以 3 个地区为主：黑龙江主产区、云南主产区和山西主产区。在不同的产区，汉麻播种时间不同，在黑龙江和山西产区一般为 4 月下旬至 5 月上旬，而在云南产区分为春麻和秋麻，春麻一般在 3 月中旬至 4 月中旬，秋麻一般在 7 月下旬至 8 月中旬。

截至目前，汉麻种类按照用途分为籽用、药用、纤用和兼用 4 种类型，主要种植品种为：云麻 1 号、云麻 2 号、云麻 4 号、皖大麻 1 号、皖大麻 2 号、晋麻 1 号、汾麻 3 号、火麻一号、汉麻 1 号、龙大麻 5 号、庆大麻 1 号。汉麻产量会受到外界条件影响，如纬度、年积温、海拔、日照、土壤酸碱度、土壤含水量、土壤温度等。大多数纤用汉麻以及药用型的龙大麻 5 号主要集中在黑龙江主产区种植，籽用、兼用主要集中在云南和山西主产区种植。因纬度升高、年日照总数缩短和积温降低，延缓了汉麻的生长发育，极大地提高了其韧皮纤维的强度和质量，同时增加了韧皮部干物质积累和纤维产量，但高纬度也会导致籽纤兼用汉麻无法收获种子。在云南主产区，汉麻的种植品种也会受海拔及纬度的影响。种植汉麻的选地也很重要，土壤的酸碱度要适中，目前，大多数种类汉麻无法在盐碱地种植，土壤的肥力要充足，土壤的蓄水能力要好，渗透性要好，山西地区在温带大陆性气候影响下形成的独特的褐土沙壤环境就比较符合这些特点。播种时，耕层的土壤温度要在 5 ~ 10 ℃之间。汉麻不宜连作，可以与其他作物轮作。

二、发育特征

汉麻种子播种后的出苗期与气温关系密切，在田间适宜条件下，播种后 3 ~ 10 d 即可出苗。从出苗到工艺成熟的日数称为生长日数或工艺成熟日数。出苗到种子成熟的日数称为生育日数。

我国汉麻的生育日数，早熟种为 80 ~ 100 d，中熟种为 101 ~ 150 d，晚熟种通常为 151 ~ 210 d。汉麻的生长发育可分为发芽期、幼苗生长期（自出苗至第 5 至 9 对真叶）、快速生长期（幼苗生长期结束至开花始期）、花期、工艺成熟期和种子成熟期。汉麻开花的第一个特征是沿着主干上的节点，在每个托叶的后面出现完全相同的原始细胞。开花之前，除了某些种类在生长过程中会呈现一定的趋势，如高度和分枝有区别外，我们无法分辨出汉麻的性别。在开花前期，可以根据雄花原始细胞为弯爪形状进行判定，而且接下来它还会产生圆形的有 5 个放射状尖角的花蕾。而雌花的原始细胞可以通过对称管状苞叶的扩大得以判断。汉麻韧皮纤维是人类最先开始使用的纤维之一，其韧皮纤维下胚轴有一个主动伸长，然后变厚形成初生和次生韧皮纤维的阶段，因此汉麻是研究二次生长过程的合适模型。

随品种类型的不同对温度的要求也不同，一般从播种到工艺成熟，需大于或等于 0 ℃的积温为 1 900 ~ 2 000 ℃；到种子成熟，需积温 2 700 ~ 3 000 ℃；汉麻幼苗能耐- 5 ℃的短期低温，但会严重影响其生长过程。适宜生长气温，苗期为 10 ~ 15 ℃；快速生长期为 18 ~ 30 ℃，以 19 ~ 25 ℃最为适宜；开花到种子成熟为 18 ~ 20 ℃。开花期遇-1℃低温，花器受损，-2 ℃以下则花器死亡，尤以雄花死亡多。在阳光方面，汉麻是短日照作物，缩短日照可以促进开花，但植株矮小，纤维产量低；延长日照，则能延迟开花，植株生长高大，纤维产量高。日照条件影响汉麻的形态和生物学特性，缩短日照可促进光照阶段的完成。正是因为光照条件对汉麻的生长发育有着这样显著的影响，因此在生产上常采用南麻北种的办法，延长营养生长期来提高纤维产量。在水分方面，在汉麻整个生长期需要 50 ~ 70 cm 的降水量。在发芽期及前 6 周生长期内，土壤要有足够的湿度，土壤湿度不但影响纤维产量，与品质也有密切关系，而且还影响到汉麻酚类物质的含量。汉麻植株培育在土壤全持水量为 40%、60%、80%的土壤湿度中。我国长江以南雨水多，苗期除非天气特别干旱，一般不必灌溉，但在北方栽培，灌溉十分重要。此外，汉麻不同生育期吸收氮磷钾三要素是不同的。汉麻在开花前的整个营养生长期内均需要大量的氮肥，尤其是前 6 ~ 8 周对氮的吸收比较集中，但氮素过多对纤维含量和纤维强度不利。汉麻在整个生长周期内均需要稳定的磷肥供应，直到开花前对磷的需求持续增加，而且磷能促进大麻对氮的有效吸收。

三、汉麻的抗性

（一）抗白粉病

在以往的文献中认为汉麻具有白粉病（PM）抗性，但迄今为止尚未有该性状的遗传学描述。鉴定 PM 耐药性的遗传基础可以进行针对性育种，提高产量并减少员工过敏原暴露，还可以开发既有抗药性又不伤植株的高效药物。自大麦中发现霉菌抗性位点 O（Mold resistance site O）基因 *MLO* 与 PM 耐药性相关后，陆续在水稻、玉米、烟草和番茄等物种中鉴定出 *MLO* 同系物。在几个对 PM 有抗性的大麻品种中观察到重叠基因上存在一个或多个类甜蛋白（Thaumatin-like protein，TLP）拷贝，TLP 具有 β-1，3 葡聚糖酶活性产生广泛的病原体抗性，在转基因番茄中发现几丁质酶和 TLP 具有协同活性，因此认为几丁质酶 CH25 和缺乏 *MLO* 与 PM 抗性相关。在现有的五个不同的大麻参考基因组中都鉴定并表征了 MLO 基因家族成员，但所鉴定出的基因数量不同。除 5 号和 9 号染色体不携带 *MLO* 基因外，其他 8 条均含有 *CsMLO* 基因。在 5 个基因组中均鉴定出 *CsMLO*14、CBDRx 基因组未鉴定到 *CsMLO*15。对 MLO 蛋白序列的系统发育分析表明，分支 V 的 *CsMLO*1 和 *CsMLO*4 在感染 PM 后会显著上调，初步证据表明它们可能与 PM 易感性有关。目前对汉麻抗病性的研究主要集中在白粉病上，但其遗传基础以及作用机制尚不明确。对于其他病虫害的研究更是少之又少，未来可以将研究重点放在挖掘其他病虫害抗性相关的基因上，并探索与 PM 抗性相关的关键基因及调控机制，以此可以培育出更加优良的品种。

（二）抗旱性

干旱胁迫作为一种非生物胁迫，对作物产量和品质的影响尤为重要。当处于生育期的汉麻受到干旱胁迫会导致病虫害发病率增加，生长缓慢，延迟纤维和种子成熟，最终影响产量和质量。汉麻面对干旱胁迫时，其叶片含水量和保护酶活性等生理指标会发生变化从而适应环境，不同品种对干旱胁迫的响应模式不同。孔佳茜等在对汉麻中对旱敏感的品种'云麻1号'进行干旱胁迫研究中发现过氧化物酶、扩展蛋白、肌醇加氧酶、NAC和B3转录因子可能与汉麻抗旱性有关，同时也发现脱落酸在抗旱胁迫中起重要作用。对于干旱胁迫下的汉麻生理指标及形态变化的研究比较完善，但很少有研究汉麻抗旱背后的调控机制。目前有研究通过生理指标和转录组分析数据评估干旱胁迫下所发生的变化，但对汉麻干旱胁迫变化的研究较少。植物生长调节剂可调节非生物胁迫条件下的植物生长和胁迫耐受性，烯效唑作为植物生长调节剂之一，能够改变非生物胁迫下植物生长发育的不同生理指标。通过生理和转录组分析评估外源性烯效唑对汉麻耐旱性的影响，发现烯效唑通过参与多种途径对干旱胁迫进行响应。干旱胁迫下与植物激素信号转导相关的差异表达基因中，参与吲哚乙酸（Indole acetic acid，IAA）代谢和信号转导的 $AUX1$、IAA、$SAUR$、$GH3$，与细胞分裂素（Cytokinin，CTK）相关的 AHK2_3_4 和 ARR-A，参与赤霉素（Gibberellin，GA）信号转导的 $DELLA$ 的表达量上调；$PP2C$、$SnRK2$ 为 ABA 相关基因的表达量被诱导下调。干旱胁迫下烯效唑诱导参与叶绿素代谢的谷氨酰-tRNA还原酶基因 $hemA$；参与叶绿素生物合成的镁（Mg）螯合酶亚基基因 $chlH$，Mg 原卟啉 IX 单甲酯（氧化）环化酶基因 $acsF$ 和 $chlE$ 及原叶绿素还原酶基因 POR；编码光收获叶绿素 a/b 结合蛋白基因 $LHCs$ 的表达量上调；诱导叶绿素 b 还原酶基因 NOL 和 $NYC1$ 下调。此外研究者描述了 $SuSy$、INV、$scrK$、$bglX$、$GN4$、$glgC$、PYG、$GBE1$、TPS、$TREH$ 和 β-淀粉酶在烯效唑诱导的干旱胁迫中差异表达，表明淀粉和蔗糖代谢途径参与了烯效唑处理的汉麻叶片对干旱胁迫的响应中（Jiang et al., 2021）。

（三）抗盐碱性

研究者利用 RNA 测序对受 $NaHCO_3$ 胁迫诱导的汉麻进行转录组分析，发现与苯丙类生物合成、植物激素信号转导与合成、蔗糖、氮、氨基酸等代谢途径相关的差异表达基因。对差异表达基因进行分析，发现大多数的差异表达基因在受到 $NaHCO_3$ 的胁迫时表达量均上调，编码 GTP 结合蛋白的基因 GTPbp 可能在 $NaHCO_3$ 胁迫诱导的汉麻内吞作用中起关键作用，推测 $NaHCO_3$ 胁迫通过下调木质素合成途径相关基因来影响汉麻苯丙烷的生物合成。利用 qRT-PCR 分析 $NaHCO_3$ 胁迫不同时间的基因表达水平，其结果与 RNA 测序相似。针对汉麻抗旱、抗盐碱方面的研究多采用转录组分析方法，但其研究仍然不够深入。汉麻具有很强的生长势，生长过程中需要适当的温度、水分、盐分等综合调控才能正常发育，当水分、盐分、温度等超出一定阈值就会受到胁迫甚至伤害。在现有的研究中，不同程度的盐碱环境对汉麻的生长发育有着不同的影响，曹焜等在大棚盆栽实验中，根据 pH 将种植土壤划分为非盐碱地、轻度盐碱地、中度盐碱地和重度盐碱地。经研究表明，汉麻在重度盐碱环境下不能生长，不同品种和不同生育期的汉麻对盐碱的敏感程度不同，有些品种只能在轻度盐碱环境下生长。在盐碱胁迫下，植物体内发生一系列的生理生化反应来降低或消除盐分的伤害作用。程霞等通过研究耐盐的"巴马火麻"和对盐敏感的"云麻5号"中发现，汉麻可能通过提高 ATP 代谢，加强叶绿素合成，促进细胞松弛、膨大，促进渗透调节物合成，加强离子运输信号传递，降解半纤维素细胞壁，控制细胞物质的进出，促进新陈代谢和细胞稳定性来适应盐碱胁迫。

有研究者通过不同品种在中度盐碱胁迫下品种的生长状况，对品种的光合特性进行了比较分析，在两个发育阶段（花期和工艺成熟期）进行观察比较。花期是汉麻整个生育期中生长代谢最旺盛阶段，工艺成熟期是纤维产量品质形成的最后时期，这两个阶段植株的光合能力强弱直接关系着产量表现。

图 7-1 给出了从花期到工艺成熟期 4 个品种叶片的光合指标，结果显示各个品种花期的净光合速率（Pn）均高于工艺成熟期，且品种间 Pn 差异显著。汉麻 10 号表现了更强的光合能力，Pn 达到了 16.1 μmol/m^2·s，格里昂最低，火麻一号和汉麻 12 差异不显著。工艺成熟期火麻一号表现了更高的 Pn，格里昂依然为最低。气孔导度（Gs）在火麻一号和汉麻 10 号在花期均表现了较高值，分别达到 1.26 mmol/m^2·s 和 1.21 mmol/m^2·s，且二者差异不显著，格里昂依然表现了最低值，工艺成熟期品种间 Gs 变化趋势与花期一致。蒸腾作用（Tr）与气孔导度成正比，在两个时期的 4 个品种均表现了一致趋势。胞间二氧化碳浓度（Ci）在花期阶段品种间差异较小，格里昂表现了最高值达到 194.33 μmol/mol，稍高于火麻一号及汉麻 10 号，汉麻 12 该值最低。到工艺成熟期阶段，依然表现了相似的趋势，但品种间差异更为显著。总体来看，各相关光合指标在品种间差异较明显，格里昂和汉麻 12 的光合特性综合表现低于火麻一号和汉麻 10 号，后两者体现了更强的盐碱条件下的调控适应能力。众所周知，土壤盐碱也会影响植物的不同生理和代谢过程，例如减少吸水量、光合作用、蒸腾速率、气孔导度、养分利用率和根系水力导度等。光合作用作为植物物质能量来源的关键代谢过程，直接影响着产量的形成。在上述的研究中，相同盐碱条件下的不同发育阶段，各项光合指标差异主要来自品种间，且在同一品种的工艺成熟期的 Pn 均低于花期，说明花期是各品种纤维和茎秆产量的重要积累阶段。火麻一号和汉麻 10 号的光合性能优于其他品种，二者保持了较高的光合性能，表现了较强的适应性。品种格里昂的 Ci 在工艺成熟期保持了相对较高值，表明格里昂作为早熟品种，植株可能更早完成了能量积累。相关性分析的结果也进一步证明了 Pn 与 Ci 与茎秆产量的关系。光合作用作为产量形成的物质来源，往往净光合速率越高，单位时间内产生的光合产物就越多。结合其他农艺性状如株高和茎秆产量等分析后，研究者认为，净光合速率对汉麻产量的影响主要是通过增加株高和茎秆质量来实现，光合作用的效果主要体现于茎秆产量，品种通过更高的光合效率保持自身的适应能力和产量表现。

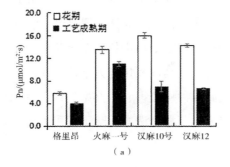
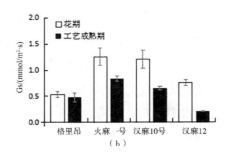

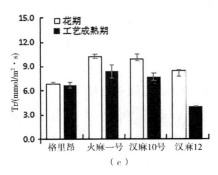
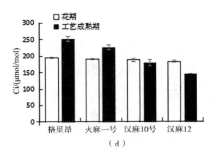

图 7-1　中度盐碱条件下品种光合特性的比较分析

（四）土壤重金属富集特性

在许多研究中表明了汉麻是理想的植物修复土地候选作物，对镉（Cd）、铬（Cr）、铜（Cu）、铅（Pb）、镍（Ni）、镭（Ra）、硒（Se）、锶（Sr）、铊（Tl）和锌（Zn）污染的土地都有修复作用。许艳萍等在研究中发现，不同品种对土壤修复能力不同。不同部位对不同重金属的富集能力不同，大多数品种中，除了铜（Cu）外，其他重金属在茎叶中的富集系数都大于根。重金属对汉麻的生长发育、产量、性别和酚类含量等方面都会产生影响。低质量浓度的重金属在一定程度上能促进汉麻的生长发育和提高产量。

第三节　汉麻的形态学特点

一、根特征

根据中国植物志的第二十三卷记录，汉麻为一年生直立草本，高 1～3 m，其根为直根系，侧根多，细根上根毛多。汉麻在苗期根系发展快，现蕾期主根基本停止生长，侧根缓慢生长；开花期以后，根系基本停止生长；到收获期，根系鲜重最高达到整株鲜重的 1/4。

因汉麻根系发达，对重金属有较强的耐性和富集能力，使其应用于修复被重金属污染的土地。土壤重金属对汉麻根部也会产生影响，在可降解的范围内，重金属有助于根系的生长，一旦超过其承受范围，根部会发生坏死。除对重金属有一定的耐受性外，根部可以通过积累脯氨酸、提高超氧化物歧化酶活性来增强汉麻对盐碱环境的适应性。除此之外，汉麻根部能够分泌抑制杂草生长的萜类物质，根部提取物中富含抗氧化活性物质，利用不同萃取方式提取的抗氧化活性成分，其抗氧化能力不同。汉麻根中还具有抑菌活性物质，使得汉麻生长无需任何化学物质，自身即可抵御各种病虫害，是典型的绿色环保作物，更是一种天然的抑菌剂。汉麻根中所具有的活性成分使其可以作为中药材，洗净后晒干便可作为中药材，中医认为其具有止血祛瘀、治疗跌打损伤的功效。

二、茎特征

汉麻茎部由纤维和秆芯构成，茎秆直立，表面有茸毛，茎表面一般有 4 个凹槽，个别植株没有或有 5 个，幼苗茎秆中充满髓，随着植株生长，内部逐渐木质化，到达收获期时茎秆内部中空。不同成熟期的品种其茎形态特征差异明显，在始花期株高和茎粗不再变化（如图 7-2）。植株的节数相差较大，一般情况下，分枝以上茎段的节数要比分枝以下茎段的节数多。分枝特性是汉麻的重要农艺性状，不同类型及品种间分枝性差异较大（见表 7-1，图 7-3），能够对不同类型品种的产量、品质等指标具有重要的影响。

（a）

（b）

图 7-2 茎特征

表 7-1 茎及分枝性状列表

序号	茎横切面	茎表面	茎色	首分枝节位	分枝性	分枝数	分枝高/cm	株型	株高/cm	茎粗/cm
1	圆形	粗糙	绿	2	强	≥30	8~10	灌木状	144	8.1
2	圆形	光滑	绿	2	强	≥30	8~10	灌木状	182	9.3
3	圆形	粗糙	绿	4	中	20-30	36	乔木状	203	9.1
4	圆形	光滑	绿	2	中	20-30	29	灌木状	199	11.2
5	圆形	粗糙	绿	2	强	≥30	8~10	灌木状	197	11.3
6	圆形	粗糙	绿	4	中	20-30	40	灌木状	209	12.1
7	圆形	光滑	绿	3	强	≥30	8~10	灌木状	205	11.6
8	圆形	光滑	绿	2	强	≥30	8~10	灌木状	196	9.4
9	圆形	光滑	绿	2	强	≥30	8~10	灌木状	191	8.6
10	圆形	粗糙	绿	2	强	≥30	8~10	灌木状	190	10.3
11	圆形	粗糙	绿	2	强	≥30	8~10	灌木状	182	13.1
12	圆形	粗糙	绿	2	强	≥30	8~10	灌木状	197	11.2
13	圆形	粗糙	绿	2	强	≥30	8~10	灌木状	199	8.3
14	圆形	粗糙	绿	2	强	≥30	8~10	灌木状	194	9.7
15	圆形	光滑	绿	2	强	≥30	8~10	灌木状	201	14.2
16	圆形	粗糙	绿	2	强	≥30	8-10	灌木状	183	11.5
17	圆形	粗糙	绿	2	强	≥30	42	灌木状	235	13.3
18	圆形	粗糙	绿	2	强	≥30	8~10	灌木状	180	11.2

从茎中可以同时获得用于建筑、造纸和纺织的植物性纤维。汉麻的秆芯表面光滑，类似硬木，是造纸、建材、环保材料和动物垫草的上佳原料。汉麻秆芯主要由纤维素、木质素、半纤维素、果胶、少量有机物及灰分组成。汉麻秆芯的优点是每公顷种植的生物质产量更高，单位面积纤维产量约为木材的 4 倍。但是，纤维中萃取物含量较高（主要是低分子杂多糖），这些萃取物质在后续制浆、生物质材料和生物质能的利用中有负面影响。

汉麻茎部的韧皮纤维有抗紫外线、防静电、吸湿透气和天然的杀菌抑菌等性能，已有相关研究报告显示：汉麻纤维制品对金黄色葡萄球菌、大肠杆菌、绿脓杆菌、白念珠菌等有明显的杀灭、抑制作用。此外与其他韧皮纤维相比，汉麻纤维的纤维素含量高、木质化程度低、细胞壁结构成分与果胶之间的交联度低。

当前围绕汉麻纤维原料种植和研发应用方面的产业推进工作较为密集，特别在种植和产业聚集的主要省份，我国汉麻的纤维料和制品开发在国际已形成优势。产业各环节的标准制定工作也逐步得到重视，必然会推动不同领域研发各环节的有序衔接。

图 7-3　分枝

三、叶特征

汉麻叶特征表现为：叶互生或下部对生，其中除幼叶多为椭圆形单叶和花序部位为披针形单叶外，其他各节上均为掌状复叶，全裂，上部叶具裂片 1~3 个，下部叶具裂片 5~11 个，通常裂片为狭披针形，边缘具锯齿；托叶侧生，叶片为绿色或浅绿色，边缘锯齿状，表面有短绒毛。汉麻幼苗期的叶片生长缓慢，进入快速生长期后，叶片的生长速度要比苗期快一倍。汉麻叶是由叶片、叶柄和小托叶组成，在茎下部一般每节有 2 片对生叶片，在茎上部有 1 片互生叶片（如图 7-4）。

汉麻不同部位大麻素含量有一定差异，汉麻叶中也含有大麻素，大麻素的生物活性成分可用于治疗恶性肿瘤、艾滋病，以及多发性硬化、儿童期严重癫痫发作等罕见病。除大麻素外，还有发挥不同生物活性的挥发油、黄酮、生物碱和脂肪油等，有些成分与大麻素产生协同增效的作用，是在医药应用中不可忽视的药效物质。叶中提取的 CBD 作为医药保健原料是整个产业链良性循环发展的重要组成部分。相关医药产品可用于治疗儿童顽固性癫痫、癌症、艾滋病、抑郁症等疑难病。在汉麻叶片中的提取物可用于制备护肤品和化妆品，具有潜在的晒后修复能力；叶片提取物中还有良好的抗菌抑菌性能。

（a） （b） （c）

图 7-4 叶片特征

四、花特征

雄花为疏散大圆锥花序，腋生或顶生；小花柄纤细，下垂；花被片 5，覆瓦状排列；雄蕊 5，花丝极短，在芽时直立，退化子房小；雌花丛生于叶腋，每花有 1 叶状苞片；花被退化，膜质，贴于子房，子房无柄；花柱 2，柱头丝状，早落，胚珠悬垂。瘦果单生于苞片内，卵形，两侧扁平，宿存花被紧贴，外包以苞片；种子扁平，胚乳肉质，胚弯曲，子叶厚肉质。

汉麻为雌雄异株，少量雌雄同株，在开花以前难以分辨雌雄株。雌株的花序似蜡烛状的花簇，而雄株整体高大纤细，末端分枝花序部分叶子少，雄株开花要比雌株早，借助风传播花粉，花粉很容易传播，所以除非采取特别的预防措施，否则极易造成授粉（如图 7-5）。雌性花蕾腺毛为分泌型，能够分泌萜酚类化合物。肉眼能够观察到腺毛的存在，成熟期的汉麻常伴有刺激性气味，气味是由腺毛所分泌的化合物形成的。大麻素是大麻腺毛的主要次生代谢物，腺毛常与雌性花蕾附着在一起，因此汉麻花中应该含有与大麻素合成和储存相关的底物。药用型汉麻一般关注花叶的品质和产量，与其他部位相比，在花中可以提取出大量的大麻素成分，并对大麻素成分进一步加工利用。

通常，雌花发育比较隐蔽，雌花在雌蕊比较明显地发育伸出后，肉眼才能明显分辨，在发育后很久才显示雌蕊，也有一部分雌花不产生雌蕊。因此有学者认为在判断植株性别时，对于不能产生雌蕊的雌花不能算是完全意义上的花，也不能依靠该特征判断该植株性别特征，如雄株中出现该类型雌花，不能将其判断为雌雄同株。通常在植物高度停止生长时，预示着植株进入了开花阶段。

（a） （b）

图 7-5 花及花粉

五、种子特征

在种子特征方面，其瘦果单生于苞片内，卵形，两侧扁平，宿存花被紧贴，外包以苞片；胚乳肉质，胚弯曲，子叶厚肉质。种皮色、种皮花纹、千粒重在种质资源间差异较大，种皮色主要呈现浅灰、中等灰、浅褐、灰褐等，千粒重多集中在 15 ~ 25 g 范围，种皮花纹多为褐色或浅褐色（如图 7-6）。

图 7-6　种子

汉麻籽的用途广泛，既可食用亦可商用，可以用来制作化妆品、食用油、润滑剂和涂料树脂，籽仁还可以做无筋粉、蛋白粉，籽仁废料还可用作动物饲料等。古代已有相关记载：麻籽是五谷之一，在我国西北、西南等地作为食用油原料和日常食用，为典型的药食同源作物。

汉麻籽中富含易消化蛋白质、丰富的人体必需氨基酸以及优质脂肪酸，其中的碳水化合物主要是不溶性膳食纤维，此外还有维生素、矿物质以及不同生物活性化合物。麻籽中所富含的营养成分与其功能特性密切相关，如麻籽中含有大量的不饱和脂肪酸，极易被氧化，但麻籽中丰富的生育酚极大提高了麻籽油的氧化稳定性，麻籽中起到抗炎和神经保护作用的独特酚类化合物与小胶质细胞相关，该细胞是中枢神经系统的免疫细胞，参与调节大脑的免疫反应，在脑感染和炎症中发挥重要作用。除了上述的生物活性化合物外，还有生物活性肽，是汉麻籽蛋白的水解产物，能极大地发挥籽蛋白功能。水解条件不同所产生活性肽类型、大小和活性均不同，与大分子肽相比，小分子肽更具活性，更容易被吸收也更容易识别特定位点。与生物活性化合物相比，生物活性肽不仅具有抗氧化、抗炎和神经保护作用外，还能够降低胆固醇和高血压等慢性疾病。

对于患有心血管疾病的高危人群来说，汉麻籽所具有的独特功能特性使其成为一种有效的食疗干预措施，并且已有研究表明食用汉麻籽能够改善皮肤状态、慢性退行性疾病还能够抗抑郁。

六、性别分化

在发育过程中，通常雌雄同株的个体不断释放的花粉容易造成种内退化，而种间的花粉传播同样会造成品种混杂，往往给育种工作增加难度和工作量。值得注意的是，偶尔在雌株开花的最后几天会出现疑似雄花的结构，其无花粉或花粉不掉落，因此有研究者认为该性状不应被列入雌雄同株特征。

性别分化是汉麻生长过程的一个重要环节，在育种或生产种植过程中，可根据具体目标选择如何处理不同性别特征植株。在大量生产中通常会拔除或忽略雄株，而对于有针对性的研究工作者，又如何分辨汉麻的性别呢？一般雄株通常（但不总是）很高，分枝和叶片均较少。当雄株进入花分化阶段，发育的花蕾顶端长出似球形的结构，雄花从似麻籽大小的球形结构中发育而出，虽然这不是判断雌雄性的唯一特征，但至少给了我们一定的提示。另外，雄花也会出现于托叶和新枝之间的节点间，其花分化结构与植株顶端花分化相似。雌性个体的雌蕊开花后会开始微微卷曲，长得更长更粗且具有黏性，其中含有非常重要的 THC 等大麻酚类物质。在开花期间，部分雌蕊也会被树脂覆盖（便于捕捉花粉），但如果雌性植物没有被授粉，其将开始不断地发育新的雌蕊，其整株植株会大量产生更具有黏性和大麻酚类含量更高的结构以完成授粉过程。一旦完成授粉，（植株最主要的使命是完成种子的发育，而不是积累大麻酚类物质），植株的大麻酚类物质含量会显著降低，雄性植物的大麻酚类物质含量会显著低于雌性植株。

七、如何根据形态等特征区分汉麻与大麻

（一）株高及株型

汉麻的株型目前并未有明确的划分，在育种及生产中，仅简单分为两类：乔木和灌木（如图 7-7）。在生产中，纤维型及高生物量型汉麻普遍为乔木型，叶片稀疏，少分枝，株高较高，而大麻品种通常为灌木型，典型特征为叶繁茂、多分枝，株高一般较矮。

（a）　　　　　　　　　　　（b）

图 7-7　不同株高及株型

（二）腺毛特征及气味

形态观察是植物特征识别的重要手段，在植物鉴定中发挥重要的作用。腺毛是汉麻的重要表面结构特征，也是大麻酚类物质主要合成及储藏部位。对于大麻品种而言，其往往产生大量的分枝、芽和白色的腺毛，并伴有明显的大麻酚类物质气味。

早期研究中就发现，大麻酚类物质主要集中于腺毛和乳汁管，相继的研究也证实，大麻素在植株各部位的分布差异显著。腺毛内分泌细胞比例最高，含量可达 60%，其次是衰老前未授粉的雌花中大麻素含量可达 30%，授粉花中大麻素含量可达 13%，而叶中大麻素含量约为 0.05%，茎中大麻素含量 0.02%，根部

和种子中均未发现大麻素。该研究也印证了大麻素在腺毛内的分泌细胞中合成，而分泌细胞在未授粉的雌花中最为集中的观点。另外，最新的研究显示，植株中总 CBD 和总 THC 的含量在花序苞片中表现为最高，有苞片的花序含量比不含苞片的花序平均高 4 倍，与整个花序的含量相比，含量最高也可提高 4 倍，花序上下部苞片的大麻素含量无显著差异。上述研究结果为深入鉴别及分析大麻素提供了参考。

（三）THC 含量

不同类型不同部位的大麻植株 THC 水平差异很大，毒品大麻其 THC 百分比含量最高，但由于不同国家对大麻类型划分及含量标准定义存在差异，因此对汉麻和毒品大麻的划分也有一定差异。THC 百分含量水平和大麻酚类物质成分含量间比例的关键区别是遗传决定的，这意味着它们不受种植条件影响，然而实际情况上来看并不是这样，其依然受到多种因素的影响或调控，例如雌雄性，成熟的雌性植株是生产和提取大麻素的首选。已有研究证实，无雄株情况下或纯雌性品种得到大麻素的产量最高，因而在生产中通过有效去除或隔离雄株（花粉）和培育纯雌性材料等方式防止授粉和种子形成，进而刺激雌花分化，增加花序生物量，获得更高的大麻素产量。

此外，就某一单一品种而言，性别分化还可能受到许多自然因素的影响，其发育过程中性别分化、性别组成比例也可能发生变化，因此为有效保障品种的遗传特性，扦插成为繁殖的首选方式。另外为了获得最佳的花叶产量和适当的品质，除基因型外，栽培系统的选择至关重要。大量研究均表明遗传与栽培等条件因素相结合更能获理想的栽培目的，其中，栽培基质可对植株生长产生明显作用，如 Burgel 等以泥炭等混合物、有机绿色纤维（松树和云杉的木屑混合物）、椰壳纤维作为栽培基质，观察株高、生物量及 CBD 等指标的变化，发现有机绿色纤维作为混合基质的一部分对植株生长作用更明显，对保障植株相当高的生物量产量和稳定的大麻素含量具有重要作用，其分析认为绿色纤维的高孔隙度和空气保持能力可优化其他基质如泥炭的物理特性，提高了基质孔隙度和再润湿能力。在近年的研究和生产实践中也进一步证实，在可控条件下，利用水培系统同样可有效控制汉麻植株的生长，因此目前国内外通过在水培系统中添加营养物质培养汉麻也较为普遍。另外，在汉麻种植过程中，适当的营养措施是生产中的重要技术之一。通过盆栽研究发现，氮磷钾对大麻素含量的影响是不同的，并在不同部位和器官中存在差异性，如加施磷对顶部花中 THC、CBD、CBN（大麻酚）和 CBG（大麻萜酚）的质量浓度无影响，却可使花序叶中 THC 质量浓度降低 16 %，而联合增施氮磷钾可使花中 CBG 水平提高 71 %，但花和花序叶中 CBN 水平分别降低 38 %和 36 %。田间研究显示，施用复合肥可使花期 THC 含量增加，但增幅很小。在生殖生长阶段的营养液中添加钾离子可以有效提高花芽产量和芽中 CBD 含量。上述研究结论虽然有一定差异，其原因可能受品种、环境条件、处理方式等综合因素影响，但最重要的是通过研究证实了环境因素特别是营养物质对大麻素含量具有调节作用。此外，通过目前有限的研究结果来看，有效满足光照强度、光周期等特殊要求，对获得更高的生物量以及更高含量的 CBD 等物质均十分必要，如无论是在温室还是在田间的自然条件下均发现，较低的种植密度比高密度下汉麻植株生长得更好、产量更高、生物量更大。因为种植密度首要影响着群体的光合性能以及营养物质的吸收运输能力，因而有效调节种植密度从而调节光合能力是提高产量的重要途径。此外，在营养生长阶段，光周期控制在每天 18 h 光照和 6 h 黑暗，在五叶期严格控制 12 h 光照和 12 h 黑暗，对植株营养生长和生殖生长均十分有利。而过早或过晚改变光照均不利于植物生长，过早改变会使营养生长较差，过晚则会导致营养生长过多，影响花芽分化及生长。有研究者以陕西栽培种为材料进行比较分析发现，山地种植过程中通过遮阴处理能够显著降低植株盛花期和始果期 THC 含量。值得注意的是，将光周期、光照强度、光谱等作为重要的环境因子获得目标大麻酚已成为共识，但如何调节、调节效应机制以及如何与温度水分等其他环境因子相配合获得更高产量的大麻素均需要深入系统的研究。

植物生长调节剂作为重要产量品质调控手段被证明有非常好的效果，有试验结果显示，赤霉素（GA$_3$）和乙烯利（ETH）浸种处理可显著降低 THC 的含量，通过在培养基质中增施腐殖酸发现可以减少受试材料大麻素的自然空间变异性，但能显著降低植物顶部大麻素 THC 和 CBD 的含量，二者含量可分别减少 37% 和 39%。植物生长调节剂作为与植物激素具有相似生理和生物学效应的物质，目前已成功合成几百种并得到应用，因此，充分挖掘利用生长调节剂将对大麻素的生产起到至关重要的作用。目前，采取打顶摘叶等农艺措施，可以调控植物顶端优势，建立新的生长平衡，显著提高产量，改进品质，但该技术方法在汉麻种植中并未被广泛采用，主要是因为相关技术方法还处于探索阶段。

第八章 汉麻生长对环境条件的要求

第一节 汉麻对气象因子的要求

一、光照

光直接影响植物叶片气孔的开闭，大多数作物的气孔在光照条件下开放，蒸腾作用加强，太阳大部分辐射能用于蒸腾作用，仅有一小部分供给光合作用。此外，光还是一种重要的环境信号。

光照射作物时，有直射光和散射光两种形式。散射光对作物栽培一般比较有利，过强的直射光往往有害。不同作物对光照的要求也是不同的。光对叶绿素的形成，碳同化酶活性的调节和气孔开度有重要作用，因此光是影响作物光合作用的重要因素。光合作用作为地球上最重要的化学反应，是绿色植物利用光能把二氧化碳（CO_2）和水（H_2O）合成有机物并释放出氧气的过程。光照对作物的影响包括两个方面：一是光照是作物进行光合作用的能量来源；二是光照能调节作物生长、发育和分化。

（一）光照强度

作物生长发育及形态建成过程中的细胞增大和分化、体积增长、质量增加、组织和器官分化、花芽分化和形成都需要依靠光合作用合成的有机产物。开花期光照不足会导致落花落果。当群体密度过大时，中下部叶片光照不足引起营养同化量少，个体植株发育不良，花芽形成减少。弱光条件下，光照强度是影响光合作用的主要因素，随着光照强度增加，叶片吸收光能增多，光化学反应速率加快，产生的同化力多，CO_2 固定效率加快。在光合速率直线增加阶段，叶片气孔开度变大、核酮糖-1，5-二磷酸羧化酶活性变强和光呼吸速率增加。当作物吸收的光能超过自身所需时，过量的光能会降低光合效率，产生光抑制现象。作物会出现暂时的光合速率降低，严重的会形成光破坏，导致叶片发黄，光合速率不能有效恢复。因此，合理利用光能增加作物产量是生产上首先要考虑的问题。

光照强度与光合作用的关系可用光照强度—光合速率曲线表示。如图 8-1 所示，在光照强度为 0 时作物叶片没有光合作用，只有呼吸作用。光合速率随着光照强度的增加而增加，当光照强度到达光补偿点时，叶片的光合速率和呼吸速率相同，此时，净光合速率为零。光合速率随着光照强度的增加先直线增加，再缓慢增加，最后不再变化，此时光照强度到达光饱和点。通常根据植物对光照强度的不同需求将植物分为阳生植物、阴生植物和中间型植物。光补偿点和光饱和点是衡量作物需光特性的两个重要指标。通常光补偿点高的作物光饱和点也高。阳生作物的光补偿点和光饱和点也普遍高于阴生作物，C4 植物的光饱和点高于 C3 植物。

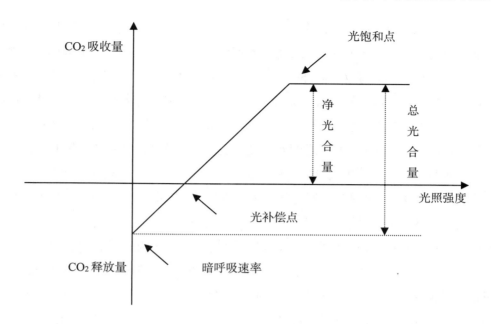

图 8-1 光照强度—光合速率曲线

根据作物对光照强度反应的特点，采用合理栽培措施是提高作物产量和品质的有效手段。合理密植是充分利用光能、空间、地力、提高作物光能利用率的重要措施。合理的栽培密度要保证合理的叶面积系数，过大的叶面积系数会使叶片相互遮阴，植株中、下部的光照减弱从而降低总叶片的平均光合作用率；还会引起田间通风不良，不利于作物层内二氧化碳的运输和供应，会引起倒伏和病害等现象。如棉花群体种植要求稀疏的密度。纤维麻种植则要求较高密度，这样能促进植株生长高大，抑制分枝，麻皮产量和品质都较高。

汉麻为喜光作物，当光照充足时，地上部分和地下部分生长良好，干物质积累多，产量增加，但光照过强则纤维发育缓慢而变得粗硬。

植物在进化过程中形成了多种光保护机制。如细胞中的超氧化物歧化酶（SOD）、过氧化物酶（POD）、过氧化氢酶（CAT）、谷胱甘肽、抗坏血酸、类胡萝卜素等物质能够抵御活性氧对细胞造成的伤害。

（二）日照长度

植物开花与昼夜长度有关，这一现象被称为光周期反应。光周期主要影响作物的花芽分化、开花、结实、分枝习性以及某些地下器官（块茎、块根、球茎和鳞茎等）的形成。日照长度是作物从营养生长转向生殖生长的必要条件。不同作物对光周期反应不同。按照作物对光周期的反应，将作物分为长日照作物，短日照作物和日中性作物三类。汉麻光周期与品种类型和地区气候因素相关，并且对汉麻性别表达产生一定的影响。

引种时需要考虑作物开花对光周期的要求。当把短日照作物由南方（高温、短日照）引种到北方（低温、长日照）时，会延长营养生长期，推迟开花结实。将作物从北方引种到南方缩短营养生长期，作物提前开花结实，缩短生育期。姚青菊等将北方品种引种至南方后，植株生育期缩短，节间变短，总叶片数、株高、茎粗减少，叶片小，干物质积累量小，茎秆和纤维产量降低；将浙江、云南等南方品种引种至北方后，植株生育期延长，节间增长，植株变高，茎粗增大，干物质积累增大。因此，多数是将南方的麻类作物引种到北方进行栽培，如将河南的魁麻引种到河北，产量比当地品种增加48%。引种前需要在当地进行试验，切忌盲目引种。郭丽等将国内外12个不同汉麻品种在黑龙江省大庆盐碱干旱地区种植，不同品种表现出不同的适应性：云麻1号、云麻2号、云麻3号和云麻4号4个云南汉麻品种均不能结籽；山西的汾麻1号和汾麻2号则适应性较强，纤维和种子产量均较高；乌克兰引进的第聂伯6和金刀15表现较好；尤纱31的纤维产量虽然较低，但原茎最细，便于脱胶；宁夏的品种种子产量低，适宜以纤维用品种来种植；克山的品种种子产量高纤维产量低；甘肃品种的纤维和种子产量表现均不佳。

汉麻为短日照作物，开花受到光照时间的影响。汉麻对光周期比较敏感，一旦光照时间短于临界光长，就会开花，而开花的结果就是植株停止长高，次生纤维迅速增长或纤维迅速木质化，纤维产量低。延长光照时间，则能延迟开花，植株生长高大，纤维产量高。在澳大利亚班达伯格，生长季节汉麻一天光照时间至少要达到13 h 40 min才能保证较好的收益，在收获季节延长光照时间至14 h 40 min，株高和茎粗就会明显高于正常光照条件。对纤维型汉麻来说，即使在24 h光照条件下也不能完全阻止开花，但却会大大降低花部分的干物质分配，提高了开花后光能利用效率，干物质产量提高的同时麻皮中的纤维素含量却降低了，这就是延迟开花的汉麻茎秆产量高麻皮质量差的原因。但是目前也培育出了一些自动开花品种类型。对短日照作物来说，并不是日照越短越好，长日照作物亦然。研究表明暗周期比光周期更重要。一般情况下，12个小时的暗周期就可诱导汉麻开花。汉麻光周期长短取决于品种起源纬度，因此有必要确定不同基因型的临界光周期。泰国起源的汉麻临界光周期为11~12 h，法国起源的汉麻的临界光周期为14~15.5 h，地中海汉麻的临界光周期为14.4~14.9 h，还有的汉麻品种的临界光周期为12~14 h。除了光照外，植物生长调节剂、昼夜温度和其他环境因素的影响也会导致短日照作物在长日照条件下开花。

光照时长是影响汉麻生长发育和药用品质的重要因素。中国农业科学院麻类研究所以汉麻品种龙6扦插雌株群体为材料，研究开花期8 h、10 h和12 h三个不同光照时长对汉麻生殖生长及主要次生代谢物积累的影响，结果发现，最易受到影响的农艺性状包括株高增长量、叶面积、节数和产量，与光照时长呈正相关，12 h时植株生长最快，有效分枝数不易受光照时长改变的影响。大麻二酚（CBD）、次大麻二酚（Cannabidivarin，CBDV）和四氢大麻酚（THC）三类大麻素含量都易受光照时长改变影响，这三类大麻素在进行光照时长处理后变化趋势一致，含量不断上升，至收获期时含量最高，且这三类大麻素积累量也与光照时长呈正相关，仅有大麻二酚酸（Cannabidiolic acid，CBDA）在进行光照时长处理后呈现下降趋势。

（三）光谱成分

表8-1列出了不同波长的颜色及其光谱范围（引自李申生）。植物对不同波长辐射的反应不同。太阳辐射能中的红外线有促进植物枝条伸长的作用。紫外线对抑制幼苗徒长，促进幼苗矮壮的作用最强。紫光和紫外线是植物色素形成的主要光能。对光合作用有效的是可见光。对光合作用有效的光谱和叶绿体色素吸收的光谱大致相同。叶绿素吸收最多的是红光，其次是黄光，最少的是蓝紫光。波长不同的光对光合效率影响不同。波长较长的红黄光是对植物光合作用效率最高的光，可以促进植物生长，但是节间长，茎细弱；蓝光可以减少节间长度和增强紧实度；远红光和绿光能诱导避荫反应，包括茎叶伸长和提前开花。透射到

植物群体下部的光以远红外光和绿光偏多。红光有利于糖类和水溶性色素的合成，而蓝紫光有利于蛋白质和维生素 C 的合成。

表 8-1　不同波长的颜色及其光谱范围

颜色	波长/nm	光谱范围/nm
紫	420	400～450
蓝-靛	470	450～480
绿	510	480～550
黄	580	550～600
橙	620	600～640
红	700	640～750

光谱对汉麻的形态建成和酚类物质含量都有影响。目前应用于汉麻室内及设施栽培的人工光源类型主要有 LED 灯，高压钠灯，金属卤化物灯等。研究表明与生长在白色光源下的汉麻相比，生长在红色和蓝色光谱下的汉麻有更短的节间距和更小的叶面积。植物通过光感受器接收来自光环境的信号。光敏色素、隐色素、促光敏素和 UVR8 是高等植物中研究最充分的光受体群。光敏色素是一种能感应红光和远红外的光感受器，在许多物种中起着调节开花、避阴反应和萌发等作用。隐色素和光促蛋白主要受蓝色和绿色波长的调节。UVR8 负责 UV-B-induced 反应。短波长照射已被证明可以通过诱导代谢活性增强植物的防御机制，如酚类化合物合成。在短波蓝光和紫外线的照射下，莴苣的叶片中，尤其是红色的叶片中会发现酚类化合物包括花色素苷的积累。许多酚类化合物是植物在环境胁迫下合成的防御机制的一部分。短波长照射和高光子通量辐照是与光有关的环境胁迫因子。一些大麻素也被认为参与植物防御机制并具有抗氧化特性，包括四氢大麻酚（THC）、大麻二酚（CBD）和大麻萜酚（CBG）。虽然光质可能会影响大麻素的合成，但大麻产量与增加的光强度密切相关。然而，在 HPS 光下，不同光强条件似乎对大麻素含量没有影响。Vanhove 和 Potter 等的研究表明大麻花中 THC 含量主要与大麻品种有关，而不是与种植方式有关。在上述两项研究中，增加的辐照水平与花的干质量呈正相关，这导致在高辐照处理中总大麻素产量更高。UV-B 处理后，在药物型植物的叶和花组织中发现 THC 含量增加，而其他大麻素含量没有增加。相比之下，纤维型植物中的大麻素没有受到 UV-B 辐射的影响。Marti G.等将大麻叶片暴露于 UV-C 辐射下，并分析了次级代谢物生物合成的变化，结果表明大麻素含量变化不明显，但脱氢二苯乙烯和肉桂酸酰胺衍生物含量明显增加。Magagnini 等研究了三种不同光谱（HPS、LED:NS1 和 AP673L）条件下汉麻形态和大麻酚的变化。结果发现在 HPS 处理下株高和花干质量比其他两组更高，NS1 处理下 CBG 含量更高，NS1 和 AP673L 处理比 HPS 处理有更高的 CBD 和 THC 含量。光谱调控汉麻植株形态和大麻素含量，优化后的光谱能提高汉麻的价值和质量。与传统的 HPS 相比 LED 对汉麻生长习性和大麻素谱影响明显。并且，在不同红光与远红光比例条件下，花期表现无差异。Pascal 等的研究也证实了与 HPS 光谱相比汉麻在蓝/红 LED 光谱条件下生长所含的大麻素含量要更高。

二、温度

作物在生长发育过程中需要一定的温度总量才能完成生命周期。通常把作物整个生育期或某一发育阶段内高于一定温度以上的昼夜温度总和，称为某作物或作物某发育阶段的积温，积温分为有效积温和活动积温。有效积温是作物全生长期或某一发育时期内有效温度的总和。活动积温是作物全生长期内或某一发育时期内活动温度（一年内日平均气温 ≥10 ℃持续期间日平均气温）的总和。

年平均气温和积温能决定复种。一般 8 ℃以下为一年一熟区，8～12 ℃为两年三熟或套作二熟区，12～16 ℃为一年两熟，16～18 ℃以上可以一年三熟。不同作物在整个生育期内要求的积温不同。因此根据作物积温需求选择合适的积温带（表 8-2）及合理确定安全播种期，结合植株长势和气温预报资料，不仅可以预估出作物的生长速度和各生育期时间，还可以预测出作物产量。汉麻整个生育期需要积温在 1 800～3 000 ℃左右。如安徽六安、山东莱芜和汶阳汉麻产区，全年平均气温 12.5～13.4 ℃，无霜期 195.4～208.6 d，积温 4 274.2～4 531 ℃，是著名的汉麻产区。黑龙江产区属温带大陆性季风气候，年平均气温-5～5 ℃，常年大于 10 ℃活动积温 1 900～2 700 ℃，年平均降水量 360～830 mm，无霜期 129～145 d 左右。从乌克兰引进黑龙江省的低毒雌雄同株大麻新品种 USO-31 所需活动积温 2000 ℃左右，适宜在黑龙江省第一、二、三和四积温带种植。

表 8-2　主要积温带划分

温度带	≥10 ℃积温	作物熟制	主要作物	范围
寒温带	小于 1 600 ℃	一年一熟	春小麦、大麦、马铃薯等	黑龙江省北部、内蒙古东北部
中温带	1 600～3 400 ℃	一年一熟	春小麦、大豆、玉米、谷子、高粱等	东北和内蒙古大部分、新疆北部
暖温带	3 400～4 500 ℃	两年三熟或一年两熟	冬小麦、甘薯、玉米、谷子等	黄河中下游大部分地区和新疆南部
亚热带	4 500～8 000 ℃	一年两到三熟	冬小麦、水稻、油菜等	秦岭、淮河以南，青藏高原以东
热带	大于 8 000 ℃	一年三熟	水稻、热带作物（如甘蔗）等	滇、粤、台的南部和海南省

资料来源：引自 https://doc.docsou.com/b378e59aa0df85308deaddef3.html

温度影响蒸腾作用、光合作用、呼吸作用、水分和矿质元素的吸收和运输、有机物的合成和运输等生理生化活动。因此，作物必须在一定的温度范围内才能正常生长发育。根据植物对温度的要求，可将植物分为耐寒植物，半耐寒植物，喜温植物和耐热植物。温度包括地温和气温，地温影响植株地下部分，气温影响植株地上部分。

作物生长过程中对温度的要求有最低、最适和最高之分，称为温度三基点。种子萌发、营养器官生长、生殖器官发育和开花期的温度三基点不同。温度是决定种子能否萌发的必要条件。在保证充足的水分和合适的氧气浓度条件下，不同作物种子萌发所需温度三基点不同。

总体来说汉麻温度适应范围较广。在大田试验研究中发现汉麻叶片发生所需最低温度为 1 ℃，冠层建立最低温度为 2.5 ℃。种子在土温 1 ℃以上就可发芽，但出苗整齐则要求土温达到 8～10 ℃以上，最适发芽温度为 25～30 ℃，但在最适温度下萌发的幼苗易徒长；汉麻苗期能耐 3～5 ℃低温或更低的温度，苗期的低温对汉麻后期发育和产量影响不大；现蕾至开花末期，茎的生长最快，干物质大量增加，这时温度要求在 16 ~ 25 ℃以上，如低于 15 ~ 16 ℃会对汉麻的生长发育造成较大影响，甚至造成减产；汉麻开花期不耐低温，如温度降为 0 ℃以下，则会发生死亡，尤其是对雄株的影响最大；开花至种子成熟的最适温度为 18 ~ 20 ℃，温度过高或过低都会直接影响种子的成熟。当温度处于 10 ~ 28 ℃时，汉麻的出叶速率和茎的伸长速率与温度呈线性关系。较高的温度利于汉麻的发育，Nelson 等对葡萄牙大麻进行研究时发现，环境温度在 15 ℃、22 ℃和 26 ℃时，开花所需天数分别为 24.5 d、19 d 和 18 d，在较高的温度条件下，开花时间变短。此外，作物还具有温周期性，昼夜温差有利于光合产物的积累，这是因为白天较高的温度和充足的日照利于光合作用的进行；夜间温度较低的温度能够降低呼吸消耗。采用垄作栽培措施对汉麻生长和干物质积累较为有利，这是因为垄作增加了土壤表面积，受光受热面积增大，白天温度高，升温快，晚间土壤表面积大，含水量较少而降温迅速，因此造就了昼夜温差变幅大。

温度过低或过高都会造成作物减产，低温对作物的危害分为冷害（chilling injury）和冻害（freezing injury）。冷害是指 0 ℃以上温度对植物细胞造成的损害；冻害是指 0 ℃以下温度使植物组织结冰导致植物细胞死亡。低温环境会使作物根部严重失水从而萎蔫。低温对植物膜系统产生影响，细胞膜发生相变，蛋白质变性，膜透性增大，电解质失衡，引起植物代谢紊乱甚至死亡。在这个过程中，植物保护酶系统（超氧化物歧化酶（SOD）、过氧化物酶（POD）、过氧化氢酶（CAT））及渗透调节物质（脯氨酸，可溶性糖、可溶性蛋白、甘露醇、K^+以及 Mg^{2+}）会发生改变从而缓解低温伤害。大麻幼苗只能承受短时间-10 ~ -8 ℃的冷冻，而成株期则可以忍受较长时间-6 ~ -5 ℃的冷冻。但是适度的低温对作物是有益的，春化作用的发生就能证明这一点，作物在某一生长阶段需要经过低温刺激才能从生长阶段转到发育阶段。一般情况下，春化作用的有效温度为 0 ~ 10 ℃，最适温度为 1 ~ 7 ℃，作物种类不同对春化作用要求的温度也不同。

高温会延缓作物生长速度，损伤茎叶功能，影响开花结实，引起落花落果。全球气候变暖导致的温度增加同时会伴随作物蒸发量的增加，尤其是降水偏少的西部干旱半干旱地区，会加剧农业干旱灾害，冬季温度的升高也会导致病虫害发生率的增加。但一定程度上可有效提高生长季节的有效积温水平，促进作物生长，因此，在有效积温增加的情况下，改变种植结构，增加抗旱设施和加强病虫害防治力度，才能确保农业的增产。

三、水分

水分是作物进行正常生命活动的基础。作物为保持正常的含水量维持自身生理代谢，需要不断从环境中吸收水分，同时大量的水分需要通过蒸腾作用来行使生理功能，如促进作物对矿质营养的吸收运输和有机物的运输。水是细胞原生质的主要组分，参与光合呼吸等重要代谢过程，是物质吸收、运输和各种生化反应的良好介质。水对维持作物温度、增加大气湿度、改善土壤及土壤表面大气的温度等方面具有重要作用。水分缺失导致作物气孔关闭、光合产物输出减慢、光合机构受损和光合面积减少。

根据植物对水的适应性，将植物分为旱生植物、湿生植物、中生植物和水生植物。作物在生长发育过程中所消耗的水分主要是作物的蒸腾耗水，约占总耗水量的 80%，蒸腾耗水量又称为植物生理需水量，以蒸腾系数来表示。蒸腾系数是指每形成 1 g 干物质所消耗的水分克数。汉麻在整个生育期耗水量约为 316 ~ 525 mm，是一种需水量较多的作物。平均每消耗一个干物质所需水分是小麦和燕麦所需水分的 2.5 ~ 3.0 倍，是玉米的 4 倍。汉麻蒸腾系数为 600 ~ 700 以上，在施肥良好条件下需水量为 575 ~ 985 m³；不施肥或施肥不良条件下需水量为 790～1 180 m³。当出现持续阴雨天气，地表水泛滥淹没农田，田间过多水分或积水会造成土层中缺乏氧气，植株根系呼吸减弱，最终死亡。汉麻在涝害胁迫下麻茎枯萎，茎秆变黑，纤维变得粗硬，缺乏弹性，品质变差。

水分参与调节汉麻各个时期的生理活动。研究表明具有一定形态指标（粒宽适中、粒细长和粒厚小）的汉麻种子吸水性能更好，更利于种子萌发。汉麻种子相对吸水量、单位面积吸水量、平均吸水速率和平均吸水率与千粒重、粒长、粒宽之间呈极显著正相关，而相对吸水量、平均吸水速率与粒厚之间呈负相关关系。汉麻种子活力指数与吸水特性呈显著相关性。作物不同生育期需水量不同，一般情况下，作物生长前期需水量少；生长中期需水量大；生长后期需水量居中。汉麻各个时期需水量符合这一规律，出苗到现蕾前的需水量为需水总量的 15%～25%；现蕾到开花期的需水量为需水总量的 50%～55%；开花到成熟约占 20%～30%。在决定纤维和种子产量的现蕾到开花关键时期对水分需求量最大。在作物一生中（一、二年生作物）或年生育期内（多年生作物）有一个对水分最为敏感的时期，即需水临界期。这个时期水分亏缺，会对作物产量和品质造成难以弥补的影响。需水临界期多发生在开花前后阶段。

水分的平衡是保证作物正常生长的首要条件。作物在正常进行生理活动时，一方面叶片不断进行蒸腾作用，另一方面根系不断从土壤中吸收水分，在这个过程中吸收和散失水分需要达到一个动态平衡才有利于作物的生长发育。当降水量充沛，植物吸水大于失水时，可能出现吐水现象，作物会出现徒长而倒伏。当失水大于吸水时，作物水分亏缺，组织含水量下降，叶片萎蔫，作物生长及代谢受到影响。缺水是一种常见的自然现象，严重缺水即为干旱。干旱分为大气干旱和土壤干旱，通常大气干旱会造成土壤干旱。

第二节　汉麻对土壤条件的要求

一、土壤有机质、质地及酸碱度

土壤有机质主要来源于动物、植物和微生物的残体及施入的有机肥料。其主要作用包括：作物生长所需氮、磷、钾、钙、镁、硫和各种营养物质的主要供体；对土壤结构的形成和土壤理化性质的改善具有重要作用；提升土壤蓄水保肥能力；是土壤微生物营养和能量的来源。土壤有机质含量和性质是评价土壤肥力的重要指标。在大田生产过程中，培肥的主要目的就是保持和提高土壤有机质含量，培肥的主要方式包括增施各种有机肥、秸秆还田和种植绿植。培肥提高地力是维持农业可持续发展的根本条件。

土壤结构是指土壤自上而下的垂直切面，是土壤外界条件影响内部性质变化的外在表现。主要负责土壤中水、肥、气、热的协调。土壤固相颗粒的非列形式、孔隙度以及团聚体的大小、多少及其稳定度都能通过影响土壤中固、液、气三相的比例进而影响土壤供应水分、养分的能力，影响通气和热量状况以及根系在土壤中穿透情况。自然土壤剖面结构包括覆盖层、淋溶层、淀积层和母质层。土壤结构通常分为微团粒结构（直径小于 0.25 mm），团粒结构（0.25～10 mm）、块状结构、核状结构、柱状结构、片状结构等。其中团粒结构的土壤结构和理化性质良好。这是由于团粒结构内部的毛细管孔隙可保持水分，而团粒之间的非毛细管孔隙则充满空气，能协调土壤中水分和空气的矛盾。其次，由于团粒内部经常充满水分，缺乏空气，是嫌气微生物活动的场所，有机质分解慢，有利于有机质的积累；而团粒之间则常充满空气，有机质易分解转化为能被作物吸收利用的有效养分，这样可化解保肥和供肥之间的矛盾。再者，由于团粒结构的土壤水分较稳定，水的比热容大土温也就相对稳定。因此，团粒结构土壤的水、肥、气和热状况处于最好的相互协调状态，为作物的生长发育提供了良好的环境条件，有利于根系活动和吸收水分养分。

土壤质地是指土壤中不同粒径的矿物颗粒的相对含量。影响土壤中水分的渗入和移动速度、持水量、通气性、土壤温度、土壤吸收能力、土壤微生物活动等各种物理、化学和生物性质。最终影响到作物的生长和分布。吴克宁等对土壤质地分类标准进行了详细的介绍，按照 1987 年公布的第二版《中国土壤》将土壤质地分为 3 组 12 种质地，沙土组（极重沙土、重沙土、中沙土、轻沙土）、壤土组（沙粉土、粉土、沙壤土、壤土）、黏土组（轻黏土、中黏土、重黏土、极重黏土），各组土壤特点及耕作要点根据董钻等的《作物栽培学总论》相关内容进行归纳总结，如表 8-3 所示。

表 8-3 土壤分类

土壤类型	土壤特点	适宜作物	耕作要点
沙土	非毛管孔隙，粒间孔隙较大，土壤结持性差，松散性和透水性好，有机质分解快，不易保水保肥，抗旱和抗风能力弱。作物在沙土上种植前期容易徒长，后期出现脱肥早衰现象。但由于热容量小沙土增温降温较快，昼夜温差大有利于糖类的积累	块根、块茎类作物	沙质土壤易于耕作，适耕期长，只要有墒播种，则出苗整齐。施肥时，宜勤施少施，防止作物早衰
壤土	沙粒、黏粒含量比例适中，毛管孔隙和非毛管孔隙比例适当，保水供水性能和保肥供肥性能均很好	各种作物	耐旱耐涝，适耕期长，耕性良好，既发小苗又发老苗
黏土	黏粒含量比较高，毛管孔隙比例大，通透性差。吸附作用强，保肥性好，作物前期不易拿苗，但后期无脱肥现象，如施肥太迟，往往因供肥缓慢造成后期生长过旺而推迟成熟，影响作物产量和品质		黏质土不耐旱也不耐涝，适耕期短，湿犁成片，耙时成线，耕作困难，整地质量差。黏质土出苗率低，应提高播种质量

汉麻适宜种植在有灌溉条件的沙质壤土中，不宜种植于重黏土、沙土和重碱土中。土壤质地直接影响汉麻产量和品质，沙质壤土、砾沙质壤土等种植的汉麻纤维成色好，出麻率高；腐殖质土种植的汉麻纤维色泽不佳，质地粗糙，出麻率低。

除此以外，不同土壤质地还对大麻素含量有所影响。以盆栽试验为基础，Lisa Burgel 等研究了不同生长基质对两个大麻品种（KAN 和 0.2x）生长、产量和大麻素含量的影响。结果表明与含有标准基质的泥炭相比，使用有机绿色纤维部分替代分馏的泥炭时，汉麻会表现出一种基因型特异选择性并且具有相对较高的生物量产量和稳定的大麻素含量。

土壤酸碱度会降低土壤养分的有效性，破坏土壤结构和影响土壤微生物的活动和作物的生长发育。土壤酸碱度往往与病虫害发生直接相关。土壤的酸碱度用土壤 pH 表示，土壤 pH 范围为 0 ~ 14。根据 pH 值大小将我国土壤分为五级：强碱性土（pH > 8.5），碱性土（pH 7.6 ~ 8.5），中性土（pH 6.6 ~ 7.5），酸性土（pH 5.0 ~ 6.5），强酸性土（pH < 5）。一般土壤 pH 为 5.5 ~ 7.5。在 pH > 9.0 或 < 2.5 的情况下大多数作物都难以生长。不同作物对土壤 pH 的要求不同。多数作物适宜在中性土壤上生长并且都有适宜的 pH 范围。汉麻在 pH 为 6 ~ 6.5 和 6.8 ~ 7.4 都可正常生长，前者较好。不同汉麻品种最适土壤 pH 值不同，有些品种在盐碱地也可正常生长。曹焜等对火麻一号、格列西亚和金刀-15 进行研究时发现，随着土壤中的 pH 值上升，汉麻生长发育受到的抑制作用越明显，当 pH 值为 9.3 时汉麻基本不能生长。在 pH 值为 8.7 时，火麻一号能够生长，而 80% 的格列西亚在苗期死亡；当 pH 值降为 7.7 时，火麻一号和格列西亚两个汉麻品种均能正常生长。当土壤 pH 值超出最适范围，随着 pH 值的增大或减少，作物生长受阻，发育迟缓。在高 pH 值条件下，汉麻气孔导度受到影响，光合作用受到抑制。与此同时，根部通过积累脯氨酸、提高超氧

化物歧化酶活性，增强汉麻对土壤环境的适应性。当土壤 pH 值无法满足栽培需求时就需要通过增施有机肥和合理施用化肥等举措对土壤进行调节改良。

二、土壤的矿质营养

植物必需的矿质营养包括氮（N）、磷（P）、钾（K）、钙（Ca）、镁（Mg）、硫（S）、铁（Fe）、锰（Mn）、硼（B）、锌（Zn）、铜（Cu）、钼（Mo）、氯（Cl）和镍（Ni）。其中 N、P、K、Ca、Mg、S 为大量元素，其他是微量元素。必需元素不仅是细胞结构物质、酶和辅酶的组成成分，还能作为电子载体和细胞信号转导信使。缺乏任何一种矿质元素都会对植株产生影响。为此，李合生等将植物缺乏各种必需矿质元素的主要症状归纳如表 8-4 所示。在判断植物缺素症状时，应综合考虑植物种类、发育阶段和环境等因素。随即采用化学分析诊断法或加入诊断法最终判断植物所缺元素。

表 8-4　植物缺乏必需矿质元素的病症检索表

1.幼嫩组织先出现病症——不易或难以重复利用的元素	
2.生长点坏死	
3.叶片缺绿	B
3.叶片缺绿，皱缩，坏死；根系发育不良；果实极少或不能形成	Ca
2.生长点不枯死	
3.叶缺绿	
4.叶脉间缺绿以致坏死	Mn
4.不坏死	
5.叶浅绿至黄色；茎细小	S
5.叶黄白色	Fe
3.叶尖变白，叶细，扭曲，易萎蔫	Cu
1.较老的组织先出现病症——易重复利用的元素	
2.整个植株生长受抑制	
3.较老叶片先缺绿	N
3.叶暗绿色或红紫色	P
2.失绿斑点或条纹以致坏死	
3.脉间缺绿	Mg
3.叶缘失绿或整个叶片上有失绿或坏死斑点	
4.叶缘失绿以致坏死，有时叶片上也有失绿和坏死斑点	K
4.整个叶片有失绿和坏死斑点或条纹	Zn

土壤中的矿质营养间接或直接影响光合作用。N、P、S 和 Mg 是叶绿体结构中叶绿素、片层膜和蛋白质的主要组成因子；Fe 和 Cu 是电子传递体的组成成分；Cl 和 Mn 是光合放氧的必需元素；K 和 Ca 调节气孔开闭和同化物运输。

汉麻对 N 的需求量最大，K 次之，P 较少。K 影响汉麻麻皮产量。N 在汉麻株冠形成上有重要作用，土壤中 N 元素的增加能显著提高汉麻的株高、生物产量、种子产量和种子蛋白质含量，还能显著降低植株盛花期和始果期的 THC 含量。在不缺 P 的土壤中增加 P 或在缺乏 S 的土壤中增加 S，对汉麻产量没有太大影响。Zn 对汉麻光合机制有明显的影响，缺 Zn 和高质量浓度的 Zn 对汉麻光合代谢过程有抑制和损害。研究发现与 2 $\mu mol/L$ Zn 的质量浓度处理（CK）相比，缺 Zn（0 $\mu mol/L$）和高质量浓度 Zn 处理（50、100、200 $\mu mol/L$）的汉麻，其叶片的叶绿素 a、叶绿素 b 和类胡萝卜素均下降，叶绿素 a 减少速率最快；高质量浓度的 Zn 处理随着 Zn 浓度的增加，净光合速率（Pn）、蒸腾速率（Tr）、气孔导度（Gs）呈下降趋势，胞间二氧化碳浓度（Ci）缓慢上升。胁迫 40 d 后，高质量浓度的 Zn 处理的 PS Ⅱ原初光能转化效率（Fv/Fm）、实际光量子产量（Y）、光化学淬灭系数（qP）、光合电子传递速率（ETR）随 Zn 质量浓度的升高呈下降趋势，非光化学荧光猝灭系数（NPQ）在 200 μmol/L Zn 的质量浓度水平下胁迫 10 d 后取得最大值，而后随时间延长而迅速衰减，叶绿素 b 与非光化学荧光猝灭机制对汉麻的光合作用起重要保护作用。

云南大学以云麻 7 号和晋麻 1 号为研究对象，研究硼和镁对汉麻生长及大麻二酚（CBD）含量的影响发现，缺硼幼苗出现新叶卷曲发黄，随后生长点坏死，植株生长停滞，4 周后，株高、茎粗、叶干质量分别较对照低 35.2%、12.5%、11.1%，叶中的 CBD 质量分数较对照低 55.0%；镁缺乏首先出现老叶脉间失绿现象，随后扩展至新叶，4 周后，株高、茎粗、叶干质量分别较对照低 9.3%、12.5%、13.9%，叶中的 CBD 质量分数与对照没有显著差别。

三、土壤水分

土壤水分是影响产量的主要因素。常年耕种作业导致土壤压实，犁底层密度增大和通透性下降，这些对作物生长极为不利。采用适宜的土壤管理措施（耕作、秸秆覆盖，增施土壤改良剂和改变田间微地形等）可以改善土壤特性、保水增产，提高田间水分利用效率。

土壤水分主要来源于降水（雨、雪）、灌溉水和地下水。根据土壤的持水能量和水分移动状况，将土壤水分分为以下三种类型。吸附在土粒表面，不能被植物吸收利用的无效水；保持在土壤毛细管中，植物能有效利用的毛管水；不能被土壤保留，渗透到地下成为地下水的重力水。

土壤水分首先到达植株根表皮进入根系，通过茎秆到达叶片，再通过气孔扩散到大气层。土壤水分软化种皮，氧气透入，加强呼吸，使种子中的原生质由凝胶态转变为溶胶态，促使种子萌发；土壤水分参与矿质养分和有机物质的转化；土壤水分直接影响作物根系的发展，水分充足的土壤中作物根系分布于浅层且不发达，生长缓慢；土壤水分还能通过调节土壤温度防止作物高温和霜冻危害。

为提高作物产量，可根据土壤可利用水状况和作物需水规律采取合理措施如提高土壤蓄水保墒能力和合理灌溉等来调控和改善土壤水分状况。土壤可利用水状况取决于土壤颗粒粗细和土壤胶体数量。沙质土壤颗粒疏松，导水率高，可利用水多；黏土颗粒之间空隙小，导水率最低，可利用水少；因此土壤利用水分能力依次为粗沙、细沙、沙壤、壤土、黏土。通气良好的土壤，作物根系吸水性强；通气状况差如水分饱和、板结地和盐碱化土壤，根系吸水能力受到抑制。盐碱化土壤对作物的影响主要是由盐碱的溶解度和离子的化学性质所决定，最终导致土壤中可利用的水分不能满足植物的正常生长需求。对作物而言从土壤中吸收水分，主要是靠细胞的渗透压，盐碱化土壤溶液中易溶盐增加，浓度和渗透压增加，细胞很难吸收到水分，会对作物生长产生不良影响，如叶片变厚，气孔孔径减小，营养失调和各种缺素病等症状。盐碱胁迫会对作物的生理造成影响的主要原因就是过多的土壤盐分会增大土壤溶液的质量浓度和渗透压，造成作物根系吸水困难，从而导致作物生理干旱，轻则抑制生长发育，重则枯萎死亡。

在一定的温度范围内，土壤温度升高有利于根系吸水，过高或过低均不利于根系吸水。

汉麻能耐大气干旱，不耐土壤干旱，当出现土壤干旱时汉麻叶片中水分亏损，叶片中包括叶黄素在内的类胡萝卜素含量增加，叶片变黄，光合能力下降。不同汉麻品种萌发期的抗干旱能力存在显著差异。以云麻 1 号、云麻 5 号和云晚 6 号为材料进行苗期干旱处理，随着处理时间和程度的增加，汉麻株高增长速率逐渐降低，叶片叶绿素含量呈不规则增加，脯氨酸和可溶性糖含量逐渐增加，超氧化物歧化酶（SOD）

活性呈先升后降趋势，丙二醛（MDA）含量则先降低后增加。种植于田间最大持水量80%条件下22～24 d的汉麻比种植于田间最大持水量40%条件下的汉麻发育速度快一倍。Actaxoba1940年将普罗斯库夫汉麻分别种植在持水量40%，60%和80%的土壤中，雄株和雌株的皮层和木质部半径，初生纤维的数量和直径还有茎秆、种子的产量都伴随着土壤湿度的增大而提高。土壤含水量达到 70%～80%时汉麻纤维产量最高，品质最佳。这是因为相对高的土壤湿度对营养物质的储存和肥料的利用效果最好，当水分亏缺时，纤维素合成受到阻碍，从而导致木质化和木质素沉积，对纤维发育不利。

灌溉是解决汉麻种植过程中土壤水分不足的有效手段。根据汉麻需水特性，结合我国各地自然条件和实际降雨情况采取合理灌溉措施。既要注意干旱浇灌，又要注意开沟排水，否则会造成植株倒伏，影响汉麻产量和品质。Lisson 等在澳大利亚干旱少雨的夏季进行灌溉试验，进一步证实汉麻需要大量的水分，灌溉处理的茎秆产量提高；水分亏缺处理的木质纤维产量最高。对生长在欧洲的汉麻进行研究表明整个植株生长需要 500～700 mm 的水量，营养生长期至少需要 250～300 mm 的水量。尤其是在地中海南部地区由于蒸发量高，可能需要增加 250～450 mm 的水量，而在不太容易干旱的地区，用水量可能在 200～300 mm 之间。此外，在半干旱的地中海环境中，对雌雄同株和雌雄异株大麻品种的比较研究表明，雌雄同株需要至少 250 mm 的灌溉水，而雌雄异株需要灌溉水 450 mm。另一方面，Amaducci 等人指出，灌溉仅略微提高了生物量产量（7%）和茎质量产量（9%）。这些作者还指出，灌溉对汉麻的效果低于玉米或红麻。类似地，只有当灌溉减少到潜在最大蒸散量（m_{ET}）恢复值的 25%时，汉麻品种 'Futura 75' 的产量才受到显著影响。同样，当体积分数为 66%的有效水分被恢复时，对应于南欧 410～460 mm 的季节性耗水量，汉麻在茎和麻皮干质量方面表现出良好的产量。

因此，在干旱少雨季节，有灌溉条件的地区，汉麻苗期不宜灌水过多，土干浇灌即可；在生长旺盛期勤浇灌，当土壤含水量少于田间最大持水量的 70%～80%时灌溉即可。

四、土壤微生物

土壤微生物是指土壤中种类和数量众多的微小生物个体。土壤微生物与作物之间存在紧密联系，一方面，作物进行光合作用和呼吸作用，生产有机物，调节碳循环，影响土壤微生物。另一方面，土壤微生物通过分解作用及多样性增加土壤中的营养物质和矿物质含量，提高土壤中的酶活性，影响土壤基质，对作物根系产生影响进而调控作物生长发育。土壤微生物与作物的关系主要体现在土壤微生物功能多样性上。土壤微生物功能多样性主要是指土壤微生物执行的功能范围以及这些功能的执行过程，如营养传递功能、分解和代谢功能以及抑制或促进植物生长的功能等。土壤微生物群落和多样性与成土环境和土层深度有关。

土壤微生物群落是指在特定时空条件下，一定体积或面积土壤中真菌、细菌以及原生生物等构成的群体。其种群数量和结构与植被、土壤类型和环境因子等密切相关。植被与土壤微生物群落的关联性主要体现在土壤微生物群落结构和时空分布两个方面。土壤微生物群落（真菌、细菌、古细菌）的变化与植被因子尤其是次冠层的差异有关，与土壤化学性质的相关性较小。

土壤微生物能够直接对作物进行正向和负向反馈。正向反馈过程中，土壤微生物一方面通过分解有机质为作物根系提供能量和物质来源，维系生态系统养分循环；另一方面通过与作物形成共生关系加快作物根系土壤养分吸收能力，促进植被发育与演替，研究发现丛枝菌根真菌（AMF）能与多种植物产生共生关系。负向反馈是由于植被和土壤微生物对土壤中营养的竞争关系。同时，负向反馈也体现在植被感染土壤微生物的某些病原菌，导致植被发生疾病，植被生长减缓甚至死亡。其根本原因在于当植被根系受到某些土壤微生物病毒感染时，根系分泌作用增强，产生适合这些病毒生长的营养物质，根系分泌物的成分发生改变，对小麦黄花叶病毒病进行研究发现，不同发病程度土壤的微生物种类和数量不同，反之，不同种类和数量的微生物造成植被不同程度的病毒感染。

土壤微生物通过分解凋落物和改变土壤中各矿质元素的矿化速率影响根系分泌物从而间接对植被产生作用。对丛枝菌根真菌和其他土壤微生物对玉米生长、矿质养分获取和根系分泌的影响研究发现，玉米根际和根平面上的土壤微生物能够促进玉米生长和矿质养分的获取，但是限制了从根部回收根系分泌物；Suanne 等发现土壤微生物可通过诱导增加车前草根中桃叶珊瑚苷的质量浓度来促进根中次生代谢物和根系分泌物的水平。

相应地，植被对土壤微生物也起到反馈和调控作用。一方面植被主要是通过植株根系活动直接影响微生物多样性和群落结构。根系分泌物不仅能够为土壤微生物提供生长发育所需能源和碳源，扩大土壤微生物群落，同时也会抑制某些土壤微生物的生长，此外对土壤微生物的种类、数量、代谢以及分布都有影响。对短花针茅根系分泌物中 3 种化学组分对土壤进行处理发现，根系分泌物促进土壤微生物的生长共存。根系分泌物对土壤微生物分布规律如下：土壤微生物的纵向分布规律是从根冠到成熟区数量不断增加，在横向分布上根系的不同区域内土壤微生物的分布有明显差异。另一方面，植被凋落物的分解速度也对土壤微生物群落结构和多样性产生影响，植被凋落物向地表和地下输入凋落物，为土壤微生物提供可分解的物质和生存所需营养，植被类型多样性导致凋落物的多样性，凋落物不同化学成分对土壤微生物产生不同的作用，影响土壤微生物多样性和群落结构的重要成分是烷基碳组分，不同凋落物对土壤微生物群落结构、群落代谢活性及土壤微生物多样性的影响具有显著差异。

五、总结

汉麻种植范围较广，从云南西双版纳（北纬 21°30′）到黑龙江漠河（北纬 53°）均有种植，种植地区海拔从数十米到 4 000 m，纬度跨度接近 32°。不同地理环境的气象因子和土壤条件共同决定汉麻产量和品质。

植物干物质的 90%~95% 来自光合作用。提高光合能力，增加光合面积，延长光合时间，减少有机物质消耗和提高经济系数是提高作物产量的主要途径。

影响植物光合作用能力的主要因素之一是作物的光能利用率不高，主要原因包括：一是在作物生长初期，植株矮小、叶面积系数小，日光大部分直射到地面而损失掉。二是因为大多数植物的光饱和点[540~900 $\mu mol/（m^2 \cdot s）$]远远低于太阳有效辐射［1 800~2 000 $\mu mol/（m^2 \cdot s）$]，50%~70% 的太阳辐射能不能被利用。三是在作物生长过程中，经常会遇到干旱、水涝、高温、低温、盐碱、病虫和草害等危害作物正常发育的环境条件。其他因素包括作物本身光合特性和外界光、温、水、肥、气等条件，合理调控这些因素才能有效提高光合能力。具体调控措施包括：选育作物品种时挑选叶片挺厚、株型紧凑和光合效率高的品系；通过改变株型和合理密植可增加光合面积，种植密度过低，个体虽然发育良好，但群体叶面积不足，光能利用率低。种植密度过高，首先是下层叶片光照不足，其次是通风不良使得冠层内 CO_2 浓度过低，再次是容易造成倒伏，加重病虫害而减产；采用合理栽培措施改变田间小气候环境，如垄作栽培措施，一是土壤昼夜温差大利于作物的生长的干物质积累，二是作物生育期湿度和浅耕层含水量的降低会减少病虫害的发生，三是土壤和作物在田间的空间配置增大受光面积和光能截获量，增加单位面积植株密度和紧凑度，但垄作土壤保墒能力较平作差，土壤水分蒸发较快，提倡垄作与免耕覆盖相结合；构建合理的群体结构，改善作物冠层的光、温、水、气条件；采用塑料薄膜育苗或大棚栽培措施提高温度；合理灌水施肥；深施碳酸氢铵肥料（含 50% CO_2）；增施有机肥料。其次，还可通过提高复种指数、延长生育期和补充人工光照等手段来延长光合时间。再次，采用光呼吸抑制剂、增加 CO_2 浓度和及时防除病虫草害均可减少有机物的消耗。在优良品种选育、器官建成调控和有机物运输分配等方面使同化产物尽可能多地运往收获器官从而提高经济系数。

　　土壤是由固体、液体和气体三部分物质组成的复杂整体。土壤固体包括土壤矿物质、土壤有机质和土壤微生物。土壤液体部分是指土壤水分，土壤气体部分是指土壤空气。合理评价土壤环境条件，根据土壤养分和水分条件，选择适合品种及采用合理栽培措施才能有效提高汉麻产量和品质。

第九章 汉麻常见栽培模式

汉麻适宜产区主要分布在北纬 45°～ 55°，黑龙江省恰好处于该纬度区域内，加之黑龙江省土地平整连片，机械化程度高，农民种植经验丰富，非常有利于汉麻先进种植技术的推广示范。

第一节 汉麻窄行密植机械栽培模式

汉麻窄行密植机械栽培技术试验表明，窄行种植可培肥土壤，提高有机质含量，改善土壤通透性及生态环境，大大减少土壤的风蚀、水蚀，促进汉麻生长发育，根系数量增多，叶面积大，光合势强，保绿期长。机械精量播种，实现了单株保苗，最大限度地减少了植株间争水、争肥、争光、争热、争气的现象，植株生长自然条件供给集中，优化了汉麻的生长环境，利于植株生长，易培育壮苗，为夺取稳产、高产打下基础；同时也节省了间苗用工，利于田间管理，降低了劳动强度，节省了生产成本。

一、种子优选与处理

选择生育期适合大庆地区自然条件的耐密品种，其性状为高产、稳产、优质、抗病、抗虫、抗逆性强及商品性好，品种的发芽率≥95%，纯度、净度均≥98%。播前对种子人工筛选，去除破、秕、霉、病及杂粒等杂质，在播种前 6～7 d 先晒种，把种子摊放在干燥向阳地方晾晒，每天翻动几次，晚上收回，防止受潮。播种前 2～3 d 用多功能种衣剂进行包衣，放置干燥处阴干。

二、播前准备

整地是采取土壤耕作措施，为汉麻播种、出苗、生长发育创造一个适宜的土壤环境。可利用灭茬机或旋耕机整地，旋耕深度 8～12 cm，根茬块、土块皆小于 3.0 cm，以床面平整达到播种状态为标准。目前大庆地区推广使用的播种机有 2BQ 型系列玉米大豆精密播种机、2BJG2 型系列米豆精密播种机、2BD 型机械精密播种机等，3ZSF-T3 中耕深松追肥机，IGQN320T3 条带旋耕机，3W-800 型喷杆式喷雾机，1YM 型苗眼镇压器。机械播种提前 1～2 d 进行调试和试作业，首先选用拖拉机并对播种机进行调整。根据汉麻窄行密植播种机主梁上的排种器调节株距，使其播种行距是 10cm。拖拉机的轮距为 130～125 cm，但要保证液压升降机构正常工作，并能配带窄行密植播种机。播种前，按照行距要求固定播种和施肥装置，对播种机的排种量和施肥量进行调试，施肥量要比正常多 20%～30%；调整好播种机位置、排种量和施肥量后，准确调整播种深度和施肥深度，播种深度为 3～5 cm，施肥深度于种侧下方 5～8 cm。

三、机械播种

实行机械播种可以缩短播种期，汉麻可以短时间内播完，可以侧深施化肥，避免化肥与种子争土壤水分。汉麻能否一次全苗，提高机械播种质量是关键。实行机播，掌握播种时土壤墒情，达到种子均匀，深浅适宜，覆土一致，可以做到随播随压不失墒、提墒，容易出苗。当地温稳定在 7~8 ℃后开始播种，一般为 4 月 25 日至 5 月 5 日。播种方式采用机械精量平播为宜，车速为 4~5 km/h。平播利于保墒，减少土壤水分散发。播种密度为 5.0 万~6.0 万株/hm²，达到保苗 4.0 万~5.0 万株/hm² 以上。为保证播后种子与土壤紧实接触，减少失墒。在播种过程中，一定注意排种器、施肥器工作状态是否正常，避免发生漏播种和漏排肥现象；同时注意观察施肥铧、排种铧是否被碎根茬或土块堵塞，造成拖土现象。播种后要适时进行镇压作业，镇压器可选择苗带重镇压器或 "V" 形镇压器。选择镇压强度大小主要依据土壤含水率（墒情），播种后的镇压强度视土壤墒情而定，含水率在 18%~22%时，要达到 650 g/cm²，含水率高时要减轻压强。镇压的适期以播后表层土壤蹦皮、压后不起鳞纹为宜。车速为 5~6 km/h。

四、田间管理

（一）除草

播种后 3 d 内用 3W-800 型喷杆式喷雾机除草喷药，选择除草剂要有针对性，可在汉麻播种后出苗前喷洒封闭型除草剂，以防治为主。汉麻播种后、出苗前阶段是整个生长期是否发生草害的关键时期。如发现草情，出现 2 叶龄以上的杂草，要采取封杀结合的办法，同时喷洒封闭型除草剂和灭生型除草剂。使用时要注意添加适量的洗衣粉作添加剂，以增加除草剂对杂草叶面的附着能力，提高药效。严格按照农艺要求配比药液，除草药剂喷洒要均匀，不重喷、不漏喷，不能在下雨大风时用药，防止降低喷药效果和药剂飘移到邻近作物上。

（二）间苗 定苗

间苗、定苗的时间一般以 3~4 叶龄时进行为宜，同时查苗、补苗。补种采用催芽的方法可提早出苗，力争做到苗全、苗匀、苗齐、苗壮。

（三）追肥

在汉麻生长过程中，防止中后期养分缺乏和脱肥现象发生，适时中耕追肥，避免减少氮素挥发损失，提高肥料利用率，肥料入土深度要根据土壤墒情适当深施。如土壤干旱，须带水追肥，施后随即覆土盖严，若遇阴雨连绵可于雨后撒施。

（四）病虫害防治

汉麻是生长比较快的作物。苗期茎秆脆嫩，易折断，所以田间管理要掌握好时机，要遵循"早、快、小"的三原则："早"是指汉麻田间杂草的防治要在播后至苗前进行，采用除草剂金都尔或利谷隆标准量封闭除草；"快"是指在汉麻出苗 4 d 后，要跟踪检查田间跳甲发生基数，每平方米超过 10 头，要喷洒 90% 晶体敌百虫 800 倍液进行防治；"小"是指在汉麻株高 10 cm 以前结束一切田间管理作业（包括灌水除草、防虫、施肥等）。

（五）适时收获、妥善保管

汉麻要在工艺成熟期适时收获，工艺成熟期的标志：麻田内雌株的花粉散尽，植株变为暗黄色，片变黄尚未完全脱落，雌株花絮基部的种子部分进入成熟期，并且植株基部叶片变为褐色，开始脱落。工艺成熟期的汉麻茎秆，采用人工或机械收割后铺放在麻田里晒 1~2 d，把麻捆成直径 5~20 cm 的捆，拢立成圆锥形圆垛晒于麻田中，待达到安全水分时脱粒后送交加工厂归垛保存。

第二节 汉麻大垄栽培种植模式

汉麻大垄栽培技术是指将传统的两条宽为 65 cm 的小垄合并成宽为 130 cm 的大垄。该技术具有抗旱、增温、保墒、提高肥料利用率及防冬霜、冻害等优势，可以缓解春季干旱和低温给汉麻造成的影响。

一、地块选择与整地

（一）地块选择

选择地势平坦，土壤耕层深厚，保水、保肥性能好，土壤肥力较高的黑土、黑钙土等地块，最好具有井灌条件。且前茬以大豆、马铃薯为佳，尽量不采用连作 3 年以上的汉麻地块，否则病虫害加重，空秆率上升。

（二）耕整地

根据耕地状况，机械耕地可分为以下 4 种方式。

（1）灭茬、起垄。上浆前，先用根茬粉碎还田机对垄作前茬进行灭茬作业，然后用起垄型开出大垄，同时深施底肥并拖平，最后进行镇压保墒。有条件的地区可在春季起大垄时深施底肥。此方法主要适用于土耕层较浅、不适于耕翻作业的地区。

质量要求：①垄形整齐，垄高一致，垄顶至垄沟 15 cm 左右；②根茬粉碎大于 99%，无站立漏切根茬；③粉碎后的根茬长度小于 5 cm，掩埋率大于 95%，灭茬深度在 10 cm 以上。

（2）深翻、压、起垄。上冻前，先进行耕翻作业，再用轻把和"V"形镇压器进行耙压，以使表土细碎，减少水分散失。春播前，用起型起出大垄，同时深施底肥并拖平。此方法适用于具备耕翻整地条件的地块。

质量要求：①作业时土壤湿度要适中；②翻地时，翻垡要严密、扣垡均匀，无漏耕、重耕、立垡、回垡、粘条等现象；③非双向翻转要配合平地合器，深达到 25 cm 以上，垄高 15 cm 左右。

（3）灭茬、深松、起垄。用深松、旋耕、起垄复式作业机一次进地完成深松、旋、灭茬、起垄、深施底肥、拖平等多项作业，并要达到播种要求。此方法可以用在所有适宜耕作的地块。该作业最好在春季进行，起垄后应及时播种。质量要求：深松深度大于 35 cm，旋耕深度不小于 10 cm，垄高 15 cm。

（4）用耕翻起垄型起垄。上冻前，采用大垄专用起垄型起垄。起垄前应按垄距要求调整好两副犁铧的距离，单一行程即可完成 120 cm 或 130 cm 间的大垄作业。此方法适于有条件的直耕翻地块。

质量要求：①耕深 20～25 cm 耕后及时耙压；②整地要平、细，并注意保温；③最好在秋起垄时深施底肥，并使其达到可播种状态。

二、品种选择

（一）选种

汉麻大垄栽培种植模式适用于籽用、花叶用品种，并具有高产、优质、抗逆性强等特点的汉麻品种。

（二）种子精选

种子播种前要进行精选，可采取机械筛种或人工挑选的方式，筛除小粒、破粒、虫咬粒、发霉粒和杂质。筛选后种子纯度和净度要达到 98%，发芽率要达到 85%，含水量要低于 14%。

（三）种子处理

（1）种子包衣。种子包衣就是给种子裹上一层药剂。包衣的种子播种后具有抗病、抗虫以及促进生根发芽的能力，要针对当地病虫害对症用药。选用通过检验并登记在册的种衣剂进行包衣，可起到预防地下害虫的作用。

（2）浸种催芽。如果遇到干旱年头，可采取催芽坐水种的技术。方法是把种子放进 40 ℃水中浸泡约半天时间，然后捞出进行催芽，催芽时保持室温在 25～28 ℃，每隔 2～3 h 将种子翻动 1 次，在种子刚要出芽时，要转移到避光处炼芽，待播种。催芽播种的种子要先催芽后包衣，严格控制包衣剂的使用剂量，避免受到药害。

三、施肥

（一）基肥

一般以农家肥做主要肥料，施用已腐熟好的有机肥 20～30 t/hm^2。

（二）化肥

（1）种肥。可选磷酸二铵或专用肥作种肥，尿素作种肥时，种与肥的距离要保持大于 10 cm，避免出现烧种的现象。种肥施用量为 525 ~ 600 kg/hm²。

（2）追肥。在汉麻开花期深施尿素 10 ~ 15 kg/667m²。条件允许的话可再追 1 次肥，少量即可，追肥期在授粉至灌浆期，追施尿素 5 kg/667m² 左右。

四、播种

（一）播期

当耕层 5 ~ 10 cm 地温连续 1 周以上稳定通过 10 ℃时可开始播种。采用机械播种或人工等距播种，覆土厚度为 3 ~ 4 cm，播后随即要进行镇压。

（二）种植密度

通常 30 cm 株距亩保苗 4 500 株左右。

（三）播深

播种深度一般以 5 ~ 6 cm 为宜。在墒情较好的黏土，应适当浅播，以 4 ~ 5 cm 为宜。疏松的沙质壤土，应适当深播，以 6 ~ 8 cm 为宜。如土壤水分较大，不宜深播，土干则应适当深播。

（四）苗前除草

对于禾本科和阔叶科杂草混生地块可选用 90% 的乙草胺，喷用量为每公顷 1 750 ~ 2 200 mL 加 75% 的噻吩黄隆 30 g，每公顷用药量均兑水 400 ~ 600 L 均匀喷在土壤表面进行苗前除草。

五、田间管理

（一）查田补苗

全苗是确保汉麻高产的基础，在出苗后应及时检查种子发芽情况。一旦发现有烂芽、粉种后应及时备好预备苗。若发现缺苗可通过汉麻人工播种器进行补种，或用预备苗，或田间多余苗进行坐水补栽。待长出 3 ~ 4 片叶后，清除弱苗、病苗，并进行一次等距定苗。

（二）中耕除草

为破除土壤板结问题，提高地温，应在出苗后进行铲前深松或铲前蹬一犁，深度为 6 ~ 9 cm，无须培土，以便形成"张口垄"。第二次中耕一般选在拔节前进行，中耕深度要深些，便于切断一部分根系，使新根萌发，从而提高汉麻的吸肥能力。在第三次中耕过程中可进行根际追肥，通常于汉麻长出 7~9 叶时进行，追肥部位距离汉麻植株 10~12 cm，深度为 10~15 cm。

（三）除草

汉麻苗期使用禾本科杂草除草剂对防除禾本科杂草效果比较好，目前防治汉麻田阔叶杂草的除草剂还没有，所有防阔叶杂草的除草剂对汉麻都有危害。

苗后除草剂可选择精喹禾灵和烯禾啶（拿扑净）。苗高 10~15 cm 进行化学除草。如选用有效成分为质量分数为 10% 的精喹禾灵，每公顷用量 750 mL，每公顷喷液量 300 mL。如选用烯禾啶，按药剂说明使用。

阔叶杂草采用人工除草，人工除草可与定苗同步进行，边定苗、边除草。

（四）虫害防治

大麻跳甲是为害汉麻的主要害虫之一，整个生育期内均有为害，为害特点是把麻叶食成很多小孔，严重的造成麻叶枯萎。花、叶田稀植，苗期首要任务是防治大麻跳甲，要勤观察、勤防治，防治不及时会造成缺苗、断条或毁苗现象。防治大麻跳甲使用 4.5% 的高效氯氰菊酯乳油，用药量每公顷 600 mL，虫口密度大可适当加量。

（五）收获

（1）雄株收获时期。在雄现蕾时收获雄株，收获的雄株叶片风干保管。
（2）雌株收获时期。雌株花穗明显膨大并能看小苞叶。

（六）收获方式

机械或人工收获花叶。收获后及时运出到晾晒场地。

（七）晾晒、保管

收获的花叶最好是烘干，没有烘干条件的，要晾晒风干，花叶干燥的标准是含水量小于 10%。

第三节　汉麻育苗移栽种植模式

汉麻育苗栽培技术，是充分利用光能，争取农时季节，调剂农活，防御自然灾害，从而达到汉麻高产的目的。在复种指数较高，前茬收获较迟以及生育期较短，汉麻生育后期经常遇到低温冷害的地区，育苗移栽是战胜低温，有效利用当地有限光热资源，夺取汉麻高产、降低收获水分、提高品质的有效措施。

汉麻育苗移栽技术是获得汉麻高产的有效途径之一，其特点是把汉麻田间栽培作业的主要过程，包括播种、出苗、选苗及幼苗管理等，在保护地里提前进行，由此改变了汉麻传统的栽培方式，为获得汉麻高产创造了条件。

一、汉麻育苗移栽的生理基础

汉麻育苗移栽可以有效地延长汉麻的生育期。因此，我们选择生育期较其他品种长 15～20 d 的品种进行育苗移栽，以获高产。由于育苗棚室内温度、水分适宜，出苗快，生长发育迅速，育苗移栽在 6 月底以前，生育进程提前，但在 6 月底以后，育苗移栽与平播汉麻生育进程基本同步。

汉麻通过育苗，提早播种，增加积温，早生，快发，前期光合面积迅速增大。汉麻育苗移栽可以延长生育期 10～15 d，并能加速生育进程；可以促使汉麻叶面积合理消长，即前期增长快，后期下降缓慢。全生育期光合势增加；育苗移栽建立起高产的群体光合系统，使全生育期的光合速率加快。

二、汉麻育苗移栽技术

（一）品种的选择

汉麻育苗移栽适用于花叶用、籽用品种，通过育苗的方法，增加积温，提高汉麻的产量和品质。显然，纤维用品种不能适应育苗移栽的要求。应选择比当地品种生育期长 10～15 d，叶片数多 2～3 片叶，所需积温比当地品种多 250～300 ℃的高产、抗病、优质的品种。

（二）苗床的准备

选择地势平坦、背风向阳、排灌方便、土质肥沃、运输方便的地块育苗。苗床两侧做好排水沟，防止积水涝苗。中棚或大棚育苗的，应该在秋季选好床址，打上木桩，为春季育苗做准备。苗床长 5～7 m，宽 1.5～2m。适当增大苗床面积，可提高早春抗低温霜冻的能力。苗床底部可铺上细沙或炉灰，便于起苗。

床土的质地要适宜。床土过于黏重，影响根系的生长；过于疏松，起苗时又容易使营养块散落。床土还要肥力适度。过于贫瘠，幼苗营养不良，出现弱苗；氮肥过多，容易导致幼苗徒长。目前，黑龙江省床土配制比例大体有两种。有草炭资源的地方，可按照沃土 50%，草炭 20%，腐熟有机肥 30%的比例配制；没有草炭资源的地方，可按沃土 60%或 40%，腐熟有机肥 40%或 60%的比例配制。同时，每 50 kg 床土再加入磷酸二铵 250 g 和锌肥 50 g 稀释后拌入。

（三）育苗方法

育苗阶段的主要目标是培育出适龄、整齐的壮苗，它是决定育苗移栽带来高产的重要因素。在育苗过程中，除了考虑秧苗生长的自身特点外，还必须考虑到机械化移栽的各种要求。目前我国主要采取以下几种育苗方式。

（1）苗床育苗，裸苗移栽。选择土质肥沃疏松的地块作苗床，秧苗育成后起苗，不带土移栽。这种方式省时省力，运输量减少。但移栽后缓苗较慢，需及时灌溉。

（2）苗床育苗，带土移栽。苗床秧苗育成后，将营养土连同秧苗一起切块铲起，带土移栽。这种方式可以提高成活率。但移栽时，根块土壤容易脱落，形成裸根，影响成活率。而且切块不规则，难以采用机械移栽。

（3）营养钵育苗。将营养土制钵育苗，这种育苗方式的特点是，秧苗健壮，带钵移栽，为秧苗的生长创造了良好的条件，移栽后缓苗快，成活率高。但是，这种育苗方式需要大量的营养土，并需要制作钵体。在移栽时由于钵体体积较大，移栽机容纳数量有限。因此，苗的运输量较大。

（4）盘育苗。盘育苗最大的特点是可以进行机械化和立体化育苗，减少育苗时间和空间，易于控制秧苗的生长。但是，由于穴盘底部的根系相互交错，分苗困难，容易损伤秧苗。为解决这一问题，吉林工业大学研究了空气整根技术，但尚未达到实用阶段。

（5）营养液钵盘育苗。营养液育苗移栽投资少，增产增收效果显著。营养液育苗可以及时补充幼苗生长所需养分，可以延长育苗时间，争得较多的积温。在25 d左右的育苗期可以育出。

3.5～4.0叶龄的壮大幼苗，增强了在汉麻幼苗生长过程中人为的可控制能力。该方法有三个突出特点：第一，解决了育苗面积小与培育壮苗的矛盾，降低了育苗成本；第二，解决了平盘育苗根系相互盘结取苗伤根的问题，从而提高了移栽成活率；第三，为工厂化育苗，机械化移栽创造了条件。

（四）苗床管理

（1）温度的管理。温度管理是指采取相应的措施，调节控制苗床温度，使之适宜汉麻苗期生长发育的要求。一般以25～30 ℃为宜，最高不能超过35 ℃，通常汉麻育苗的温度管理分为出苗前管理，出苗后管理和移栽前管理三个阶段。

第一阶段，出苗前棚膜要封闭，以增温为主，但最高温度不应超过35 ℃，只要积温达到128 ℃左右，汉麻种子就很快发芽出土。这段时间的温度一般不用做特殊管理。第二阶段，出苗后，棚内温度随环境气温的升高而升高，可上升到35 ℃以上。这时就要严格控制棚内温度，一般应控制在25 ℃左右为宜。控制温度的办法就是将棚的一端或两端接缝，进行空气对流，通风降温。随着温度的变化，下午3～4时再把两端压严。晚间气温过低，达到零下3～4 ℃时，还要加盖草帘等进行防寒。第三阶段，移栽前5～7 d，气温可升高到25 ℃以上，棚内温度更高，有时达到38～40 ℃。这段时间棚内温度的调节：前2～3 d内，早8时左右把棚膜全部打开，晚上5时左右再把棚膜盖好压严；后3～4 d内，晚间也不用盖膜，使汉麻逐渐适应外界环境条件，以增强其适应能力。

（2）水分的管理。在育苗过程中，土壤水分、棚内湿度与温度是决定能否培育壮苗的关键。棚内温度高，土壤湿度大，就容易造成幼苗徒长，长势弱，移栽后成活率低。所以，水分管理的关键是如何控制水分。一般，前期土壤含水量以50%～70%为宜；中后期以30%～40%为宜。具体做法是，播种同时把水浇透，土壤含水量可达80%左右，以后基本就不用再浇水。特别是在起苗前的5～6 d，要严格控制水分，进行蹲苗、炼苗。移栽前一天下午，要浇一遍透水，农民称之为"送嫁水"，使秧苗吸足水，加快移栽后的缓苗速度。

（3）炼苗。炼苗是培育壮苗，缩短缓苗时间，提高产量不可缺少的措施。炼苗内容有两方面，一是把温度调节到较适宜的温度，或偏低一点，降低土壤水分，使苗缓慢生长，称之为蹲苗。二是把苗床内的小气候条件逐渐改变，使之逐渐接近棚外气候。这段过程的主要目的是提高秧苗素质，增强秧苗的适应性和抗逆能力。一般在育苗的第三阶段，温度控制在 20 ~ 25 ℃，土壤含水量在 30%左右为宜。最后把棚膜揭去，昼夜炼苗。但应该密切注意天气预报，遇到零下低温仍需采取防寒措施。

（五）育苗日期和移栽时间的确定

寒地育苗移栽的关键问题是育苗日期和移栽时间的确定。育苗过早，迟迟不移栽，苗龄长。在棚内徒长，难以控制，移栽到田间成活率低；移栽过早，易遭终霜危害，有绝产的可能。育苗过晚，虽然温度适宜，但土壤返浆期已过，土壤水分下降，移栽时若不浇水则缓苗困难。研究表明，汉麻育苗移栽播种期，黑龙江省第一积温带以 4 月 15 日左右，第二积温带以 4 月 20 日左右，第三积温带以 4 月 25 日左右，第四积温带以 4 月 30 日左右为宜。移栽时间以苗龄三叶一心为佳，最晚不超过四叶一心。移栽日期以终霜结束 2d 后及时移栽，以免土壤水分不足，降低成活率。

（六）移栽后的田间管理

秧苗移栽大田后，在良好的栽培条件下，一般没有缓苗期或缓苗期很短。移栽后需要加强田间管理。

（1）施足"安家肥"。移栽时每公顷开沟施用尿素 150 ~ 225 kg，有机肥 7.5 ~ 15 t，对缓苗和后期增产有明显作用，如果配合施用过磷酸钙 450kg，效果更好。

（2）及时松土。移栽后一周之内及时松土，有利于尽早提高地温促进次生根系发育的作用。

其他管理同大田栽培。

第四节　汉麻地膜覆盖栽培模式

覆膜栽培是我国 20 世纪 90 年代迅速发展起来的集约化高产栽培技术，具有明显的增温保墒、增产增收的效果，其发展趋势是从高纬度到低纬度地区，从高山到平原，从土地到水田，特别是随着综合配套技术的研究、覆膜机械的推广，发展速度更快。

一、覆膜栽培的发展进程及汉麻覆膜栽培在农业生产中的作用

1978 年 10 月在北京举办的国际农业机械展览会上，展出了日本米可多化工株式会社生产的各类塑料薄膜、覆膜机械机器在设施农业上的应用。1979 年，农业部组织全国 14 个省（市、区）48 个单位组成农膜覆盖栽培技术应用协作组，开展农作物覆膜栽培试验，并取得了良好的效果。20 世纪 80 年代开始在全国范围推广，1983 年示范面积 319 hm²，1985 年示范面积达到 3.1 万 hm²，显示出它具有良好的增温保墒、保肥及抑制杂草的效果，可实现作物增产 30% ~ 60%，高的在一倍以上。

汉麻覆膜栽培技术大发展有四个特点：一是速度快，效益高。覆膜栽培首先在园艺作物上应用，而后迅速发展的经济作物和粮食作物。二是科研、示范、推广结合、促进农膜技术的完善和发展。三是覆膜技术、塑料生产与铺膜机械研制同步进行。四是从北方发展到南方，从丘陵发展到平原，从低纬度向高寒凉高纬度地区发展，最后扩大到全国各地。

汉麻地膜覆盖栽培农业和汉麻生产中具有重要的作用和意义。

一是推动汉麻种植面积的增长。覆膜栽培技术的推广，增加了汉麻生长发育期间的有效积温，使得一些长期以来被视为汉麻生产"禁区"的高海拔、高纬度地区，克服了气温偏低、生育期短等对汉麻生长发育的不利条件，使汉麻在当地能够安全成熟。黑龙江省南北积温变幅较大，在北部第三、四积温带只有 70～90 d 的生长季，汉麻产量很低或不能正常成熟，由于覆膜栽培技术的推广，可以大大提高汉麻的种植面积。

二是提高了汉麻单位面积产量。汉麻覆膜栽培的增温保墒效果为汉麻增产创造了条件，一般可使作物增产 30%～60%，高产田增产 1 倍以上。

三是加快了农业技术的推广。汉麻覆膜栽培是一项完整的综合配套技术，从杂交良种、配方施肥、育苗移栽、带状种植，间作套种、田间管理等多方面组装了先进的科技成果，使科学技术迅速普及和推广。

四是促进了农村产业结构的调整。

二、汉麻地膜栽培技术的增产机制

（一）生态学效应

（1）增温效应。汉麻覆膜后，阳光透过薄膜使土壤获得辐射热，从而地温升高；再通过土粒的传导作用，逐渐使耕层土温增高。同时把大部分热量贮存在土壤中，还有一部分转化为热能，用于土壤水分蒸发。覆膜的阻隔作用减少了膜内外平行与垂直热对流消耗的土壤热量，抑制土壤中热量向大气中扩散。据研究，太阳辐射波透射率为 80%～90%，覆膜减少长波辐射的透射，这部分热量被覆膜下面的水汽和二氧化碳吸收，保存在塑膜与地表空间。水汽在膜下的缝间循环，减少汽化热的损失，相应地增加了土壤热容量。即使有一部分水分从土壤中蒸发出来，到了夜间或阴凉天气，在塑膜下凝聚一层细小水滴，使膜内土壤的温度在较长的时间内保持稳定。覆膜汉麻比陆地汉麻全生育期增加积温约 200～300 ℃，其中 90% 的有效积温集中在幼苗期，对汉麻发芽、出苗整齐和壮苗有重要作用。

（2）水分效应。汉麻覆膜有保墒、提墒和稳定土壤水分的作用。覆膜后，土壤的水分阻挡在膜内，改变了土壤水分运行规律，切断了土壤水分与大气的直接交换，从而抑制了土壤水分的大量功能蒸发。由于膜下温度较高，土壤热梯度差异加大，导致深层土壤水分向土壤表层聚集，耕层含水量提高。同时，由于土壤蒸发的水汽凝聚在膜下与地表之间，因昼夜温差不断变化，在膜下形成一个"气态—液态"不断蒸上滴下的水分循环，最后遇到冷气凝结成细小的水珠进入土壤，使耕层含水量不断提高。

（3）土壤效应。汉麻覆膜使土填表层避免或减缓了雨水和灌溉水的淋洗或冲刷，以及因中耕、除草等田间作业次数减少，减轻了人、畜、机械等对土壤的碾压和践踏，从而使土壤结构保持在播种时的良好状态。同时，由于膜下地温变化，膜内水汽不断发生涨缩运动，使土粒间空隙变大，疏松通气，改善了土壤的物理性状，以使土壤容重降低，空隙度增大。

（4）养分效应。汉麻覆膜改善了土壤的物理性状，促进了微生物的活动，增加了土壤可给性养分。

（二）生物学效应

汉麻覆膜栽培使土壤温度提高，保水保肥能力增强，使土松透气性好，增强了群体的光合强度，为汉麻的生长发育创造了良好的条件。

（1）早出苗，出齐苗。汉麻覆膜加快了出苗速度，达到苗齐、苗全的效果。

（2）根系发达，植株健壮。汉麻覆膜改善了土壤生态环境，促进根系发育，不同生育时期的次生根层数、条数、根长度、根干重均明显高于陆地汉麻，而且对根的促进效应主要是在生育前期和中期。

（3）增强群体光合作用。覆膜汉麻植株生长健壮，叶片宽展，群体叶面积增加，有利于光合作用和干物质积累。

（4）增加粒重，早熟高产。汉麻覆膜最重要的作用在于控制热量条件满足汉麻生长发育的需要，促进早熟高产，由于覆膜汉麻早出苗，出苗全，壮苗早发，促进生长发育，从而把籽粒灌浆期提早在最适宜温度条件下。

汉麻覆膜栽培的增产机制就在于增温保墒，特别是为汉麻播种和出苗创造良好的生态环境条件，攒前促后，争取积温和农时，把汉麻籽粒灌浆阶段安排在适宜的气温条件下，显著增加粒重，提高产量。

三、覆膜技术

我国地域辽阔，气候特异，各地农民在不同的自然条件和经济条件下，因地制宜创造了多种覆膜栽培形式：平作宽幅覆膜、垄作窄幅覆膜、间作套种一膜两用、撮种（埯子田）覆膜、垄沟聚雨覆膜、丰产坑覆膜、膜侧汉麻、两段覆膜（拱棚加地膜）、覆膜育苗移栽、大垄覆膜栽培等。

汉麻覆膜栽培田间管理全过程基本上与大田栽培相同，仅在播种至揭膜阶段略有差异，形式虽然多种多样，但只要抓住铺膜和揭膜两个关键技术阶段，就能确保全苗、壮苗。

（一）精细整地

选择土层深厚、结构良好、有机质含量高的中等以上肥力地块。北方地区春季风大，土壤失墒快，在无灌溉条件的地区，要做到秋整地、秋施肥、秋起垄，早春顶凌耙地。要做到地表平整，无碎石，无大土块，清除根茬，土壤细碎，上虚下实。

（二）选用良种

汉麻覆膜栽培延长了生长季节，争取了 250~400 ℃的有效积温，应该选择比当地陆地栽培的汉麻生育期长 10~15 d、增产潜力大的品种。

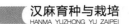
（三）合理密植

汉麻腹膜栽培种植密度，应该遵循"密度适宜，用膜较少，管理方便"的原则。据各地经验，通常采用大小垄种植，即大行距 80 cm、小行距 25cm，用 70～75 cm 宽的地膜，覆盖两行汉麻；大行距 100 cm、小行距 40 cm，选用 90～100 cm 的地膜，两边压入宽为 10 cm 塑膜，窄行种植，有利于通风透光，发挥边行优势；每公顷可保苗 57 000～67 500 株，收敛型品种还可增加密度 10%～15%

（四）选用地膜

当前生产上使用的多为聚乙烯无色透明膜，厚度为 0.010～0.005 mm，选膜是为了能够保证覆膜质量，同时要考虑降低成本。

（1）农膜厚度与宽度。农膜厚度对增温保墒的影响不大，因此，不宜选用过厚的膜，否则用膜量大，成本高；而过薄的膜又容易撕裂，不易覆盖。所以，选膜以不影响增温保墒，又能降低成本为原则。农膜的宽度直接影响增温保墒效果，随着农膜宽度的增加，增温保墒效果加强，但成本也相应增加。

（2）覆盖与用膜量。覆盖率是指地膜面积与土地面积之比。用公式计算：

$$覆盖率 = \frac{膜宽}{平均行距 \times 2} \times 100\%$$

农膜覆盖率大，增温保墒作用大，但投资过大，在不影响产量的情况下，采用较低的覆盖率，有利于提高经济效益。调整覆盖率，一是减小膜宽，二是加大行距。在生产实践中真正决定用膜量的因素，主要是膜的厚度和覆盖率。

膜用量（kg/hm²）= 农膜密度（g/cm³）× 农膜厚度（mm）× 覆盖率（%）× 10 000

（五）播种方法

催完芽的种子最好坐水，土壤含水量低于 20% 时一定要坐水种。一般用机械开沟坐水，等距点播，每穴两粒种芽，两穴之间点化肥。如土壤条件好时不坐水，可等距刨埯点播，应当马上镇压，也可使用气吸式点播机进行精量点播，但必须精选种子，并严格控制种芽的大小芽尖不能长于 0.5 cm。

（六）覆膜

播完种后，捡干净茬子和较大的土块，即可在垄上覆膜。一般选用厚 0.005～0.008 mm、宽 80 cm 的塑料薄膜，每公顷用量约 50 kg。覆膜时一定要拉紧压实，每隔 3～5 m 还应横压一趟土，确保不透气，不会被大风刮开。

（七）护膜

覆膜后应经常检查，发生透风和破裂的地方要及时用土压实压严。北方春天风大，地膜上很小的口也会被大风越刮越大，最后成片地揭起来。

四、田间管理

（一）放苗

催芽坐水覆膜的汉麻一般播种 10 d 以后就开始出苗。出苗后晴朗的白天膜底下温度较高，时间长了不利于苗期的根系生长，因此要及时放苗。一般在长出两对真叶时放苗为好，每穴放一棵苗，并要用土继续压实苗眼防止透气漏风。放苗不能太早，太早苗外温度太低不利于小苗生长，并有遭霜冻的可能。但也不能太晚，太晚苗大了，在地膜内伸展不开。放苗后要及时封严放苗孔，用土压实，并检查膜边，防止膜内透风，以减少热量和水分和散失。

（二）间苗及定苗

放苗后抓紧间苗，五叶期及时定苗、补苗，防止缺苗断垄。间定苗要去弱留壮，每穴留壮苗一株。

（三）追肥

地膜汉麻的养分供应充足，植株生长旺盛。根据苗情进行追肥，快速生长期时追入氮肥 10 kg（纯氮）左右，灌浆期要补足肥料，于灌浆期根据苗情补施 5 kg 左右纯氮，防止脱肥早衰。可用施肥器进行穴施，或在两行开沟深施；清除残膜，防止污染。

收获时要及时清除田间残膜，以免污染环境。回收的残膜，较大块的可冲洗干净，存放好，来年继续使用或做他用。

其他管理同大田栽培。

第十章 纤用/籽纤兼用汉麻的栽培技术

第一节 纤用/籽纤兼用汉麻轮作和耕作

一、轮作

（一）轮作的优点

1. 合理利用土壤养分及调节肥力

不同作物从土壤中吸收各种养分的多少和比例各不相同。如禾谷类作物对氮和硅的吸收量较多，而对钙的吸收量较少；豆科作物吸收大量的钙，而吸收硅的数量极少。因此两类作物轮换种植，可保证土壤养分的均衡利用，避免其片面消耗，如黑龙江省一年一熟的大豆→汉麻→玉米三年轮作。党延辉等通过 10 年轮作培肥试验，其研究表明，作物轮作中增加麻类及豆科类养地作物比例，明显地改善了土壤养分状况，培肥土壤，其麻类及豆科作物茬口的土壤养分状况好于小麦茬口，培肥作用和累加效应最明显的是豆科作物茬口。土壤有机质是实现作物高产的前提，连作大量消耗土壤有机质，轮作使有机质含量趋于平衡。

水旱轮作还可改变土壤的生态环境，增加水田土壤的非毛管孔隙，提高氧化还原电位，有利土壤通气和有机质分解，消除土壤中的有毒物质，防止土壤次生潜育化过程，并可促进土壤有益微生物的繁殖。

2. 防治减轻病、虫、草害

各种病虫均有一定的适宜生态条件，在适宜病虫发生的状态下，经过一定时间的累积，才会越积越多，危及作物的生长，抗性减弱，易诱发病虫害。当一种作物土传性病虫为害较重时，土壤里就会积聚大量的病原虫源，如果这块地下茬继续种植这种作物，病虫仍然可以得到适口性营养，就会大量繁殖，使病虫数量不断增多，为害程度逐年加重。而轮作倒茬有效降低了病虫数量，减轻了土传病虫的发生程度，也是综合防除杂草的重要途径。

3. 合理利用农业资源

根据作物生理生态特性，在轮作中合理搭配前后作物，茬口衔接紧密，既有利于充分利用土地和光、热、水等自然资源，又有利于合理均衡地使用农具、肥料、农药、水资源及资金等社会资源，还能错开农时季节。

4. 提高产量和品质

轮作可增加作物产量、提高品质，维持土壤合理的理化性质，有利于农业生产的可持续良性发展。实行轮作，可有效减少或避免农药使用，对生产绿色产品（或无公害产品、有机产品、健康产品）有利，从而提升了农产品的品质和农产品的"安全性""健康性""保健性"。研究已证实绿肥—玉米—大豆的轮作对于大豆的产量及品质无显著影响，但黑麦草作为冬季覆盖作物对增加夏大豆的产量具有一定的促进作用。

5. 黑龙江省汉麻的主要轮作方式

汉麻不适宜连作，可与玉米、大豆、小麦、蔬菜、薯类、烟草等作物进行轮作。黑龙江省旱田主要采用"一主多辅"的种植模式，以玉米与大豆轮作为主，与小麦、杂粮杂豆、蔬菜、薯类、饲草、油料作物、汉麻、中草药（1年生）等轮作为辅，大力提倡"三三制"轮作，允许实行"二二制"轮作。

2021年新增实施1年试点地块前茬（2020年）必须为种植大豆，2021年必须种植玉米或小麦或马铃薯或汉麻。

（二）茬口特性

茬口特性是指耕作和栽培某一作物后的土壤生产性能，它是作物生物学特性及耕作栽培措施对土壤共同作用的结果。

1. 茬口特性的评价

（1）按土壤养分特别是有效肥力来分。豆类、瓜类等作物茬有效肥力较高，其后作在施肥较少的情况下，也能有较好的收成。这类茬口称油茬，是好茬口。和油茬相反，甜菜、向日葵、荞麦等属于白茬，有效肥力低，其后作必须施肥，作物才能长得好。而麦类、玉米等称为中间茬、平茬或调剂茬。

（2）按有机质积累多少，分为耗地作物，指中耕作物；养地作物，指豆科作物、绿肥、牧草等，普遍认为这类作物有补充土壤有机质和培肥地力作用。

（3）按土壤耕性好坏分硬茬和软茬。硬茬的土壤结实，耕耙时易起硬坷垃，如高粱、谷子、向日葵等。这类作物坚韧的根系，耕作时易使耕层土壤板结、不易分散，必须消除残茬，细致整地，才能种好下茬作物。

2. 汉麻茬口特性

汉麻是深耕作物，为直根系，侧根多，主根能深入土壤 $2.0 \sim 2.5$ m，倒根多，细根上密布根毛，侧根大部分分布在 $20 \sim 40$ cm 土层内，横向伸展可达 $60 \sim 80$ cm。因此种植汉麻可以利用由浅根作物溶脱而向下层移动的养分，并把深层土壤的养分吸收转移上来，残留在根系密集的耕作层。另外汉麻根系分泌物较多，包括泌糖类、氨基酸、有机酸和酚类物质、转化酶、磷酸酶、蛋白酶、淀粉酶等，它们与土壤有着密切的联系，对土壤的保育修复起一定的作用。通过黑龙江省科学院大庆分院的研究可知，研究已证实，种植汉麻可以降低黑土地盐碱化程度、提高黑土地肥力等，并对土壤中的重金属离子和石油烃等有很强的吸附能力（表10-1，表10-2）。因此汉麻是养地作物，易于耕作，并为后作提供充足的养分，是一般作物良好的前茬，在轮茬地块缺少的情况下汉麻可连作 $1 \sim 2$ 年。

表 10-1　汉麻种植前后土壤盐渍化的程度

处理	pH	含盐量/%	TDS/（mg/L）	电导率/（μS/cm）
原轻度盐碱土	7.7	0.21	84.1	167.7
种植火麻一号	7.64	0.19	49.1	98.7
种植格列西亚	7.65	0.20	56.5	113.1

续表

处理	pH	含盐量/%	TDS/（mg/L）	电导率 /（μS/cm）
原中度盐碱土	8.7	0.41	599	1215
种植火麻一号	7.7	0.32	225	451
种植格列西亚	7.95	0.38	361	721

表 10-2　大田种植汉麻后土壤理化性状的变化

项目	pH	全氮/（g/kg）	全磷/（g/kg）	全钾/（g/kg）	碱解氮/（mg/kg）	有效磷/（mg/kg）	速效钾/（mg/kg）	有机质/%
原轻度盐碱土	8.15	1.35	0.54	18.44	110.10	9.97	102.60	2.00
种植火麻一号	7.54	1.42	0.60	21.18	118.34	10.67	120.60	2.26
变化状况%	8.09	4.77	8.59	12.92	6.96	6.56	14.93	11.51

（三）汉麻的适宜前作

1. 大豆

大豆根系入土较深，能吸收土壤深层的水分和养分，并能增加土壤中的氮素，改善土壤结构，恢复和提高土壤肥力。大豆每年每公顷的固氮量为 112.5 kg 左右，食用豆类至少每年固氮量为 49.5 kg/hm²。东北地区的大豆为油茬、软茬和热茬，是养地的茬口。大豆茬草少肥沃，是汉麻良好的前茬。

2. 玉米

玉米施肥量大，铲蹚次数多、杂草少，是多种作物的良好前作。玉米适应性强，对前茬的要求不严，但以豆、汉麻为最好。玉米能耐短期连作，但需氮肥较多，连作时玉米螟和大斑病较重，所以连作时必须增施粪肥，搞好病虫害的防治。玉米在轮作中可作为"调剂茬"，适合与汉麻进行轮作。

3. 马铃薯

马铃薯由块茎无性繁殖长出来的根为须根，没有主根和侧根之分，而用浆果里的种子（实生种子）繁殖长成的实生菌植株，就形成主根和侧根。马铃薯的根系大部分一般都分布在土壤表层 70 cm 深的范围内，但也有达 1 m 以上的。马铃薯是施肥量较大的作物，对肥料三要素的需要以钾最多、氮次之，磷最少。马铃薯适于与汉麻进行轮作，因为汉麻与马铃薯在病害发生条件不一致、伴生的田间杂草种类及需肥规律也不尽相同，故可列为首选茬口，可把马铃薯的病虫害压到最低限度，同时有利于消灭杂草。

二、选地与耕作整地

（一）选地

汉麻是深根作物，选地不如亚麻要求的条件高，平地、坡地、河套地、开荒地、林下地等均可种植。

汉麻生长期间较耐天气干旱而不耐土壤干旱，要求有一定的降水或灌溉水。适合在土壤肥沃、土质疏松、土层深厚、富含有机质、地下水位低及灌溉方便的田块进行种植，种植地最好是背风的，或者具有挡风带，土壤适宜酸碱度为 pH 值 5.8～7.8，微碱性土也能种植。不适宜在重黏土壤的涝洼地或纯沙土地、石灰性土壤、重碱性土壤及使用或过量使用普施特、磺隆类等长残效除草剂的地块种植汉麻，否则对汉麻的生长发育会造成影响，甚至会造成绝产。沙质壤土，种植汉麻麻皮较薄，色白，纤维柔软，拉力强，品质好；黏质壤土种植，麻皮较厚，纤维产量高，但含胶多，纤维粗硬，品质较差。

（二）耕作整地

汉麻种植的大田要精细耕作整地，多耕多耙。目的是使纤用/籽纤兼用汉麻田达到耕层深厚，土壤中水、肥、气、热协调，土壤松紧适度，保水、保肥能力强，地面平整状况好，为汉麻播种、出苗、壮苗及植株良好生长、提高作物产量的基础保证。同时，汉麻种子细小，耕作整地不良会影响幼苗出土。耕作整地包括深耕和播前整地两个环节。深耕是把深层点的土壤翻上来，而原先的浅层土壤被埋到下面，深耕时可以把一些枯枝乱叶、农作物秸秆深埋土里肥沃土壤，又不影响上层土壤种植浅根系的农作物，耕作深度一般是 20～25 cm，深耕可以加深耕作层，增强土壤通透性，提高蓄水保肥能力，增强土壤微生物活性，促进养分分解等，保证汉麻能正常扎根生长。

纤用/籽纤兼用汉麻田耕作整地的质量要求达到深、净、细、实、平，要大力推行机耕深耕，打破犁底层，特别是秸秆还田的地块，一定要深耕掩埋。机耕后配合机耙，耙细耙实耙透，消除明暗坷垃，拾净根茬，上虚下实，地面平整，底墒充足，为汉麻生长创造良好的土壤环境。东北地区纤用/籽纤兼用汉麻田整地分为秋整地和春整地，秋整地为最基本的耕作方式，使底土层土壤翻到地表，通过长期冻垡、晒垡可使之熟化。又可及时灭茬、灭草、消灭虫卵或病菌，具有蓄墒、保墒的作用。春整地在秋茬收获晚或早的地块进行。或者对于适耕性差的过湿性黏土采用春耕。应提早进行，一般应在土壤化冻 16～18 cm 或返浆期进行。整地要到头、到边、不留死角，地表有 12 cm 以上的松土耕层。常用的耕地机械有铧式犁、圆盘犁、旋耕机和松土犁等。整地机械有耙、耢、拖板、镇压器、旋耕机等。

当前黑龙江省适于纤用/籽纤兼用汉麻前作土壤耕作的方法主要有耕翻、耙茬、深松和旋耕整地。采用哪一种方法，应视前茬土壤耕作基础而定。未深耕深翻的地块，前茬作物收获后应进行全面耕翻；前茬有耕翻、深松基础时，尤其是豆茬、小麦茬，只需进行耙茬；连作纤用/籽纤兼用汉麻可在上茬纤用/籽纤兼用汉麻收获后进行深松、耙茬或旋耕。此外，还有早春及秋耙耕等辅助措施。应根据当地土壤种类、耕翻基础、轮作茬口等条件，因地制宜地采取有效的整地措施，调节耕层土壤养分和水分，为纤用/籽纤兼用汉麻增产奠定有利的物质基础。

1. 耙茬整地

耙茬整地是黑龙江省纤用/籽纤兼用汉麻增产的主要耕作方法之一，是抗旱耕作的一种较好方式，我们要积极应用这一整地措施，耙茬整地不直接把表土翻开，有利于蓄水、保墒和提墒，抗春旱能力强，土壤墒情在干旱年份比耕翻整地好，又适于机械播种。耕耙茬整地还有利于表层土壤养分的有效化，对改善纤用/籽纤兼用汉麻早期营养供应有利，耙茬整地主要用在大豆、玉米、马铃薯等茬口上，以秋耙茬整地最好，因春耙茬整地效果差，易将原垄台干土翻入垄沟，造成土壤水分条件不一致，影响播种质量，产量水平低。

把茬整地重耙时深度为 12～15 cm，轻耙时，深度也应保证在 8～10 cm，保证秸秆及根茬直接耙碎并与土壤充分混拌，作业两遍以上，耙幅在 4 m 宽的地表高低差小于 3 cm，每平方米大于 10 cm 的土块不超过 5 个；耙茬整地要求采用对角线耙，不顺耙、不漏耙、不拖堆，耙后要达到沟台一致，耕层疏松地表平整。

2. 深松整地

深松是整地的一种辅助措施，能起到加深土壤耕作层，打破犁底层，疏松土壤，提高地温，增加土壤蓄水能力的效果。目前黑龙江省纤用/籽纤兼用汉麻深松整地主要有平翻深松和耙茬深松两种。平翻深松主要适用于高粱、谷子等有根茬或草荒地块，耕层上部通过耕翻将作物根茬、杂草等翻压到耕层内，耕后地面平整干净，该种深松方法适用于黑土层较薄的白浆土和盐碱土地块，既能加深耕层，又可防止将下部生土翻上来。深松深度以打破犁底层为限。耙茬深松主要适用于有深翻基础的大豆、玉米、马铃薯和小麦等，而草荒地块或耕层较硬地块不宜采用。

黑龙江省深松整地深度一般要求超过 25 cm，一般集中秋季作物收获后，以接纳秋、冬两季的雨水和雪水，有效抵御春旱。或春播前后，可充分接纳夏季雨水，防止形成土壤表面径流达到抗旱或排涝效果。深松整地达到深、平、细、实，打破犁底层，深松后的裂沟要合墒弥平。做到田面平整，土壤疏松、细碎，没有漏耕，深浅一致，上实下暄，抗旱保墒。根据各地土壤类型和农作物种植模式确定适宜的耕深。基本要求可以概括为一句话：打破犁底层。

3. 耕翻整地

翻耕是用有壁犁翻转耕层和疏松土壤，并翻埋肥料和残茬、杂草等的作业。是整地作业的中心环节。纤用/籽纤兼用汉麻属平播作物，种子粒较小，播种时覆土较浅，种子发芽需水量大，因此提高耕翻整地质量，保障土壤墒情，是纤用/籽纤兼用汉麻一次播种保全苗的关键。翻地深度视耕翻基础和熟土层深浅而定，没有深翻基础的可逐年加深，不可一次翻得过深，将生土翻到表层过多不利于纤用/籽纤兼用汉麻的生长发育。黑土层厚深翻 20～22 cm，黑土层薄翻 10～20 cm，翻后的地头整齐，扣垡和埋茬严密，不露不重，翻到头，翻到边、达到深、平、齐、碎、透的标准，重耕率≤2%，立垡与回垡率<5%，残株杂草覆盖率>90%，严格按每三年以上深翻一次。耕翻时期要根据土壤墒情进行适时耕翻整地，一般适宜耕翻的土壤含水量为 18%～22%（手握成团，落地散碎）。不明水作业，不顶雨耕翻，以防倒雨，造成土壤黏结。总之早整好于晚翻，秋翻好于春翻。秋翻好于春翻主要是冻融交替作用保墒熟化效果好和能够保证适期早播。春翻效果差主要是土壤水分散失严重，不利于适时早播和确保全苗，因此不宜提倡。耕翻整地要做到翻、耙、耢结合，实行连续作业，这是提高整地质量、减少能源消耗、保存土壤水分的重要措施，不可忽视。

4. 春整地

春整地是春播工作的基础，是抗旱、实现一次播种保全苗的有效耕作措施。对来不及秋耕，或因土壤过湿不宜秋耕的土地，就需要进行春整地。主要有活雪耙地、早春耙耢等。活雪耙地的作用在于促使积雪尽早融化，确保适时播种，当田间积雪较多，融化较慢，影响适时播种，可用圆盘耙、钉齿耙或枝柴耙等进行活雪耙地，效果较好。早春耢地可将土块耢碎，并能耢平地，弥合地裂子，提高整地和播种质量，有利于保墒保苗。

由于春风大，蒸发快，春整地宜早进行。春分到清明前，表层土壤开始化冻，因下部还有冻层，解冻水不能下渗，随温度升高，不断向上运动，蒸发，这是整地保墒的重要时期。清明之后到谷雨前，随解冻层加深，土壤水分逐渐减少。当土壤解冻 30 cm 左右时，土壤水分最为充足，解冻层超过 30 cm 以后，土壤水分迅速减少。在田间大土块较多时，为了破碎土块，可采用早春镇压。但是要掌握好镇压时机，以昼化夜冻，冻融交替的时机较好。如果化冻较深，易把土块压到耕层内，形成暗坷垃，影响播种质量，不易出全苗。

5. 秋整地

春季干旱少雨，秋季雨水常常比春季多，秋整地能够多积蓄秋冬雨雪，可弥补春墒不足，使秋雨春用。秋整地不仅能改善土壤、加深耕层、消灭病虫害、清除杂草，还具有蓄水保墒、防御旱涝的作用。秋整地应翻早不翻晚，掌握适宜耕翻深度。在秋收后及早进行，这样才能有充分的时间进行土壤熟化，有利于土壤蓄存晚秋的降水，建立土壤耕层水库，实现秋墒春用。翻耕过晚，难免赶上秋雨就会增加秋翻地的成本。从而造成秋翻地的质量不高，翻后易形成黏条，干后变成块状，如土壤过干，翻地阻力大、工效低，耕作质量差。大大影响了春播进度和质量，不利于耙地。

秋整地还要注意土壤湿度。土壤含水量在 18% ~ 22% 时翻地适宜。翻后土壤细碎，保墒保苗好，并且翻地阻力小，工效高。秋翻应优先翻耕土质黏重的地块，以达到疏松土壤，加速土壤熟化的目的。秋翻的地块可立即进行整地，在上冻前如果时间足够可以进行旋耕作业，防止跑水跑墒。秋整地既可以让地势低洼土壤黏重的地块散墒，也可以让土壤慢岗的地块保墒。一些低洼地块，土壤含水量较高，如果秋整地可以加速土壤水分蒸发，起到一个散墒的作用，对于低洼地块秋翻地后不要着急耙地，可以到第二年春天耙地，保证土壤墒情适宜。如果是重旱的地块，秋翻地后应该及时耙地、起垄、镇压一条龙作业，减少水分损失，第二年播种时墒情好，有利于作物出苗。总之，对于旱田地来讲，秋翻地要比春翻地好很多，所以建议大家只要秋天能整过来的地，尽量秋翻地。当然，对于翻地也不要年年都翻，那样费用大，效果也不是很好，最好是间隔两三年翻一次就可以。

第二节 纤维/籽纤兼用汉麻的营养与施肥

一、营养元素的需求及吸收动态

汉麻是需肥量较大的作物，在整个生长期内，汉麻对氮的吸收量较多，其吸收量以前期高、后期低，随着生育期的推迟逐渐下降，到工艺成熟期氮的含量比苗期下降 54.2%，氮素营养的生理作用直接关系到碳水化合物的合成和麻株的生长发育，从而影响到纤维产量。VanderWerf 等研究发现，随着氮肥施用量的增加汉麻韧皮纤维含量呈降低趋势；并且高氮肥处理在发育前期麻株的生长速度明显高于低氮肥处理，然而在发育后期麻株的死亡率较高；对磷（P_2O_5）的吸收量很少，其含量亦表现为前期高、后期低的趋势，以开花期的含量最高，到成熟期下降 34.0%，磷素营养与汉麻苗期的生长发育显著相关，同时磷的吸收与汉麻束纤维强力呈显著直线正相关；和氮、磷一样，汉麻对钾是前期高，后期低，到工艺成熟期，钾的含量比苗期下降 26.8%，而钾的累积吸收量随着麻龄的增长而迅速增加，钾素不仅能促进麻株健壮，使产量增加，而且能明显提高汉麻纤维的长度，对纤维品质亦有一定作用。在施钾与不施钾的情况下，汉麻株高生长符合 Logistic 曲线方程，施钾能显著提高麻皮产量，全面改善麻株经济性状，尤以麻皮厚和出麻率表现突出，并能提高纤维品质，增加强力和麻皮长度。

汉麻不同类型品种，对氮磷钾的吸收和利用是有差异的。一般早种汉麻吸收和利用养分较不均衡，在它最初两个月内吸收养料占 3/4，而绝大部分养料消耗在现蕾到开花的短时期内；晚种汉麻吸收、利用养料比较均衡。早种汉麻播后 20~25 d 吸收氮、钾达到高峰。雄株从苗期到开花前吸收氮素较多于雌株；雌株在开花期吸收氮素较多于雄株。研究已证实 N、P_2O_5、K_2O 对汉麻原茎的影响均达到显著或极显著水平（表 10-3、10-4、10-5），而且对汉麻的田间保苗率、全麻率和全麻产量也有较大的影响。生产中要做到合理均衡施肥，保证汉麻丰产丰收。且氮磷或氮钾配合使用，比单施氮肥效果好，而氮磷钾三者配合使用，增产效果更是显著。以每公顷面积产 1 t 汉麻茎秆为例，需要 $m(N)$15~20 kg，$m(K_2O)$ 15~20 kg，$m(P_2O_5)$ 4~5 kg。

汉麻给予充分氮、磷、钾肥时，其茎中纤维的形成过程反响最强烈。在完全肥料组成中，以氮素作用最大，缺氮时，磷钾肥对纤维形成所起的作用显得很弱。因此，要促进纤维形成过程，早期施氮是很重要的。晚期施氮，对初生纤维形成作用不大，但能增加次生纤维的形成。施氮过多，纤维变粗，强力降低，还会引起病害。某些微量元素如铜、硼、锰、锌等适当施用对汉麻生长和纤维质量提高具有一定的影响。在泥炭土、黑土上施用硼肥、锰肥+锌肥或硼+锰+锌等都有增加种子和茎秆纤维的作用。实践证明，钾、锰、镁对汉麻产量和纤维发育影响最大，锰、镁、钾加镁，增产 27%~30%，钾、钾加锰增产 15%~17%。

表 10-3　氮肥（N）对汉麻原茎产量影响的方差分析

处理	产量/（kg/hm²）	5%显著水平	1%显著水平
90	9 711.1	a	A
60	8 966.7	b	B
120	8 833.4	b	B
30	8 777.8	b	B
0	8 611.1	b	BC
不施肥	8 000	c	C

表 10-4　磷肥（P_2O_5）对汉麻原茎产量影响的方差分析

处理	产量/（kg/hm²）	5%显著水平	1%显著水平
100	9 855.6	a	A
150	9 788.9	a	A
200	9 544.4	a	AB
50	9 081.5	b	BC
0	8 900.0	b	C
不施肥	7 815.7	c	D

表 10-5   钾肥（K_2O）对汉麻原茎产量影响的方差分析

处理	产量/（kg/hm^2）	5%显著水平	1%显著水平
80	10 777.8	a	A
120	10 633.4	a	A
160	9 922.3	ab	A
40	9 788.9	ab	A
0	8 966.7	b	A
不施肥	8 900.0	b	A

二、氮磷钾营养元素的分配

植物体内氮、磷的运转、分配和再利用在植物的营养生长阶段，生长介质中的养分供应量常出现暂时性或持久性的不足，造成植物体内营养不良。为维持植物的正常生长，养分从老器官向新器官的转移是十分必要的。另外，新生叶是一个同化作用极强的库，能调动更多的氮、磷及其他物质进入，即便是在氮、磷营养充足的条件下，生长时间较长的植株老叶中仍以氮、磷的运出为主，这对有限养分的高效利用具有重要意义。

汉麻叶片内氮、磷的平均含量分别高于韧皮部、木质部和根部，氮在叶片的平均含量分别为韧皮部、木质部和根部的 2.4、3.07 和 3.2 倍，磷在叶片的平均含量分别为韧皮部、木质部和根部的 1.3、2.06 和 2.2 倍，而钾在韧皮部的平均含量最高，分别为叶片、木质部和根部的 1.3、1.34 和 1.7 倍。同时叶片内氮、磷、钾的含量随着汉麻生长发育的进程呈上升趋势，而韧皮部、木质部和根部则随着生育期的推迟，氮、磷、钾的含量呈下降趋势。而汉麻苗期植株体内氮、磷、钾的比例为 4.7∶1∶3.9（质量比），氮>钾>磷，到工艺成熟期的比例为 4.1∶1.0∶4.2（质量比），氮、磷、钾养分在各部分的分配情况是叶>皮>骨。

三、施肥量

众所周知不同的作物有不同的营养需求。在欧洲经验和研究的基础上，Ranalli 报道，与小麦相比纤维汉麻的生长发育需较少的肥料。汉麻对氮、磷、钾三种养分的需求较多，以氮素居首、钾次之、磷最少。氮肥充足时，茎叶繁茂，叶色深绿；缺乏时，植株矮小顶部发黄，叶少茎弱；然而施用过多，其纤维品质与出麻率会有所降低。研究表明汉麻高纤维产量的施氮量一般为 50～150 kg/hm^2。钾肥能使麻皮增厚，纤维增长，实验证明施 300 kg/hm^2 氯化钾麻皮增产效果显著。磷肥主要促进营养生长和生殖生长，缺磷肥对幼根及幼芽的生长发育和种子的灌浆成熟产生不利影响。100 kg/hm^2 磷肥（P_2O_5）为汉麻最佳磷肥施肥水平，每平方米收获株数、原茎产量及全麻率最高。总之，氮肥对汉麻的增产起主要作用，氮磷和氮钾配施比单施氮肥效果好，氮、磷、钾三要素配施增产效果更佳。

氮、磷、钾少量施用，汉麻的产量有所降低，可见氮、磷、钾三种营养元素在汉麻原茎产量形成中必不可少，缺乏其中任何一种养分都会影响其他养分的吸收利用；氮、磷、钾过量施用，产量也有下降的趋势，同时影响汉麻农艺性状，说明过量施肥反会导致营养的浪费与流失，多余的养分发挥不了作用。宋宪友等研究表明，N，P_2O_5，K_2O 的最佳施用剂量分别为 90、100、80 kg/hm² 时，汉麻原茎产量最高。而刘青海等研究表明，每公顷施纯氮 65~75 kg、纯磷 25~30 kg 和纯钾 60~70 kg，汉麻的纤维产量最高。

四、肥料的利用效率

任何肥料施到土壤后都不能完全被作物吸收与利用，在外界环境的作用下发生一系列的转化，其中一部分由于淋失、挥发或被土壤固定而变成作物不可利用的形式。肥料的利用率受肥料的种类、配比、施用方法、时期、数量和土壤性质等因素的影响。在田间条件下，氮素化肥的当季利用率一般为 30%~50%，土壤固定 27%~35%，气态损失 16%~30%。磷肥当季利用率一般为 10%~20%，高者可达到 25%~30%。钾肥多为 40%~70%。随着品种的改良，作物产量逐年增加，对土壤养分的消耗也日益严重。传统的观点认为，要保证作物的高产和稳产，就必须施用足够的氮、磷、钾等营养元素。据国家统计局统计，我国化肥施用量居世界首位，2015—2019 年，由于国家政策引导农用化肥施用折纯量呈逐年递减趋势，2019 年农用化肥施用折纯量为 5 404 万 t，较 2018 年同比下降 4.42%。但是过量施用肥料，不仅降低了肥料利用率，同时也会造成巨大的能量浪费，从而提高了作物的生产成本，更重要的是过量施用肥料已经造成了严重的环境污染，并降低了生态效益，这些问题已引起了广泛关注。云南农业大学研究表明，汉麻田氮肥利用效率受磷肥、钾肥配施比例影响明显，高磷肥、高钾肥尤其是高磷肥配施比例能显著提高'云麻 5 号'的氮肥利用效率。磷肥、钾肥利用效率受氮肥配施比例影响较大，均随着施氮肥比例降低而显著下降，高氮肥配比处理最高（表 10-6）。

表 10-6　氮、磷、钾肥配比对云麻 5 号养分利用率的影响

养分/（kg/hm²）	处理	偏生生产力/（kg/kg）
氮肥（N kg/hm²）	400	119.28
	350	120.24
	233	173.65
	200	153.37
磷肥（P_2O_5 kg/hm²）	100	477.13
	117	359.69
	117	345.81
	100	307.13
钾肥（K_2O kg/hm²）	200	238.57
	233	180.62
	350	115.60
	400	76.78

五、施肥方式

（一）基肥

基肥又被称为底肥，指作物播种或定植前、多年生作物在生长季末或生长季初，结合土壤耕作所施用的肥料。因此基肥是土壤施肥的基础，土壤施肥的目的除了补充植物每年从土壤中带走的矿质元素外，重要的是通过施肥提高土壤的肥力，为植物生长创造一个良好的生态环境，也有改良土壤、培肥地力的作用。基肥的肥料大多是迟效性的肥料，如磷肥、钾肥和一些微量元素肥料等。基肥的施用方法一是结合秋翻整地一次施入，翻地前均匀施入地表，然后翻到 18~20 cm 土层；二是结合耙地施入，耙地前将粪肥均匀扬开，然后耙入土中，深度以 10 cm 左右为宜；三是条施，扣种前把粪肥均匀地施在垄沟，使其集中到苗带，深度以 10~15 cm 为宜。

在同等养分条件下东北地区化肥秋深施肥的增产作用在纤用/籽纤兼用汉麻、玉米、小麦等作物上比春季施肥、夏季追肥增产效果显著，早已为生产实践所证实。纤用/籽纤兼用汉麻是平作作物，黑龙江省秋深施肥南部地区在 10 月下旬至 11 月上旬，北部地区在 10 月中旬到 10 月下旬进行，秋翻地前将肥料均匀地撒在地表后，立即翻地，将肥料翻到 12~15 cm 深处，然后再捞平，使其达到播种状态。秋深施肥将肥料施到深处，可以减少氮素挥发损失，提高化肥利用效果，避免种肥施用量大造成烧籽烧苗，利于保墒和抢农时，并减少因保管不当而造成的养分损失。

（二）种肥

种肥是指在播种同时施下或与种子拌混的肥料。种肥是最经济有效的施肥方法。它是在播种或移栽时，将肥料施于种子附近或与种子混播，主要是供给幼苗养分的需要。由于肥料直接施于种子附近，要严格控制用量和选择肥料品种，以免引起烧种、烂种，造成缺苗断垄，因为肥料就在种子附近，幼苗根系很快能吸收到养分，施于种侧或种下 3~5 cm 处。纤用/籽纤兼用汉麻单施和分施是解决由于化肥施用量大而造成的烧种和由于混播使种子和化肥在土壤中处于同一部位而降低肥料的利用率的有效措施。混播烧种现象十分严重，尤其是尿素烧种现象更为普遍。因此，在纤用/籽纤兼用汉麻生产上采用种肥单施或分层施肥的办法，使肥料与种子间有一定的隔离土层，能避免因肥料浓度过大对种子和幼苗产生不利影响。

（三）追肥

追肥是指在作物生长过程中加施的肥料。追肥对于基肥而言，是对基肥的不足而采用的补充施肥方式，追肥的作用主要是为了供应作物某个时期对养分的大量需要，或者补充基肥的不足。纤用/籽纤兼用汉麻追肥多以速效化肥为主。土壤肥力较高、基肥充足的麻田，每亩追施氮、磷、钾复合肥 15~20 kg，氮、磷、钾的质量比为 3:1:2，对瘠薄地和底肥施用不足的地块，应提高追肥量，每亩 20~25 kg。通常在苗高 25~30 cm 进入快速生长期时，每公顷追施尿素 112.5~150 kg。定苗时追草木灰可减轻立枯病为害。或播种 40 d 后，苗高达 30~40 cm 时，结合浇第一遍水一次集中追施：将复合肥撒在麻苗的根部，浇水时把水直接浇到根部，肥料也一同施入土中，减少了肥料损失，提高了肥料利用率。此外，有的麻区强调多施基肥而不施追肥，原因是避免化肥量少、撒施不匀引起的田间麻株相互竞长，造成生长不齐，小麻增多，出麻率降低等。因此，追肥要因地制宜，讲求实效。

（四）叶面喷肥

叶面肥是指将营养物质溶于水，直接喷施在作物叶片上，使营养物质直接从叶部被作物吸收，参与作物的新陈代谢等过程的一种液体肥料，叶面肥具有养分供应直接、运送快、利用率高等优点。目前，叶面肥的相关研究表明，使用叶面肥可增强植株的抗逆能力，延长功能叶的寿命，促进蛋白质的形成，提高结实率，增加产量，改善品质，促进高产高效。叶面肥不仅可以增加植物的叶面积，提高净光合速率，还可以促进植株生长发育，提高产量。黑龙江省科学院大庆分院研究表明，喷施叶面肥后能够提高汉麻的叶面积，促进汉麻叶片的生长发育，延缓衰老；喷施叶面肥后，汉麻的株高、收获株数、原茎产量、全麻率及麻皮产量均高于 CK，处理间差异显著，而茎粗略高于 CK，处理间差异不显著。CK 的株高、茎粗、收获株数、原茎产量、全麻率及麻皮的产量比 F1 和 F2 降低了 4.11%～26.89%、6.12%～44.23%，F1 比 F2 降低了 2.09%～23.72%。由此可知喷施叶面肥后增加了汉麻的麻皮产量及产量构成因素，自制叶面肥 F2 效果最佳（表 10-7）。

表 10-7　喷施叶面肥后火麻一号麻皮产量及产量构成因素

处理	株高/cm	茎粗/cm	收获株数/（株/hm²）	原茎产量/（kg/hm²）	全麻率/%	麻皮产量/（kg/hm²）
磷酸二氢钾（F1）	252.80b	0.70a	1 351 367.57b	20 838.09b	21.47b	4 473.03b
自制叶面肥（F2）	258.20a	0.82a	1 416 470.82a	25 992.24a	22.56a	5 864.19a
对照（CK）	242.40c	0.64 a	13 186 65.93c	15 678.94c	20.86c	3 270.29c

（五）有机肥的施用

有机肥具有肥源广、成本低、养分全、肥效长等特点，有机肥能改善土壤理化性状，增加土壤营养成分，降低耕层土壤容重，有利于纤用/籽纤兼用汉麻的根系生长发育，它不仅能促进当季作物增产，而且能保证持续增产。但有机肥用量大，养分释放缓慢，还必须以化学肥料来补充，才能达到提高土壤肥力和持续增产的目的。中国各地麻农多用有机肥作基肥，一般施有机肥 30～40 t/hm²，结合秋季深耕翻入底层，或在春耕时浅翻入土。

第三节　播种

一、黑龙江省品种状况

黑龙江省汉麻栽培育种工作始于 20 世纪 60 年代，然而进入 20 世纪 90 年代，几乎处于停滞阶段。世界汉麻的迅速发展让黑龙江省看到了这个产业的广阔前景，从 2004 年开始，黑龙江省科学院大庆分院、黑龙江省农业科学院大庆分院、黑龙江省农业科学院经济作物研究所等科研单位开始逐渐加大汉麻育种的相关研究，通过对外技术交流合作、品种引进及资源收集，丰富了汉麻的育种材料，提高了汉麻的育种技术。黑龙江省科学院大庆分院现已收集整理汉麻种质资源 400 多份，育成 16 个拥有自主知识产权的汉麻品种，其中籽用汉麻 3 个，纤维用汉麻 9 个，籽纤兼用汉麻 2 个，高 CBD 2 个，特别是火麻一号，现已成为黑龙江省纤维用汉麻的主栽品种。这些品种的 THC 含量均低于 0.03%，符合国际低毒品种的标准，使人们重新肯定了汉麻的应用价值和工业用途。黑龙江省科学院大庆分院培育的雌雄同株汉麻新品种汉麻 1 号和汉麻 4 号，彻底改变了雌雄异株品种收获难度大、产量低、品质差等难题，并且雌雄同株有利于机械化作业，极大地促进了汉麻的产业化发展。

二、播种前准备

（一）选用优良品种

选用优良品种是一项投资少见效快的农业增产措施。不同的品种有不同的生态特性和适应范围，同一品种在不同条件下产量、生育期等性状有时差别很大。生产实践证明，任何优良品种都是有地区性的和有条件的，并非良种万能。选用良种时，要因地制宜，选用抗旱、耐涝、抗病性强、适应性广、丰产性好的品种，做到因地制宜，良种良法配套、是实现汉麻高产优质的技术核心，在选用优良品种时是要注意以下几个原则：

（1）选择认定的汉麻品种。

（2）适区选种，所谓适区选种就是坚持安全成熟的原则，一定要选所在区域适合熟期的品种。根据当地的无霜期和有效积温，选择相应成熟期的品种。

（3）选用品种应先了解品种特性，再比较示范，然后选用。

（4）种子质量要达到国家质量要求。注意不要盲目跟风，不要轻信夸大宣传，购种索要发票，适合自己的品种才是最好的品种。

（二）种子精选及种子处理

1. 种子精选

挑选饱满、千粒重高、大小均匀、色泽新鲜且发芽率高的种子作种，是培育早苗、齐苗、壮苗的一项有效措施。农谚有"母大子肥""种大苗壮"之说，说明了种子与壮苗之间的因果关系。为了提高种子纯度和发芽率，播前进行一次认真的选种，达到精量点播的种子标准，精选后的种子质量要达到成熟、饱满、破籽率<5%、含水量<12%、发芽活力强、发芽率>85%、纯度>95%。精选种子可采用风选、筛选、粒选、机选和人工挑选等方法，达到标准如下：

（1）将霉粒、病斑粒、虫食粒挑出去，使种子带病少，发芽率高，品质良好。

（2）将瘪籽、嫩籽、杂质、小粒、破烂粒等挑出去，可提高整齐度，使发芽整齐，发芽势强。

（3）将籽粒形状、花色、粒色不一致的混杂籽粒挑出去，可提高纯度。

据调查，使用汉麻成熟不良或千粒重低的种子播种，发芽率降低 20%～25%，出苗不齐，幼苗瘦弱，易感染病虫，且小麻率高。用隔年的陈种（种皮呈暗绿色）播种，发芽率大大降低，会造成严重缺苗断垄。

2. 种子处理

汉麻种子播前经晒种、浸种、拌种、催芽等处理后，可以增强种子发芽势、提高发芽率，并可减轻病虫为害，以达到苗早、苗齐、苗壮的目的。

（1）晒种：利用阳光曝晒种子的措施。一般在收获后或播种前进行。收获后晒种主要是降低种子水分，使其降到安全水分范围内有利于贮藏。播种前晒种主要是改善种皮的透气性，排除种子中有害的呼吸产物，促进酶的活性和后熟作用，增强种子的吸水能力，提高种子的生活力，从而提高种子的发芽率和发芽势。试验表明晒过的种子发芽快，出苗整齐，一般出苗率提高13%～28%、提前出苗1～2 d，并具有一定的消毒杀菌作用。特别是成熟度差和贮藏期受潮的种子，晒种的效果更为明显。晒种一般选择晴朗天气摊晒2～3 d。注意薄摊勤翻动，使受热均匀，并防止品种混杂和遭受机械损伤。另外晒种时不要将种子摊晒在水泥地或石板上，以免温度过高灼伤种子。

（2）浸种：可增强种子的新陈代谢作用，提高种子生活力，促进种子吸水萌动，提高发芽势和发芽率。使种子出苗快，出苗齐，对汉麻苗全、苗壮和提高产量均有良好作用。浸种时应注意水温和时间。水温一般分三个类型：一是常规浸种，水温为30 ℃左右，适于种皮薄、吸水快的种子。二是温烫浸种，水温为50 ℃左右，可杀死大部分病菌。浸种时一边倒水，一边搅拌，温度降至30 ℃时，同常规浸种。三是热水烫种，水温为70～85 ℃，先用凉水浸湿种子，然后倒入热水，边倒水边搅拌，待温度降至30 ℃时，同常规浸种。但必须注意，在土壤干旱又无灌溉条件的情况下，不宜浸种。浸种时间因作物种子而定，一般为2～16 h。因为浸种时的种子胚芽已经萌动。播在干土中容易造成"回芽"（或称"烧芽"），不能出苗，导致损失。汉麻种子通常采用常规浸种，浸种时间为6～12 h。

（3）药剂拌种：种子采收后，也可在种子贮藏期间或播种前对大批量的种子进行药剂拌种，是防治地下害虫和苗病、提高成苗率的有效措施。但不能对种子内部进行消毒，处理后的种子播种前也不适合进行水浸种和催芽。汉麻播种前用50%的多菌灵可湿性粉剂、75%百菌清可湿性粉剂、70%代森锰锌可湿性粉、35%甲霜灵、50%的福美双可湿性粉剂等均匀拌种，用药量为种子质量的0.2%～0.3%，可以防治霜霉病、根腐病、枯萎病等，或进行土壤药剂处理，用50%的辛硫磷、毒谷、毒饵等，播种的同时将其撒施在播种沟内，对于地下害虫如金针虫、蝼蛄、蛴螬等都有显著的防治效果。

宋宪友研究结果表明：每公顷用10%的甲霜灵（0.75 kg）+48%代森锰锌（0.9 kg）+75%克百威（1.0 kg）拌种，对汉麻虫害跳甲、蟓虫和病害茎腐病、灰霉病的防治效果分别达71.4%、80%和75.0%、58.3%；每公顷用15%的多菌灵（1.0 kg）+75%克百威（1.0 kg）+10%福美双（1.2 kg），对汉麻虫害跳甲、蟓虫和病害茎腐病、灰霉病的防治效果分别达57.1%、60.0%和100%、75.0%。

（4）种子包衣：是一种新的种子处理方法，是以浸种、拌种为依据，运用不同领域的高新技术发展起来的，就是给种子裹上一层药剂，它是由杀虫剂、杀菌剂、复合肥料、微量元素、植物生长调节剂和成膜物质加工制成的，该物质遇水不会溶解流失，也不影响种子的吸胀，使包衣种子能够正常发芽。种子包衣明显优于普通药剂拌种，主要表现在能综合防治病虫害、药效期长（40～60 d）、药膜不易脱落、不产生药害，既节省了农药的使用又减少了施药的时间，其有效期长，有助于提高种子科技含量、促进幼苗的生长。拌种用量一般为种子量的1.0%～1.5%。包衣的方法有两种：一是机械包衣，由种子部门集中进行，包衣较均匀，适用于大批量种子处理；另一种是人工包衣是指通过手工的方法将种子和种衣剂充分混合均匀，主要是进行小规模的包衣处理，经过人们的实践，发现使用铁桶、塑料袋和大盆都可以进行人工包衣。在生产上汉麻种子通常采用多福克 30%（悬浮种衣剂）通过机械或人工包衣两种方法，药种比 1∶（70～90），包衣前将种衣剂充分摇匀，边往种子上倒边搅拌，拌匀为止，阴干成膜后即可播种，可防治根腐病及地老虎、蛴螬、蝼蛄、金针虫等地下害虫。

郭鸿彦等用 4 个汉麻专用种衣剂和 6 个其他作物种衣剂对云南推广使用的汉麻品种"云麻 1 号"种子进行包衣，经筛选对比试验可知不同类的种衣剂或药种配比量，对出苗有影响。各种衣剂处理对植株生长及经济性状无不良影响。试验优选出了 3 个种衣剂及其相应的药种比，红种子汉麻种衣剂（药种比 1∶50），12% 的甲硫悬浮液（药种比 1∶50），中国农大汉麻种衣剂（药种比 1∶80），它们对"云麻 1 号"安全有效，有显著保苗和增产作用。

（三）测定千粒重和发芽率，计算播种量

汉麻精选之后，还要做种子千粒重的测定和发芽试验，千粒重和发芽率是计算播种量的依据。测定千粒重可随机查取 1000 粒种子 3 份，各自称重，用克（g）表示，求出平均数，即是该种子的千粒重。

种子发芽试验可分为 4 组进行，每组 100 粒放入小盘或小碗中，下面垫软纸、棉花或湿毛巾，加水使种子充分吸胀，然后放到 25 ℃左右的温度下使之萌发，经过 7～10 d 之后，每 100 粒种子发芽种子数即为该种子的发芽率。

播种量的计算是根据每千克种子的粒数、种子发芽率、每公顷保苗数、田间损失率等项计算出来的。田间损失率包括除草损失率和间苗损失率，一般为 20%。

三、播种

（一）适时播种

适时早播是增产的重要经验。

（1）适时早播可以延长汉麻生长期，充分利用光能和地力，合成并积累更多的营养物质，促进生长发育提高产量。

（2）适时早播，可做到抢墒播种，充分利用早春土壤水分，有利于汉麻种子吸水萌发，提高保苗率。

（3）适时早播可以减轻汉麻病虫为害，保证全苗。

（4）适时早播可以增强汉麻植株抗倒伏能力。

（二）播种期及播种技术

汉麻的播种期，主要根据温度、墒情和品种特性来确定。

（1）温度：汉麻在水分、空气条件基本满足的情况下，播种后发芽出苗的快慢与温度有密切关系，在一定温度范围内，温度越高，发芽出苗就越快，反之就慢。生产上当土壤表层 5～10 cm 深处温度稳定在 8～10 ℃时开始播种为宜；播种过早、过晚，对汉麻生长都不利。

（2）墒情：汉麻种子发芽，除要求有适宜的温度、空气外，还需要一定的水分，即需要吸收占种子绝对干重 50% 以上的水分，也就是说播种深度的土壤水分，达到田间持水量的 60%~70%，才能满足汉麻种子发芽出苗的需要。因此，春季做好保墒工作，是保证汉麻发芽出苗的重要措施。

黑龙江省科学院大庆分院通过对 3 个国外引进汉麻品种格列西亚（V1）、金刀 15（V2）和格里昂（V3）的研究表明，相对吸水量 V1 和 V2 与 V3 之间存在显著差异，V1 和 V2 比 V3 高出了 4.68% 和 6.53%；三个汉麻品种间单位面积的吸水量差异不明显，V2 比 V1、V3 仅高出了 0.36 g/m² 和 0.88 g/m²，在单位土地面积内 V1、V2 和 V3 吸水膨胀并保证正常出苗所需要的水分分别在 4.42 g/m²、4.78 g/m² 和 3.90 g/m² 以上。

相对吸水量、单位面积吸水量、平均吸水速率和平均吸水率与千粒重、粒长、粒宽之间呈极显著正相关，而相对吸水量、平均吸水速率与粒厚之间呈负相关关系；发芽率、发芽势、活力指数、苗高及苗鲜重与粒厚之间呈显著或极显著负相关，而发芽指数与粒厚之间呈极显著正相关；活力指数与粒长之间呈显著正相关（表 10-8）。相对吸水量、单位面积吸水量、平均吸水速率、平均吸水率与发芽率、发芽势、活力指数、苗鲜重正相关，与发芽指数、苗高呈负相关，并且与活力指数的相关性达极显著水平（表 10-9）。

表 10-8　吸水及萌发特性与种子形态特征的关系

指标	千粒重	粒长	粒宽	粒厚
相对吸水量	0.9501**	0.9948**	0.9522**	-0.0848
单位面积吸水量	0.9833**	0.9995**	0.9845**	0.0491
平均吸水速率	0.9663**	0.9990**	0.9681**	-0.0279
平均吸水率	0.9754**	0.9999**	0.9768**	0.0099
发芽率	0.1677	0.3745	0.1744	-0.9207**
发芽势	0.3316	0.5255	0.3379	-0.8418**
发芽指数	-0.2201	-0.4235	-0.2267	0.8986**
活力指数	0.5678	0.7306*	0.5734	-0.6703*
苗高	-0.5983	-0.4132	-0.5928	-0.9175**
苗鲜重	0.0657	0.2774	0.0724	-0.9559**

注：*、** 分别表示在 $P<0.05$ 和 $P<0.01$ 水平上差异显著，下同。

表 10-9　吸水特性与萌发特性的相关关系

指标	发芽率	发芽势	发芽指数	活力指数	苗高	苗鲜重
相对吸水量	0.4669	0.6093	-0.5134	0.7963**	-0.3185	0.3737
单位面积吸水量	0.3445	0.4978	-0.3941	0.7082**	-0.4423	0.2463
平均吸水速率	0.4157	0.5631	-0.4636	0.7605**	-0.3720	0.3202
平均吸水率	0.3811	0.5315	-0.4298	0.7354**	-0.4068	0.2842

（3）品种特性：纤用/籽纤兼用汉麻品种（包括杂种）相对较多，各有适应不同气候条件的特性。由

于其品种特性不同，各有适宜的播种期。经验证明，必须按照品种特性来掌握播种期，才能使各个品种或杂交种在适宜的环境条件下生育良好。

由上述可知，决定纤用/籽纤兼用汉麻适宜的播种期，必须根据当地当时的温度、墒情和品种特性，当然也与栽培制度有关，加以全面考虑，既要充分利用有效的生长季节和有利的环境条件，又要发挥品种特性，既要使纤用/籽纤兼用汉麻丰产，也要为后茬作物创造增产条件，以达到全年丰收。黑龙江纤用/籽纤兼用汉麻在不同积温区播种日期不同，生育期间≥10 ℃活动积温在2700 ℃以上的地区，一般4月15~25日；纤维/籽纤兼用汉麻生育期间活动积温在2500~2700 ℃的地区，一般4月20日至5月1日；纤用/籽纤兼用汉麻生育期间活动积温在2300~2500 ℃的地区，一般为5月1~5日。

为确定纤用/籽纤兼用汉麻在第一积温带（活动积温在2700 ℃以上）的最佳播种期，黑龙江省大庆分院在大庆市东风农场进行播种的日期（4月25日、5月5日、5月15日、5月25日）和品种（火麻一号、金刀15）二因素随机区组试验。结果表明：播种期改变汉麻生育时期的长短，对其物候期产生影响（表10-10）；火麻一号在5月5日播种时纤维产量最高，金刀15在4月25日播种时纤维产量最高，因此认为火麻一号的最佳播种时期在5月上旬，金刀15的最佳播种时期在4月下旬（表10-11）。

表10-10 播种期对汉麻生长发育进度的影响

品种	播种时期/（日/月）	出苗天数/d	苗期/d	三叶期/d	快速生长期/d	开花期/d	生育日数/d
火麻一号	25/4	15.7 ± 1.2a	16.7 ± 1.5b	8.3 ± 0.6a	46.3 ± 0.6a	32.7 ± 2.1a	119.7 ± 1.2a
	5/5	9.7 ± 1.5b	20.7 ± 0.6a	7.0 ± 2.0ab	42.0 ± 2.0b	32.7 ± 1.5a	111.7 ± 0.6b
	15/5	11.0 ± 1.0b	11.3 ± 1.5c	8.0 ± 1.4a	41.0 ± 1.0b	33.3 ± 2.1a	103.7 ± 0.6c
	25/5	14.7 ± 0.6a	8.7 ± 1.5d	5.3 ± 0.6b	35.3 ± 1.2c	30.3 ± 1.5a	94.0 ± 1.0d
金刀15	25/4	16.0 ± 1.7ab	18.7 ± 2.3a	5.7 ± 0.6ab	29.3 ± 0.6a	40.0 ± 0.0a	110.3 ± 0.6a
	5/5	10.7 ± 0.6b	19.7 ± 0.6a	5.0 ± 1.0ab	29.7 ± 1.5a	38.3 ± 0.6a	97.3 ± 0.6b
	15/5	15.0 ± 0.0a	9.3 ± 2.5b	6.7 ± 1.5a	30.0 ± 1.0a	34.3 ± 0.6b	95.3 ± 0.6c
	25/5	18.0 ± 0.0a	6.3 ± 1.2b	4.7 ± 0.6b	25.0 ± 1.0b	33.3 ± 0.6b	87.3 ± 0.6d

表10-11 播种期对汉麻产量的影响

品种	播种时期（日/月）	原茎产量/（kg/hm²）	干茎制成率/%	出麻率/%	纤维产量/（kg/hm²）
火麻一号	25/4	11897.60 ± 2404.09b	82.78 ± 0.35a	15.16 ± 1.70ab	1512.53 ± 466.34b
	5/5	15828.80 ± 1116.83a	82.61 ± 1.05a	16.03 ± 0.10a	2102.65 ± 276.29a
	15/5	10504.00 ± 1280.85b	81.50 ± 1.19a	15.56 ± 1.51ab	1341.33 ± 291.42b
	25/5	9193.60 ± 1370.43b	81.48 ± 0.02a	13.21 ± 0.26b	1074.82 ± 28.54b
金刀15	25/4	9859.60 ± 978.96a	82.94 ± 1.74a	31.84 ± 4.45a	2627.72 ± 617.89a
	5/5	8561.73 ± 1219.89ab	82.32 ± 1.84a	29.78 ± 4.55a	2138.14 ± 640.62ab
	15/5	7536.00 ± 1067.60b	82.12 ± 0.89a	29.77 ± 1.21a	1842.13 ± 276.58ab
	25/5	5317.07 ± 418.14c	80.68 ± 0.86a	30.16 ± 2.99a	1292.87 ± 157.33b

（三）播种方法，掌握适宜的播种量和播种深度

平播密植，采用 12 ~ 48 行谷物播种机播种或人工条播，行距 7.5 ~ 15 cm，播种深度 3 ~ 5 cm，覆土深度为 2 ~ 2.5 cm，播种后视墒情及时镇压。要求播种均匀，不重播，不漏播。一般地块每亩播种用量纤维用 450 ~ 700 粒/m²，籽纤兼用 300 ~ 400 粒/m²。早熟品种要比晚熟品种适当增加播量，千粒重高的品种增加播量。

黑龙江省科学院大庆分院研究了不同施肥量和种植密度对火麻一号农艺性状及纤维产量的影响。结果表明，施肥量、种植密度对火麻一号的株高、茎粗、工艺长度、全麻率、干物质重及纤维产量有显著影响。同一密度条件下，株高、茎粗、工艺长度、干物质重及纤维产量，均随着施肥量的增加先增加后减少。在不同肥力情况下，株高、茎粗、工艺长度、全麻率、干物质重及纤维产量对种植密度的反应有所不同。本试验条件下，火麻一号当施肥量是 543.1 kg/hm² （N∶P∶K =3∶1.15∶2.2），种植密度是 500 粒/m² 时，汉麻的株高、茎粗、工艺长度等农艺性状优于其他处理，纤维产量高（表 10-12）。

表 10-12 不同肥密处理对汉麻实际纤维产量的影响

单位：kg/亩

肥料处理	密度处理			
	450 粒/m²	500 粒/m²	550 粒/m²	平均
F0	43.79	64.61	46.54	51.65Dd
F1	69.68	86.53	75.89	77.37Cc
F2	93.10	121.05	103.54	105.90Aa
F3	65.09	98.55	95.93	86.52Bb
平均	67.91Cc	92.68Aa	80.47Bb	

注：肥料为尿素、重过磷酸钙和硫酸钾的用量；F0 施肥量为 0，F1 施肥量为 304 kg/hm²（N∶P∶K=3∶0.44∶1.7），F2 施肥量为 543.1 kg/hm²（N∶P∶K=3∶1.15∶2.2）；F3 施肥量为 860.3 kg/hm²（N∶P∶K= 3∶1.3∶3.3）；同列大小写字母不同，表示达 1%及 5%显著差异水平。

第四节　田间管理

一、主要病虫草害发生与防治

汉麻病害一般由真菌、细菌、病毒、线虫病原物引起。已知汉麻病害约有 50 多种，其中真菌性病害 30 多种，细菌性病害 4 种，线虫病 4 种，病毒病 5 种。在中国发现的有 20 多种，以真菌性病害为主。所以，目前汉麻的病害防控对象以真菌性病害防控为主。

疫霉病是引起成株期死株的主要病害，重病导致的死株率达 30%左右。

（一）纤用/籽纤兼用汉麻病害

曾经认为汉麻通常是没有病虫害的，其根据是汉麻广泛的适应性及其全世界范围内栽培、野生和逸生。但实际上汉麻可患 100 多种病害，有 10 多种是比较严重的，汉麻病害每年可造成汉麻减产 11%左右。在我国为害汉麻的病害主要有汉麻霜霉病、霉斑病、白斑病、秆腐病、灰霉病、褐斑病、黑斑病、白星病、菌核病、疫病和立枯病等。

1. 霜霉病

（1）症状：为害汉麻叶片和茎秆。叶片染病产生不规则形黄色病斑，后变褐色，背面生一层灰黑色霉状物，即病菌孢囊梗和孢子囊。茎部染病产生轮廓不明显的病斑，有时病茎茎秆弯曲。

（2）病原物：*Pseudoperonospora cannabina*（Otth）Curz. 称汉麻假霜霉，属鞭毛菌亚门真菌。病菌孢囊梗 2~5 根束生，从气孔伸出，3~4 回分枝，大小（110~240）μm×（8~10）μm，孢子囊椭圆形，淡褐色，顶端具突起，大小（30~36）μm×（16~20）μm，未见卵孢子。

（3）发病规律：病菌以菌丝体及孢子囊在病残体上越冬。适温、高湿利于该病发生。

（4）防治方法：农业防治，选无病地区或田块种植。增施有机肥，冬前进行深翻，采用配方施肥技术，注意氮磷钾配合，做到合理密植；化学防治，采用杀菌剂拌种、浸种、土壤消毒或直接喷施，发病初期及时喷洒 80%的喷克可湿性粉剂 600 倍液或 40%的大富丹可湿性粉剂 400~500 倍液、75%百菌清可湿性粉剂 600 倍液、90%乙膦铝可湿性粉剂 500 倍液、72%杜邦克露或 72%克霜氰或 72%霜脲·锰锌可湿性粉剂 700~800 倍液。对上述粉剂产生抗药性的地区，改用 69%的安克·锰锌可湿性粉剂 900~1 000 倍液。发病每隔 7 天 1 次，视病情连续 2~3 次。

2. 霉斑病

（1）症状：各麻区均有发生。主要为害汉麻叶片，初生暗褐色小点，后扩展成近圆形至不规则形病斑，大小 2~10 mm，中央浅褐色，四周苍黄色。发病重的叶片上布满大大小小病斑，致叶片干枯早落，后期病斑背面生黑色霉层，即病原菌的分生孢子梗和分生孢子。

（2）病原：*Cercospora cannabina* Wakefeiid 称大麻尾孢，属半知菌亚门真菌。子实体生在叶背面，无子座；分生孢子梗 2~10 根束生，浅褐色，上下色泽均匀，正直或弯曲，少数具 1~2 个膝状节，顶端狭，不分枝，圆形至近截形，孢痕明显，隔膜 0~4 个，大小（16~67）μm×（3.5~5）μm。分生孢子鞭形，无色透明，正直或略弯，基部近截形或截形，隔膜 2~10 个，大小（45~80）μm×（3~4）μm。

（3）发病规律：病菌以菌丝块或分生孢子在病残体上越冬，成为翌年初侵染源。植株发病后病部可不断产生分生孢子借气流传播，进行多次重复侵染。该菌为弱寄生菌，麻田管理跟不上、麻株生长发育不良易发病；荫蔽低洼麻田或栽植过密发病重。

（4）防治方法：合理密植，科学施肥，注意氮磷钾配合，增强植株抗病力；加强管理，改善麻田通风透光条件，雨后及时开沟排水，防止湿气滞留，均可减少发病；发病初期喷洒（1：0.5）~（1：100）倍式波尔多液或 50%的琥胶肥酸铜（DT）可湿性粉剂 500 倍液、60%多福混剂 600~800 倍液、36%甲基硫菌灵悬浮剂 500 倍液、50%苯菌灵可湿性粉剂 1500 倍液、65%甲霉灵可湿性粉剂 1 000 倍液。

3. 白斑病

（1）症状：主要为害汉麻叶片，初生褐色圆形病斑，后变为灰白色，中心白色，上生黑色小粒点，即病菌的分生孢子器。该病与斑枯病相似，分生孢子器多呈轮状排列，必要时需镜检病原进行区别。

（2）病原：*Phyllos ticta cannabis*（Kirchn.）Speg.称大麻叶点霉、*P.straminella* Bres. *Macrophoma straminella*（Bres）Died 称蒿秆叶点霉，均属半知菌亚门真菌。*P. cannabis* 的分生孢子器初埋生在寄主组织里，后突破表皮外露，扁球形。分生孢子单胞无色，椭圆形至圆筒形，直或弯曲，大小（4~6）μm×（2~2.5）μm，有油点 1~2 个。*P. straminella* 分生孢子器生在叶面，球形至扁球形，上部的器壁较厚，暗褐色，大小 96~150 μm，分生孢子椭圆形或卵形，无色透明，单胞，两端各具 1 油球，大小（5~9）μm×（2.5~4）μm。

（3）发病规律：病菌以分生孢子器和菌丝体在田间病残组织上越冬，翌春菌丝体生长，分生孢子器吸水，溢出大量分生孢子进行初侵染，生长期间分生孢子借风雨传播进行再侵染。苗期低温多雨利于病菌入侵和发病。生产上长果种黄麻较圆果种发病轻。

（4）防治方法：进行 3 年以上轮作，收获后及时深翻，消灭病残组织中的病菌，减少为害；选用健康、饱满的种子，做到适期播种，防止过早播种；加强麻田管理，及时间苗，增施草木灰，提高麻株抗病力；发病初期，尤其是在寒流侵袭前，喷洒 12%的绿乳铜乳油或 60%的百菌通可湿性粉剂 500 倍液、14%络氨铜水剂 300~400 倍液，均有良好的防病保苗作用。

4. 秆腐病

（1）症状：幼苗染病引起猝倒。叶片染病产生黄褐色不规则形病斑。叶柄上产生长圆形褐色溃疡斑。茎秆染病茎部产生梭形至长条形病斑，后扩展到全茎，引起茎枯，病部表面密生许多黑色小粒点。

（2）病原：*crophomina phaseoli*（Maubl.）Ashbe.称菜豆壳球孢，属半知菌亚门真菌。分生孢子器散生或聚生，多埋生，球形至扁球形，暗褐色，炭质，大小 96~163 μm。分生孢子呈长梭形至长椭圆形，单胞无色，个别双胞，大小（14~20）μm×（4~9）μm。能产生黑色菌核，常与分生孢子器混生在一起。病菌生长适温 30~32 ℃，最适 pH 值为 6~6.8。

（3）发病规律：病菌以菌丝体在病残组织内或以菌核体在土壤中越冬。气温高，多雨高湿易诱发此病；地势低洼，麻株生长不良或偏施、过施氮肥发病重。

（4）防治方法：实行 3 年以上轮作；收获后及时清除病残体，集中深埋或烧毁；适当密植，合理施肥浇水，防止湿气滞留；发病初期喷洒 75%的百菌清可湿性粉剂 600 倍液或 80%喷克可湿性粉剂 600 倍液。

5. 白星病/斑枯病

（1）症状：主要为害叶片。初沿叶脉产生多角形或不规则形至椭圆形黄白色淡褐色至灰褐色病斑，大小 2~5 mm，有时四周具黄褐色晕圈，后期病部生出黑色小粒点，即病原菌的分生孢子器。发病严重时病斑融合造成叶片早落。

（2）病原：大麻壳针孢 *Septoria cannabis*（Lasch.）Sacc. 称属半知菌亚门真菌。分生孢子器黑色，球形，直径 90 μm 左右，散生或聚生在叶两面，初埋生后突破表皮。分生孢子无色透明，针形，直或弯曲，顶端较尖，具隔膜 2~5 个，多为 3 个隔膜，大小（45~55）μm×（2~2.5）μm。菌丝发育适温为 25 ℃，最适 pH 值为 5.2。

（3）发病规律：病菌以分生孢子器或菌丝体在遗留地面的病残体上越冬，翌春遇水湿后，成熟的分生孢子器从孔口溢出大量分生孢子，借风雨传播进行初侵染，以后病部不断产生孢子进行再侵染。排水不良的阴湿地块或偏施、过施氮肥及过度密植的麻田发病重。

（4）防治方法：主要采取农业技术防治措施，控制其为害；选择高燥地块栽植汉麻，雨季及时排涝，防止湿气滞留；施用充分腐熟有机肥，增施磷钾肥，不要偏施过施氮肥，合理密植，保持田间通风透光，使汉麻健康生长，增强抗病力；必要时可在发病初期喷洒 1∶1∶160 倍式波尔多液或 14% 的络氨铜水剂 300 倍液、60% 琥胶肥酸铜可湿性粉剂 500 倍液、50% 甲福混剂可湿性粉剂 600～800 倍液、50% 苯菌灵可湿性粉剂 1 500 倍液。

6. 褐斑病/斑点病

（1）症状：多在老叶上发生，最初叶表面上出现暗褐色斑点，以后斑点扩大成为圆形或近圆形，中央部分变成淡褐色，周围苍黄色，背面密生灰色的霉，为害严重时，早期落叶。控制氮肥的施用量和麻田密度。

（2）病原：汉麻褐斑病的病原目前尚不明确。

（3）发病规律：病原以菌丝体或分生孢子器在枯叶或土壤里越冬，借助风雨传播夏初开始发生，秋季为害严重，高温高湿、光照不足、通风不良、连作等均有利于病害发生。多雨水天气发病较多，散播较快。褐斑病发病率较高，最高达 100%。

（4）防治方法：选用抗病品种，或用 45% 的唑酮·福美双可湿性粉剂、50% 多菌灵可湿性粉剂等拌种；合理施肥，适时适度浇水并应结合管理及时清理病叶，集中烧毁，以减少菌源防止褐斑病的出现；褐斑病重发初期，可用 70% 的甲基硫菌灵可湿性粉剂 700 倍液，或 40% 的多菌灵·硫黄悬浮剂 800 倍液、80% 代森锰锌可湿性粉剂 800 倍液、50% 异菌·福美双可湿性粉剂 1 000 倍液、80% 炭疽·福美可湿性粉剂 800 倍液、50% 乙霉·多菌灵可湿性粉剂 1 000 倍液、40% 增效甲霜灵可湿性粉剂 1 000 倍液等药剂喷雾，每 7 d 1 次，连续防治 2～3 次，每次每亩 45～60 kg 药剂。

7. 叶斑病

（1）症状：为害叶片、叶柄和茎蔓，发病初期叶片边缘产生黄褐色小斑点，随着病情加重，斑点逐渐扩大成近圆形病斑，湿度大时叶片上布满病斑，严重时会造成叶片萎蔫甚至脱落，对麻的产量和品种造成很大影响。

（2）病原：山西汉麻种植基地采集到的病样进行分离纯化培养后，经形态学观察、致病性测定和 ITS 序列分析，与链格孢的序列同源性为 100%，因此鉴定汉麻叶斑病的病原菌为链格孢菌（*Alternaria* SPR）。

（3）发病规律：病菌在病残体或随之到地表层越冬，翌年发病期随风、雨传播侵染寄主。一般在 7～8 月发病，发病时病菌以分生孢子借风雨传播蔓延。病菌生长温限 10～37 ℃，最适为 25～28 ℃。秋季多雨、气候潮湿，病害重；少雨干旱年份发病轻。土壤瘠薄、连作田易发病。老龄化器官发病重；底部叶片较上部叶片发病重。高温高湿或栽植过密、通风透气差的汉麻发病重。

（4）防治方法：及时除去病组织，集中烧毁；合理轮作；不宜喷灌；从发病初期开始喷药，防止病害扩展蔓延。常用药剂有 25% 的多菌灵可湿性粉剂 300～600 倍液，50% 托布津 1 000 倍，70% 代森锰 500 倍、80% 代森锰锌 400～600 倍，50% 克菌丹 500 倍等。要注意药剂的交替使用，以免病菌产生抗药性。

8. 黑斑病

（1）症状：一种是发病初期叶表面出现红褐色至紫褐色小点，逐渐扩大成圆形或不定形的暗黑色病斑，病斑周围常有黄色晕圈，边缘呈放射状、病斑直径 3~15 mm。后期病斑上散生黑色小粒点，即病菌的分生孢子盘。严重时植株下部叶片枯黄，早期落叶。另一种是叶片上出现褐色到暗褐色近圆形或不规则形的轮纹斑，其上生长黑色霉状物，即病菌的分生孢子。严重时，叶片早落，影响生长。

（2）病原：属半知菌类（*Fungi imperfecti*）丛梗孢目（*Moniliales*）暗梗孢科，砖隔孢亚科（Dictyosporoideae of Dematiaceae）交链孢霉属（*Alternaria* Nees ex Wallroth.）真菌病害。

（3）发病规律：病菌以菌丝体或分生孢子盘在枯枝或土壤中越冬。翌年 5 月中下旬开始侵染发病，7~9 月为发病盛期。分生孢子借风、雨或昆虫传播、扩大再侵染。汉麻快速生长期易感黑斑病，对汉麻的生长和产量有一定的影响，病害严重时会造成大量减产。

（4）防治方法：选用优良抗病品种；合理密植，增施有机肥，磷、钾肥；秋后清除枯枝、落叶，及时烧毁；发病初期可喷施敌力脱、施保克、世高、阿米西达、斑即脱等。在病害发生严重时，可用 50%嘧菌酯水分散粒剂 800 倍液或 75%百菌清可湿性粉剂 1500 倍液进行防治，防治效果均可达到 60%以上。

在汉麻上应用 70%内吸性和保护性杀菌剂锰锌·乙铝 500 倍液、75%可湿性粉剂百菌清 500 倍液、58%可湿性粉剂内吸性和保护性杀菌剂甲霜·锰锌 500 倍液和 50%可湿性粉剂退菌特 500 倍液 4 种药剂。对比可知 75%的百菌清 500 倍液对汉麻黑斑病有较好的防治效果，对纤用汉麻茎秆产量有明显的增产效应，且百菌清属于广谱杀菌剂，既廉价防效又好（表 10-13）。

表 10-13　不同药剂对汉麻田间黑斑病的防治效果

药剂处理	病情指数/%	防治效果/%
70%锰锌·乙铝	8.17	86.86
75%百菌清	2.00	96.8
58%甲霜·锰锌	8.33	86.6
50%退菌特	35.17	43.43
CK	62.17	

9. 菌核病

（1）症状：汉麻菌核病整个生长期均可发生，在高温多湿条件下发生最快。一般于苗高 30 cm 时在麻苗高地 10 cm 处发生灰黑色不规则形病斑，渐次扩大并密生黑灰色的霉，幼苗即在此折断死亡。当麻株长到 1 m 以上发生此病时，叶片出现不规则形黄白色病斑，其上有许多黑色的鼠粪状菌核。茎部染病初现浅褐色水渍状病斑，后发展为具不明显轮纹状的长条斑，边缘褐色，湿度大时表生棉絮状灰白色菌丝，并有很多黑色鼠粪状菌核形成。病茎表皮开裂后，露出麻丝状纤维，茎易折断，致病部以上茎枝萎蔫枯死，典型症状是有大量的菌核黏附在茎秆外。成株期病斑一般在地面上 1 m 左右出现，少见顶部发病的情况。

（2）病原：汉麻菌核病病原为核盘菌[*Sclerotinia sclerotiorum* (Lib.) de Bary]，属子囊菌门核盘菌属真菌。菌核长圆形至不规则形，似鼠粪状，初白色，后渐成灰色，内部灰白色。菌核萌发后长出 1 至多个具长柄的肉质黄褐色盘状子囊盘，盘上着生一层子囊和侧丝，子囊无色棍棒状，内含单胞无色子囊孢子 8 个，侧丝无色，丝状，夹生在子囊之间。

（3）发病规律：病菌主要以菌核混在土壤中或附着在采种株上、混杂在种子间越冬或越夏。菌丝生长发育和菌核形成适温 0～30 ℃，最适温度 20 ℃，最适相对湿度 85% 以上。在高温多湿条件下发病快。在前茬种植十字花科作物、连作地或施用未充分腐熟的有机肥、播种过密、偏施过施氮肥易发病。地势低洼、排水不良、山区遭受低温频袭或冻害发病重。

（4）防治方法：要避免偏施氮肥、应增施磷钾肥；注意播种密度和勤除草，使麻田通风透光；发现病株要及时拔除烧毁，发病初期要及时喷洒相关杀菌剂（喷波尔多液 2～3 次），以防止其进一步扩大蔓延；注意采取轮作等农业措施，防止残存在土壤中的病菌再次发生。

10. 灰霉病

（1）症状：灰霉病主要发生在气温较低的天气条件下的山区，病株率高达 60% 以上。常为害植株地上部的各个部位，以叶片和嫩枝受害最重。苗期引起猝倒。植株最初出现水渍状小斑、边缘变成褐色，迅速扩展萎蔫腐烂，最后整株变褐枯萎。潮湿时可见灰绿色霉状物，即病菌分生孢子梗和分生孢子。叶片和顶梢感病引起枯萎，前期发病后，如遇不利发病天气，病斑停止扩展而呈黑褐色略下陷的条斑。花序发病时，扇形小叶变黄、萎蔫，小雌蕊变褐，整个花穗被灰色菌丝和子实体所包裹，而成灰色粉末状。

（2）病原：病原 *Botrytis cinerea Pers.* es Fr. 称灰葡萄孢。属半知菌亚门真菌。分生孢子梗成丛状自菌丝体和菌核上生出，树状短分叉 2～3 梗，粗 12～14 μm，长 280～550 μm，长度变化大。分生孢子呈葡萄穗状聚生于分生孢子梗末端，近卵圆、椭圆形或球形，单胞、无色至淡橄榄色，大小 9～15×6.5～10 μm。

（3）发病规律：以菌丝、菌核或分生孢子越夏或越冬。条件不适时病部产生菌核，遇到适合条件后，即长出菌丝、分生孢子梗和孢子。孢子借雨水溅射或随病残体、水流、气流传播。腐烂的病叶、败落的病花、落在健部即可发病。高湿有利于孢子的萌发，相对湿度低于 95% 时，孢子则不萌发。虽然 15 ℃ 左右仍有病害发生，但具备高湿和 20 ℃ 左右的温度条件，病害更易流行。病菌寄主多，为害时期长，菌量大，防治较困难。

11. 立枯病

（1）症状：此病在汉麻幼苗至成株均有发生。幼苗期近地面处的茎开始时变黄，以后变黄褐色至黑色。受害处茎秆纤细以致苗倒死亡。

（2）病原：为立枯丝核菌（*Rhizoctonia solani* Kühn），由半知菌亚门真菌侵染引起，该菌不产生无性孢子，仅有菌丝体和菌核。菌核不定型、近球形，黑褐色，直径 0.5～1 mm。有性阶段为瓜亡革菌。立枯丝核菌寄主范围广泛。

（3）发病规律：病菌以菌丝和菌核在土壤或寄主病残体上越冬，腐生性较强，可在土壤中存活 2～5 年。病菌发育适温 20～24 ℃。丝核菌除了侵染幼苗、引起立枯病外，还能在成株期继续为害，引起根部、根茎部腐烂，甚至能够进一步向植株上部扩展，引起叶腐病。

多在苗期温度较高或后期发生、阴雨多湿、土壤过黏、重茬发病重。播种过密、间苗不及时、温度过高易诱发本病。

防治方法：与其他作物轮作，因汉麻立枯病在土壤中能生存 5 年，为减少这种病害的发生，所选地块最好能实行 5 年以上的轮作；发现病株及时拔除销毁，每平方米用 5～10 g 70% 的五氯硝基苯粉剂消毒土壤，防止扩大蔓延，或发病初期喷洒 75% 的百菌清可湿性粉剂 700 倍液，或用 80% 的乙磷铝可湿性粉剂 400～600 倍液喷雾，或用 50 倍的福尔马林溶液浸种 1 h。

12. 生理性顶枯现象

春播汉麻 4～8 对真叶在 5 月雨季来临前，部分长势弱的汉麻顶部嫩尖开始出现紫红色，然后叶尖变黄逐渐干枯，致使茎尖枯死。随后茎尖侧部发出 3～5 枝侧枝，严重影响麻皮麻秆质量。雨水来后，该症状自然消失。

13. 病毒

病毒与病毒病的区别：病毒是颗粒很小、与寄主共生，以复制的形式进行繁殖的一类非细胞型微生物，没有细胞结构，只能在细胞中增殖，由蛋白质和核酸组成。因此在不损害作物的情况下，任何药物难以杀灭病毒。植物病毒病在多数情况下以系统侵染的方式侵害农作物，并使受害植株发生系统症状，产生矮化、丛枝、畸形、溃疡等特殊症状。植物病毒病的主要症状类型有花叶、变色、条纹、枯斑或环斑、坏死、畸形。

病毒不能使汉麻致死，但能引起严重减产。Hartowicz 等曾检查过 22 种普通植物病毒感染野生大麻的能力，有一半多病毒能感染大麻。在欧洲，条斑病毒（HSV）常侵染纤用栽培品种。叶的症状开始是褪绿，褪绿部分很快就变成一系列间隔的黄色条带或 V 形条带，有时出现棕色坏死斑块，每个斑块被灰绿色环绕着，斑块沿叶缘和老叶顶端出现，并常脱落。潮湿天气叶子主要出现条纹；干燥时叶子出现斑块，叶缘变皱，叶尖向上卷，小叶卷成螺旋状，整个植物卷成波浪状，皱缩。

在综合植保的基础上，以复壮为主、药物为辅，控制、防治病毒病为害。控制是指通过抑制病原、减少病原基数，辅之以减少传播途径，不使健康植株染病。防治是指通过抑制、钝化病原达到防治病毒病害的目的，通常喷施菌毒清、混合脂肪酸·硫酸铜、盐酸吗啉胍、盐酸吗啉胍·乙酸铜、氨基寡糖素、氯溴异氰尿酸等药剂。在株体复壮、免疫力增强的情况下，将病毒病为害所造成的经济损失降低到最低范围内。

汉麻病害，还有癌肿病[*Synchytrium endobioticum*（Schilb）]，猝倒病[*Pythium aphanidermatum*，（Eds.）Fitz]、立枯病（*Fusarium sp.*）、细菌病（*Pseudomonas cannabinus* Watanabe）、根线虫病[*Heterdera marioni*（Cornu）Goodey]、白绢病、白纹羽病和疫病等，但为害不普遍且不严重。

（二）纤用/籽纤兼用汉麻虫害

汉麻虫害主要有跳甲、双斑萤叶甲、天牛、小象鼻虫和白星花金龟等。

1. 跳甲

（1）分布与发生为害情况。跳甲学名为 *Psylliodes attenuata* Koch 属鞘翅目，叶甲科。俗称麻跳蚤，为一种青铜色甲虫，分布在各汉麻产区。成虫食害汉麻叶，留种汉麻花序及未成熟种子，喜欢聚集在幼嫩的心叶上为害，把麻叶食成很多小孔，严重的会造成麻叶枯萎，幼虫食害汉麻根部，但为害性不如成虫，还为害啤酒花、菜豆、白菜、萝卜及葎草等。

（2）形态特征。成虫体长 1.8～2.6 mm，黑铜绿色，具光泽。触角 10 节褐色。头、胸部及鞘翅背面刻点较小且稀，翅端具赤褐色反光。各足胫节、跗节褐色，后足跗节着生在径节末端的上部，胫节末端突出很长，并有等长的刺 2 根。卵长 0.4 mm，长圆形，浅黄色。幼虫末龄幼虫体长 3.0～3.5 mm，宽 0.6 mm，有明显的头部，三个胸节各生一对胸足，9 个腹节，各节有淡褐色几丁质小毛片。

（3）发生规律。东北地区 1 年发生 1 代，以成虫在杂草丛、植物残株间、土块下或土壤裂缝处越冬。翌年越冬早的成虫，早春以落粒生长的汉麻或早发杂草为食。当播种的汉麻出土后，大批成虫转移到汉麻幼苗上为害。春季成虫交尾后产卵于浅土汉麻的小根附近，卵一般经过 10～14 d 孵化为幼虫。幼虫极活泼，主要为害汉麻地下部分，蜕皮 2 次，经 21～42 d 开始在土中化蛹。蛹期 10～15 d。一般在 7 月下旬到 8 月出现成虫。成虫期长，且各虫期的长短易受外界条件影响，发生期很不整齐。当多数纤维汉麻收割后，成虫随即集中到种麻上，严重为害花序及未成熟的种子，防治不及时，种子的产量及质量降低。9～10 月成虫越冬。由于成虫发生期长及受外界条件的影响，各虫态参差不齐。

（4）防治方法。在汉麻跳甲防治上，收获后及时清除田间残株落叶，集中烧毁，可减轻翌年受害；利用成虫跳跃习性，幼苗期可以粘胶板或敌百虫防治成虫，也可用灯光诱杀成虫；在汉麻苗期、开花结实期喷洒 7% 的高效氯氰菊酯 1 000 倍液或 90% 晶体敌百虫 800 倍液或 50% 对硫磷乳油 1 500 倍液，要从麻田四周向田间喷药；用 20% 的氰戊菊酯乳油 3 000 倍液或 25% 杀虫双水剂 500 倍液、50% 久效磷乳油 1 500 倍液灌浇麻蔸，防治幼虫。发生严重时可用 10% 吡虫啉可湿性粉剂 2 000 倍液喷雾防治。

2. 双斑萤叶甲

（1）分布与发生为害情况。*Monolepta hieroglyphica*（Motschulsky）属鞘翅目，叶甲科。是一种杂食性昆虫，寄主广泛。此虫有 4 个虫态，其中卵、幼虫和蛹生活在地下，成虫在地上为害，取食汉麻、大豆、玉米、向日葵等多种植物。近年来，在黑龙江省大庆、安达、孙吴、讷河、肇州、青冈、克山、兰西等县（市）各乡镇汉麻作物上出现双斑萤叶甲发生为害，面积逐年扩大，为害程度加重，严重地块一株汉麻有虫 50 多头，以成虫群集在汉麻叶上，在麻株上自上而下取食叶片，将叶片吃成孔洞，严重时仅剩叶脉，影响光合作用而造成减产，给汉麻生产造成了很大威胁。

（2）形态特征。成虫体长 3.6～4.8 mm，宽 2.0～2.5 mm，长卵形，头、胸部红褐色，具光泽，触角 11 节丝状，端部色黑，长为体长 2/3；复眼大卵圆形；前胸背板宽大于长，表面隆起，密布很多细小刻点；小盾片黑色呈三角形；鞘翅布有线状细刻点，每个鞘翅基半部具 1 近圆形淡色斑，四周黑色，淡色斑后外侧多不完全封闭，其后面黑色带纹向后突伸呈角状，有些个体黑带纹不清或消失。两翅后端合为圆形，后足胫节端部具一长刺；腹管外露。卵椭圆形，长 0.6 mm，呈棕黄色，表面具网状纹。幼虫体长 5～6 mm，白色至黄白色，体表具瘤和刚毛，前胸背板颜色较深。蛹为离蛹，长 2.8～3.5 mm，宽 2 mm，白色，表面具刚毛。

（3）发生规律：双斑萤叶甲在黑龙江各市县 1 年发生 1 代；以卵在土壤表面 1～15 cm 深处越冬，翌年 5 月中下旬越冬卵开始孵化，幼虫共 3 龄，幼虫期 30～40 d，在 2～8 cm 土中活动或取食汉麻根部及杂草，完成生长发育。6 月下旬老熟幼虫在土中做土室化蛹，蛹期 7～10 d。7 月上旬田边杂草始见成虫，初羽化的成虫喜在地边的苍耳、刺菜、红蓼上活动，经 10～15 d 转移到汉麻地为害，7 月下旬至 8 月上中旬进入为害盛期，主要在汉麻生育中、后期为害叶片。

成虫有群集性和弱趋光性，日光强烈时常隐蔽在下部叶背，成虫具有弱的假死习性，能短距离飞翔，一般一次飞翔 2～5 m，早晚气温低于 8 ℃或风雨天喜躲藏在叶背、植物根部或枯叶下，喜在 9:00～11:00

和 16:00 ~ 19:00 飞翔取食，干旱年份发生为害重。

（4）防治方法：根据该害虫的发生规律，在防治策略上坚持以"先治田外，后治田内"的原则防治成虫。6 月中下旬就应防治田边、地头等寄主植物上羽化出土成虫及汉麻上的成虫，并要统防统治；拔出稗草、刺菜、苍耳等杂草减少越冬寄主植物，秋整地，深翻灭卵，破坏越冬场所，减少越冬虫源，降低发生基数；合理施肥，提高植株抗逆性；田间双斑萤叶甲发生时，用 25 g/L 溴氰菊酯（敌杀死）乳油 0.3 ~ 0.4 L/hm² 或 25g/L 氯氟氰菊酯乳油 0.3 ~ 0.4 L/hm²，或 4.5%氯氰菊酯乳油 0.3 ~ 0.4 L/hm²，兑水喷雾。应选择气温较低、风小的天气喷雾，注意均匀喷洒，喷药时地边杂草都要喷到，消灭害虫寄生源，喷药时可在配好的药液中加有机硅助剂，以提高杀虫效果，节省用药量，由于该虫为害时间长，单次打药不能控制，隔 7 d 打药 1 次，视发生情况连续喷药 2 ~ 3 次。

3. 天牛

（1）分布与发生为害情况。天牛学名 *Thyestilla gebleri*（Falderman）鞘翅目，天牛科。广布全国各汉麻、苘麻栽培区，华北、东北、内蒙古、甘肃等省麻区受害严重。成虫和幼虫均为害汉麻，成虫咀食麻叶和嫩茎表皮，受害叶片破裂下垂而枯萎；成虫产卵于嫩茎伤口表皮下，产卵伤痕逐渐长大成瘤，或者以幼虫钻入麻茎里蛀食茎部或成虫取食麻叶、嫩头，麻皮纤维遭受破坏，被蛀麻茎生长不良，甚至麻株枯死遇风折断，影响产量和品质。我国汉麻产区均有发生，以华北和西北较多。

（2）形态特征。雌成虫体长 13 ~ 18 mm，雄虫 9 ~ 13 mm，较瘦小，色较深。全体黑褐色，密生灰白色绒毛。前胸背板两侧及中线、鞘翅的侧缘和缝缘都有白线，形状似葵花子。雄虫触角稍长于体，雌虫触角略短于体，每节基部灰白色。前胸圆桶形，无刺。卵长约 1.8 mm，宽约 0.9 mm，长卵形，表面呈蜂巢状，初乳白色，后变为黄褐色或褐色。幼虫体长 15 ~ 20 mm，乳白色，头小，口器红褐色，前胸大，背板有褐色小颗粒组成的"凸"字形纹。体背自第 4 节到尾部各节都有成对圆形突起，背中线明显。蛹长 16 mm 左右，宽 6 mm，黄白色。腹部各节近后缘生有红色刺毛。

（3）发生规律。年生 1 代，以老熟幼虫在被害麻株根中越冬。翌年 4 月上旬开始为害，5 ~ 6 月间化蛹，蛹经 15 d 羽化为成虫，随之交尾产卵，卵多产在主茎或中部幼嫩处。成虫先在主茎上咬下一个"八"字形伤痕，然后把 1 粒卵产在其中，每雌可产 40 粒，卵约经 1 周孵化，6 月中下旬进入卵盛孵期，7 月至收获期进入幼虫为害期。初孵幼虫先在皮下取食，蜕皮后蛀入髓部，逐渐向下蛀至根部后，幼虫以虫粪和黏性分泌物封堵蛀孔越冬，也有部分幼虫在麻秆内越冬。

（4）防治方法。收麻后及时进行秋耕，挖烧麻根，可有效杀死幼虫，降低越冬虫口基数；利用成虫假死性，在成虫盛发期于清晨组织人力捕杀成虫；也可在成虫发生盛期喷洒 90%的晶体敌百虫 900 倍液或 50%马拉硫磷乳油、80%敌敌畏乳油 1 500 倍液，如能在早晨喷施效果更好。

4. 小象鼻虫

（1）分布与发生为害情况。小象鼻虫此虫专食汉麻，在安徽等地为害严重，近几年在黑龙江省麻区均有发生。一般汉麻被害株率为 50% ~ 80%，严重时被害株率达 100%，通常一株上有虫 2 ~ 3 头，最多的一株有虫 12 头。成虫为害麻叶、麻鞘和腋芽，使麻株停止生长，从腋芽发杈，形成双头。幼虫蛀食麻茎，受伤处呈肿瘤状，遇大风易折断，影响纤维产量和品质。

（2）形态特征。小象鼻虫成虫为灰褐色的小型甲虫，体长 2.3 ~ 2.8 mm，体宽 1.4 ~ 1.9 mm，呈卵圆形，口吻甚长，雄虫腹端稍圆形，初产时无色透明，长 0.5 mm，宽 0.3～0.35 mm，近孵化进变为暗紫色，长 0.7 mm，宽 0.4～0.43 mm。幼虫乳白色，体弯呈新月形。老熟幼虫为黄白色，体长 3.3～3.8 mm。蛹乳白色，长 2.35～2.8 mm，藏匿于圆形的土茧内。

（3）发生规律。小象鼻虫属鞘翅目象虫科，每年发生 1 代，以成虫在麻地枯枝落叶下越冬。越冬成虫通常在翌年 3 月中下旬出现，一般成虫出现 2～3 d 开始交配，交配后 1～2 d 产卵。

（4）防治方法。麻田及时秋耕，清理消灭越冬成虫；在越冬成虫活动初期用质量分数为 2.5%敌百虫粉剂撒 22.5～26.25 kg/hm²，隔 1 周后在成虫盛发期再撒 1 次药，此后可视虫口密度防治；实行轮作。

5. 白星花金龟

（1）分布与发生为害情况：为鞘翅目，花金龟科。分布于中国的东北、华北、华东、华中等地区。成虫取食玉米、小麦、果树、蔬菜等多种农作物。幼虫在苗期会啃食幼苗根部，造成断苗。成虫有的直接啃食花叶，也有大部分群集在麻根茎部上，啃食后麻株抗倒伏能力减弱，造成伤口后被病菌侵染引起病害传播。且害虫排出的白色稀粥状粪便污染下部叶片，影响光合作用。

（2）形态特征。体型中等，体长 20 mm 左右，体宽 10 mm 左右。近椭圆形，背部平整，体表较光亮，多为古铜色绿足，体背面和腹面多不规则的白绒斑。唇基较短宽，密布粗大刻点，前缘向上折翘，有中凹，两侧具边框，外侧向下倾斜，扩展呈钝角形。触角深褐色，雄虫鳃片部长、雌虫短。复眼突出。前胸背板长短于宽，两侧弧形，基部最宽，后角宽圆；盘区刻点较稀、小，并具有 2～3 个白绒斑或呈不规则的排列，有的沿边框有白绒带，后缘有中凹。小盾片呈长三角形，顶端钝，表面光滑，仅基角有少量刻点。多集中在鞘翅的中、后部。臀板短宽，密布皱纹和黄绒毛，每侧有 3 个白绒斑，呈三角形排列。中胸腹突扁平，前端圆。后胸腹板中间光滑，两侧密布粗大皱纹和黄绒毛。腹部光滑，两侧刻纹较密粗，1～4 节近边缘处和 3～5 节两侧中央有白绒斑。后足基节后外端角齿状；足粗壮，膝部有白绒斑，前足胫节外缘有 3 齿，跗节具两弯曲的爪。

（3）发生规律。1 年 1 代，以幼虫在土中越冬。成虫 5 月份出现，7～8 月为发生盛期。具有假死特性。主要为害汉麻等植物的花，成虫产卵于含腐殖质多的土中或堆肥和腐物堆中。幼虫（蛴螬）头小体肥大，多以腐败物为食，常见于堆肥和腐烂秸秆堆中，以背着地，足朝上行进。

（4）防治方法。优化田边环境，及时将田边、地头的生活垃圾、农作物秸秆等清理并深埋，减少成虫产卵和幼虫生存场所；利用成虫具有较强的趋化性进行糖醋诱杀，红糖∶米醋∶米酒∶水按照 5∶3∶1∶12 比例配制捕杀糖醋水；利用白僵菌、绿僵菌、乳状菌防治幼虫（蛴螬），可取得良好效果；成虫羽化盛期前用 3%辛硫磷颗粒剂或 3%氯唑磷颗粒剂，均匀地撒于地表，杀死蛹及幼虫，也可用 0.36%苦参碱水剂 1 000 倍液、80%敌敌畏乳油 1 000 倍液、2.5%高效氯氟兼治其他地下害虫。氰菊酯乳油和 4.5%高效氯氰菊酯乳 1500～2 000 倍液治白星花金龟成虫，还可兼治棉铃虫、玉米螟等其他害虫。

6. 小食心虫

（1）分布与发生为害情况。小食心虫学名 *Grapholitha delineana* Walker 属鳞翅目，卷蛾科。别名四纹小卷蛾。分布华北、东北、西北、华中和台湾等地，其中内蒙古、山西、河北主要麻产区受害重。第一代幼虫蛀害汉麻的嫩茎，被害部膨大变脆，遇风易折，不折断的也影响麻的产量和质量。第二代幼虫蛀害雌株上形成的嫩果，一头幼虫能破坏 7～8 个果。严重时影响麻的产量。

（2）形态特征。成虫雌蛾体长 7 mm，翅展 15 mm。头及前胸鳞毛粗糙，灰褐色。触角线状，复眼绿色，单眼 2 个，下唇须灰白色。中后胸鳞毛暗褐色，细小而伏贴，腹部灰褐色。前翅前缘淡黄色，有 9 条向后外方倾斜的褐纹，后缘中部具 4 条灰色平行弧状纹直达后缘。近臀角处另有两条不明显的灰纹，前后翅其余部分均为黑褐色。足灰白色，跗节 5 节，越近端节越短。雄蛾小于雌蛾，体色较雌蛾略深，腹部可见 8 节、雌蛾 7 节，后翅翅缰一根，雌二根。卵长 0.6 mm，浅黄色，扁椭圆形。末龄幼虫体长 8.4 mm，头壳淡黄色，单眼区深褐色，单眼每边 6 个。前 4 后 2 排列。前胸盾淡黄，半透明，可透见头壳的颅区。前胸、第 1~8 腹节侧下方各具气门一对。臀板不明显，无臀栉。雌蛹长 6.8 mm，褐色，中胸显著，倒卵形，后胸马鞍形，自背面可见 8 个腹节，2~7 节气门突出，第 8 节上气门不明显，尾端具 6~8 根钩状刺生活习性。

（3）发生规律。年生 2 代，以幼虫越冬。年 5 月中旬化蛹，6 月成虫出现，交配后把卵散产在麻秆折缝处，6 月中旬幼虫为害麻秆，受害处膨大，可见虫粪，第 1 代幼虫于 7 月中旬化蛹，7 月下旬出现成虫。第 2 代卵产在雌株嫩头上。8 月上旬可见嫩果受害，为害期持续到汉麻收获。第 2 代幼虫常在相邻几个嫩果上吐丝结一薄幕，在里面串食。幼虫老熟后，入土结茧越冬，晚的即在种子间隙结茧过冬。这样，它既可在当地留下虫源，又可向外地扩散。

（4）防治方法。汉麻收获后，早秋耕冬灌；汉麻田不要连作；发生期喷洒 50%业胺硫磷乳油 1 500 倍液或 50%久效磷乳油 2 000 倍液，每 667 m² 喷药液 75 L；发现有虫后及时熏蒸，每平方米用溴甲烷 55 g，室温 9 ℃以上，密闭 18 h 以上，可全部杀死茧中的幼虫，对种子发芽无影响。

7. 铜绿丽金龟

（1）分布与发生为害情况。铜绿丽金龟（拉丁学名：*Anomala corpulenta* Motschulsky），成虫体背铜绿具金属光泽，故名铜绿丽金龟，对农业为害较大。东北、华北、华中、华东、西北等地均有发生。为害多种作物，近几年在黑龙江省汉麻区均有发生，成虫取食叶片，虫害发生严重，汉麻叶片甚至被吃光。

（2）形态特征。成虫体长 19~21 mm，鳃叶状黄褐色触角，全身具有铜绿色光，多有细密刻点。鞘翅有 4 条纵脉，肩部有疣突。前足胫节有 2 外齿，前、中足大爪分叉。卵壳光滑，乳白色。孵化前呈圆形。幼虫 3 龄幼虫体长 30~33 mm，头部黄褐色，前顶刚毛每侧 6~8 根，排一纵列。脏腹片后部腹毛区正中有 2 列黄褐色长的刺毛，每列 15~18 根，2 列刺毛尖端大部分相遇和交叉。在刺毛列外边有深黄色钩状刚毛。卵光滑，呈椭圆形，乳白色。幼虫乳白色，头部褐色。蛹体长约 20 mm，宽约 10 mm，椭圆形，裸蛹，土黄色，雄末节腹面中央具 4 个乳头状突起，雌则平滑，无此突起。幼虫老熟体长约 32 mm，头宽约 5 mm，体乳白，头黄褐色近圆形，前顶刚毛每侧各为 8 根，成一纵列；后顶刚毛每侧 4 根斜列。额中例毛每侧 4 根。肛腹片后部复毛区的刺毛列，每列各由 13~19 根长针状刺组成，刺毛列的刺尖常相遇。刺毛列前端不达复毛区的前部边缘。

（3）发生规律。在北方 1 年发生 1 代，以老熟幼虫越冬。翌年春季越冬幼虫上升活动，5 月下旬至 6 月中下旬为化蛹期，7 月上中旬至 8 月份是成虫发育期，7 月上中旬是产卵期，7 月中旬至 9 月份是幼虫为害期，10 月中旬后陆续进入越冬。少数以 2 龄幼虫、多数以 3 龄幼虫越冬。幼虫在春、秋两季为害最强。成虫夜间活动，趋光性强。

（4）防治方法。深耕翻土，促进幼虫蛹、成虫死亡；避免施用未腐熟的厩肥，减少成虫产卵；药剂处理土壤。每亩用 50%的辛硫磷乳油 250 g，兑水 2 000~2 500 g 喷于 25~30 kg 细土上拌匀制成毒土，撒于地表，随即耕翻；药剂拌种。用 50%辛硫磷与水和种子按 1∶30∶500（质量比）拌种，可有效防治其幼虫蛴螬，并可兼治金针虫、蝼蛄等多种地下害虫；防治成虫。可在成虫发生期喷洒 50%的杀螟硫磷乳油 1 500 倍液。

8. 花蚤

（1）分布与发生为害情况。花蚤属鞘翅目，花蚤科。分布在宁夏一带西北麻区，是银川平原汉麻的重要害虫，近几年黑龙江省麻区时有发生，为害较轻。寄主汉麻、苍耳。为害特点幼虫蛀食嫩茎、顶梢，致受害部膨大呈虫瘿状，不仅品质降低，同时也影响产量。

（2）形态特征。成虫体长 3 mm 左右，体黑色，体表密布灰色短毛，头下弯，腹面弯曲成弓形。后腿节膨大，善跳跃，跗节较胫节长，雌虫尾端具长产卵管。幼虫体长 6 mm 左右，蜡黄色，胸足特短小，无腹足。腹部 1~8 节两侧向外膨胀，尾端圆锥形上弯，末端具二分叉。蛹长 3 mm 左右，头胸部红褐色，腹部黄色。

（3）发生规律。年生 1 代，以幼虫在麻茎、麻根部越冬，有时与麻天牛虫混合为害，翌年春天化蛹，6 月羽化为成虫。成虫喜在茴香、胡萝卜等伞形花科植物上活动。

（4）防治方法。汉麻收获后马上翻耕，拾净根茬，要求在翌年 5 月份成虫羽化前处理完，必要时进行药剂处理；发现成虫聚集到胡萝卜或茴香等伞形花科植物花上时，喷洒 2.5%的敌百虫粉剂或 2%巴丹粉剂、2.5%辛硫磷粉剂每 667 m² 2 kg，也可喷洒 80%的敌敌畏乳油 1 000 倍液。

9. 玉米螟

（1）分布与发生为害情况。玉米螟，又叫玉米钻心虫，属于鳞翅目，螟蛾科，我国发生的玉米螟有亚洲玉米螟和欧洲玉米螟两种，主要为害玉米、汉麻、水稻、豆类等作物，属于世界性害虫。玉米螟对汉麻的为害主要是叶片和茎秆，叶片被幼虫咬食后，会降低其光合效率，茎秆被蛀食后，形成孔道，破坏植株内水分、养分的输送，使茎秆倒折率增加。

（2）形态特征。成虫体长 10~13 mm，翅展 24~35 mm，黄褐色蛾子。雌蛾前翅鲜黄色，翅基 2/3 部位有棕色条纹及一褐色波纹，外侧有黄色锯齿状线，向外有黄色锯齿状斑，再向外有黄褐色斑。雄蛾略小，翅色稍深；头、胸、前翅黄褐色，胸部背面淡黄褐色；前翅内横线暗褐色，波纹状，内侧黄褐色，基部褐色；外横线暗褐色，锯齿状，外侧黄褐色，再向外有褐色带与外缘平行；内横线与外横线之间褐色；缘毛内侧褐色，外侧白色；后翅淡褐色，中央有一条浅色宽带，近外缘有黄褐色带，缘毛内半淡褐色，外半白色。卵长约 1 mm，扁椭圆形，鱼鳞状排列成卵块，初产乳白色，半透明，后转黄色，表具网纹，有光泽。幼虫体长约 25 mm，头和前胸背板深褐色，体背为淡灰褐色、淡红色或黄色等，第 1~8 腹节各节有两列毛瘤，前列 4 个以中间 2 个较大，圆形，后列 2 个。蛹长 14~15 mm，黄褐至红褐色，1~7 腹节腹面具刺毛两列，臀棘显著，黑褐色。

（3）发生规律。黑龙江麻区年生 1 代，长江流域麻区年生 3~4 代，以老熟幼虫在汉麻等寄主秸秆内越冬。越冬代幼虫在 6 月中旬开始化蛹，6 月下旬为化蛹盛期，蛹羽化盛期是 7 月中旬。成虫产卵盛期是 7 月下旬，卵期一般是 5~7 d。玉米螟卵孵化盛期约 7 月下旬，也就是玉米螟幼虫开始田间为害玉米的时期，为害最严重时期是 8 月初至 8 月下旬。9 月份幼虫进入越冬状态。

（4）防治方法。农业防治是选育和推广抗虫品种，并在清明以前及时处理掉秸秆，减少越冬幼虫羽化和产卵；生物防治可以根据情况选择赤眼蜂防治、白僵菌封垛防治和 Bt 乳剂防治；物理防治，在玉米螟发蛾始盛期在汉麻地附近开阔地合理设置高压汞灯，下设药池，或设置黑光灯、频振式杀虫灯，诱杀玉米螟成虫；化学防治的关键时间是盛孵高峰至三龄幼虫前，喷施 18% 杀虫双 400 mL 加 8% 敌敌畏 200 mL 兑水 100～120 L 喷雾，或 98% 巴丹可溶性粉剂 100 克兑水 100 L 喷雾，或 2.5% 功夫（氯氟氰菊酯）乳油或兴棉宝乳油 60 mL 兑水 100 L 喷雾。

10. 斑须蝽

（1）分布与发生为害情况。北起黑龙江，南至海南岛；东至沿海，西抵新疆、西藏等均有发生，成虫和若虫刺吸嫩叶、嫩茎及穗部汁液。茎叶被为害后，出现黄褐色斑点，严重时叶片卷曲，嫩茎凋萎，影响生长，减产减收。全年以 6～7 月为害最重。

（2）形态特征。成虫体长 8～13.5 mm，宽约 6 mm，椭圆形，黄褐或紫色，密被白绒毛和黑色小刻点；触角黑白相间；喙细长，紧贴于头部腹面。小盾片末端钝而光滑，黄白色。

（3）发生规律。该虫 1 年发生代数因地区不同而异。黑龙江地区 1 年发生 2 代，河南、安徽和山东等地 1 年发生 3 代。以成虫在树皮下、墙缝、杂草、枯枝落叶等处越冬，翌年春天日均温达 8 ℃时越冬成虫开始活动。气温 24～26 ℃、相对湿度 80%～85% 有利其发生。当年高温干旱对该虫的发生有利。

（4）防治方法。播种或收获后，清除田间及四周杂草，集中烧毁或沤肥；深翻地灭茬、晒土，促使病残体分解，减少病源和虫源。选用抗虫品种，选用无病、包衣的种子；合理轮作及施肥；喷施 20% 灭多威乳油 1 500 倍液或 90% 敌百虫晶体 1 000 倍液或 50% 辛硫磷乳油 1 000 倍液或 5% 百事达乳油 1 000 倍液或 40% 马拉硫磷 1 000 倍液等。

11. 蛱蝶

（1）分布与发生为害情况：分布在中国的东北及北京、甘肃、青海、新疆等地。幼虫吐丝卷叶，食害幼苗嫩叶，破坏生长点或卷食叶片，致植株生长缓慢，严重的全田麻叶被包卷，呈现一片白色，植株枯死。主要为害汉麻、苎麻、黄麻、荨麻等。

（2）形态特征。成蝶体长 20 mm，翅展 45～67 mm，前翅黑褐色，近翅端具 7～8 个大小不等的白色斑，呈半圆形，翅中间具 1 赤黄色不规则云状斑，基部和后缘暗褐色，外缘缘毛上具短弧形白色斑 1 列。后翅暗褐色，近外缘橘黄色，内列有 4 个黑褐色斑，外缘有 1 列短弧形白色斑。卵长 0.7 mm，长圆柱形，浅黄绿色。幼虫头黑色，具光泽，体多为黑色至赭色，腹面黄褐色。气门下线呈断续的浅黄绿色宽带。中胸、后胸各具枝刺 4 根，腹部 1～8 节各生枝刺 7 根，9～10 节 2 根。蛹长 20～26 mm，近纺锤形，浅灰绿色。中胸背面现角状隆起，2～8 腹节背面有 3 列刺状突起。

（3）发生规律。长江流域年生 2～3 代，以成虫在田埂、杂草丛中、树林或屋檐等处隐蔽越冬。湖北越冬代成虫于 2 月下旬至 3 月上旬出现，3 月中旬产卵，3 月下旬进入幼虫孵化盛期，5 月中旬进入化蛹盛期，5 月下旬第一代成虫出现，经越夏后，于 8 月中旬飞到苎麻田产卵，初孵及成长幼虫卷食叶片，9 月下旬化蛹，10 月上旬 2 代成虫开始越冬。成虫飞翔力强，喜白天吸食花蜜，中午尤其活跃，把卵产在苎麻的顶叶上，卵散产，每叶 1～2 粒，低龄幼虫喜群栖为害，3 龄后转移，稍遇触动，有吐丝下垂习性，老熟后将尾端倒挂在苞卷的叶里化蛹。幼虫发育适温 16～22 ℃，7 月气温升高对该虫发生有明显抑制作用。

（4）防治方法。农业防治网捕成虫，摘除虫苞集中杀灭或用拍板拍杀卷叶里的幼虫或蛹。在头、二麻收割时，留下一些麻株诱集幼虫，集中消灭；在三龄前群集为害时或 3 龄后早晨 7～8 时幼虫爬出虫苞，往麻秆上部喷粉，每 667 m² 喷乙敌粉或 2.5%辛硫磷粉剂、2%杀螟松粉剂 1.52 kg，也可喷洒 90%晶体敌百虫 1 000 倍液或 50%敌敌畏乳油 1 500 倍液，每 667 m² 50 L。

12. 黏虫

（1）分布与发生为害情况：黏虫是一种昆虫，为鳞翅目，夜蛾科。在中国除新疆未见报道外，遍布各地。寄主于麦、稻、粟、玉米等禾谷类粮食作物及棉花、豆类、蔬菜等 16 科 104 种以上植物。近几年黑龙江省汉麻区时常发生，黏虫暴发时可把汉麻叶片食光，严重损害汉麻生长。

（2）形态特征：成虫体长 15～17 mm，翅展 36～40 mm。头部与胸部灰褐色，腹部暗褐色。前翅灰黄褐色、黄色或橙色，变化很多；内横线往往只见几个黑点，环纹与肾纹褐黄色，界限不显著，肾纹后端有一个白点，其两侧各有一个黑点；外横线为一列黑点；后翅暗褐色，向基部色渐淡。卵：长约 0.5 mm，半球形，初产白色渐变黄色，有光泽。幼虫老熟幼虫体长 38 mm。头红褐色，头盖有网纹，额扁，两侧有褐色粗纵纹，略呈"八"字形，外侧有褐色网纹。体色由淡绿至浓黑，变化甚大（常因食料和环境不同而有变化）；在大发生时背面常呈黑色，腹面淡污色，背中线白色，亚背线与气门上线之间稍带蓝色，气门线与气门下线之间粉红色至灰白色。腹足外侧有黑褐色宽纵带，足的先端有半环式黑褐色趾钩。蛹长约 19 mm，红褐色，腹部 5～7 节背面前缘各有一列齿状点刻，臀棘上有刺 4 根，中央 2 根粗大，两侧的细短刺略弯。卵粒单层排列成行成块

（3）发生规律。黏虫每年发生世代数因地区而异，东北、内蒙古每年发生 2～3 代，华北中南部 3～4 代，江苏淮河流域 4～5 代，长江流域 5～6 代，华南 6～8 代。海拔 1 000 m 左右高原 1 年发生 3 代，海拔 2 000 m 左右高原则发生 2 代。黏虫属迁飞性害虫，其越冬分界线在北纬 33° 一带，在北纬 33° 以北地区任何虫态均不能越冬。在江西、浙江一带，有幼虫和蛹在稻桩、田埂杂草、绿肥田、麦田表土下等处越冬。北方春季出现的大量成虫系由南方迁飞所致。黏虫为远距离迁飞性害虫。无滞育现象，只要条件适宜，可连续繁育。黑龙江省 2 代黏虫为害汉麻，发生盛期在 7 月中下旬，3 代黏虫发生盛期在 8 月中下旬。秋季随着气温下降，黏虫随高空气流回迁南方。

（4）防治方法。生物诱杀成虫。利用成虫（夜蛾科）交配产卵前需要采食以补充能量的生物习性，采用具有其成虫喜欢气味配比出来的诱饵，配合少量杀虫剂进行生物诱杀；物理诱杀成虫。利用成虫多在禾谷类作物叶上产卵的习性，在麦田插谷草把或稻草把，每亩（667 m²）60～100 个，每 5 天更换新草把，把换下的草把集中烧毁。此外也可用糖醋盆、黑光灯等诱杀成虫，压低虫口；药剂喷死，在幼虫低龄期，及时控制其为害，喷施 5%抑太保乳油 4 000 倍液，或 5%卡死克乳油 4 000 倍液，或 5%农梦特乳油 4 000 倍液，或 25%灭幼脲 3 号悬浮剂 500～1 000 倍液，或 7%的高效氯氟氰菊酯 1 000 倍液等。

13. 叶蜂

（1）分布与发生为害情况。俗称麻青虫，属膜翅目，叶蜂科。安徽省六安、霍邱麻区皆有发生。国内其他如黑龙江、山西、云南等麻区尚未见报道。以幼虫咀食汉麻叶片形成孔洞，严重时能将麻叶食光仅留叶柄或主叶脉，麻皮产量锐减。

（2）形态特征：雌虫。体长 5.5～6.8 mm。头部黑色，有光泽。触角黑色，前胸、中胸红黄色；中胸腹板、后胸背板黑色发亮；淡膜叶黄褐色。翅带烟褐色，前端色较淡；翅痣、前缘脉褐黑色；翅脉黑色、

翅膜具有很短的刚毛。足红黄色；跗节带黑色。腹部褐黄色，有光泽；背片两侧、锯鞘黑色。触角第 3 节基部正常；唇基前缘呈钝角形凹入，深度中等；横缝、侧缝明显而较深；中窝锹形，较深；复单眼距：后单眼距：单眼后头距为 13：10：11。胸腹侧片明显。头部及胸部具稀而很细的刻点；唇基刻点较密。细毛黄褐色，上唇及上颚基部细毛长。

雄虫：体长 5.0 ~ 6.0 mm。胸部黑色；足转节外侧、腿节基部尖端带黑色。唇基前缘呈弧形凹入，较浅；复单眼距：后单眼距：单眼后头距为 9：7：8，其余形态同雌虫。卵乳白色，肾脏形，一端较大。长径 0.9 ~ 1.0 mm，宽径 0.3 ~ 0.4 mm。近孵化时，隐约可见卵内幼虫的黑褐色眼点。

幼虫体细圆筒形，略扁。体表多皱纹，将体节分成若干小节。灰绿色；腹足七对，位于腹部第 2 ~ 7 节及第 10 节上。初孵幼虫体乳白色，头淡黄色；取食后体绿色，头黑褐色。大龄幼虫体背还有一条深绿色的背中线，体上多细毛和黑色颗粒，胸足的基部有 1 ~ 2 条褐色斜纹。老熟幼虫体长 11 ~ 15 mm，头宽 1.30 ~ 1.50 mm，体黄绿略带紫。

蛹，离蛹，体长 5.0 ~ 6.5 mm，头宽 1.5 mm 左右。刚化蛹时体为青绿色，复眼黄褐色，以后体变为黄绿色，复眼变为黑色，近羽化时头黑色，体橘黄色，翅芽灰色。蛹在茧内，茧丝质，棕黄色，椭圆形，茧外黏附许多小土粒。茧长径 6.0 ~ 9.5 mm，宽径 3.0 ~ 4.4 mm，一般雌茧比雄茧粗大。

（3）发生规律。安徽 1 年发生 2 代，部分 3 代世代重叠，以老熟幼虫在土内作茧越冬，越冬幼虫于翌年春陆续化蛹或继续滞育。越冬代自 3 月下旬开始化蛹，4 月初开始羽化出成虫并产卵。4 月上旬为第 1 代卵孵化盛期，4 月中旬为 1 代幼虫为害盛期，4 月下旬结茧化蛹。5 月初开始羽化并产卵，第 2 代卵 5 月上旬开始孵化，5 月中旬为 2 代幼虫为害盛期，5 月下旬幼虫开始入土作茧越冬。少数（10% ~ 20%）2 代幼虫继续发育，于 6 月上中旬发生 3 代幼虫为害并入土越冬。第 1 代成虫发生量少，且多为雄蜂，因此幼虫少，为害轻；第 2 代发生量多，为害重，Ft正值汉麻快速生长期，为害造成损失较大；第 3 代生少数，为害亦轻。

（4）防治方法。实行隔年轮作，可减轻为害程度；冬耕入土结茧的越冬幼虫，以表土 6 ~ 10 cm 最多，实行冬季浅耕，将幼虫翻于土面冻死；捕杀利用幼虫假死性，采用人工捕杀或振落放鸡啄食。也可在早晨露水未干时捕杀成虫；药治药剂防治叶蜂，针对其幼虫应以触杀药剂为主。建议使用杀螟松、乐果、西维因和敌敌畏等农药，择治二代，掌握在 5 月上旬三龄前进行，对准麻头，喷药一次即可。否则，虫龄老大，效果较差，且麻株长高，施药不便。

此外，汉麻害虫还有麻秆野螟、麻田豆秆野螟、麻田酒花秆野螟、蝼蛄、地老虎、蜗牛、金针虫、朝鲜黑金龟子和造桥虫等。麻秆野螟、麻田豆秆野螟及麻田酒花秆野螟为害麻茎，可在卵孵化高峰期进行化学防治，喷洒 2.5% 的溴氰菊酪乳油 2 000 倍液或 50% 对硫磷乳油 2 000 倍液、50% 辛硫磷乳油 1 500 倍液等；蝼蛄为害幼苗，造成缺株，可用毒饵诱杀；地老虎咬断幼苗，可捕杀、毒杀或堆草诱杀；蜗牛使麻梢和麻叶粘在一起，抑制生长，可人工捕捉、中耕曝杀卵粒或撒布石灰溶液毒杀；金针虫为害幼苗根部，常用辛硫磷、甲基异柳磷、二嗪农、敌百虫、速灭杀丁、林丹、艾氏剂、地虫磷、呋喃啉、乐斯本、硫双威、毒死蜱和氟氯菊酯等。这些药剂可用于土壤处理、药剂拌种、根部灌药、撒施毒土、地面施药、植株喷粉、毒土（饵）和涂抹茎秆等方式来防治金针虫；金龟子、造桥虫为害麻叶，金龟子可用氯氰菊酯、高效氯氰菊酯等菊酯类、辛硫磷、毒死蜱等有机磷类，及阿维·高氯、噻虫·高氯等复配药剂喷雾防治，造桥虫用 2.5% 的溴氰菊酯乳油、10% 氯氰菊酯乳油、20% 氰戊菊酯乳油、20% 甲氰菊酯乳油 2 000 ~ 3 000 倍液、1.8%

阿维菌素 2 000 倍液等防治。

（三）纤维/籽纤兼用汉麻田除草

1. 杂草的种类

农田杂草，指农田中栽培的对象作物以外的其他植物。其种类繁多，可分为一年生、越年生和多年生三类。世界上有 1 000 多种农田杂草，为害较大的有 90 多种；中国有 600 多种，为害较大的有 50 多种。农田杂草侵占农田地上和地下部空间，与作物争水、争肥、争光，影响作物的正常生长；有些杂草传播病虫害，恶化环境，破坏生态；有些含有毒成分，影响人畜健康和安全。草害降低了作物的产量和质量，增加管理用工和生产成本。

汉麻田间杂草主要是一年生禾本科杂草马唐、稗草、狗尾草、早熟禾和看麦娘等，以及阔叶杂草龙葵、藜、蓼、空心莲子草和鸭跖草等，以苗期为害较重。防治措施主要是播种前、播种后出苗前的除草剂封闭除草和苗期喷施除草剂等。黑龙江汉麻田间杂草种类及分布如表 10-14，湖南省宁乡市汉麻田杂草种类如表 10-15。

表 10-14 黑龙江汉麻田间杂草种类及分布

科名	种名	学名	发生地点
禾本科	稗草	*Echinochloa crusgalli*	肇州、 克山
	狗尾草	*Setaria viridis*	肇州、克山
	虎尾草	*Setaria viridis*	肇州
	马唐	*Digitaria sanguinalis*	肇州
	画眉草	*Eragrostis pilosa*	肇州
	芦苇	*Phragmites communis*	肇州、 克山
	谷莠子	*Setaria viridis*（L.）	克山
藜科	藜	*Chenopodium glaucum*	肇州、 克山
	小藜	*Chenopodium serotinum*	肇州、 克山
菊科	苍耳	*Xanthium strumarium*	肇州、 克山
	大蓟	*Cirsum japonicum*	肇州、 克山
	刺儿菜（小蓟）	*Cirsium setosum*	肇州、 克山
	苣荬菜	*Sonchus wightianus*	肇州、 克山
蓼科	卷茎蓼	*Polygonum convolvulum*	肇州、 克山
	酸膜叶蓼	*Polygonum lapathifolium*	肇州、 克山
苋科	反枝苋	*Amaranthus retroflexus*	肇州、 克山
锦葵科	苘麻	*Abutilon thenphrasti*	肇州、 克山

续表

科名	种名	学名	发生地点
大戟科	铁苋菜	*Acalypha australis*	肇州、克山
茄科	龙葵	*Solanum nigrum*	肇州、克山
马齿苋科	马齿苋	*Portulaca oleracea*	肇州
木贼科	节节草	*Equisetum ramosissimum* Desf.	克山
鸭跖草科	鸭跖草	*Commelina communis*	肇州、克山
旋花科	打碗花	*Calystegia hederacea*	克山
	菟丝子	*Cuscuta chinensis* Lam	克山

表 10-15　湖南省宁乡市汉麻田主要杂草种类

科名	种名	学名	所占比例 / %
禾本科	早熟禾	*Poa annual L.*	18.52
	看麦娘	*Alopecurus aequalis Sobol.*	
	茵草	*Beckmannia syzigachne（Steud.）fern.*	
	狗尾草	*Setaria viridis（L.）.*	
	无芒稗	*Echinochloa crusgalli（L.）.*	
	牛筋草	*Eleusine indica（L.）.*	
	续随子（千金子）	*Euphorbia Lathyris（L.）.*	
	马唐	*Nees Digitaria sanguinalis（L.）.*	
	野燕麦	*ScopAvena fatua L.*	
	棒头草	*Polypogon fugax* Nees ex Steud.	
菊科	小飞蓬	*Conyza Canadensis（L.）.*	18.52
	一年蓬	*CronqErigeron annuus（L.）.*	
	苦苣菜	*PersSonchus oleraceus L.*	
	泥胡菜	*Hemistepta lyrata* Bunge.	
	醴肠	*Eclipta prostrate L.*	
	苍耳	*Xanthium sibiricum* Patrin.	
	滕草	*Ambrosia artemisiifolia L.*	
	鼠曲草	*Gnaphalium afine* D.Don	
	女苑	*Turczaninowia fastigiata（Fisch.）DC*	

续表

科名	种名	学名	所占比例 / %
菊科	稻搓菜	*Lapsana apogonoides* Maxim.	18.52
莎草科	阿穆尔莎草	*Cyperus amuricus* Maxim.	9.26
	异型莎草	*Cyperus difformis* L.	
	水虱草	*Fimbristylis miliacea*（L.）Vahl.	
	聚穗莎草	*Cyperus glomeratus* L.	
	碎米莎草	*Cyperus iria* L.	
蓼科	皱叶酸模	*Rumex crispus* L.	7.41
	杠板归	*Polygonum perfoliatum* L	
	水蓼	*Polygonum hydropiper* L.	
	羊蹄	*Rumexjaponicus* Houtt.	
大戟科	斑地锦	*Euphorbia maculate* Linn.	3.70
	黄珠子草	*Phyllanthus simplex* R.Br.	
玄参科	婆婆纳	*Veronica didyma* Tenore.	3.70
	通泉草	*Mazus japonicus*（Thunb.）O.Kuntze	
十字花科	碎米荠	*Cardamine hirsute* L.	3.70
	荠菜	*Capsella bursa pastoris*（L.）Medic.	
豆科	野大豆	*Glycine soja* Sieb.et Zucc.	3.70
	猪屎豆	*Grotalaria pallida* Ait.	
苋科	空心莲子草	*Alternanthera philoxeroides*（mart.）Griseb.	3.70
	皱果苋	*Amaranthus viridis* L.	
石竹科	牛繁缕	*Malachium aquaticum*（L.）Fries.	3.70
	球序卷耳	*Euphhorbia maculate* Linn.	
旋花科	圆叶牵牛	*Pharbitis purpurea*（L.）Voigt.	3.70
	菟丝子	*Cuscuta chinensis* Lam.	
酢浆草科	酢浆草	*Oxalis corniculata* L.	1.85
藜科	藜	*Chenopodium album* L.	1.85
茄科	龙葵	*Solanum nigrum* L.	1.85
马齿苋科	马齿苋	*Portulaca oleracea* L.	1.85

续表

科名	种名	学名	所占比例 / %
商陆科	商陆	*Phytolacca acinosa* Radix.	1.85
番杏科	粟米草	*Mollugo stricta* L.	1.85
鸭跖草科	鸭跖草	*Commelina communis* L.	1.85
毛茛科	扬子毛茛	*Ranuculus sieboldii* Miq.	1.85
牛儿苗科	野老鹳草	*Geranium caroliniamum* L.	1.85
茜草科	猪殃殃	*Galium aparine* L.var.tenerum.	1.85
桑科	葎草	*Humulus scandens*（Lour.）merr.	1.85

2. 汉麻田杂草消长规律

杂草问题已严重威胁汉麻产业的发展，且呈逐年加重的趋势，为了减少杂草的危害，开展科学合理的农田除草工作，在掌握汉麻田杂草发生规律的基础上，根据不同生态区杂草的消长规律，因地制宜采取有针对性的杂草综合处理措施，合理选择除草剂，把握最佳施药时机，及时指导农民合理轮换使用除草剂，对汉麻田杂草的防除十分关键。

据黑龙江省科学院大庆分院研究表明，黑龙江省纤维汉麻田杂草数量在 6 月底达到顶峰，之后逐步降低，这和汉麻的生长发育密切相关，出苗期，草苗一起生长，6 月份雨热同季，有利于各种杂草生长，但此时也是汉麻快速生长的时期，在光照和水分、养分吸收方面占有绝对优势，而杂草在郁蔽空间慢慢地死掉，数量急剧减少。

据湖南农业大学研究可知，湖南省汉麻田杂草的消长动态曲线为典型的单峰曲线，杂草在汉麻出苗前开始逐渐出苗，杂草种群的数量随着汉麻的生长逐渐上升，至 5 月份汉麻达到 70 ~ 80 cm 时，此时汉麻田杂草密度达到了 800 株。随着汉麻的长势超过杂草，杂草种群数量开始逐渐下降。因此，汉麻田杂草的防治适期应在其达到种群数量顶峰前即汉麻营养生长旺长期之前进行。

3. 杂草的防治方法

（1）良种精选除草。全世界有杂草 5 万多种，其中 8 000 多种可对农田造成经济危害。杂草种子千差万别，大小、质量也不同，我们可以利用它们的大小，轻重，有芒无芒、是否光滑、漂浮力等的不同，用手工、机械、风力、筛、水选等方法除去杂草种子，大幅减轻杂草的传播和危害。

（2）轮作倒茬。轮作倒茬能有效防除农田杂草。科学的轮作倒茬，使原来生境良好的优势杂草种群处于不利的环境条件下，从而减少或杜绝危害。

（3）尽早、尽快提高作物的覆盖度。利用农作物高度和密度的荫蔽作用，能有效控制或消灭杂草，实现"以苗欺草"、"以高控草"和"以密灭草"等目的。

（4）迟播诱发除草。有计划地推迟作物的播种期，使杂草提前出土，除草后再播种，有良好的除草效果。

（5）人工除草。结合农事活动，如在杂草萌发后或生长时期直接进行人工拔除或铲除，或结合中耕施肥等农耕措施剔除杂草。

（6）机械防治。结合农事活动，利用农机具或大型农业机械进行各种耕翻、耙、耕等措施进行播前、出苗前及各生育期等不同时期除草，直接杀死、刈割或铲除杂草。

（7）化学除草的特点是高效、省工，免去繁重的田间除草劳动。国内外已有 300 多种化学除草剂，并加工成不同剂型的制剂，可用于几乎所有的粮食作物、经济作物地的草。对由种子萌发的一年生杂草，一般采用持效期长的土壤处理剂防除；根状茎萌发的多年生杂草，则采用疏导作用强的选择性除草剂。

4. 纤用/籽纤兼用汉麻田杂草综合防除技术

汉麻田生态受自然和耕作的双重影响，杂草的类群和发生动态各异，单一的除草措施往往不易获得较好的防除效果；同时，各种防除杂草的方法也各有优缺点。综合防除就是因地制宜地综合运用各种措施的互补与协调作用，达到高效而稳定的防除目的。

（1）精选种子。利用手工、机械、风力、筛、水选等方法除去汉麻良种中的杂草种子，可大幅减轻杂草的传播和危害。例如通过过筛和风选，可大量去掉汉麻中谷莠子的种子，阻止它的蔓延传播和危害。

（2）合理轮作倒茬。采取汉麻—马铃薯—玉米、汉麻—马铃薯—大豆等模式，每隔 3 年进行轮作倒茬，降低杂草密度，改变田间优势杂草群落，可有效抑制田间稗草、狗尾草、刺儿菜、龙葵、苦苣菜、菟丝子、反枝苋和小藜等杂草种群数量。

（3）深耕翻地。利用农业机械进行除草，春播秋耕，深度 25～35 cm 为宜。通过机械深耕深翻可将散落于土表的杂草种子翻埋于土壤深层，减少杂草种子萌发概率，破坏大部分多年生杂草，如：苦苣菜、蒲公英、艾蒿等地下繁殖部分，或将其根茎翻于地表暴晒使其死亡，并且随着耕作深度的增加可有效减少杂草株数。

（4）人工除草。采用人工拔草、锄草等方法防除杂草。在田间杂草数量不多的情况下，于 6 月中下旬，人工拔除杂草 2～3 次。拔除时，将杂草整簇拔起，带出田间集中处理。

（5）化学防治。用除草剂除去杂草而不伤害作物。化学除草的这一选择性，是根据除草剂对作物和杂草之间植株高矮和根系深浅不同所形成的"位差"、种子萌发先后和生育期不同所形成的"时差"，以及植株组织结构和生长形态上的差异、不同种类植物之间抗药性的差异等特性而实现的。此外，环境条件、药量和剂型、施药方法和施药时期等也都对选择性有所影响。纤用/籽纤兼用汉麻田除草方法以化学除草为主，其他除草方法为辅。

①播后苗前封闭除草。注意事项：一是根据地块草的种类正确选择除草剂品种，避免盲目买药；二是按产品说明书推荐剂量使用，不要随意增加减少剂量，土壤杂草基数大的地块，适当增加用药量；三是正确地对药，采用"二次稀释法"，这样药液分散性好，浓度均匀，除草效果好，喷雾要均匀，既不重喷也不漏喷；四是整地质量要好，土块较大，严重影响施药质量；五是要选择无风（3 级以下），天气晴朗的早晚进行，避免施药后，气温过高，杂草迅速突破药膜层，受药量少没有被杀灭就钻出土面，施药后，气温过低，杂草迟迟不萌发，药液持效期一过，就不再对杂草有杀灭作用。

常用除草剂：在汉麻播种前 5～7 d 向土壤均匀喷施除草剂封闭除草，杂草防控试验效果最好的为 25% 恶草酮（使用量是 1 950 g/hm²，兑水 600 L）。在汉麻播种覆土后、出苗前进行除草剂（封闭）处理，对田间杂草也有较好的综合防治效果，常用的有 96% 异丙甲草胺、48% 仲丁灵、50% 乙草胺、50% 扑草净、96% 精异丙甲草胺、48% 地乐胺和 60% 丁草胺等。在汉麻幼苗出苗后进行调查时发现，几种除草剂处理中，除了乙草胺处理外，其他药剂处理均出现了一定程度的药害，部分幼苗叶片出现卷曲，药害比较严重的甚至基秆出现萎缩。黑龙江省科学院大庆分院研究表明，对汉麻安全性最高的是 96% 异丙甲草胺和 50% 乙草胺，虽然也有一定药害，但是 10 d 左右基本恢复正常状态；48% 的仲丁灵用药 7 d 后受害程度最严重，可达 18%，一周后受害率降低 9%（表 10-16）。

表 10-16　不同除草剂对汉麻幼苗的受害株率

受害株率（%）	96% 异丙甲草胺 EC	48% 仲丁灵 EC	50% 乙草胺 EC	50% 扑草净 WP	空白对照
苗后 7 d	1	18	4	15	0
苗后 14 d	0	9	0	11	0

湖南农业大学研究表明，在苗后 7 d，五种除草剂处理中，除了乙草胺处理没有出现药害外，扑草净、精异丙甲草胺、丁草胺及地乐胺处理中汉麻的受害株率分别为 14%、3%、6%、23%，其中扑草净及地乐胺处理的药害率明显高于其他药剂。在苗后 14 d，除草剂对汉麻的药害得到了一定程度的恢复，但扑草净和地乐胺处理的药害率仍达到了 8% 和 9%，而丁草胺及精异丙甲草胺处理中的药害汉麻幼苗经过近 10 d 的生长后药害基本得到恢复，且和空白对照相比差异不大（表 10-17）。

表 10-17　不同除草剂对汉麻幼苗的受害株率

受害株率/%	50% 乙草胺 EC	25% 扑草净 WP	96% 精异丙甲草胺 EC	60% 丁草胺 EC	48% 地乐胺 EC	空白对照
苗后 7 d	0	14	3	6	23	0
苗后 14 d	0	8	1	0	9	0

湖南农业大学研究表明，在药后 15 d 乙草胺、精异丙甲草胺和丁草胺处理对汉麻田杂草的株防效均在 50% 以上，显著高于扑草净处理和地乐胺处理。在施药后第 30 d 调查时发现，每个药剂处理对杂草的株防效均出现了一定程度的下降，但下降幅度不大，乙草胺、精异丙甲草胺和丁草胺处理对汉麻田杂草株防效分别达到了 87.46%、87.88%、87.74%，要显著高于扑草净和地乐胺对杂草的防效（表 10-18）。

表 10-18　几种除草剂对汉麻田杂草的株防效（引自湖南农业大学）

处理	50% 乙草胺 EC		25% 扑草净 WP		96% 精异丙甲草胺 EC		60% 丁草胺 EC		48% 地乐胺 EC		空白对照
	株数/%	防效	株数	防效/%	株数	防效/%	株数	防效/%	株数	防效/%	
药后 15 d	37.5	90.25	81.3	78.87	35.7	90.72	38.4	90.02	86.9	77.41	384.7
苗后 30 d	53.5	87.46	92.6	78.29	51.7	87.88	52.3	87.74	101.8	76.14	426.7

由以上研究可知在保证对汉麻安全的前提下，96% 精异丙甲草胺 EC 1 050 mL/hm^2 和 50% 乙草胺 EC 750 mL/hm^2 均可作为汉麻田播后苗前除草剂使用，且能对杂草起到良好的防除效果。另有研究表明采用 40% 施田扑乳油 3 L/hm^2 封闭除草，对禾本科杂草防效可达 63.9%，对阔叶杂草龙葵、藜、蓼、苋的防治效果分别达到 75.0%、75.0%、66.7%、57.9%，对阔叶杂草龙葵、藜的防治效果比较理想；采用 10% 的精喹禾灵搭配 15% 炔草酯，10% 精喹禾灵用 600 mL/hm^2、15% 炔草酯用 450 mL/hm^2 土壤封闭除草，对汉麻出

苗及苗期生长无不良影响，能减轻杂草对汉麻幼苗生长的影响，促进汉麻健壮生长。

②苗后除草。注意事项：一要注意喷药时间。应选无风或风小（小于 3 级风）的天气，最佳喷药时间是傍晚 5 点以后，此时施药后温度较低，湿度较大，药液在杂草叶面上待的时间较长，杂草能充分地吸收除草剂成分，保证了除草效果，傍晚用药也可显著提高汉麻苗安全性，不易发生药害；二要注意喷药方法。亩用药量兑水 15～30 L，见草喷药，喷仔细，没草就走，省药省时效果好；三是看草的大小。最佳的草龄是 2 叶 1 心至 4 叶 1 心期，这时杂草具有一定的着药面积，杂草抗性也不大，除草效果显著；四是观察汉麻苗大小。汉麻苗后除草剂最佳的喷药时间是汉麻株高 10～15 cm，此时汉麻抗性高，不易出现药害。五是施药机械要适当掌握喷头高度，防止重喷、漏喷。并且苗后喷药，麻苗易受机械损伤，损伤率为 30% 以上。因此最好采取人工喷雾或飞机喷雾。

常用除草剂：汉麻出苗后进行除草剂施用，杂草一至四叶期，基本出齐时施药，均匀喷雾，尽量避免除草剂喷施到汉麻幼苗心叶上。采用的除草剂有二甲四氯钠盐、5% 精奎禾灵、41% 草甘膦、15% 精稳杀得、96% 异丙甲草胺、24% 烯草酮、48% 苯达松 56%、10.8% 高效盖草能和 5% 精禾草克乳油等。汉麻茎叶喷施除草剂后，均出现了一定程度的药害，导致叶片退绿、叶向内卷曲、叶缘或叶尖黄枯、茎弯曲、生长受到严重抑制等症状，药害比较严重的甚至植株全株缓慢枯死。

黑龙江省科学院大庆分院通过喷施不同苗后除草剂调查其对汉麻植株的受害情况可知，苗后喷施的 8 种除草剂对汉麻植株均有不同程度的损害，其中草甘膦和苯达松 7 天后的受害株率达到了 35.6% 和 82.0%，烯草酮、高效氟吡甲禾灵、精奎禾灵的受害株率相对较小，分别为 4.2%、6.3% 和 6.60%（表 10-19）。

表 10-19 不同除草剂受害株率

药剂处理	7 d 受害株率 / %	14 d 受害株率 / %
二甲四氯钠盐	15.20	7.10
高效氟吡甲禾灵	6.30	4.10
精奎禾灵	6.60	5.20
草甘膦	35.60	2.00
精稳杀得	14.20	6.10
异丙甲草胺	17.30	10.20
烯草酮	4.20	2.70
苯达松	82.00	45.00
空白对照	0.00	0.00

湖南农业大学研究表明，当甲氯钠、烯草酮、高效盖草能、精禾草克、异丙甲草胺和草甘膦等除草剂单剂使用时，除草效果最好的是草甘膦水剂，株防效达到了 98.68%；甲氯钠对汉麻田的阔叶杂草有良好的防治效果，但对禾本科杂草无效；烯草酮、高效盖草能、精禾草克和异丙甲草胺等除草剂对禾本科杂草的防效较好，但对阔叶杂草的杀伤作用极为有限。在 4 组除草剂的搭配组合中，二甲四氯钠与烯草酮及高效盖草能混用的除草效果比单剂使用显著提高，且明显比精禾草克及异丙甲草胺混用的除草效果好。由于草

甘膦为灭生性除草剂，在施药时如果保护措施没做好很容易造成对作物的药害，因此，在保证除草效果及对作物安全的前提下，可以选用甲氯钠与稀草酮及高效盖草能作为汉麻作物田的苗后除草剂组合（表10-20）。

表 10-20　几种除草剂对汉麻田杂草的株防效及鲜重防效

处理	每亩用量	株防效 / %	鲜重防效 / %
56%二甲四氯钠 WP	50g	48.94d	63.37e
12%烯草酮 EC	40mL	82.62c	83.24c
10.8%高效盖草能 EC	40mL	87.74b	86.67c
5%精禾草克 EC	50m	83.46c	80.76d
50%异丙甲草胺 EC	160mL	80.94c	84.39c
41%草甘膦水剂	150mL	98.68a	97.74a
二甲四氯钠+烯草酮	30g+20mL	92.74b	91.76b
二甲四氯钠+高效盖草能	30g+20 mL	91.27b	93.46b
二甲四氯钠+精禾草克	130g+25 mL	84.86c	87.62c
二甲四氯钠+异丙甲草胺	130g+30 mL	85.32c	85.74c

山西省农业科学院经济作物研究所研究表明，二甲四氯钠与烯草酮混用去除汉麻田一年生杂草是可行的，每公顷施 56%的二甲四氯钠 300 g+120 g/L 烯草酮 195 mL 防除效果最好，药后 40 d 防除效果仍达85.84%，显著好于其他组合（表 10-21）。但是这种方法需要人工小心施药，不能把除草剂喷汉麻幼叶上，施用成本比较高。

表 10-21　二甲四氯钠+烯草酮混用防除汉麻田一年生杂草结果

处理	药后 20 d		药后 30 d		药后 40d		LSR 检测	
	株数	防效/%	株数	防效/%	鲜质量/g	防效/%	0.05	0.01
二甲四氯钠 300 g/hm²+烯草酮 195 mL/hm²	0	100	0.33	95.65	3.43	85.84	a	A
二甲四氯钠 450 g/hm²+烯草酮 270 mL/hm²	1.67	80	1.67	78.26	6.79	71.98	b	B
二甲四氯钠 600 g/hm²+烯草酮 345 mL/hm²	0.67	92	1.00	86.96	4.29	82.32	b	B
二甲四氯钠 750 g/hm²+烯草酮 450 mL/hm²	2.33	72	2.33	69.57	8.11	66.55	b	B
56%二甲四氯钠 1 050 g/hm²	1.67	80	1.67	78.26	8.29	65.79	b	B
120 g/L 烯草酮 525 mL/hm²	2.33	72	2.33	69.57	9.08	62.54	b	B
空白对照	8.33		7.67		24.24			

二、灌溉与排涝

灌溉是提高汉麻纤维产量的重要措施。在纤维汉麻生育期间，应根据其需水规律和土壤水分状况进行合理灌溉。汉麻幼苗根系发育慢而细弱，苗期灌水不宜过早，利于扎根。一般在出苗 35～40 d、苗高 30～35 cm 时进行，有条件的地方可结合追肥进行灌溉。灌水不宜过多，保证幼苗健壮生长即可，原则是土干浇灌。

汉麻苗长到 30 cm 左右，进入快速生长期，从进入快速生长期到雄株开花，是汉麻生长发育最旺盛的生长阶段。据试验研究，汉麻快速生长阶段所耗水量占全生育期总耗水量的 62.9%～69.8%，维持土壤水分为田间最大持水量的 70%～80%，最适于这一生长阶段对水分的需求。干旱地区一般应在晴天 10 d 左右灌溉一次，每次灌溉不宜过多，以免引起倒伏。

纤维汉麻灌溉一般从出苗后 30～40 d 开始至雄花盛开，收获前停止灌溉，一般灌溉 3-4 次即可。黑龙江省黑河市春播后多干旱少雨，汉麻易出现"掐脖旱"现象。据测算，灌水 2 次的较不灌水地块增产 20%～35%，干旱年份尤其显著。灌水遵循"头水轻、二水饱"的原则，即第 1 次适量少灌水，快速生长期始终保持土壤湿润。管理上要在防止麻株倒伏的基础上加大浇水量，促进纤维成熟和种子发育，直到雄花盛开、纤维成熟，停止浇水。

汉麻生长期间不耐涝，在开花期至雄株成熟前，雨水过多，易引起麻秆霉变发黑，麻田渍水 48 h，则会引起麻株死亡。因此可采用灌、排两用渠道，灌水渠末端连接排水沟，遇旱引水灌溉，遇涝顺沟排水。

三、化控技术

植物生长调节剂是指人工合成的具有与植物激素类似生理效应的化学物质，而作物化学调控技术是利用植物生长调节剂对作物种子或植株进行处理，从而调节作物的生长发育，以达到人们所期望的目标。然而植物生长调节剂在汉麻上的相关研究较少，房郁妍研究表明，各调节剂处理对汉麻性别分化的影响效果显著，其中 6-BA，3AA 和 IAA 处理后，可促使汉麻产生雌花，且雌株比例均在 70% 以上，试验中还发现，在汉麻植株高度达到 25～30 cm，长出 3～4 对真叶时，对汉麻根部进行药物喷施效果较好。Elzbieta 也证实了赤霉素、生长素、乙烯利、脱落酸和激动素对汉麻雌性和雄性植株性别分化有影响，赤霉素促进了汉麻雄性植株的分化，生长素、乙烯利和激动素促进了汉麻雌性植株的分化，而脱落酸对性别分化没有任何影响，但脱落酸对赤霉素和生长素有拮抗作用；对生长素和乙烯利等生长调节剂联合应用的结果表明，生长素和乙烯利在汉麻的性别表达调控中作用机制不同。

赤霉素是广泛存在的一类植物激素，其对植物纤维性质具有调控作用，能够促进纤维的伸长、增粗或者分化，提高纤维的产量。研究已证实 100 mg/L GA 水溶液进行叶面喷施，可以促使汉麻纤维细胞直径明显增粗。

第五节　适时收获、妥善保管及初加工

一、收获时间及标准

纤用汉麻在工艺成熟期开始收获。雌雄异株的汉麻工艺成熟期主要特征是田间雄株 50%～75%已过花期，花粉大量散落，麻叶黄绿色，下部 1/3 麻叶脱落。雌雄同株的汉麻工艺成熟期主要特征是田间大部分植株的下部出现结实，且种子处于灌浆期，稍微有些白色的果仁。收获过早，原茎产量低，纤维成熟不够，出麻率及纤维强度降低；收获过晚，纤维粗硬，品质变劣，收割控制在 7 d 内完成。研究已证实，收获时间与汉麻产量密切相关，早熟汉麻品种 Fasamo（Germany）和 Juso31（Ukraine），从种子刚开始成熟到 100% 成熟，茎秆产量从 8.39 t/hm² 降到 7.59 t/hm²，纤维产量变化不大，但次生纤维的产量增加。也有人认为在开花初期收获，纤维表现出较高的拉伸强度，但随着收获时期的延后呈降低趋势。

黑龙江省农业科学院研究表明，纤维汉麻全麻率与收获时期的关系呈"M"形曲线，第一峰值出现在出苗后 67 d，第二峰值出现在出苗后 91 d；不同收获时间对汉麻全麻率有较大影响；黑龙江省第 1～4 积温带汉麻收获时期为汉麻出苗后 90～95 d，第 5 积温带汉麻收获为汉麻出苗后 85～90 d。

籽纤兼用汉麻当雌株种子 60% 成熟时，开始收割。

二、收获方法

采麻田收获多采用汉麻割晒机收获，没有汉麻割晒机的地方人工收获。人工割麻最好是贴地横割，刀背不离地面，尽量不用镰刀揽麻以免刀刃割伤纤维，割麻时一般割茬 3 cm，不超 5 cm。放麻铺厚度均匀，根部对齐，麻株方向与行向垂直，割麻时躲开草，放铺时挑净草，地上掉的麻要捡净。采用收割机进行收割，茎秆收割后能达到麻铺成趟铺放，铺放整齐、均匀一致。麻趟间距 50 cm，割茬高度 10～15 cm。

籽纤兼用汉麻采用人工或机械收割，收割后每 10 捆为一码进行晾晒。根据天气情况，必要时应翻晒，达到标准干度后人工脱粒，脱粒后及时清籽出风，不积压。脱粒后的原茎仍要站立码放，或采用黑龙江省科学院大庆分院机械研究所研制的种子和茎秆兼收的双切割汉麻联合收割机进行收获。该双切割联合收割机是利用约翰迪尔 1048 型谷物联合收割机进行改造，即将 1048 谷物联合收割机的割台上移用于种子收获，然后通过机器自带的脱粒装置完成种子的脱粒过程；收割机下部增加割台用于茎秆收割，茎秆收割后放到田间进行雨露脱胶。该收割机收麻工效较高，但种子损失率较大，达到 20% 左右，还需进一步改进后用于生产。

三、茎秆脱胶

收割后的麻株铺放在田间，充分利用适宜微生物菌繁殖的温度、湿度和光照等自然条件进行雨露脱胶。田间雨露脱胶时微生物发育繁殖的最适宜温度 18 ℃左右、相对湿度 50%～60%，满足这一条件后，田间铺放 20 天左右可完成脱胶。在发酵过程中如有条件翻动 1～2 次，使麻茎脱胶均匀。

脱胶的时间：一般气温较高、湿度较大的情况下，1~2周可完成发酵；而在气温较低湿度较小的情况下，需4~5周。例如温度为18℃左右、相对湿度50%~60%，田间铺放20 d左右可完成脱胶。

脱胶的质量标准：当麻铺下层茎秆长满黑色小斑点，取样测试脱胶效果。简单测试方法是从茎秆的1/2处折断，折断时纤维与木质部顺利分离，并能剥下一个与茎秆长度接近的长筒状纤维，表明茎秆达到了脱胶标准。

四、捆捆、捡拾干茎

当田间有90%以上的麻茎达到了脱胶标准，将脱胶好的干茎打捆，每捆直径不能超过25 cm，根部整齐，捆系紧，捆腰系在捆中间，捡拾运到加工场地归垛保存。

第十一章 籽用汉麻的栽培技术

第一节 汉麻籽的形状

汉麻籽是汉麻成熟后的种子，是麻的果实，俗称火麻籽、大麻籽等，去除外壳后可以直接食用或者用于制作其他物品。汉麻籽在中国有着悠久的食用历史，在古代被列为"麻、麦、稷、黍、豆"五谷之一，其中"麻"即为汉麻籽。汉麻籽形状呈椭圆形，长 2 ~ 8 mm，直径 3 ~ 6 mm，千粒重 2 ~ 70 kg。表面颜色为灰色、褐色、灰绿色或者灰黄色等，有些白色和棕色的网纹，两边有棱角，顶端稍微发尖，基部有一圆形的果梗痕迹，外边的皮很薄还有些脆，很容易破碎。里面的果仁颗粒都很饱满，果仁颜色为乳白色。

第二节 汉麻籽营养成分及功能

汉麻籽，食药同源，具有很高的经济价值。汉麻籽去壳后，分为仁和壳两个部分。汉麻仁含有丰富的油脂、蛋白质、发挥油、膳食纤维以及维生素和矿物质等（表 11-1，11-2，11-3，11-4，11-5）。对消化系统、心血管系统、中枢神经系统、免疫系统具有广泛的药理作用。2002 年，卫生部"关于进一步规范保健食品原料管理的通知"中，将汉麻籽仁列为"既是食品又是药品的物品名单"之一。"世界长寿乡"的广西巴马的居民，其长寿的秘诀之一就是当地人千百年来食用当地自产的汉麻籽及其制品。深度开发利用汉麻籽仁对汉麻产业发展有着重要的作用。

表 11-1　每 100 克汉麻籽仁基本营养成分含量

基本营养	含量	单位
能量	2 314.78	kJ
蛋白质	31.56	g
脂肪	48.75	g
糖类	8.67	g
粗纤维	4.00	g

表 11-2　每 100 克汉麻籽仁脂类成分含量

脂类	含量	单位
单不饱和脂肪酸	5.40	g
多不饱和脂肪酸	38.10	g
多不饱和脂肪酸占总脂肪酸的比例	79.20	%

续表

脂类	含量	单位
反式脂肪酸	-	g
反式脂肪酸占总脂肪酸的比例	-	%
胆固醇	-	mg
植物固醇	-	mg
胡萝卜素	7	μg
叶黄素类	-	μg
番茄红素	-	μg

表 11-3　每 100 克汉麻籽仁矿物质成分含量

矿物质	含量	单位
钙	70.00	mg
镁	700.00	mg
钠	5.00	mg
钾	1200.00	mg
磷	1650.00	mg
硫	380.16	mg
氯	7.71	mg
铁	7.95	mg
碘	-	μg
锌	9.90	mg
硒	-	μg
铜	1.60	mg
锰	7.60	mg
氟	-	μg

表 11-4　每 100 克汉麻籽仁维生素成分含量

维生素	含量	单位
维生素 A	3.30	μg
维生素 C	0.50	mg
维生素 D	-	μg

续表

维生素	含量	单位
维生素 E	0.80	mg
维生素 K	-	μg
黄酮类化合物	-	mg
维生素 B_1	1.28	mg
维生素 B_2	0.29	mg
烟酸	9.20	mg
胆碱	-	mg
泛酸	-	mg
维生素 B_6	0.60	mg
生物素	-	μg
叶酸	110.00	μg
维生素 B_{12}	-	μg
甜菜碱	-	mg

表 11-5　每 100 克汉麻籽仁维生素成分含量

氨基酸	含量	单位
亮氨酸	2163.00	mg
蛋氨酸	933.00	mg
苏氨酸	1269.00	mg
赖氨酸	1276.00	mg
色氨酸	369.00	mg
缬氨酸	1777.00	mg
组氨酸	969.00	mg
异亮氨酸	1286.00	mg
苯丙氨酸	1447.00	mg

一、汉麻籽油

（一）汉麻籽油的成分

汉麻籽仁中油脂含量在 30%以上，最高达到 50%，汉麻籽油是汉麻籽利用的主要途径。汉麻籽油在分离纯化之后，又可应用于药品、保健品、化妆品、洗涤用品、高档食用油、生物柴油、油漆油墨等。汉麻籽油属于干性油，含有人体所有必需的氨基酸和脂肪酸，其脂肪酸主要有豆蔻酸、棕榈酸、棕榈油酸、十七烷酸、顺-10-十七烯酸、硬脂酸、油酸、亚油酸、亚麻酸、花生酸、花生一烯酸和山嵛酸等 12 种脂肪酸等组成，与其他植物油脂相比，汉麻籽仁油的不饱和脂肪酸含量高达 88.54%以上，其中多不饱和脂肪酸含量也高达 76.26%以上，其中亚油酸与亚麻酸的质量比接近 3∶1，这一比例被认为是人体正常代谢所需的最佳比例；汉麻籽油中还富含生育酚、叶绿素、植物固醇和多酚类化合物。LAYTON 等研究已证明，汉麻籽油中还含有少量的 CBD(大麻二酚)。所以，汉麻籽被营养学家誉为人体必需脂肪酸的重要来源。

（二）汉麻籽油的保健功能

不饱和脂肪酸对人体的健康状况具有重要的影响，食用多不饱和脂肪酸可以起到抗癌、抗炎和抗血栓功能，此外还有助于增加一般代谢速率和促进脂肪燃烧。当不饱和脂肪酸的含量满足不了人体的需要时，会诱发心脑血管疾病、影响记忆力、产生阿尔茨海默病等；但过多时会打乱人体代谢，诱发肿瘤；适当提高饮食中不饱和脂肪酸的比例，可以降低肿瘤的发生率，并且不饱和脂肪酸及其代谢产物对部分癌细胞具有抑制作用。汉麻籽油中含有丰富的不饱和脂肪酸和其他活性物质，经常食用可以润肠道、助消化，预防感冒、癌症、三高、便秘、延缓衰老等，起到排毒养颜、延年益寿的作用，另外汉麻籽油还可以治疗轻度刀伤和烧伤引起的感染、缓解过敏症状等。研究已证实汉麻籽油可使血中高密度脂蛋白胆固醇升高，总胆固醇、甘油三酯、低密度脂蛋白胆固醇降低，糖化血红蛋白指数下降，调节脂质代谢的作用。此外，汉麻籽油还能提供人体所需的维生素 E、钙、钾、镁、锌、铁和磷，每天适当食用一些汉麻籽油能够满足人体每日所需要的营养元素。

汉麻籽油具有抗氧化和清除自由基的作用，可减轻脑组织中神经细胞的过氧化程度，保护脑组织形态结构和功能；同时汉麻籽油可以提高大脑乙酰胆碱含量，增强中枢神经系统的功能。汉麻籽油也能够降低血脂，并且含有多种微量元素和抗氧化剂，能够补充人体内所缺少的抗氧化剂，保护体内抗氧化酶的系统活性。并且汉麻籽油在降低高血脂的同时，减轻了主动脉壁内皮细胞的损伤和平滑肌细胞的增生，从而为抗动脉硬化及抗衰老奠定了物质基础。

（三）汉麻籽油的应用

汉麻籽油虽然含有丰富的亚麻酸但却不宜用作烹饪油，因为在加热试验过程中，汉麻籽油中的不饱和脂肪酸、VE 含量减少，反式脂肪酸含量增加，因此将汉麻籽油作为凉拌油或制成胶囊的形式，可以更有效地补充人体所需的亚麻酸。汉麻籽油也可以作为一种功能性食品使用，是一种重要的食物资源。在脱脂奶中添加火麻仁油后制得的火麻仁油酸奶，改善了酸奶的酸度值、持水力以及流变学性质，并且其挥发性香气成分更丰富。

汉麻籽油含有丰富的不饱和脂肪酸和维生素 E,是多元不饱和脂肪酸含量最高的油脂,添加到化妆品中,可以起到抗氧化、保湿及皮肤老化等效果。利用汉麻籽油可以制成防晒霜、润肤霜、保湿霜、清洁霜、防冻霜及洗发护发等产品。

汉麻籽油属于低酸值原料油,并且不饱和脂肪酸含量高,经过简单的脱酸、脱水处理后,可作为高碘值的生物柴油原料油。与柴油相比,汉麻生物柴油降低了氮氧化物(NO_x)、碳氢化合物(HC)和一氧化碳(CO)的排放,同时增加了 CO_2 和烟的排放量,并且显著提高了制动热效率。HEBBAL 等将汉麻籽油代替普通柴油用在发动机上,结果表明其热效率、燃油消耗和制动具体的能源消耗与普通柴油相当;将汉麻籽油与普通柴油 1:1 混合用在发动机上,其额定负载、烟雾、一氧化碳和未燃烧的碳氢化合物略高于普通柴油。

二、汉麻籽蛋白

(一)汉麻籽蛋白的成分及功能

汉麻籽仁中含有丰富的蛋白质,占汉麻籽仁的 1/5 ~ 1/3。我国主要产区汉麻籽仁的蛋白质含量在 20.49% ~ 37.60%,其中 65% ~ 75% 为麻仁球蛋白,且麻仁球蛋白中含有人体必需的氨基酸及多种天然生物活性成分,可以修复 DNA;25% ~ 37% 的白蛋白也是一种优质蛋白,不含大豆抗原,不含色氨酸抑制因子,不会影响蛋白质的吸收,也不含大豆中的一些寡聚糖,不会造成胃胀和反胃,也不含任何已知的致敏物,适宜大部分人群食用。研究发现,汉麻籽蛋白能明显延长运动的时间,主要是通过体内血乳酸值的降低和肝糖原含量的增加,从而起到抗疲劳能力增强的作用。

汉麻籽蛋白经水解为蛋白肽,蛋白肽具有汉麻籽蛋白所不具备的良好溶解性、对酸或热的稳定性,以及黏度低等理化性质;而且具有易吸收、降血压、降血糖、抗氧化等多种生理功能,可用于营养食品、功能保健食品和运动员食品等。

(二)汉麻籽蛋白的食用性

汉麻籽蛋白具有很好的食用价值。一是研制速溶汉麻蛋白粉作为高蛋白营养食品,制成早餐蛋白粉和婴幼儿配方蛋白粉等。二是把汉麻分离蛋白和蛋白肽制成保健品或蛋白添加剂,添加到冰淇淋、饮料、麦片等食品中。三是将汉麻籽蛋白添加到某些蛋白质含量偏低的食品中改善其营养结构。例如加入适量的汉麻籽蛋白粉到压缩饼干中,不仅可以获得营养构成合理的汉麻籽压缩干粮,还能明显促进人体生长,并且无毒副作用,可运用在军用食品、野外探险、抗洪抢险、地震救灾等领域。四是将汉麻籽蛋白与其他动植物蛋白配合,用来制作富含蛋白的运动食品,能增强运动员的肌肉力量和耐力,在美国、加拿大等国被制作成能量棒。同时,汉麻籽蛋白营养丰富,具有浓郁的香味,口感好,可以与椰汁、杏仁、核桃仁一样应用在蛋白乳饮料中;汉麻籽蛋白肽可以制成固体饮料,添加不同的风味成分也可以应用于奶茶等时下流行食品。五是提取汉麻籽蛋白中具有良好抗氧化效果的汉麻抗氧化肽,作为营养强化剂以及食品和饮料中的添加剂,取代邻叔丁基对苯二酚等抗氧化剂。把汉麻抗氧化肽应用在食品领域,更安全。

汉麻籽蛋白在食品中利用的关键是保证其营养价值、功能特性、安全性、感官上的可接受性。

三、汉麻籽纤维和多酚

汉麻籽中含有可溶性和不溶性纤维，大部分纤维存在于汉麻籽壳中，其中不溶性纤维包括纤维素、木质素、半纤维素，占不溶性纤维的比例分别为 46%、31%、22%。研究表明在制作面包、饼干、蛋糕、桃酥等烘焙食品时添加面粉量 5%～10%的汉麻籽纤维，可以改良食品的口感；在制作乳饮品或饮料时添加汉麻籽纤维，可以使产品营养更加完善，长期食用具有疏通肠道、调节血脂、调节血糖等生理功效。

汉麻籽壳和仁中的总酚含量分别为 0.92～13.93 mg/100 mg 和 0.39～1.56 mg/100 mg，主要的两种酚类物质是木脂素酰胺类物质和羟基肉桂酸。目前在多酚类的功效研究上主要体现其清除自由基能力和抗氧化活性方面。

第三节　汉麻籽壳的成分及功能

在汉麻籽油和蛋白质加工过程中，籽壳作为加工废弃物丢弃，会造成资源浪费、环境污染。相关资料显示，每吨汉麻籽约含有 400kg 的籽壳。汉麻籽壳中含有达 32.28%的木质素。较高的木质素含量表明汉麻籽壳质地坚硬，木质化程度高于木材，是制作活性炭的优质原料。汉麻籽壳活性炭，可应用于吸附、催化电池和电能储存等领域。

汉麻籽壳还富含膳食纤维，应用在果蔬乳饮料等减肥食品中，可以达到疏通肠道、排毒养颜的效果；添加在糖尿病、高血压患者膳食中，可以调节患者的血压、血糖和血脂；在面包、饼干、面条等食品中应用，可以改良这些食品的口感。

第四节　籽用汉麻的栽培技术要点

一、选地轮作

合理轮作对产量的影响很大，籽用汉麻不宜连作或重茬，连作或重茬均会导致减产，最理想的前茬是玉米、大豆、小麦等。籽用汉麻根系发达吸水吸肥力强，通常选用地势平坦、土层深厚、土质疏松，土壤中含有大量的有机质，并且以地下水位较低的、排水浇灌便利的土地为宜，切忌选用洼地、涝地、重盐碱地等地块。由于汉麻生长力特别强，即使在贫瘠的土地也不会绝产，只是产量较低，因而在严重贫瘠地区种植籽用汉麻，只要在耕作上采取相应的栽培技术措施照样能获得较好的产量。

二、整地与施肥

深耕能加厚活土层，改善土壤结构，协调土壤的水、肥、气、热的关系，增加土壤的蓄水保肥能力，还能铲除杂草，防除病虫害。并且深耕要根据实际情况，考虑到深耕深度、深耕方法和深耕的时间。比如沙质土就不宜耕得过深；而风沙土地区或水土流失严重地区，就要采用少耕或免耕法；在北方的旱作区就要进行秋季深耕，以利于晒垡、熟化和有机质分解，并且能储存更多的雨雪来增加土壤水分。耕后及时耙耱保墒。

春播籽用汉麻在前茬收获后，及时灭茬进行秋深耕或耙茬深松。如果前茬收地晚，来不及秋深耕，应尽早春耕，随耕随耙，防止跑墒。晚耕不仅熟化时间短，而春季气温上升快，风多风大跑墒严重，影响播种出苗。无灌水条件的旱地，春季应多次耙耱保墒，使土壤细碎无坷垃，上虚下实，利于全苗。如播前遇雨，也可浅耕并及时耙耱保墒，趁墒播种。

籽用汉麻对养分需求较低，以农家肥较好，化肥以适量氮肥、增施磷、钾肥为佳。氮肥较高会造成植株徒长，浪费养分，增施磷肥可提高籽粒产量，钾肥可提高籽粒含油量。春播籽用汉麻应结合耕地施底肥，施肥量应参考前作残留肥分多少、产量指标、肥料质量、肥料利用率、密度、品种等因素灵活运用。一般按 N∶P∶K 的质量比 2∶1.5∶1 进行配肥，每公顷用量 225～450 kg，种肥施用，施肥深度 8～10 cm，并可适当每亩施入 1 500～2 000 kg 有机肥。

三、起垄

籽用汉麻一般采用垄作方式，使土壤、采光、通风、光合作用效能、肥水利用率等各方面都得到了改善和提高，对其生长和发育有着积极的促进作用，进而提升了籽粒品质、增加籽粒产量。一般根据土壤墒情，播前适时起垄，垄距 65～70 cm。

四、播种

（一）选用良种

1. 要选择合格种子

要选择经营证照齐全的门店购买种子，不要购买散装或已打开包装、标志模糊、标注不全、来路不明的种子。

2. 要选择高产稳产品种

要根据品种特性和生产表现，选择种植品种。一是原则上要选用有效分枝数、单株粒数和千粒重产量三要素指标相对均衡，且抗逆性较好的品种。二是肥水条件较好的应选择茎秆较矮、喜水肥的品种。旱地、土壤肥力较低的应选择抗旱耐瘠薄的品种。

3. 要选择抗逆性强品种

针对近年来籽用汉麻生育期间，叶斑病、黑斑病等频发，汉麻跳甲常态化重发的形势，品种选择必须注重抗病性、稳产性、适应性好的品种。一是对具有明显缺点的品种要审慎选用。二是品种抗性鉴定中高感叶斑病、黑斑病等病害的品种要慎用，若种植这些品种，请注意及时防治病害。

（二）种子处理

在籽用汉麻生产过程中，为了确保出苗快而整齐，幼苗健壮无病虫害，须在播前进行种子处理。种子的处理方法很多，要根据需求而选择，籽用汉麻一般在播种前采用30%的多福克包衣。

（三）适期播种

汉麻喜寒，昼夜温差较大有利于提高汉麻籽粒的产量和质量；汉麻是喜光作物，籽用栽培时，强光有利于麻株腋芽萌发和花序发育，从而提高种子产量；汉麻是短日照作物，缩短日照可以促进开花，但植株矮小，籽粒成熟早；延长日照，则能延迟开花，由于营养生长期延长，植株生长高大，籽粒产量高。因此籽用汉麻播种的时间非常关键，对汉麻苗期的生长和产量有非常大的关系。播种过早或者播种过晚，既会影响汉麻的生长，又严重地影响了汉麻籽粒的产量。

播种过早：地温比较低，没有达到种子发芽的温度，长时间在潮湿低温的土壤里闷着，会导致烂籽，出现缺苗的现象；授粉期和灌浆期恰恰赶上高温多雨季节，长期处在高温环境会造成汉麻花器不完全或者雌雄不同步、授粉不顺利，导致瘪粒现象。

播种过晚：营养生长期缩短，提前开花，籽粒产量会显著下降；到了该收获期，未能够达到成熟收获的标准，籽粒不饱满，千粒重下降，影响最终的产量；收获期延后，遇到降雪后，不利于机械收获。

适时播种：要根据当地的气候条件、土壤条件、汉麻的生长周期和品种特性等因素来确定。黑龙江地区籽用汉麻一般在每年的5月中上旬播种。

（四）合理密植

合理密植的目的就要获得单位面积的最大产量。籽用汉麻单位面积产量是由单位面积株数、单株粒数、单株粒重3个因素构成。3个因素之间是相互制约的关系，只有三者协调统一，才能获得高产。密度过低，虽然个体能得到充分发育，单株粒多，单株产量高，但株数少，群体产量不高。反之，留苗过密，由于株间互相遮阴，通风不良，个体发育差，虽然株数增加，但单株粒数少，产量也不会提高。因此，合理密植就是要使单位面积上有适当的株数，形成合理的群体结构，使个体和群体得到协调发展。确定籽用汉麻的合理密植幅度，要在全面协调各产量构成因素的基础上，掌握"肥地宜密，瘦地宜稀；矮秆宜密，高秆宜稀；早熟宜密，晚熟宜稀"的原则，因地制宜加以确定。

在一般生产条件下，籽用汉麻需要稀植，增加分枝数，提高籽粒产量。一般雌雄同株按行株距65 cm×（15~30）cm播种，雌雄异株按行株距65 cm×（30~60）cm播种。面积较小时，可采用人工播种，播深4~5 cm，覆土2~3 cm，并及时镇压。当面积大时，采用机械播种，开沟、施肥、播种、覆土、镇压一次完成。当夏季高温干旱时，宜适当扩大株行距，增强通风透光，降低温度，避免热害。

五、田间管理

籽用汉麻播种后，根据不同生育时期的特点，采取相应的管理措施，为籽用汉麻生长发育创造良好条件。

（一）铲前蹚一犁或深松垄沟

铲前蹚一犁具有消灭杂草，提高地温，松土保墒的作用。从而促进幼苗生长，并为下次铲蹚创造条件，也缓解铲地人力紧张的问题。铲前蹚一犁一般在间苗前进行。有条件的地方，在籽用汉麻出全苗后进行垄沟深松。通过深松，可疏松土壤，打破犁底层，增加土壤蓄水防涝能力；增强土壤通透性，提高地温。因而改善土壤的水、热条件和根系生长发育环境，有利于根系的伸长和下扎。但苗期干旱的地块不宜深松，以免损失土壤深层水分，加重旱情，导致减产。

（二）间苗定苗

出苗后，及时检查出苗情况，出苗后及时疏苗，在苗高 5 ~ 8 cm 时，先进行补苗，再进行间苗，按规定株距拔除弱小苗，留 2 ~ 3 株健壮幼苗；待苗高 12 ~ 15 cm 时，进行定苗，按规定株距每穴留苗 1 ~ 2 株，株高 60 cm 左右，拔除矮株、弱麻（即小麻）。值得注意的是，籽用汉麻田应多留雌株，尽量增加籽粒产量。

（三）中耕除草

中耕除草可以消灭杂草，防止草欺负苗，减少土壤水分和养分的消耗，又可破除板结，调节土壤温度和水分状况，促进幼苗的生长发育。中耕除草一般要做到三铲三蹚，第一次铲蹚应结合间苗或定苗进行，蹚地时应深蹚而不上土，以免伤苗。第一次中耕除草 10 d 后进行第二次中耕除草，蹚地时可少上土，做到压草不压苗。麻田封垄前完成最后一次铲蹚，并且要培土至垄顶，这样具有防止倒伏的作用。在生育期间随时拔除杂草。

（四）追肥

根据植株生长情况，适量地施用氮、磷、钾肥或在现蕾期，喷施一遍叶面肥，可明显提高籽粒产量。可选择高磷叶面肥或磷酸二氢钾叶面喷洒。

（五）化学除草

目前应用的除草剂类型多，更新也快。籽用汉麻一般播后苗前封闭除草，采取播种—镇压—封闭除草连续作业的方式。采用 960 g/L 异丙甲草胺，每亩用药量为 90 mL，每亩喷液量 30 kg，药剂喷洒要均匀，不重喷、不漏喷，选择无风（3 级以下）、天气晴朗的早晚进行。

（六）灌溉与排水

籽用汉麻生育期耗水量较大，尤其是现蕾至开花期间，耗水量达全生育期的一半，一般在苗期、分枝期及开花期各浇一次水，尤其花期干旱，须浇 1~2 次水，可有效防止落花。同时，籽用汉麻生育期间不耐涝，雨水季节遇涝要注意排水防涝。浇灌时，应以地下滴灌为主，这有助于节水和节约劳动力。

（七）拔出雄株

籽用汉麻收获产物是籽粒，因雄株只开花，不结籽粒，为增加籽粒产量，一般在雄株散粉结束后，及时拔除雄株，减少养分消耗，提高通风透光，有利籽粒发育成熟，提高籽粒产量。

（八）病虫害防治

籽用汉麻病虫害不及时防治将影响其生长发育和产量。但籽用汉麻主要是以食用为主，因此，防治原则是以预防为主，综合防治，尽量利用农业、生物、物理等方法防治病虫害。为预防病虫害发生，常采用轮作，增施有机肥，开沟排涝，清除田块四周的杂草，有效抵抗病原菌的侵入和减少病虫害的发生；原则不用或少用农药防治，若必须使用，病虫害发生后应及时选用高效、低毒、低残留的农药进行防治。

（九）化控技术

调控植物花的雌雄性别，是植物生长调节剂的特有生理功能之一，应用最广泛、效果显著的有乙烯利和赤霉素，两者在控制雌雄性别的生理功能上是完全不相同的。乙烯利抑制了雄蕊的发育，促进了雌蕊的发育，引起植株花序性别改变，使雄花转变为雌花。籽用汉麻一般在花芽分化期喷施适宜浓度的乙烯利，增加雌株比例，提高籽粒产量。

（十）鸟害防治

为害汉麻的鸟类主要是麻雀、喜鹊、乌鸦等。一年从春季作物播种到秋季收获时期，均有害鸟活动为害。一天中清晨、中午、黄昏 3 个时段害鸟活动最频繁。在保护鸟类的前提下，综合运用声音、视觉、物理、化学等方法，提前防治或减轻鸟在汉麻田的活动是防御农田鸟害的根本措施。同时，驱鸟方法不能固定化，以免鸟类对环境产生适应。

六、收获与贮藏

（一）收获时期

当植株中下部叶片枯萎、雌株籽粒 60% 成熟时，收获全株，在备好的场地及时晾晒，干后打下籽粒，去净杂质，晒干销售籽粒，或榨油或去皮药用或入库贮存。

（二）收获质量

人工收割时，要求割茬低，不留有效分枝，落粒少，放铺规整，及时拉打，损失率不超过 2%。脱粒后进行机械或人工清选，使商品质量达到国家规定的三等以上标准。

机械联合收割时，割茬高度以不留有效分枝为度，要求收获损失不超过 2%，脱粒损失不超过 2%，破碎粒不超过 3%。

第十二章　花叶用汉麻大田栽培技术

第一节　花叶用汉麻概述

花叶用汉麻是指四氢大麻酚含量低于 0.3%，以叶子和花为收获对象的具有药用价值的汉麻。在公元前 2700 年的一份中草药文献中提到，花叶用汉麻长期以来被认为是一种有价值的止痛剂、麻醉剂、抗抑郁剂、抗生素和镇静剂。虽然它通常被外用（如作为香膏或烟熏），但在 19 世纪，它主要被用来内服以治疗淋病和心绞痛。

花叶用汉麻的化学成分十分复杂，现已查明的化学物质有 400 多种，其中仅大麻酚及类衍生物就有 60 多种，大麻素中最主要的精神活性物质是 THC、CBD、CBN 及它们相应的酸。其中 THC 是具有致幻作用的主要毒性成分，它的存在严重影响了花叶用汉麻的开发和利用。目前花叶用汉麻主要提取物是 CBD，CBD 是花叶用汉麻中的主要化学成分，主要提取自雌性汉麻植株，是汉麻中的非成瘾性成分，具有抗炎、杀菌、镇痛、抗焦虑、抗精神病、抗氧化、改善学习记忆、神经保护和减少肠蠕动等作用。CBD 除了来自汉麻提取物外，在国外也有通过合成方式获取。一般来说，富含 CBD 的产品通常含有等量的 CBD 和 THC，或 CBD 比 THC 多一些，虽然毒品大麻中含有 CBD，但由于毒品大麻中 THC 含量高、毒性强且受到管制，所以应用中的 CBD 主要来自汉麻。

近年来，非精神活性类成分 CBD 的作用机制和新药研发取得了突破性进展，基于 CBD 的汉麻药品、保健品、化妆品等新用途开发得到了世界各国的广泛关注。以美国为例，美国 CBD 产品琳琅满目，如医疗用的油、酊剂、VAPE 笔、胶囊、软膏、外用贴、护肤品、软糖、饮料等。随着国内花叶用汉麻新品种的成功选育及 CBD 的作用机制取得突破性进展，致使国内花叶用汉麻产业迅速发展起来，种植规模也随之稳步增长。花叶用汉麻产业发展迅速，国外多以设施农业进行栽培，我国多开展户外种植。

第二节　生长发育

一、株型

花叶用汉麻品种一般植株低矮而浓密，芽重而紧凑。分枝之间有很长的节间，平均 7.5 ~ 15.2 cm。叶子宽而尖，没有斑纹或图案，侧面呈圆形。植物以微小的芽开始生长，最终在开花周期即将结束时，它们会变成圣诞树一样的形状，主要由顶部、中间和底部三部分组成。顶部是花蕾生长和开花最多的地方；中部有一些芽、茎和许多叶子。中段的芽往往比顶部的芽小，但效力保持不变；植物的底部含有大扇形叶和极少量的花蕾。

二、各部分大麻素含量

大麻素类物质以大麻酚和大麻酚酸两类化学物质形式存在。花叶用汉麻含有 CBD、THC、大麻萜酚（Cannabigerolic，CBG）等上百种大麻素这类生物活性物质，使其有独特的特性和效果。然而，并不是所有的部分都含有相同的浓度。

（一）花和芽

花或芽含有最高浓度的植物树脂，而植物树脂又含有最高浓度的活性成分。雌性植物的未授粉花朵是供娱乐用户使用的植物的一部分，因为它们会产生大量有效的植物树脂，以试图从雄性植物中捕捉花粉。

（二）叶

大阴影叶：这是花叶用汉麻典型形状的大叶子，效力最低。有一些提取方法可以从中提取有用的东西，但效果不是很好，许多种植者只好把它们扔掉。

小嫩叶簇：植物生长过程中新的生长点。它们比大阴影叶的功效更强，也比修剪的叶子或花蕾的功效更强。

修剪叶片：在收获期间从芽周围修剪的叶片。

（三）茎

茎秆：茎秆含有的精神活性成分很低，但它们是绳子、纸张、耐用服装等植物纤维的重要来源。

（四）种子

种子通常只含有微量的精神活性成分，但它们是目前人类已知的最有营养的食物之一。它们是人类在没有其他食物的情况下可以无限期维持生命并提供完整氨基酸图谱的为数不多的几种物质之一。

（五）毛状体

毛状体是植物的油腺，在汉麻所有部位中含有的活性成分浓度最高。人们利用花叶用汉麻的花是因为它们含有最高浓度活性物质的毛状体，毛状体可以在开花期确定植物的成熟度。

（六）根

根通过吸收养分为植物服务。它们没有精神活性成分，通常不会被食用。

三、花叶用汉麻的性别

花叶用汉麻是当今为数不多的按性别划分的植物之一，有明显的雌雄株之分。雌性植物在没有雄性的情况下不会自己授粉，但确有产生雄花的遗传能力，并且在适当的压力条件下可能会产生雄花。也有雌雄同体的植物，既有雄花也有雌花，并且雄性和雌性均可以变成雌雄同体。

雄性或雌性性别鉴定是花叶用汉麻生长过程中的一个重要环节，每种性别都有自己独特的花朵。雌花比雄花更有效力。种植者通常会将雄性从大田中移除并摧毁，因为它们的大麻素含量非常低，如 THC 和 CBD。没有被授粉的雌性植物会在生长阶段后期将其大部分能量用于发育花蕾，如果花朵被授粉，它将把大部分能量用于种子生产，而 CBD 等药用大麻素含量会降低。一般来说，花叶用汉麻在开花前一到两周展示它们的性别。在开花的前 10 d，无须担心雌株授粉。

（一）雄性植株

雄性可以通过观察叶和分枝与主茎连接的节间来识别。雄性通常植株高大、茎粗、分枝及叶少。当雄性进入花朵发育阶段时，花蕾将从发育枝条尖端开始生长出一个看起来像小花蕾（小球）的东西，花蕾大小介于汉麻籽和爆米花籽之间。一个花蕾并不确定，因为雌蕊有时会从一个打开的花蕾上分裂出来。但从一组的两三个花蕾中肯定能确认出一个雄性，雄性应该被移除并销毁，以防止它们将花粉释放到雌性植株上。花粉易于运输，因此除非事先采取特殊预防措施，否则雄花粉会通过各种渠道由雌花授粉，降低雌株大麻素含量。

雄性预花可以描述为"棍子上的球"，然而它最明显的特征是没有雌蕊。有时，雄性植株在长时间营养生长后会形成成熟的雄花。这些节点以簇的形式出现在节点周围。雄性植株会有花粉球，花粉球在自然界中产生花粉为雌性植株的雌蕊授粉，一旦授粉，就会产生种子。如果雌性植株没有被授粉（通过让雄性植株远离），她会开始不断地产生成千上万的雌蕊，以期捕捉雄性花粉。因此，花/芽将继续生长、发育并产生大量丰富的 CBD。而授粉的雌性植株将使用生命能量来产生种子，这导致大麻素含量较低，种子产量较高。一般来说，雄性植株产生大麻素的能力比雌性植株低，产生的 CBD 也比雌性植株少。

（二）雌性植株

雌性植株在叶和茎之间的节上产生被称为"花萼"的泪滴状球体。每根都长出两根"雌蕊"，另一个特征是，雌性植株的叶子会生长得更紧密，形成一个结实的茎，茎会容纳成簇的花朵，然后是成熟的种子。雌性不会有花蕾，会有雌蕊。

雌性前置花呈梨形，产生一对雌蕊。通常，雌株在预花出现后很久才会显示雌蕊。因此，不要因为植株没有雌蕊就拔掉它。雌蕊预花位于托叶和萌生枝之间的节上。

此外，一些雌性预花从不产生雌蕊。没有雌蕊的雌性预科植物很难与雄性预科植物区分开来。因此，不能通过在一种被认为是雌性的植物上出现没有雌蕊的初花来辨别雌雄同株。

雌雄同株是一种雌雄同体的植物，发育出一种雌雄同体的性器官。最常见的情况是，开花的雌性植物会开出雄花，反之亦然。主要是雄性雌雄同株并没有得到很好的认可，只是因为很少有种植者让它们的雄性达到开花点，在那里可以表达雌雄同株。雌雄同株通常不受欢迎。首先，它们会释放花粉授粉雌性。其次，由此产生的种子价值低，因为雌雄同株的父母往往会将遗传倾向传给后代。但有时在雌性植物开花的最后几天会出现似是而非的雄花，它们不会掉落花粉，它们的外观也不被认为是两性畸形的证据。

（三）鉴别雌雄株的方法

（1）如果种植的花叶用汉麻使用的是相同的种子系，那么可以安全地假设较高的植株是雄性，较矮的植株是雌性。还要注意的是，雄性植株往往比雌性植株更早开始开花。

（2）用放大镜或显微镜观察植株的花萼。如果花萼长在茎上，那么它很可能是雄性植物。如果花萼没有长在茎上，那么它可能是一株雌性植株。

（3）从每一株性别未知的亲本植株上切下一根插条（最好是两根，以防其中一根死亡）。在插条上贴上一个标签或一块彩色胶带，做好标记。生根后进行 12 h 的光照，12 h 完全黑暗，这将诱导开花。一般会在两周内显示性别，这种方法是确定汉麻植株性别的 100% 准确的方法。

（4）纸袋法：这是一种简单的方法。取一个黑色塑料垃圾袋，用扭结带将其固定在植株的顶端，使枝条接受 12 h 的光照和 12 h 的黑暗（即下午 18 时打开，上午 6 时关闭）。三周内，你会看到雄性植物的枝条上会形成类似小球的形状。雌性会有两条细小的雌蕊从未成熟的花萼中长出来。此时可以移除雄性植株，保证所有雌性植株的产量。把塑料从雌性的植株顶端取下，它就会重新开始生长。

剔除所有雄性（除非将其用于繁殖目的）植株。让雌性植株在 18～24 h 的光照下以营养生长模式生长。

四、生育时期

花叶用汉麻生长发育阶段通常分为苗期（也称为"发芽"或"营养前期"）、营养期和最后开花期（或"萌芽"）三个基本阶段。与自然界中的大多数植物一样，花叶用汉麻经历了几个不同的生长阶段。它是一种一年生植物，在一个完整的季节内完成其生命周期。春天播种的种子会在夏天茁壮成长，秋天开花，产生更多的种子。新种子将在明年发芽，继续每年的进程。

（一）苗期

发芽是种子开始生长所需要的。在发芽过程中，水分、热量和空气会激活种子外壳中的激素。很快，种子的外层保护层会裂开，根（1 个白色的小芽）被推到外面。接着种子叶子从壳里钻出，向上寻找阳光。发芽 3～8 d 后，植物将进入持续约一个月的幼苗生长阶段。一颗已经发芽并长出根的汉麻种子或一个克隆体，被放入土壤中，并给予营养和光照，在这之后将逐渐形成根系、茎和几片叶子。通常在这个幼苗阶段，植株最好每天接受 16～18 h 的光照，以确保幼苗强壮健康地生长。种子发芽后，幼苗生长阶段持续 2～3 周。

（二）营养期

当幼苗建立了强大的根系和叶片生长迅速增加时，汉麻进入营养生长阶段。从幼苗或无性系生根的那一刻开始，到植株准备成熟并长出芽的那一刻结束。在这个生长阶段，植株将开始快速生长，开始长出粗壮的分枝、茎干及叶子。此阶段只要满足充足的光照、养分、二氧化碳、水和其他最佳环境条件，植株一般每天能生长 2.5 ~ 5.0 cm 的高度，这也是植株根系加强和成熟的阶段，茎也会变粗。

在营养生长阶段，一个被称为光合作用的非常关键的生物过程将开始发生。一旦叶子生长和展开就开始了，叶绿素将空气、光能和水中的二氧化碳转化为碳水化合物和氧气。为了使这一过程发生，叶子必须保持湿润。气孔（位于叶子下面的微小呼吸孔）打开和关闭，以调节水分，防止脱水。气孔还允许废物和水流向外流动，保持气孔清洁，促进植物呼吸，以最大限度地进行光合作用和其他关键的生长促进过程。

在营养生长期间，植物将尽可能多地进行光合作用，使其长得更高。生长尖是可以无性繁殖的部分，位于植物主要节间的顶端。如果你给植物"打顶"，那么它的顶部有两个生长尖端，如果再接着"打顶"，植株的顶部会有 4 个生长尖端。一个强有力的营养生长期的关键是给根部和植物提供一个完美的茂盛生长的支持环境，这个营养生长期将会收获丰硕的果实。

汉麻植物通过对光敏感的开花激素来决定它应该处于哪个生长阶段。只要光照水平保持在 12 ~ 14 h 以上，开花激素就永远不会以足够高的水平出现，以诱导植株开花。在植株生命的任何时候，如果每天开灯超过 12 h，就会导致开花激素水平降低，植株恢复到营养生长阶段。如果植株在开花期间通过不规则的光照模式恢复，则会导致植物受到压力，而压力会导致两性畸形。

植株可以无限期地处于营养生长阶段，而不会产生任何不利影响。换句话说，你完全可以控制它们的株高。只要光照时间保持在 16 h 或以上，理论上汉麻植株将永远处于营养生长状态，这取决于种植者决定何时强迫植物开花。一株植物在被迫开花之前可以从 30 cm 左右长到 400 cm 以上。

在营养生长期间，适当浇水也是确保健康生长和丰收的关键因素。植物越大，其根系也越大。这意味着随着更多的水被耗尽，土壤/生长介质将更快地干燥，要密切关注你的植物，保持它们水分充足。

并且在此期间营养物质也会得到更快的利用，需使用高含氮量的肥料及钾、磷、硫、镁、钙和其他等。氮被植物用来生长茎、叶和其他种绿色部分，因此在生长的营养阶段是绝对必要的。

（三）开花期

花期是种植花叶用汉麻最令人期待的阶段，此生长阶段也是 CBD 等大麻素产生最多的时期。一旦开花开始，汉麻植株高度将急剧下降，不要惊慌，因为这是完全正常的。发生这种情况的原因是植株开始将它们的能量用于开花本身。在开花开始后的接下来的两到四周，植物的高度应该继续增加，之后所有的植株能量将用于花的生产。

开花的最后阶段也被称为"出芽"，植株长得更大，花朵继续生长。植株停止长出任何新芽或生长，整体尺寸会变小。此时植株将它们全部的精力用于花蕾生产。一个理想的雌株株型为矮胖，浓密的分枝紧挨着它们的茎及有浓密的叶子和芽。一般雌株开花达到高峰期时，将开始长出更多的叶子、分枝和花朵，并开始呈现圣诞树的形状。在这个高峰期，雌性雌蕊顶端会膨胀起来，并开始变色。在大多数情况下它们会从白色变成橙色，再变成红色，最后变成棕色。每个品种都有自己特定的开花时间，每个品种在达到开花高峰期时可能会有不同的颜色。在整个花期尽量少修剪，否则会影响营养优先供给花蕾，并且不应该经常喷洒水分，会导致花蕾长霉菌、腐烂。

汉麻在开花期间需大量的磷，一般复合肥料氮、磷、钾的含量以 5、50、17 最佳，施肥量为总施肥量的以 1/4。微量元素也很重要，尽量找含量微量元素的复合肥料，这样就不用单独使用微量元素。一些种植者认为，在开花前 1~2 周开始使用开花营养物是很重要的。开花期间将变黄的叶子摘掉，特别是在开花末期，因为它们会开始从叶子中吸取养分，而完全枯黄的叶子则不需要费力去摘。

第三节　花叶用汉麻的大田栽培技术

在大田种植花叶用汉麻可以获得巨大的产量（有些汉麻品种可以高达 6 m 以上），但这具有一定的风险，这取决于你的种植面积。自然阳光和新鲜空气对汉麻植物有奇效。一般雄性在生长的第 12 周左右死亡，雌性将多活 3 到 5 周。当雌性完全成熟时，其体重可能是雄性的两倍。户外种植可能也有风险，因为小偷、害虫和其他不可抗拒的因素可能会毁掉你种植的汉麻。严格的管理及安全保护对于大田种植成功至关重要。

一、耕作技术

土壤耕作的实质是通过农机具的物理机械作用创造一个良好的耕层构造和适度的孔隙比例，从而调节土壤水分存在状况，协调土壤肥力各因素之间的矛盾，为花叶用汉麻生长发育创造适宜的土壤环境。

合理的土壤耕作是保证汉麻播种质量，达到苗全、苗齐、苗匀、苗壮的先决条件。合理的耕地整地使土层深厚、土质疏松，透气性和排水性良好，蓄水、保水、供肥能力强。土温稳定，从而增强抵御干旱涝害的能力，有利于花叶用汉麻根系和植株的生长发育，提高花叶产量。

（一）根茬处理

根茬处理是指采用机械作业切碎、消除作物根茬。其作用是提高播种机的通过性和播种质量，并充分利用根茬自身的有机养料，来增加土壤有机质，改善土壤的物理性质，增加团粒结构，以达到培肥地力、增产增收的目的。耕地前的前茬处理称为灭茬，它是保证耕作质量，保墒除草的重要步骤。

花叶用汉麻前茬为大豆、小麦等软茬的，可以灭茬后在原垄种植或深松、耙茬、施肥、起垄；前茬为玉米等硬茬的，可以先用旋耕机旋耕 1~2 遍，将前茬作物的残茬切碎，然后耕地。若秋季来不及进行秋耕，应先灭茬保墒，接纳雨雪，第二年春季及时耕翻整地，准备播种。

（二）精细整地技术

精细整地，减少水分蒸发，保住底墒，是早春整地技术的关键所在。根据土壤墒情和耙地时间，确定耙深。一般轻耙为 8~10 cm，重耙为 12~15 cm。耙耢后达到上虚实、耙平、耙碎、耙透，要求土壤碎散到一定程度，即绵而不细。理想的土壤团块大小应该是既没有比 0.51 mm 小得多的土块，也没有比 5~6 mm

大得多的土块。因为微细的土粒将堵塞孔隙，而大土块会影响种子与土粒紧密接触吸收水分，还会阻碍幼苗出土。不重耙、漏耙。重耙会造成地面不平，降低工效，增加能耗。漏耙则会使汉麻出苗不齐、生长不匀，增加田间管理的难度。生产中如果出现大面积耕作深度不够和漏耕，则需返工。

早春耢、耙、压是保墒保苗的有效措施。在 3 月上中旬，冻融交替时期，进行拖、耢整地，其目的是拖平地表缝隙，减少土壤水分蒸发，将细土填入地表缝隙，地表被细碎的土覆盖，一般可使表层土壤湿度增加 3% ~ 5%。耙、压的目的在于破碎土块，压实耕层，具有保墒提墒作用，利于全苗。

在没有进行秋耕地的地块，可早春顶浆打垄，当早春化冻深达一犁土时（4 月上中旬），结合深施有机肥和无机肥，顶浆打垄，最好是先耙茬后起垄，然后及时镇压。不论秋耕或春耕，应做到随翻随耙，干旱地块应秋翻、秋耙耢，达到播种状态，耙地作业时应掌握适宜土壤水分。如果条件允许，尽量秋整地，实践已证明，秋翻秋耙比春耙的土壤水分（0 ~ 20 cm 土层）多 3 ~ 4 个百分点，秋打垄比春打垄土壤水分（0 ~ 20 cm 土层）多 5 ~ 6 个百分点。

注意事项：一是由于土壤过湿或多次作业，耕层中容易形成中层板结，而地表观察时，不易发现。所以疏松度的检查不能观察土表状态，而要用土壤坚实度测定仪检查全耕层中有无板结层存在。破除中层板结的较好办法是播前全面深松耕或出苗后及时中耕松土。二是播种前耕层不能太松，太松不仅使种子与土粒接触不紧，而且使播种深度不匀，幼苗不齐，甚至引起幼苗期根系接触不到土壤而受旱。播前或播后镇压可调节过松现象，一般以播前松土深度不超过播种深度为宜。

（三）垄作耕法

垄作耕法是提高地温，防旱抗涝栽培的一种耕作方式。耕翻深度，一般耕深以 20 ~ 25 cm 为宜。耕层较薄的土壤不宜一次深耕，应在原有基础上逐年加深，每次加深 3 ~ 5 cm，以免将大量土上翻到表层，影响汉麻的生长发育。一般于秋耕后或早春在已耕地上顶浆起垄，也可破旧垄为新垄，耕种同时进行。垄作耕法，地表呈凹凸状，地表面积比平地一般增加 33%，因此，受光面积大，吸收热量多，利于汉麻早播和幼苗生长。在多雨的季节，垄作比平作便于排水；干旱时，还可用垄沟灌水，又利于集中施肥。促进土壤熟化和养分分解，增加熟土层厚度，有利于汉麻根系发育和产量提高。

（四）起垄技术

相对来说，农作物起垄种植的种植模式，在北方农业上使用得要比南方农业上使用得更普遍一些，露地种植和温室大棚种植也都可以进行起垄。起垄可以改良土壤、改善墒情，促进肥料分解、提高土壤肥力，排水防涝、减少病虫害的发生，提高地温、增加光照。

垄由高凸的垄台和低凹的垄沟组成。在气候冷凉、春季易旱、夏季易涝地区采用较普遍。垄的高低、垄距、垄向因作物种类、土质、气候条件和地势等而异。垄的横断面近似等腰梯形。中国东北地区的方头垄，垄台高 16 ~ 20 cm，垄距一般为 60 ~ 70 cm。垄距过大，不能合理密植；垄过小则不耐干旱、涝害，而且易被冲刷。而在花叶汉麻栽培中一般用大垄。大垄一般垄台高 25 ~ 35 cm，垄距 100 ~ 130 cm。

起垄的主要方式：一是翻耕起垄，一般伏、秋翻好于春翻，需每隔 2 ~ 3 年深翻一次，翻地深度以 20 ~ 30 cm 为宜，翻耙、起垄连续作业；二是旋耕起垄，其特点是一次作业土层不乱、土壤活化好、耕地质量好，地板干净，旱地农业应大力推广；三是耙茬起垄，豆茬种汉麻，不宜深翻、应原茬起垄或耙茬起垄，耙茬深度 12~15 cm，不重耙，不漏耙，耙茬地种汉麻不但地温高、发苗快，而且作业成本降低。生产实践证明，秋耙好于春耙，做到耙耢结合，达到播种状态；四是深松起垄，先松原垄沟施入底肥，再破原垄台合新垄，及时镇压。

二、施肥技术

（一）营养元素

1. 氮、磷、钾

所有的植物养料都是以氮、磷、钾的形式来衡量的，氮用于制造蛋白质和叶绿素，是茎和叶生长最重要的营养素，在植物生长期间需提供大量的氮，当缺氮时植物一是整体的生长就会受限，植株就会变得十分矮小，甚至是会停止生长。茎叶也没有旺盛生长的趋势，看起来十分的瘦弱没有精神。茎生长很细且很短，分枝以及分蘖都十分少，有时还会发生早衰的情况；二是叶子整体的颜色会失绿，尤其是老叶子，会逐渐变黄，甚至会提前脱落。有以上症状要尽早地补充氮素。花叶用在营养生长期间，要使用大量的氮来保证生长。但在开花期间，减少氮的摄入，以确保芽的生长，避免不必要的叶芽。氮肥是目前使用量最大的一种肥料，可以按照含氮基团来划分种类，可以分为铵态、硝态、硝铵态和酰胺态这 4 种。铵态氮肥容易被土壤的胶体部分吸收，还会进入到矿物的晶层部分，常见的有氯化铵、氨水、碳酸氢铵、硫酸铵和液氨等；硝态氮肥非常容易在水中溶解，在土壤中有比较快的移动速度，常见的有硝酸钙、硝酸钠和硝酸铵等；酰胺态氮肥主要指的是尿素，含氮的比例接近一半，是固体氮中含氮最高的肥料，尿素也是一种人工合成的有机物，在自然界中比较容易获取到；铵态硝态氮肥包括硝酸铵钙、硝酸铵和硫硝酸铵。

磷用于光合作用、呼吸和产生能量化合物，以帮助植物高效发育。磷对芽、花和种子的生长至关重要，开花期间需磷比任何其他营养素都多。在植物生长初期，磷肥的作用表现得不很明显，但在中期和后期，缺磷将影响氮的有效积累和蛋白质的合成。植物缺磷的症状不如缺氮那么明显。由于缺磷使植物的各种代谢过程受到抑制，主要表现一是植株生长迟缓，植株矮小，地下部分严重受抑制；二是叶色暗绿，无光泽或呈紫红色，从下部叶子开始逐步死亡脱落；三是茎细小，多木质，根不发育；四是主根瘦长，次生根权少或没有；花少、果少，果实迟熟，易出现秃尖、脱荚或落花落蕾；五是种子小而不饱满，千粒重下降；六是产量低，品质差，成熟期延迟。一些作物耐贮性变差。因此，必须及时补充作物正常生长发育所需的磷肥，才能实现农作物的高产。常见的磷肥有易溶于水，肥效比较快的水溶性磷肥，包括普通的过磷酸钙、磷酸钙等；肥效相对第一种较慢些的可溶性磷肥，包括钙镁磷肥、沉淀磷肥、硫酸氢钙等；不溶于水、肥效慢的难溶性磷肥，包括骨粉、磷矿粉等。

钾用于制造和转移糖，有助于水和营养的吸收。另外钾还有助于强壮的茎和根的生长及抵抗疾病，在植物的整个生命周期中需提供相对稳定、适量的钾。缺钾一般表现一是秸秆变软易倒伏，分蘖少、分蘖质量差；二是植株中下部叶的叶尖、叶缘先变黄后变褐，叶边缘呈现火烧状焦枯；三是缺钾轻时，叶会出现褐斑，但叶脉、叶中部仍未绿，缺钾严重时整个叶会变为红棕色或者枯死脱落；三是根系会变得短小，植株容易发早衰；四是缺钾还会造成果实成熟期不到，同时个头变小、口感变差、品质下降。常见的钾肥有氯化钾、硫酸钾、硝酸钾、磷酸二氢钾、有机钾、生物钾、腐殖酸钾和黄腐酸钾等，其中前五种最常见也最常用，另外草木灰也是很不错的钾肥。

种植花叶用汉麻时，基本上需要两种肥料。一种用于营养生长，一种用于开花。营养生长需要大量的氮、足够的钙、镁和微量元素。开花需要少量的氮、高钾和磷，足够的钙、镁和微量元素。总之在不同的生长阶段，需要不同浓度的营养素。在营养生长期间，需要高氮低磷，在开花期间，需要高磷低氮。

2. 微量元素

微量元素是指自然界中含量很低的一种化学元素。部分微量元素具有生物学意义，是植物和动物正常生长和生活所必需的，称为"必需微量元素"或者"微量养分"，通常简称"微量元素"。必需微量元素在植物和动物体内的作用有很强的专一性，是不可缺乏和不可替代的，当供给不足时，植物往往表现出特定的缺乏症状，农作物产量降低，质量下降，严重时可能绝产。而施加微量元素肥料，有利于产量的提高，这已经被科学试验和生产试验所证实。微量元素肥料（简称微肥）是指含有微量元素养分的肥料，如硼肥、锰肥、铜肥、锌肥、钼肥、铁肥和氯肥等，可以是含有一种微量元素的单纯化合物，也可以是含有多种微量和大量营养元素的复合肥料和混合肥料，可用作基肥、种肥或喷施等。

（二）施肥量和施肥方式

花叶用汉麻形成一定的产量，需要从土壤和肥料中吸收相应的养分，花叶产量越高，需肥越多。在一定的施肥范围内，汉麻的花叶产量会随着施肥量的增加呈增加的趋势。在当前的实际生产中，施肥量不足仍是影响花叶汉麻产量的主要因素。但也不要过度施肥，会影响汉麻的生长发育，甚至死亡。使用前务必阅读所使用肥料的说明，按照汉麻的生长发育规律科学施肥。

花叶用汉麻以施用复混肥形态的种肥为主，N、P、K 有效成分施用量应为每公顷 m（N）、m（P_2O_5）、m（K_2O）各 $50 \sim 60$ kg，复合肥中的钾以硫酸钾为原料。也可在播种前于土壤表层施入豆饼、麻渣、沤制有机肥使土壤全耕作层肥力充足，迟效肥与速效肥结合既满足幼苗阶段对速效养分的需要，也能较好地保证快速生长期的养分供应。种肥最好单施和深施，可结合除草剂土壤处理施用，即喷药后马上用机引 48 行谷物播种机沿预定播种方向把复合肥深施 15 cm 以上，然后播种。管理期间两次追肥，第 1 次是汉麻高 $5 \sim 6$ cm 施用提苗肥，主要以尿素为主，以撒施的方式进行追肥；第 2 次是当汉麻长到 30 cm 左右，汉麻进入快速生长期，追加尿素满足其生长需要。

目前黑龙江省大田花叶用汉麻以基肥为主，追肥为辅，基肥每公顷施复合肥料 450 kg 左右，追肥在开花前 1 至 2 周追施磷含量较高的肥料 5 kg 左右，但在磷含量更高的土壤中需减少用量。不要在收获前施肥，因为肥料会促进叶子的生长，减缓大麻素含量的增加。

三、播种

（一）品种选择

一是选择优质种子。种子的大小和颜色因品种而异，好的种子不会破裂或变形。坚硬、米色、深棕色、斑点或斑驳的成熟种子发芽率最高。柔软、浅色或绿色的种子通常不成熟，应避免使用。二是根据收获目标选种。在决定想要种植什么种类的汉麻时，有几个关键因素需要考虑，如汉麻的类型、成熟时间和植株的形状。三是确保选择的种子品种具有良好的遗传特性，不良的基因会导致突变、扭曲、开花问题、发芽成功率低。四是根据当地的无霜期和有效积温，选择相应熟期已通过认定的品种。五是选择产量高的品种。有些品种会大量出芽，产生非常厚的顶部花柱，而另一些则不会。

（二）播期及播种技术

适时播种是汉麻丰产的一个关键。因为汉麻的生长发育都必须有一定的环境条件，特别是温度和光照等。汉麻种子能在低温 1~3 ℃条件下发芽，其幼苗具有忍耐短暂低温的能力，因而形成各麻区播种期的变化幅度都比较大。从各地汉麻播种期看，由于气候、土壤、品种和轮作制度的不同，差异很大。当播层土壤温度稳定在 10 ℃左右时，即进入播种时期。黑龙江省处于北方麻区，汉麻生育期间大于或等于 10 ℃活动积温 1 900 ℃以上的地区，一般花叶用汉麻最适宜播期为 5 月 1 日~5 月 20 日。

改进播种技术，提高播种质量，是达到苗全、苗齐、苗壮的重要措施，这就要求掌握适宜的播种量和播种深度。目前花叶用汉麻主要采取人工播种和机械播种。人工播种可保证播种质量，节省种子，便于集中施肥和田间管理等作业。

一般先画线，确保播种行通直。播种时为防止播种沟干燥，应边开沟边播种边覆土。机械播种工作效率高，节省劳力，出苗均匀整齐，是机械化生产的重要手段。在条件允许的情况下，可考虑使用。

（三）播种密度

密度与品种关系最为密切。在同一地区、相同条件下，各品种株高、茎粗、分枝数等表型性状有很大差别，因此同一地区的适宜密度因品种而异。一般晚熟品种生长期长，植株高大，茎叶繁茂，单株生产力高，需要较大的个体营养面积，适应稀植。而早熟品种，茎叶量小，需要的个体营养面积也小，可适当密些，其中株型紧凑，叶片直立的品种可以适当更密些。大田花叶用汉麻一般适宜垄作，播种密度以"肥地宜密，薄地宜稀"为原则。播深 3~4 cm，株距为 80~150 cm，行距为 100~130 cm。播种中做到播种、覆土、镇压连续匀速作业，做到不重播、不漏播、深浅一致和覆土严密。

2022 年黑龙江省科学院大庆分院在高台子试验基地进行了密度试验，结果表明，花叶用汉麻的茎粗、分枝数、单株叶干重、单株茎干重和单株根干重均随着种植密度的增加而下降，株高和分枝高随着种植密度的增加而增加，低密度群体与高密度群体间差异显著；种植密度对花叶 CBD、THC 和 CBG 含量影响不大（表 12-1），相关分析表明，THC 含量与 CBD 含量之间极显著正相关（表 12-2）；花叶用汉麻的产量随着种植密度的减少呈先升高后降低的变化趋势，在密度为 P1.0(7 693 株/hm²)时，花叶产量最高(图 12-1)。

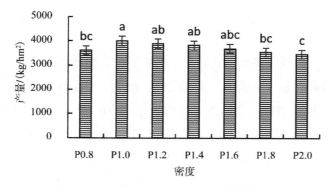

P0.8（9616 株/hm²），P1.0（7693 株/hm²），P1.2（6411 株/hm²），P1.4（5495 株/hm²），P1.6（4808 株/hm²），P2.0（3846 株/hm²）

图 12-1　密度对花叶产量的影响

表 12-1　密度对主要大麻素含量的影响

处理	CBD/%	THC/%	CBG/%
P0.8	5.610a	0.213a	0.665a
P1.0	5.612a	0.229a	0.666a
P1.2	5.611a	0.227a	0.666a
P1.4	5.610a	0.223a	0.662a
P1.6	5.613a	0.248a	0.666a
P1.8	5.614a	0.257a	0.666a
P2.0	5.609a	0.214a	0.664a

表 12-2　CBD、THC 和 CBG 含量之间的相关性

大麻素含量/%	CBD	THC	CBG
CBD	1.0000	0.9626**	0.6605
THC		1.0000	0.7086
CBG			1.0000

四、田间管理

（一）保全苗

俗话说，"苗好一半产"。汉麻好苗标准为春播后 7～10 d 出齐苗，田间无缺苗断垄现象，麻苗生长整齐。麻苗标准为生长敦实，子叶完整、肥厚，叶片平展，无病斑，叶色油绿，茎秆粗壮，下胚轴色白，无病斑，第一片真叶出生时间早。

汉麻自播种到出苗通常需 10～15 d，从出苗到快速生长期开始是汉麻的苗期阶段，在此期间麻田管理的中心任务是确保全苗，促进根系发育，培养整齐健壮的幼苗群体，为进入快速生长期打好基础。

（二）病、虫害防治

在我国花叶用汉麻产区，虫害较多，为害较重，病害较少，为害也较轻。最常见的病害有叶斑病、秆腐病、黑霉病、霜霉病、褐斑病和立枯病等。虫害主要有跳甲、小象鼻虫、天牛和玉米螟等。防治原则是以预防为主，综合防治，尽量利用农业、生物、物理等方法防治病虫害。为预防病虫发生，常采用轮作，增施有机肥，开沟排涝，清除田块四周的杂草，有效抵抗病原菌的侵入和减少病虫害的发生；原则不用或少用农药防治，若必须使用，发病后及时选用高效、低毒和低残留的农药进行防治。也可以根据虫害对物理因素的反应规律，利用物理因子防治病虫害，不用药、不污染。常见虫害可使用灯光诱杀和黏虫板诱杀。频振式杀虫灯也可有效诱杀害虫成虫。此外应加强对麻田病虫害的预测及预警，在病害初期及时对虫害进行防治。使用植物杀虫剂和释放害虫的天敌等方法进行生物防治。

近几年虫害防治重点在跳甲及玉米螟。苴期跳甲发生严重时，容易造成毁灭性灾害，在发生初期应及时采用触杀和胃毒性杀虫剂进行药剂防治。玉米螟可在幼虫 2~3 龄采用赤眼蜂进行生物防治，也可采用氯氰菊酯等杀虫剂在 6 月中旬发生量较大时喷施。

（三）中耕培土

中耕是苗期的重要管理措施，重点在松土除草、散湿增温和促下控上，使幼苗主根深扎和较早较快地生长侧根。中耕培土主要指铲蹚作业，利用手锄、中耕犁、齿耙和各种耕耘器等工具，在汉麻生育期中在株行间进行的表土耕作。可以疏松表土、增加土壤通气性、促进好气微生物活动和养分有效化，也可以增厚土层、提高土温、覆盖肥料和压埋杂草，并有促进汉麻地下部分发育和防止汉麻茎秆倒伏作用。中耕培土的时间和次数因作物种类、苗情、杂草和土壤状况而异。麻田要早中耕、细中耕。一般中耕两次，间苗、定苗进行第一次中耕，在麻田封垄前再进行一次中耕。中耕深度应掌握浅—深—浅的原则，即苗期宜浅，以免伤根；生育中期应加深，以促进根系发育；生育后期汉麻封行前则宜浅，以破除板结为主。

（四）灌溉

汉麻灌溉是指补充汉麻生长所需的土壤水分，以改善汉麻生长条件的技术措施。由于各地自然和气候条件的差异，汉麻对灌水的需求也不尽相同。在湿润地区一般不需要灌溉。在干旱或半干旱地区，则需要根据情况进行灌溉。目前汉麻主要采取的灌溉方式有沟灌、喷灌及滴灌。沟灌在汉麻行间开挖灌水沟，灌溉水由输水沟或毛渠进入灌水沟后，在流动的过程中，主要借土壤毛细管作用从沟底和沟壁向周围渗透而湿润土壤。优点是不破坏土壤结构，节省水量；喷灌是借助水泵和管道系统或利用自然水源的落差，把具有一定压力的水喷到空中，散成小水滴或形成迷雾降落到植物上和地面上的灌溉方式。优点是节约用水、节省劳动力和土地、适用范围广，并且能够根据汉麻需水状况灵活调节灌水时间与灌水量，整体灌水均匀，还可以根据汉麻生长需求适时调整施肥方案，有效提高汉麻的产量和品质；滴灌是将具有一定压力的水过滤后，经管网或出水管道以水滴的形式缓慢流入植物根部的一种灌水方法，其灌溉方式的优点是均匀、直接。能有效地控制土壤最适宜水分，又使土壤通气性良好，不会发生因灌水后土壤空气显著减少的现象，并可随水掺入肥料，既灌水又施肥，一步完成，并可节省肥料。另外，它比其他的灌溉方式省 12%~50%，而且还节省劳力，便于机械化作业，同时对土地平整要求不高，高地、坡地均能均匀灌水，避免了灌溉时大水流对土壤的冲刷，并阻止了杂草滋生。

（五）整枝修剪

在汉麻生长期内，人为地控制其生长发育，对植株进行修饰整理的各种技术称为整枝修剪。汉麻整枝是通过人工修剪来控制幼苗生长，合理配置和培养骨干枝条，以便形成良好的株型；而修剪则是在土、肥、水管理的基础上，根据各地自然条件，汉麻的生长习性和生产要求，对植株内养分分配及枝条的生长势进行合理调整的一种管理措施。通过整枝修剪可以改善通风透光条件，加强同化作用，增加汉麻植物抵抗力，减少病虫为害；同时能合理调节养分和水分的运转，减少养分的无益消耗，增强植株各部分的生理活性，从而使汉麻按照人类所需要的方向发展，不断提高产品的质量和产量。花叶用汉麻最常用的整枝修剪技术是去除不受光照的较低细长分枝和生长物，包括烧焦的枯叶或垂死的叶子。修剪下部分枝的一大好处是，它可以将生长素集中到上部枝条中，从而促使生长迅速向上。这样做，促使汉麻将能量引导到芽中，带来丰硕的收成。

内部修剪：一些更基本的修剪方法包括去除细长的分枝和植株内部长势不良的枝条。这将允许更好的空气循环和植株内部光照。另一种技术是完全切断第一组或两个枝条下方的植物顶部。这将促使激素流向较低的枝条和花朵。

修剪叶尖：另一种方法是修剪汉麻的叶尖，这将重新定向激素，使较低的枝条长得更多。每次修剪生长的叶尖时，茎都会分枝成两个新梢，从最近的叶腋开始生长。修剪正在生长的汉麻植物是一种简单的方法，可以在不严重损害植物的情况下控制不均匀的生长。在前 5 片叶片形成和营养期开始之前，不要修剪幼苗的生长尖。

许多种植者在植物生长 4~5 周后修剪生长尖，以形成较低的枝条，迅速填满所有水平空间。一般可以在汉麻发育的任何阶段修剪生长尖，但要确保不要修剪过度。严重的修剪会损害汉麻的生长。最好是为正在生长的汉麻制定修剪策略，而不是不定期地随意修剪生长尖。每次去掉生长的尖端，汉麻都需要几天的时间才能恢复，然后才能在枝条上恢复新的生长。

持续修剪形成的新生长量受到种子遗传结构和环境条件的限制。最好是在汉麻发育的早期进行修剪，而不是在营养生长末期或开花期间。早上修剪生长的茎尖总是比晚上好得多，因为这会给汉麻一整天的时间来恢复和愈合伤口。最好不要修剪正在发育的汉麻中的每个新节点。而是在第二或第三个节点修剪一次，以允许植物有恢复时间。等待新节点开始生长，然后在前一个节点新形成的叶子上方几毫米处修剪年轻的枝条。如果汉麻的健康状况正在下降，并且已经开始失去叶子，不要修剪任何生长尖。

为了促进生长，修剪的另一种方法是弯曲枝条的顶部，并用绳子或铁丝将生长的尖端绑住。修剪一个生长的尖端就是去除汉麻生长最有力的部分，从而破坏汉麻达到完全成熟的机会。通过在收获时修剪所有的花蕾，而不是将茎从地上剪下来，可以很容易获得第二次收获机会。严重修剪汉麻植株会降低它们对昆虫、真菌和霜冻等不利因素的抵抗力。

（六）剔除雄株

人工去雄确实是花叶用汉麻增产的一项技术措施，但是，前提是人工去雄的时机要把握好，去雄的方法要得当。花叶用汉麻收获产物是花穗，因雄株开花会为雌株授粉，一旦授粉，就会产生种子，严重影响CBD等大麻素的含量积累。因此一般在花蕾出现至开花前，及时拔除雄株，减少养分消耗，提高通风透光，利于雌株生长发育，提高花穗产量。

五、收获与储藏

花叶用汉麻雌花上超过 50% 的柱头枯萎变色时，植株接近成熟。当柱头有 60%～70% 的颜色改变时，即进入花叶收获时间。也就是在 2/3 的雌株处于盛花期，开始采收顶部花穗和麻叶，待风干、阴干打包即可。

我国花叶用汉麻的田间收获方式大部分为人工收割，有些种植企业采用自制的收割机械或脱叶花穗设备。花叶用汉麻脱叶花穗设备主要是滚筒上装有塑料梳齿，滚筒旋转，工人手握药用麻根部，将花叶用麻放到机器台面上，使其与滚筒垂直，然后从根部开始梳理，循环往复，直至梳理干净。收割后的花叶用麻运送至晒场，经过一段时间的晾晒，再用拖拉机带碾压辊进行花穗及叶的收获，剩余部分作为制炭原料等。

黑龙江省科学院大庆分院进行了收获时间试验，于 2021 年 6 月 1 日移栽汉麻 7 号和赛麻一号扦插苗（株高 20 cm 左右），当雌株花叶在雌株花蕾膨胀为丰满的果穗状、花丝稍微变为红褐色时开始收获，后每隔 7 天收 1 次，共收 4 次。试验结果表明，两品种的花叶产量、株高、茎粗、第一分枝高、分枝数、单株花叶干重和单株茎干重均随着收获时间的推移呈增加的趋势，并且汉麻 7 号优于赛麻一号；两品种的CBD、THC 及 CBG 含量均随着收获时间的推移呈增加的趋势，并且汉麻 7 号的 CBD、THC 及 CBG 含量略高于赛麻一号（表 12-3）；相关分析表明，两品种的花叶产量及产量性状、主要大麻素含量与收获时间均呈正相关性，并且 THC 含量与 CBD 含量之间的相关系数达极显著水平（表 12-4）；延长收获时间能够提高汉麻的产量及主要大麻素含量。

表 12-3　两品和不同收获时间主要大麻素含量的变化

品种	大麻素含量/%	90 d	97 d	104 d	111 d
赛麻一号	CBD	1.291f	1.958e	3.500c	5.566a
	THC	0.081f	0.106e	0.150c	0.242b
	CBG	0.106f	0.417e	0.528d	0.592c
汉麻 7 号	CBD	1.463f	2.296d	4.903b	5.731a
	THC	0.096ef	0.125d	0.255b	0.290a
	CBG	0.136f	0.541d	0.715b	0.772a

表 12-4　CBD、THC 含量和 CBG 含量之间的相关性

品种	大麻素含量/%	CBD	THC	CBG
赛麻一号	CBD	1.000	0.995**	0.845
	THC			0.817
	CBG			1.000
汉麻 7 号	CBD	1.000	0.999**	0.900
	THC		1.000	0.884
	CBG			1.000

第十三章　汉麻的种植收获机械

第一节　汉麻播种机械

一、汉麻播种机发展现状

汉麻机械播种在汉麻生产农艺要求中尤为重要，播种机播种质量的优劣直接影响农作物的产量以及种植成本，尽管我国大部分地区已实现播种机种植机械化，但目前汉麻播种专用机械使用较少。

国外一些发达国家在农业生产中，整地及播种机械化技术水平已十分先进，早已实现了卫星定位系统、地理信息系统等多种高技术应用，这使得其播种机械化发展迅速，主要表现在种子精量控制、变量调节及播种机械的性能高效、智能自动化等方面。国外发达国家无论是在汉麻还是其他作物播种的机械化水平，实现了大型智能化、现代化机械作业，具有播种精量控制、较强的仿形能力、稳定可靠的播种质量及播种效率高等优点。

西方一些国家，地广人稀，采用的播种机械普遍存在体型庞大，自重大，多采用牵引拖动形式，机构复杂，价格昂贵。在种子与肥料播撒方面，由于国内外耕作方式存在差异，致使国外的机型大都不能直接在我国推广。

我国对汉麻专用播种机的相关研究较少，专用播种机械设备与汉麻产业的快速发展不协调。针对目前国内汉麻播种作业的现状，开发研制先进的汉麻播种机，对其关键技术研究，可提高种肥利用率，降低播种过程中的成本投入，避免无效施肥造成的土壤板结等不利因素，有效减少土壤污染，解决汉麻生产的瓶颈问题，从而促进汉麻生产实现机械化、现代化的发展。

二、汉麻播种机械种类

汉麻播种机械根据其利用价值，主要分为纤维用和药用两类，纤维用汉麻播种主要技术要求为排种均匀、开沟深度及宽度一致且可调、种肥同播、具有回土性能、不乱土层、性能稳定可靠等方面。药用汉麻播种核心技术为大垄距、大株距、分段施肥、精量穴播及种肥同步。

在黑龙江地区，药用播种机械主要使用条播机、穴播机或人工替代播种作业，种子浪费、不符合农艺生产要求等问题显而易见。汉麻纤维田播种，多数使用小麦播种机进行播种，农户为高产而采用大肥、大水、大播量，导致植株群体过大，光照不足，造成汉麻植株密集，秆茎细软，种子穗粒小。

由于汉麻种子与小麦种子形状及大小有所不同，种植的技术要求也有差异，所以使用小麦播种机完成大面积的汉麻播种，普遍存在着植株疏密不均匀，出苗参差不齐，植株之间性状表现也有较大的差异等问题，限制了汉麻的纤维产量、质量以及出麻率。

随着耕作物精密播种技术的逐渐完善，人们渐渐从农艺理论上开始研究，精播种可以有效保证种子在田间的最合理分布、播种量精准、植株均匀、播种深度一致，为种子的发育创造合理条件，可大量节省种子，减少田间用工，保证作物的稳产高产。开发和研制汉麻专用智能化和现代化播种机械，来提高汉麻播种效率及播种质量，达到节种、增产的效果是现代化农业的迫切需求。

三、纤维用汉麻播种机

纤维用汉麻播种机整机工作原理可设计为拖拉机通过三点悬挂装置牵引机具进行播种作业。首先，万向节与动力输出轴相连，由动力传输系统将动力传递到播种机上，种肥开沟器开出适宜深度的种肥沟，通过镇压驱动滚链轮传动系统驱动排肥排种装置，肥料通过肥管撒落于种肥带内。部分土壤自动落回覆盖肥料后，种子通过排种管排到土壤中，完成汉麻种植作业，种肥垂直分施，达到种肥同播的目的。最后，通过镇压滚覆土镇压，使种子、化肥紧密接触，完成施肥、播种作业。

黑龙江公衍峰等人研究设计纤维用汉麻播种机，如图13-1。

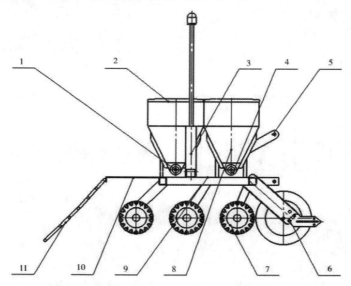

1.排种单体 2.种箱 3.划印器 4.排肥部件 5.悬挂系统 6.地轮及
传动系统 7.种肥开沟部件 8.机架 9.肥箱 10.踏板 11.覆土器

图 13-1 汉麻（纤维）播种机结构示意图

对汉麻播种机的机架、开沟部件、排种器、施肥装置及覆土器等关键部件进行了设计研究。机架采用Q345钢材、三横梁式整体焊接结构，在减轻整体质量的同时也保证了强度要求。开沟部件采用5°圆盘式开沟器，前、中、后三排交错安装，满足汉麻行距生产农艺要求。将排种系统加入自动化控制，保证单位面积播种量。对施肥结构设计为可变量施肥装置，根据不同的地况，调整施肥量，减少肥料浪费及对土壤的污染。2020年到2021年该机在黑龙江省青冈县进行田间试验和生产考核，试验面积200公顷，于2021年4月通过黑龙江省农垦农业机械试验鉴定站的性能测试，取得较好成果。

（一）纤维用汉麻播种机主要结构

汉麻播种机主要结构应由动力传输系统、旋耕装置、种肥开沟装置、种肥箱系统及覆土镇压装置等组成，是一种田间复式作业机具，可一次完成旋耕、开沟、施肥、播种、覆土、镇压等多道工序。

1. 悬挂装置

播种机与拖拉机之间有牵引、悬挂、半悬挂等几种联结方式，汉麻播种机设计可采用悬挂方式联结。

牵引式悬挂方式的播种机是拖拉机播种机单点联结，机组无论是在运输状态还是在工作状态下，播种机的质量主要是由设计的地轮进行支撑（如图 13-2）。

图 13-2　牵引式播种机

悬挂式播种机与拖拉机进行三点悬挂联结，在运输和掉头转弯时，都需液压装置将播种机升起，脱离地面进行操作（如图 13-3）。

图 13-3　悬挂式播种机

由于悬挂式播种机与拖拉机一体联结，故播种机所受工作阻力与自身质量分力有可能转移到拖拉机上，增加拖拉机后轮的负荷，从而提高拖拉机轮胎与地面的附着力。悬挂式联结方式具有结构简单，质量小、转向灵活，操控简单，价格低且通过性好等优点。

2. 开沟器

开沟器是播种机的关键部件之一，作用是在田地上开出种沟或挖出种穴，待种子或肥料进入沟穴内，将其表面覆盖上湿土。在播种工作环节中，开沟器会直接影响到播种效果。

不同的作物对开沟深度和宽度要求不同，不同地区、不同土壤条件等因素要求开沟器的性能也不同。为满足各种土地的开沟要求，产生了各类的开沟器。开沟器种类有锐角入土与钝角入土之分，钝角入土的开沟器中双圆盘开沟器与单圆盘开沟器为滚动式开沟器，结构较复杂，其余的开沟器均为移动式开沟器（如图13-4）。

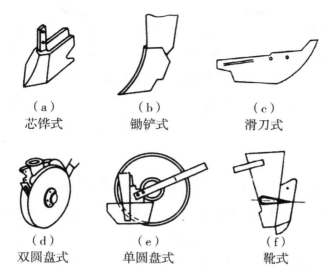

（a）　　　　　　（b）　　　　　　（c）
芯铧式　　　　　锄铲式　　　　　滑刀式

（d）　　　　　　（e）　　　　　　（f）
双圆盘式　　　　单圆盘式　　　　靴式

图13-4　开沟器示意图

（1）芯铧式开沟器为锐角开沟器，开出的种沟宽度、深度较大，沟底平整，但作业速度慢，阻力大，开沟的宽度和深度不适合汉麻播种，且不能满足汉麻播种机的高效率工作。

（2）锄铲式开沟器为锐角开沟器，容易入土，阻力也较小，但开沟时会将底层湿土翻到上层，且对整地要求较高，容易造成缠草堵塞，不适合汉麻播种机。

（3）滑刀式开沟器为钝角开沟器，开沟不乱土层，但入土性能差，对整地要求高，也不适合在多秸秆的土地进行操作，亦不适用于汉麻播种机。

（4）双圆盘开沟器两圆盘成一定的角度，工作时两圆盘转动，容易将秸秆进行切断，不易造成缠草，有回土作用，不乱土层，但结构较复杂，阻力大，质量大，成本造价高。

（5）单圆盘开沟器为一球面圆盘，与双圆盘比较，开沟较窄，质量小，结构简单，但会对土层有扰动。试验发现，单圆盘开沟器也容易缠草，在秸秆较多的耕地作业，效果没有双圆盘的好。

（6）靴式开沟器是一种钝角入土的开沟器，工作时，在自重及附加重力的作用下，将表土向下向两侧挤压形成一定深度的种沟。不会使湿土翻出，利于保墒。但对播前整地要求较高，土壤湿度过大时易黏土。其结构简单、轻便，易于制造。适用于浅播牧草、谷物、蔬菜等小粒种子的条播机，不适于汉麻播种工作。

汉麻播种机的开沟器设计应符合宽度、深度适宜的种沟，引导种子落入种沟内，覆盖湿土。

汉麻播种机根据其生长特性，其开沟器的设计技术如下：

开沟深度为3～5 cm，开沟深度、宽度一致，且开沟深度可在一定范围内调整，满足不同播种深度的要求。

工作可靠，不易缠草，切土性能好。

能使种子均匀准确地落入沟内。

有一定的回土能力，不乱土层，使湿土覆盖种子。

结构简单，维修维护简单，阻力小。

综合几种开沟器的性能与优缺点和汉麻播种技术要求，汉麻播种机可采用双圆盘式开沟器。

3. 开沟器的安装布置

开沟器开沟时，将土壤向两侧挤压、抛翻，使开沟器前端土壤凸起，后端形成沟痕。土壤状况不同开沟器前端凸起程度不同，土块、秸秆、杂草较多则凸起较大。开沟器应保持一定间距，防止开沟器前端凸起相连，发生堵塞。当开沟器间距小于规定间距时，则需将相邻开沟器错位多排排列，前后排开沟器应保持一定间距，使后排开沟器能稳定在地面上作业。由于前梁要承受开沟器的工作拉力，为避免前梁被拉弯、拉断，前梁与机架用轴承座联结外，可加装若干挂钩，保证前梁的受力程度，提高其受力强度。

4. 种箱

由于汉麻播种一般面积较大，播种箱的尺寸也应适当加大。种箱过小，播种作业时需频繁地加种，易使操作员疲惫，对播种作业不利。种箱固定排种器及排种轴处，需要有一定的精度，安装时需要一定的调节余量。排种器与排种轴之间要有配合精度，安装配合精度不够，会增加地轮的负担，影响排种器及排种轴的使用寿命，甚至损坏，也可能导致地轮严重打滑，出现断种现象。为确保其配合精度，排种器与排种轴之间要有调节余量。种箱的强度设计应具有一定的强度及刚性。种箱对排种器及排种轴有固定作用，又要容纳一定质量的种子，且排种器与排种轴的受力会传到种箱箱体上，又要保证排种器与排种轴的位置要求，故种箱的设计要有充分强度的要求。

种箱的设计要求有以下几点：

（1）根据播种面积，设计种箱尺寸。

（2）排种器安装固定在种箱上，有支撑排种器的作用。

（3）有支撑固定排种轴及其传动齿轮的作用。

5. 接种装置

接种装置包括接种盒和导种管，接种盒固定在排种器的排种口上，接种盒与导种管相连，将排种器的种子送入导种管，导种管把种子送到开沟器开出的沟内，接种盒采用外槽轮式排种器的接种盒，可设计排种口固定两个排种盒，固定在排种器的排种口处。排种器在中间位置，为避免导种管弯曲过大，影响排种质量，在排种盒下部出口对准相应的开沟器，保证种盒与排种器紧密连接结合，防止种子撒落。

汉麻种子通过排种器作用，将种子由种箱内群体划分为单个体并均匀连续地排开。对于汉麻播种机来说，核心部件排种器是决定播种工作质量和工作性能优劣的重要单元，播种机能否满足农业技术的要求或满足程度如何，在很大程度上取决于排种器的工作状况。

排种器应具有播种量稳定、排种均匀、不损伤种子、调整方便、工作可靠、性能稳定等技术特点。

导种管选用伸缩弯曲塑料管，导种管与接种盒采用圆形卡子固定相接，导种管良好的弯曲性，满足地面仿形与开沟器调整等工作需求。

6. 地轮

地轮可采用市场现有地轮进行设计安装，播种作业时，应考虑镇压轮的滑移率问题，影响滑移率的因素一般有地轮的结构，播种机的重量和土壤的质量。

镇压轮可采用压缩弹簧，在压缩弹簧的作用下，对地面产生一定的压力，使镇压轮总是与地面接触，有效避免镇压轮架空不转的现象，实现减少镇压轮滑移率，减少漏播，达到均匀播种的目的。

7. 变速器

汉麻播种机的播种量的调节靠变速器来完成，可设计选用 8 档变速器，外部主动齿轮与从动齿轮可更换。其内部有 3 个主动齿轮，3 个从动齿轮，靠手动调换内部链条连接主、从动齿轮来调节变速器。上部为主动齿轮，下部为从动齿轮，主动齿轮的齿数分别为 18、20、22，从动齿轮的齿数分别为 18、22、28，以满足汉麻播种机播种量的调节。

8. 传动系统

播种机常用的传动方式有链条传动、齿轮传动和带式传动，齿轮传动不适合远距离传送动力，且制造精度高；带式传动易产生打滑和弹性滑动，传动转速不准确，且需要较大的张紧轮，对轴承压力大，易磨损，且不适合在恶劣的条件下工作；链条传动结构简单，传动转速准确，且两链条可在同一平面内。排种器的转动动力由地轮通过变速器提供，而排种器、变速器、地轮三者位置较远，且田间工作环境恶劣，传动方式可选用链条传动方式。

地轮上的齿轮通过链条与变速器外部主动齿轮相连接，变速器外部从动齿轮通过链条与排种轴齿轮相连接，地轮与排种轴进行齿轮相连接，完成整机的动力传输。

四、药用汉麻播种机

目前，国内对药用型汉麻播种机的研究及相关文献较少，黑龙江省农业机械工程科学研究院绥化农业机械化研究所的邹继军等人，对药用型汉麻专用播种机关键部件进行了设计研究。

提出发展药用汉麻产业目前应解决三个问题，即药用汉麻的播种、收获和加工。重点针对药用汉麻的播种施肥环节，研究播种、施肥及其同步工作，优化了结构和参数，提高播种、施肥一致性的准确率。

其关键技术的研究与目标，一是对播种、施肥同步性研究，见图 13-5，将各部件固定安装在机架上，播种作业时，拨草轮将地面秸秆杂草等拨入垄沟，防缠防堵；四杆组合机构在播种机前进时随地面仿形，以保证播种及施肥深度；行走地轮驱动排种链轮，同时驱动排肥链轮，排肥轴转动，带动排肥外槽轮将肥料排入排肥管内，肥料在重力作用下分段落入施肥沟内。确定了播种与施肥的关联性，施肥段在 15 cm 内，保证微量调节株距时使种子能够播在肥料的中心位置，施肥效果达到最佳状态。

二是对排种器进行研究，见图 13-6，利用负压作用，将种子附着在设定的型孔上，连接离合器，排种链轮与排种盘结合，行走地轮驱动排种链轮，排种链轮带动排种盘转动，当型孔内的种子随排种转动到排种口时，气体负压消失，种子随重力作用落入排种管，点播在开沟内，以达到精量点播的目的。

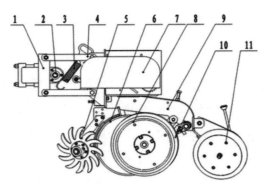

1.机架固定座；2.传动轴固定座；3.配重弹簧；4.四杆组合机构；

5.拨草轮；6.开沟盘；7.排种（肥）器总成；8.仿形轮；9.仿形轮座；

10.刮泥板；11.覆土镇压总成

图 13-5 排种（肥）单体总成示意图

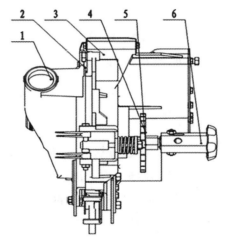

1.空气室；2.排种盘；3.排种体；4.排种链轮；5.排种轴；6.离合器

图 13-6 排种器示意图

据其统计，目前研制的分段穴播排肥器精量施肥比常规播种机降低成本 18 元/亩，精量播种比常规播种机降低成本 12 元/亩。

传统的药用型汉麻播种方式无法实现大株距、分段施肥，浪费种子、肥料，提高生产成本，是普遍存在的问题。研制药用汉麻专用播种机，满足技术需求，不仅可解决播种瓶颈，还有利于土壤有机质的恢复和积累，达到节本增效的目标。

第二节　汉麻喷药及施肥装置

一、汉麻喷药及施肥装置发展现状

随着时代的发展与进步，科技的不断创新也在不断地改变着农业上耕作的方式与方法，从适合于小面积种植的人工肩背、手持式的喷药施肥设备，到笨重但适用种植面积较大的田间大型机械式喷药灌溉设备，发展到更加便利的无人机喷药设备，给农业的生产生活带来了极大的便利。随着农业设备的多元化发展，可以根据种植面积、农作物及品种的不同，提供了更多适合自己的选择。

汉麻目前主要种植种类分为纤维用汉麻与药用汉麻，两个品种有其不同的生长特性，所以种植方式也有很大区分。纤维用汉麻普遍采用密植平播方式，条播行距在 15～30 cm 之间，株距在 5～15 cm 之间，每亩种植 25 000 株左右，汉麻株高在 1.5～5 m 之间。根据纤维用汉麻生长需求，需要在播种期每亩用复合肥 20～40 kg、生长期每亩用尿素 15～20 kg。并根据纤维用汉麻实际生长情况，在播种期、幼苗期、生长期、成熟期根据病害的不同种类分别进行喷药施肥作业。由于纤维用汉麻的种植密度和高度的影响，对生长后期与成熟期的纤维用汉麻进行喷药施肥作业难度较大，成本较高，极大地提高了对汉麻喷药机械设备的技术要求。药用汉麻一般采取垄作播种，株距为 50～100 cm，株高为 1.5 m～3 m，根据药用汉麻生长需求，在播种期根据实际情况施用氮磷钾等复合肥，生长期施用尿素肥，并根据药用汉麻实际生长情况，在播种期、幼苗期、生长期、成熟期根据病害的不同种类分别进行喷药施肥作业。药用汉麻种植密度低，株高也普遍低于纤维用汉麻，药用汉麻对喷药的机械技术的要求相对也较低，多种喷药方式均可适用。

二、汉麻喷药及施肥装置分类

目前针对农作物生长作业的施肥和喷药设备主要有：背负式喷药器、喷药车、喷药架、植保无人机等，各个喷药设备在成本和效率上也有很大不同。

（一）背负式喷药器

背负式喷药器具有简单轻便、适合单人操作的特点。背负式喷药方式主要有 3 种，一是手动按压，劳动强度大；二是高压气瓶加压，成本高，多用于短时间科研喷雾使用；三是电动加压，具有环保和省力的特点，目前由于其省力便捷的特点被人们普遍应用。电动背负式喷药器主要由电池、压力泵、药桶、喷杆与喷嘴几个部分组成。工作效率可以达到 10～20 亩/d，地形适应能力强，不受地形限制，药肥利用率较高。但由于是人工背负式作业，人工成本较高，同时作业时容易踩踏作物，尤其是对有些密植作物，与此同时面对有些高秆作物时也会显得力不从心。采用电池作为动力，在作业时间上也会受到电池电量制约。在汉麻喷药作业应用上，目前背负式只能适用于药用汉麻的幼苗期与成长期，纤维用汉麻由于种植密度大，而且属于高秆作物，并不适用背负式喷药器。

（二）喷药机

目前国内喷药机主要分为自走式、悬挂式、牵引式几种方式。但普遍都是由行走单元、药液存储单元、喷药输出单元等几个部分组成。行走单元一般都采用柴油发动机驱动，同时也是喷药设备的主要动力来源。药液存储单元通常采用耐腐蚀的聚乙烯材料，不同的品牌型号存储量有很大区别。喷药输出单元由压力泵、喷杆、喷嘴组成，作业幅宽主要由其泵压大小及喷杆的长度决定。喷药机的工作效率一般可达到 500～1 000 亩/d，但其受到地形限制，不适用于山地、丘陵等不平整田地，同时部分高秆作物也很难作业，作业时也容易对作物造成机械损伤。由于是机械作业，人工成本很低，操作比较简单，药肥利用率较高。

（三）门式喷药架

门式喷药架一般被大面积农场所使用。主体由耐腐蚀金属架构成，金属架上连接有喷药管及喷嘴，金属架两端有行走轮，由电机或者发动机驱动。其中一端安装有喷药罐及喷药泵。工作效率一般可达到50～200亩/d，由于其结构特点，以及这种喷药装置受地形限制，并不适用于山地、丘陵等地形。大部分喷药架高度不可调，药肥的利用率很低，后期维护困难，但可以适用于高秆作物。

（四）植保无人机

随着技术的发展，植保无人机的出现对农业发展起到了重要作用。植保无人机主要由飞行平台（固定翼、直升机、多轴飞行器），导航飞控、喷洒机构三部分组成。通过地面遥控或导航飞控，来实现喷洒作业。与传统植保器械相比较，植保无人机具有有效防控大面积病虫害、施药均匀、穿透性强、不受地形因素影响，同时不会受到高秆作物及密植作物影响。工作效率可达到300～1 000亩/d。但同时制约其普及率的是高昂的装置成本，复杂的操控及后期较高的维护成本。目前，市面上大部分的植保无人机采用锂电池为动力，续航时间短导致连续作业效率不高。

第三节　汉麻割晒机械

一、汉麻割晒机械发展现状

纤维用汉麻的生产周期主要为播种期，生长期，成熟期，收获期。成熟期的汉麻为了更好地加工成纤维制品，需要经过切割平铺在田地里，经过雨露沤麻这一工艺步骤。由于之前国内汉麻种植面积小，配套装备不完善，种植户一般采用人工割晒的方式，需求劳动力大，人工成本高。随着汉麻产业的发展，汉麻种植面积在不断扩大，人工割晒的方式也在逐渐淘汰。而国内目前并没有专业的汉麻割晒机械，一般采用亚麻割晒机来替代，但由于汉麻相比于亚麻属于高秆作物，收割时会引起收割宽幅不够，首尾相压等问题。导致工作效率不高，沤麻不充分，影响汉麻纤维质量，极大地制约了汉麻产业的发展。

二、汉麻割晒机的研制

根据田间调研，汉麻生产田使用的割晒机普遍作业宽幅过窄，这就导致汉麻在割晒过程中首尾相压，会降低田间沤麻的效果，影响汉麻纤维的质量，同时也增加了后期汉麻打捆的难度与成本。黑龙江省科学院大庆分院朱浩等人，通过对田间汉麻高度与种植密度的调研，设计汉麻割晒机的宽度为3 m，可以很好地解决汉麻割晒过程中的首尾相压的问题，设计高度为1.5 m，可以保证汉麻被割断后的输送效率同时又不会影响工作人员在工作时的视线。大分麻板根据整体尺寸设计为长1.5 m、宽0.15 m、高1.5 m。机架整体采用160 mm×60 mm×50 mm冷轧槽钢来保证机架强度，但整机质量也极大地增加了。考虑到割晒机悬挂时的重心问题，设计悬挂在拖拉机后方。切割装置考虑到耗材成本问题，刀片采用三角形切割机通用刀片，刀杆长度为3 m，采用10 mm厚不锈钢来保证强度。输送装置设计为主动轴带动从动轴和输送带。

设计动力来源于拖拉机后输出轴，经测试，后输出轴转速与拖拉机油门相关联，将其设计为动力来源可以保障割晒机行走速度与切割速度相匹配。

（一）割晒机的主要结构与工作原理

汉麻割晒机主要结构包括割麻部分、输麻部分、悬挂部分以及动力匹配（如图 13-7）。

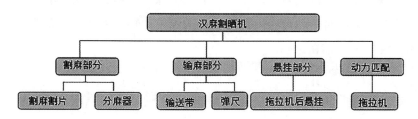

图 13-7 割晒机主要结构示意图

机架主要由 160 mm×60 mm×50 mm 冷轧槽钢焊接组成，左侧预留传送带主动轴安装位置，右侧预留传送带从动轴与分麻板安装位置。正面安装 1 mm 厚铁板，正面底部用加厚钢板焊接成割台底座，机架中间预留传动箱安装位置，考虑到强度关系，传动箱机架采用 10 mm 厚高强度钢板。传动箱与主动轴之间采用高强度方管便于传动箱与输送装置的主动轴的链式传动。背部有 4 个链接块，通过升降液压缸悬挂于拖拉机后方。

（二）汉麻割晒机关键组成结构

1. 传动机构

如图 13-8 所示的动力传动过程是，动力由拖拉机主动轴经万向节连接到传动箱上的动力轴 2，再由传动箱上的动力输出轴 1 来带动输送装置，传动轴下方是割台输出轴 3 由偏心装置经可调节的丝杆链接至割台，工作时，输送装置与割台一同动作。

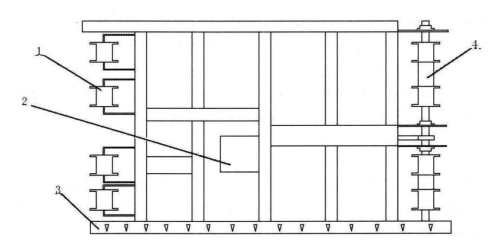

1.输送装置从动轴 2.传动箱 3.切割装置 4.输送装置主动轴

图 13-8 机架总成示意图

2. 输送装置

输送装置是由主动轴、从动轴、输送带组成，动力来源于传动箱，传动箱上链轮带动链条通过主动轴上的链轮来带动输送装置运动。如图 13-9 所示，主动轴以一根长轴为主轴，分为上下两个部分，中间位置安装链轮，上下两端各安装一个圆筒 3 用来带动输送带，并在圆筒上安装定位圆盘 1 以用来定位输送带；如图 13-10 所示，从动轴是由圆筒 3、定位圆盘 1 和固定支架 2 组成，每个圆筒分别通过两根丝扣安装在机架总成上，从而便于调节输送带的松紧，以及相关的维护保养。输送带属于易损件，采用经典帆布输送带，便于安装，成本低廉。工作时，动力经由传动箱传送到主动轴，主动轴带动输送带，将切割下来的麻秆输送到割台的左侧，均匀地平铺在田间。

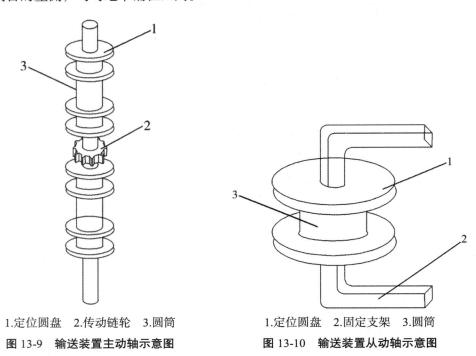

1.定位圆盘　2.传动链轮　3.圆筒

图 13-9　输送装置主动轴示意图

1.定位圆盘　2.固定支架　3.圆筒

图 13-10　输送装置从动轴示意图

3. 切割装置

样机切割装置采用传统割晒机切割装置设计，由装有刀片的刀杆、护刃器、压刃器等组成。其中刀杆长度为 3 m，为了保证强度，刀杆采用 304 不锈钢制作。动力从传动箱下的偏心轴，通过摆环机构传动至刀杆，使刀杆进行往复运动来进行切割工作。在工作中，刀杆一直在进行高强度作业，为了提高刀杆的使用寿命，采用 10 mm 厚的 201 不锈钢材质。护刃器与压刃器安装在机架总成下端的割台底座上，刀杆平架在护刃器中间。通过刀片与护刃器之间的相对运动将作物切割下来。

4. 拨禾轮

拨禾轮由分麻板、齿轮、弹尺组合而成，安装在刀架上方。工作时，拨禾轮齿轮由输送带上的挡片带动，将作物扶持并拨向割台。弹尺安装于拨禾轮下方，主要作用于麻秆在被切断后，弹尺的弹性使麻秆可以紧贴输送带，不会倒伏，便于输送。如图 13-11。

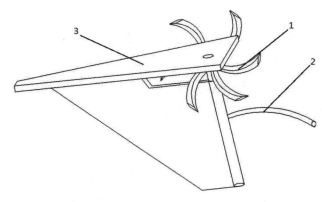

1.齿轮 2.弹尺 3.小分麻板

图 13-11 拨禾轮

5. 起落机构

整机的起落是由机架上与拖拉机之间连接的液压升降缸来控制的，升降缸与拖拉机的液压系统连接，使割台升降，从而实现作业高度的控制。

6. 大分麻板

整机的右侧装有一个大分麻板，主要用来分割田间作物，防止作物缠绕，影响作业效率。根据田间汉麻种植密度设计尺寸为长 1.5 m、宽 15 cm、高 1.5 m。

7. 动力配备及工作状态

汉麻割晒机配备动力 40 kW 及以上拖拉机，考虑到割晒机悬挂于拖拉机前方会导致整体重心前移，后轮离地。将割晒机通过液压缸、机架等悬挂于拖拉机后方。将拖拉机方向盘与座位互换，工作时用倒挡行进。

8. 工作原理

拖拉机带动割晒机向前行驶时，分麻器将汉麻植株分开，进入分麻器内的植株在机械前进的作用下，被高速运转的（或往复运动）锯片（或割刀）切断。切断的植株在弹尺和输送机构的作用下。利用植株间的牵连保持直立状态，沿着输送机构的传送方向输送。由于机械前进产生的惯性和植株的本身动力，使植株离割台连续成条地平铺放到田间。

（三）主要部件的安装与调试

1. 割台动力及相关装置

传动箱用 4 根螺丝固定在机架总成中间的 10 mm 安装板上，传动箱上输出轴安装链轮，链轮与输送主动轴通过链条连接。下输出轴安装偏心轴部件，偏心轴与丝杆以摆环结构与刀杆相连接。传动箱后输入轴通过万向节连接至拖拉机后输出轴。输送装置的运转速度可以通过两边链轮的链齿比调节，可调范围相对足够。前方刀杆通过对丝杆的调节来进行刀头与护刃器的对中调试。

2. 输送装置

左侧输送装置的主动轴通过链轮链条与传动箱连接，中间链条通过张紧轮来保证链条的紧密程度，主动轴通过上中下几个轴承座安装在机架总成上面，上下圆筒安装在预定位置，定位圆盘按照输送带宽度预先固定在圆筒上，从动轴安装在机架总成预先留好的孔位上，并把丝扣调节到最小状态以便于安装输送带，输送带安装好后，调节从动轴丝扣的长短来控制输送带的松紧。

3. 切割装置

切割刀片用铆钉并排铆在刀杆上，护刃器并排安装在机架总成的刀座上面，并按一定间隔安装压刃器。安装好刀杆后，必须保证刀杆运行时平稳、顺滑。刀片与护刃器之间间隔 0.5 mm 为宜，并进行好对中调试，保证刀片在护刃器两个中心点之间运行。

4. 拨禾轮

首先把拨禾轮、分麻板与弹尺按设计组装好，确保中间齿轮运行平滑。再通过机架按照一定的间距并排安装在机架总成底部，保证拨禾轮位于刀杆上方，调整好水平，使齿轮位于第三条传送带的中心位置，调整拨禾轮与传送带距离，保证 1～2 cm 间隙为优。调整弹尺位置，让弹尺位于第三条输送带下方 2～3 cm 处，调整弹尺松紧，使弹尺与机架总成前面板之间保持 1 cm 左右距离。

5. 作业高度的调整

样机设计正常的作业高度一般为 50～150 mm，这样既可以保证作业的时候机器与地面的距离，也可以保证汉麻的纤维产量，通过后方的升降油缸来具体调节整机作业高度，但应根据具体田间情况来调节作业高度，以保证作业效率和工作安全。

（四）样机性能试验与生产示范

如图 13-12 所示的汉麻割晒机于 2015 年、2016 年和 2017 年的汉麻收获季节，在齐齐哈尔市克山县试验基地分别进行了性能试验与生产示范。经过多次试验与生产示范，在长时间与大面积的割晒作业中，该机表现工作稳定，工作效率较高，取得了较好的效果。

图 13-12　汉麻割晒机样机

第四节 汉麻打捆机械

一、汉麻打捆机械的发展

打捆机是农业生产工作的重要设备之一，除了可帮助农业生产外，还具有创新及发展性，促进农业可持续发展，为成本节约及环境保护起到关键性作用。目前市场上的秸秆打捆机可进行稻草、麦秆、棉秆、玉米秆、油菜秆、花生藤、豆秆等秸秆、牧草捡拾打捆。有直接捡拾打捆，也有先割后捡拾打捆，还有先粉碎再打捆等几种作业方式。

我国对打捆机的研究工作起步较晚，1970年才开始对引进的秸秆打捆机进行相关的科学研究。我国在2000年后开始大面积普及和推广使用秸秆打捆机，大都依靠进口德国和美国等一些国家的秸秆还田机械。随着国家对优质牧草重视程度的日益增加，以及对国内环境污染整治力度的加大，出台严禁秸秆进行焚烧的政策，推进农作物秸秆的综合利用，促进秸秆作业机械的快速普及，打捆机得到了更广泛的应用。国内打捆机行业正在蓬勃发展，目前已经研制出各类小型打捆机，主要应用于二次打捆技术、侧向牵引技术等，打捆机的工业制造技术与质量都在稳步提升，机器的工作稳定性能也有较大提高，但与其他发达国家相比，仍处于相对落后水平。

前些年国内纤维用汉麻种植面积逐步增加，没有配套的汉麻打捆机械设备，阻碍汉麻大面积种植的发展，根据汉麻打捆的特殊性，近几年国内一些科研机构及企业对汉麻专用打捆机开展研究工作，但还未出现较为成熟的技术和机器。用于汉麻打捆机的研究大体分为两种形式，一种是基于草包打捆机原理改造研究，将汉麻秆径捡拾后圆包打捆，另一种基于打结器的应用，将汉麻用线绳打结成捆，打捆直径一般在30~50 cm。

在黑龙江地区，汉麻收割后铺放在田间进行雨露脱胶，晒干后打捆收集到原料加工车间进行纤维加工，但目前汉麻割晒、雨露之后仍依靠人工进行打捆收获，导致收获成本居高不下。对于大面积种植户来说，人工打捆收获不仅耽误生产周期，而且收获成本高，雇用大量人工较为困难，国内开发和研究专用汉麻打捆机是汉麻产业发展的迫切需求。

二、汉麻捆包机

汉麻捆包机与牧草打卷机工作原理相似，主要由捡拾器、喂入装置、链轮传动机构、成型室、引绳杆及预警装置、液压控制机构、抛捆系统等部件组成。打捆作业时，通过输出轴提供动力，捡拾器拾取秸秆进入喂入系统，喂入装置连续转动将秸秆送至成型室，随着成型室内的秸秆密度大小达到预期后，控制系统给出成捆信号，对成型的捆完成捆扎操作，最后抛出，完成一次捆包作业。

黑龙江省农业机械工程科学研究院王春海对汉麻捆包技术进行研究，研制了汉麻圆捆捡拾打捆机，该机悬挂方式为牵引式，配套动力58.5 kW以上拖拉机，动力由拖拉机动力输出轴提供，打捆幅宽2 m，成捆直径可达1.6 m，成捆质量约300 kg，作业速度可达7 km/h。

黑龙江省也有一些汉麻种植单位和企业，采用牧草打卷机试图进行汉麻秆茎的捆包，由于汉麻株高大多为1.5~2.0 m，牧草打卷机工作幅宽较窄，导致汉麻在进入打卷机内无法平行顺序排列，造成杂乱无章的现象，导致不能很好地进入喂料口内。汉麻进入打卷机内部后，由于麻纤维强度高，韧性强，经常在机器内部零件缠绕，导致受阻，大大增加了停车次数，生产效率上不去。另外将汉麻打成卷后，在后期初加工过程中，必须经过退卷——切断——根梢麻铺合并等几个环节，杂乱无章的汉麻卷不能满足这几个环节的作业需求，使得牧草打卷机在汉麻打捆作业环节中应用作用不大。

三、自走式汉麻打捆机

黑龙江于革等人对自走式汉麻打捆机进行了研究与试制，包括底盘的四驱结构，摇摆轴仿形结构、捡拾结构、输送平台、打结机构等。机器配有 4 kW 发电机及电气控制系统，为打捆机的输送平台及打结系统提供动力，通过研究与试验，进行整机的完善与优化，在齐齐哈尔市克山县进行田间试验，取得一定的成果。但整机仍存在一些问题，主要集中在麻秆缠绕和打结系统上，如图 13-13 所示。

图 13-13 自走式汉麻打捆机

（一）自走式汉麻打捆机的关键组成部件

汉麻打捆机由底盘、捡拾器、输送装置、打结机构、卸捆机构等几部分组成。其工作过程是由捡拾器把平铺在地面的汉麻秸秆收集起来，通过输送装置将秸秆输送到喂入口，再通过喂入机构将草捆强制喂入，保证打捆的紧实度，再由打结成捆装置进行成捆处理，成捆后将秸秆捆包卸下，完成一个工作循环。

1. 捡拾器

由于汉麻秆中含有大量纤维，且韧性较高，对于转动的部件机构极容易造成缠绕，所以捡拾器的设计应充分考虑到麻秆缠绕问题。捡拾器是打捆机关键部件之一，主要用来捡拾秸秆、草秆等，捡拾器能够将田间平铺的汉麻秸秆良好地捡拾起来，是决定打捆机的作业质量及效率重要因素。确定合理参数，提高工作效率，不漏检秸秆草料，及其防缠绕性能等方面是捡拾器关键技术指标。如图 13-14 所示。

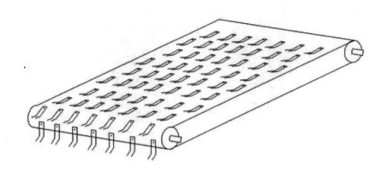

图 13-14 带式捡拾器示意图

带式捡拾器没有缝隙，能有效避开缠麻问题，而且坡度可控，能将平铺的麻秆较好地捡拾到输送平台，且捡起的麻秆非常整齐，具有较好地捡拾汉麻秆径效果。带式拾禾器与弹齿式拾禾器相比，还具有结构简单，安装维修成本低且简单方便等优点，比较适合汉麻茎秆的捡拾。

2. 底盘结构

汉麻打捆机底盘设计应充分考虑田间的工作环境，打捆机底盘可设计为四驱行车或履带式底盘结构，可有效保证打捆机在作业时的行走能力，打捆机底盘轮胎或履带要符合复杂的田间工作环境，确保打捆机的抓地力性能，以适应恶劣的作业环境。

机器工作时需将割晒平铺的汉麻秆捡拾并输送到打捆平台上，故底盘结构的设计不能过高，底盘结构的最小离地间隙应大于 20 cm，以确保田间作业时打捆机的通过性能，能有效保证打捆机的稳定性能和可靠性。

底盘的设计还应考虑机器的仿形性能，仿形能力差可能会导致麻秆的漏检或捡拾不到位的情况。转向机构的设计应以用户使用方便操作为主，可采用液压助力转向系统，对比传统的机械式转向，使用户操作更加省力与精准。变速箱应有前进和后退档位，并由快慢速变换来适应不同地形条件的工作速度，与发动机转速相匹配，作业时机器的速度应与实际发动机和变速箱数据相匹配。汉麻打捆机的底盘框架应由槽钢进行焊接，保证底盘框架的强度，充分考虑框架设计载重量。

3. 输送机构

输送机构要将麻秆平整有序地送入打结环节，尽量做到输送平台无缝隙无间隙才能有效避免麻秆的缠绕问题，一旦在输送环节麻秆有缠绕，将致使打捆机的工作效率及稳定性大大降低，另外杂乱无章的麻秆会导致打结与脱捆困难。输送平台的线速度值应与捡拾器的转速相匹配，应略大于捡拾器的捡拾速度，避免捡拾的麻秆不能及时输送到打结环节而造成麻秆的堆积及拥堵，从而影响打捆机的稳定性。

4. 打结器

打结器是打捆机的核心零部件，打结器的性能关系到打捆机在工作中的稳定性及其工作效率，随着科技的不断发展，加工技术的不断提高，仿真系统的不断增强等因素，打结器也得到了迅速的发展。目前市面上常见的打结器种类，大致可分为以下几种，如图 13-15 所示。

（a）　　　　　　　　　　（b）
D型打结器　　　　　　双结D型打结器

（c）　　　　　　　　　　（d）
C型打结器　　　　　　活结打结器

图 13-15　打结器示意图

（1）D 型打结器最常见应用也最为广泛，现市面上的打捆机中，基本都使用 D 型打结器。D 型打结器分为 D 型单结打结器和 D 型双结打结器，D 型单结打结器主要适用于中、小型打捆机上；D 型双结打结器主要适用于大型、高密度的打捆机上，驱动齿盘转一圈，形成两个绳结。D 型打结器不同厂家生产的结构有所不同，但构造类似。

（2）C 型打结器主要应用在大型方捆机和大型割捆机上。C 型打结器采用蹄形夹绳盘，对绳子粗细适应性较好。另外 C 型打结器的蹄形夹绳盘每次动作时交替夹住和松开绳子，使得打出的绳结为活结，拆捆比较方便。

（3）活结打结器主要应用在小型割捆机上，体积较小。打结器工作时钳嘴和夹绳盘每次都旋转一周，夹绳盘为锥形，打出的绳结为活结方式，目前在市面上的应用并不广泛。

打结器在实际安装使用过程中，需要调整优化打结器各个部件的位置及工作时间，如各部件位置及工作时间不匹配，会造成打结不稳定，脱绳困难，剪绳不断等情况。

最近，纽荷兰凭借其配置在 BigBaler 1290 High Density 高密度打捆机和 BigBaler PLUS 系列大方捆打捆机上，具有开创性地设计制造出 Loop Master 环形打结器，荣获 2021 年爱迪生发明奖金奖。

打结器的关键技术在国外一些国家已经非常成熟，各项指标参数及其生产制造都已实现了标准化。我国打结器关键技术的研究起步较晚，近几年国内对打结器的研究有了一定的发展，打结器性能与进口相比，表现为成捆率低、可靠性差、工作不稳定、使用寿命短等几个方面，国产打结器在实际使用中，架体作为关键零部件，极易受到损坏。现国际上较为流行的打结器是由德国生产的 D 型打结器，其在欧美技术成熟，应用普遍，效果良好。

第五节　汉麻收获机械

一、汉麻收获机械发展现状

近年来，随着汉麻大面积种植，汉麻利用价值不断被挖掘，汉麻收获机械出现不同方式，但整体上我国汉麻的种植由于机械设备不配套一直没有发展起来，直接影响着种麻效益的提高。收割效率低，种子回收率低，收割成本居高不下，增产不能增收，制约汉麻产业发展。汉麻收割期短，如延长收割期将降低麻纤维质量。因此汉麻专用收获机械的研制与推广，可有效降低汉麻收获成本，提高收获效率。

传统大田作物谷物收割机的技术已经较为成熟，国外收割机发展比较有代表性的国家和地区为欧美及日本等。欧美多为全喂入脱粒，机型较大，生产效率高，适合大规模生产条件；日本则以中小型收割机为主，具有机型小、操作方便灵活等特点。近年来，我国已经生产出无人驾驶谷物收割机，其割台、滚筒操作及作业速度，均可自动调整，具有智能化程度高、操作方便、工作模式多样灵活、行驶路径直、轨迹偏差小等特点。

国外关于汉麻收获机械产品的研究较多，如北欧的 IWNIRZ 型汉麻收割机，可进行收割分离，并可回收花叶。波兹南的波兰天然纤维与药用植物研究所和德国特殊用途机械制造商联合研制的汉麻收割机，可将收割完的汉麻茎交叉铺在地面上，供后续打捆使用。2016 年欧盟科技框架计划中的"MutiHemp"项目中研发了一款汉麻籽粒收割机，主要利用传输机将汉麻秸秆运输到震荡筛上，将汉麻籽筛出，以提高汉麻籽的质量和产量。另外荷兰加工企业开发过斩捆汉麻收割机，主要收割花叶。可将汉麻植株切成 50 mm 左右的碎片，并直接输送到压捆机冲压单元，之后经乳酸菌发酵，用作奶牛饲料。

德国收获汉麻籽粒采用谷物收割机改装而成，割台采用青贮玉米割台，加辅助切割装置，脱粒后将剩余部分抛到田里。俄罗斯汉麻籽粒收获采用两种方式：一种是采用叶尼塞谷物联合收割机进行收获，另外一种采用专业汉麻籽粒收获机械，如 KKP-1.8 型汉麻收获机，该机器由拖拉机侧牵引链接，切割装置悬挂架臂上保证仿形，具有高低调节装置，脱粒装置由 6 套专用脱粒弹齿和 4 个滚轮组成，如图 13-16 所示。

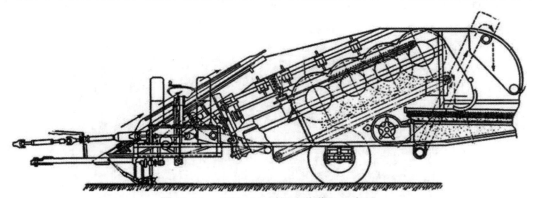

图 13-16　KKP-1.8 型汉麻收获机示意图

该机配套动力 58 kW 以上拖拉机，作业效率 1.1 hm²/h，割幅宽度 1.75 m，最小割茬高度 6 cm，外形尺寸为 8 675 mm×3 610 mm×4 020 mm，质量 4 720 kg。

目前，国内对汉麻收获机械的研究主要集中在对割晒机及收割一体机的研究，药用型花叶收获的机械设备报道及相关文献较少。随着汉麻药用技术的开发及其可观的利用价值，研制出汉麻药用型花叶专用收获机械具有广阔的市场前景和应用前景。我国汉麻收获技术经历了技术孕育阶段和快速发展阶段，汉麻的收获技术也取得了一定的突破并日趋成熟。然而对比实际发展现状和生产需求，我国在关键技术上还存在薄弱环节和空白领域，仍需在适用田间复杂环境、装备稳定性、装备关键部件、生产工作效率、产品推广等方面多做功课，以促进汉麻产业发展。

二、汉麻收获机械分类

目前，国内关于汉麻产业化的相关研究较多，关于汉麻收获环节的作业机械，如割晒机、打捆机、收割机等收获机械研究较少。我国汉麻田间收获作业还需依靠大量人工，收获成本较高。在汉麻产业快速发展的背景下，急需汉麻收获机械相关研制与推广，且发展前景十分广阔。

汉麻主要分为纤用、药纤兼用、花叶药用和籽用等 4 个方面。收获方式根据其利用价值大致可分为几类：药用型叶片收获、纤维用割晒、籽用型收割及种子与茎秆一体收割等几种方式。

纤用型汉麻主要收获其茎秆纤维，通过机械设备将汉麻进行割晒，平铺于地面，经过雨露沤麻后，将其打捆运输至工厂获取汉麻纤维，经集中脱胶处理后用作纺织原料。

药纤兼用型汉麻收获其纤维和花叶，采用分段收获技术来完成收获，将花叶集中的梢部收储，茎秆收割后平铺于侧边。

籽用型汉麻主要收获其籽粒，采用收割机或半喂入联合收获机械，通过脱粒技术来获取籽粒。

药用型汉麻以收获其花叶为目标，采用机械或人工直接收获汉麻花叶，或整株收获后运输至工厂，通过机械设备进行分离植株上的花叶。

三、汉麻种子与茎秆收割一体机

黑龙江省科学院大庆分院于革等人已试制出汉麻种子与茎秆收割一体机样机，如图 13-17，采用上、下双切割系统实现籽粒与茎秆的同时收获，作为一种产品推广，其实际作业与运行效果良好。汉麻种子与茎秆收割一体机主要用于汉麻的籽粒、茎秆和花叶等收获，可提高汉麻的使用率及收获效率。

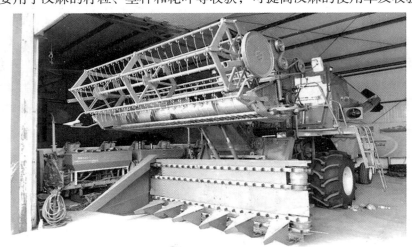

图 13-17　汉麻种子与茎秆收割一体机

该机具有以下参数及特点：实现麻茎割晒与种子收获一次完成；种子收获后直接完成脱粒，与麻茎和叶分离；收割幅宽 3 m，铺麻厚度 10 ~ 15 cm；配套动力 80 kW，收割效率大于 100 亩/台班。

（一）汉麻种子与茎秆收割一体机关键部件

1. 双层错位割台

汉麻种子与茎秆收割一体机采用双层错位割台，来完成其种子与茎秆同时收获的功能，对约翰迪尔 1048 型收割机割台完成改装，将原有的过桥液压系统进行位置提升及安装，使割台的收割高度适应汉麻的高度。同时在割台下方安装割晒部分，采用皮带及万向节传动系统，解决动力的传输。整机采用双层错位割台，上层割台将麻尖部分收入脱粒箱，完成麻茎叶与种子分离，茎叶单独回收；下层割台完成麻茎割断及铺麻。

收割机割台采用自适应仿形挂架，适应山地等非平整土地，避免割台啃地、上土。割茬高度一致，往复式刀杆采用导轨结构，运动平稳，选用自润滑滑块，适合高速往复运动，克服传统刀杆结构往复速度低于 480 次/min 的限制，超速后造成刀杆断裂，低速造成推麻及堆麻现象，配有刀杆及传送带速度调节装置，提高了收割效率。上层割台采用快装结构，可拆卸来完成汉麻生产田单独麻茎收割。

2. 动力及转速

整机动力输出是约翰迪尔 1048 的发动机，输出转速为 400 ~ 500 r/min，下割台采用"T"形分动箱，将动力传输给刀杆、拾禾、传送与铺麻机构，分动箱一部分提高给刀杆动力，刀杆转速为 450 ~ 500 r/min，另一部分输出给拾禾、传送与铺麻动力，其转速为 630 ~ 700 r/min，其设计较高的转速可有效地将切割下来的麻秆进行输送与铺麻。

3. 割台仿形

实现割台地面自动仿形功能，下割台设计采用平行四边形仿形架的安装方式，割晒主体安装仿形地轮，仿形地轮与地面直接接触，可实时获取地面平整信息，地轮随地面的升降，传递给平行四边形仿形架，实时调节下割台割晒的高度，适应不平整土地的收割，采用自适应仿形挂架来完成山地等非平整土地作业，有效避免割台啃地、上土，实现割茬高度的精准控制。如图 13-18 所示。

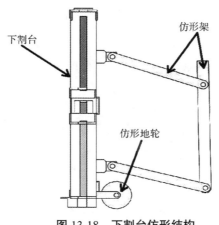

图 13-18　下割台仿形结构

在机器的下割台设计安装了铺麻板，铺麻板角度可调，这样使得在工作过程中，铺麻的角度通过铺麻板进行调节。另外铺麻的厚度，对于后期的雨露过程中是非常关键的，其设计 3 m 的割台宽度，如麻秆长势较密时，可控制下割台工作的割幅宽度，以调整铺麻的厚度。

4. 分麻板

在汉麻收割一体机收割时，转动的部件会有缠麻的问题，针对缠麻问题采用相应的解决方案，将传动系统的转动部分进行机械性包裹，使麻秆不能直接和转动的机械部分直接接触，避免了缠麻问题。如图 13-19 所示。

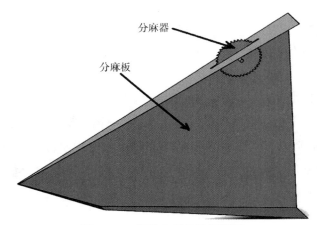

图 13-19　锯片分麻结构示意图

在割晒部分的分麻板上加装了锯片分麻器，运动方向为相对反向转动，工作时转速为 300 ~ 400 r/min，采用皮带传动方式。锯片分麻器用于疏理麻秆，汉麻到收割时期，麻秆相互交错，分麻器将要割与未割的汉麻进行梳理，使要割的麻秆分疏到里侧，未割的麻秆分疏到外侧，解决了割晒时麻秆互相缠绕分割不开的问题。

5.迷宫式拨禾轮

另一方面，将割麻部分设计安装迷宫式拨禾轮，拨禾轮主体包括轴、压盖和拨轮三部分组成，轴与压盖设计为一体，拨轮相对轴与压盖旋转运动，压盖同时具有切割作用。拨轮采用尼龙材质，具有较强的韧性与较好的耐磨系数，大大增加了拨禾轮的使用时间与工作寿命，迷宫式拨禾轮的设计由于压盖与拨轮之间缝隙很小，可有效地防止麻秆进入轴与压盖内，避免了麻秆的缠绕，如图 13-20 所示。

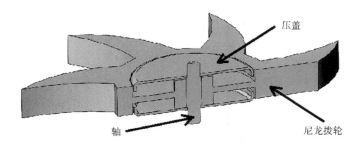

图 13-20　迷宫式拨禾轮

该汉麻种子与茎秆收割一体机于 2017—2018 年在齐齐哈尔市克山县进行汉麻收获作业，在长时间与大面积的收获作业中，该机表现工作稳定，工作效率较高，实现了种子与茎秆割晒一次完成收获，种子收获后直接脱粒的功能，取得了较好的成果。

四、药用汉麻收获机械

药用汉麻收获主要是收取汉麻上部的麻叶和花穗部分，该部分 CBD 含量最高。由于国内缺乏药用汉麻的专业收获机械，其收获方式大部分还采用人工收获，劳动强度大、雇佣大量人工困难、收获成本高及收获效率低等问题显而易见。一些企业和种植户也尝试制作简易的药用汉麻收获机械，如图 13-21，将整株的汉麻收获后，人工手握汉麻根部，放到机器台面上，通过旋转滚筒上的梳齿，将汉麻上的花叶梳理干净。也有一些企业研究设计药用汉麻收获机，可一次性将麻叶、花叶从茎秆上采摘下来。

图 13-21　国内简易药用汉麻脱叶花穗机

国外对药用汉麻收获机械研究较多，德国研制的模块式药用汉麻收获机，如图 13-22，该机技术较为成熟，运行稳定，能较高质量地收获药用汉麻的花和茎。该机可由配备液压系统的小型拖拉机驱动，割刀部分采用电机驱动方式。收获速度大于 1 m/s，收割宽度为 140 cm，效率可达 4～5 hm²/d。

图 13-22　模块式药用汉麻收获机

谢尔本雷诺兹公司生产的 CVS 型汉麻花穗收获梳式割台，如图 13-23，已在全球范围内用于汉麻花穗、麻叶和籽粒的收获。该机作业时，利用滚筒的不锈钢梳齿从下往上地不断旋转，通过特殊切口设计，对汉麻茎秆进行梳理，将籽粒、麻叶及花穗梳下来，收获时对脆弱的收获物体几乎没有损害，从而最大限度地提高可用的 CBD 含量。这也是区别于未经改造的联合收割机的独特之处，这种梳式割台可加装输送机构后安装到拖拉机或联合收割机上。

图 13-23　汉麻花穗收获梳式割台

我国药用汉麻专用收获机械的研究步伐缓慢，缺少高精尖的核心技术，仍需企业与科研单位进一步研究与开发，只有经过不断的试验、改进、完善、再创造，才能研发出适用于我国药用汉麻收获的专用机械。

第六节　汉麻剥麻机械

一、汉麻剥麻机械现状

目前我国汉麻初加工没有汉麻专用剥麻机，而是采用一些老化、陈旧的亚麻剥麻机加工设备。由于亚麻和汉麻在株高、茎秆粗细、纤维长度和纤维强度等方面有着明显的差别，使用同一种设备加工不利于大麻纤维生产，导致纤维产量和品质降低。黑龙江省科学院大庆分院以引进的乌克兰汉麻长麻剥麻机为基础，采用理论分析、创新改进设计、应用试验等方法，开展适应我国北方寒区生长的汉麻纤维初加工设备的研制。

二、汉麻剥麻机械的研制

通过加工并组装的长麻剥麻机，包括切麻台、喂入机构、碎茎机、一号纤维梳理机、二号纤维梳理机、换向装置、三号纤维梳理机、四号纤维梳理机、长纤维引出装置、电机、电控系统。

切麻台由角钢焊接支架、钢板平台及锯台组成，用于切割及铺放汉麻秆茎，为喂入机的麻层准备平台。

喂入机是由齿轮箱、喂入链、拨麻轮、上下压麻板等部分组成。喂入机链轮驱动的两排喂入链将连续送进的汉麻秆茎输送到喂入机拨麻轮之间，汉麻秆茎层由拨麻轮齿强制输送至梢部茎机橡胶输送带之间。

碎茎机构由橡胶 T 形 V 形传动带、机架、挡销、罗拉传动装置、压紧轮总成和支撑轮等组成。来自喂入机的汉麻干茎层在橡胶 T 形 V 形带夹持下，在罗拉辊轮齿的挤压和弯折作用下，其根部木质部被折断且有部分与纤维脱离联系，接着通过中间挡销对经过初挤的汉麻梢部进行一次转向，再经过橡胶 T 形 V 形带挟持下秆茎梢部进入罗拉辊，实现碎茎。罗拉转速 0 ~ 1200 r/min 可调。罗拉滚直径 118 mm，罗拉滚长度 300 mm。

一号纤维梳理机由一对转向相反的滚筒和变速箱组成，通过滚筒上 8 个刀具，将来自碎茎机已经揉好的秆茎层在水平方向梳理并初步分离麻屑，再借助橡胶 T 形 V 形带和金属链条夹持大带对秆茎向二号纤维梳理机位置移动。根据秆茎纤维强度调节滚筒转速 400 ~ 600 r/min，纤维强度高，转速调高，纤维强度低，转速调低。初步将木质部与纤维分离，为粗疏理。滚筒转速 400～600 r/min 可调，滚筒直径 800 mm，滚筒长度 4 000 mm。

二号纤维梳理机结构与一号纤维梳理机相同，作为精梳理机，只是滚筒转速降低，使木质碎茎与纤维彻底分离。转速 300～500 r/min 可调，纤维强度高，转速调高，纤维强度低，转速调低。夹持大带将秆茎移动到换向装置，大带夹持梳理完部位，进入碎茎机碎茎，然后进入三号纤维梳理机粗打，进入四号纤维梳理机精打。

排麻引出装置由引出皮带轮总成、理麻轮及支撑管等组成，从梢部打出来的纯净长麻纤维在矩形橡胶带等的作用下排出机外。

传动系统主要包括传动轴、电机及皮带传动等，是喂入机、碎茎机和换向大皮带轮的动力来源，均采用皮带传动方式。整机功率 80 kW，电机调速使用电磁调速。

经过安装实验总结出目前现有的剥麻机存在以下问题：

（1）喂入机构容易堵塞；

（2）碎茎轴缠绕；

（3）韧皮与麻骨不易分离；

（4）梳麻效率低；

（5）电机普遍采用电磁调速，输出扭矩小，能耗大，效率低。

三、主要研究内容

主要针对存在的问题，以引进的乌克兰汉麻长麻剥麻机为基础，采用理论分析、创新改进设计、应用试验等方法，开展适应我国北方寒区生长的汉麻纤维初加工设备的研制，确定研究内容如下：

（一）喂入结构的设计

针对喂入机构容易堵塞问题，通过改变驱动方式，使各拨麻轮速度不同且是按线性递增的 3% 的改进，实现汉麻喂入均匀不堵塞。

改变驱动方式，使各拨麻轮速度不同且是按线性递增的 3%，这不但可确保导麻板间的汉麻秆茎不堵塞，而且还能得到连续均匀的、薄厚相宜的汉麻秆茎层。该汉麻秆茎层由拨麻轮齿强制输送至梢部碎茎机构橡胶输送带之间。解决堵塞问题，节省停机处理时间，提高生产效率。

（二）碎茎结构的设计

针对碎茎轴易缠绕和韧皮与麻骨不易分离问题，通过对碎茎轴与碎茎秆的改进，实现使麻秆被折断和揉搓更充分，提高麻秆折断和揉搓次数，提高揉搓力。

碎茎是剥麻过程中关键一步，实验出现以下问题：

（1）碎茎轴缠绕。

（2）汉麻麻径较粗，碎茎辊直径 118 mm 偏小，齿深度较浅，韧皮与麻骨不易分离。

（3）碎茎辊数量少，揉搓次数少，螺旋碎茎辊螺旋角小，横向揉搓力小。

解决方案：

（1）碎茎轴外加轴套，在轴套与碎茎辊之间加装端面轴承，碎茎辊旋转，轴套不旋转，解决缠绕问题。碎茎辊边缘加挡销，使麻秆被折断和揉搓更充分。

（2）碎茎辊直径加大到 180 mm，齿深增加 3 mm。

（3）根部碎茎辊 5 对 12 齿和 5 对 18 齿，梢部碎茎辊 5 对 22 齿和 5 对 26 齿，螺旋升角由 89.8°变为 88.3°。提高麻秆折断和揉搓次数，提高揉搓力。

（4）增加根部预梳理，梳理掉一部分破碎麻骨，提高整机工作效率。

（三）梳理机改进方案

针对梳麻效率低分离问题，通过将剥麻轮增加到 880 mm，剥麻刀改为螺旋结构，刀截面为凿形的改进，实现剥麻轮轻量化，增加刀与麻骨接触面积及时间，提高梳麻效率。

（四）电机改进方案

电机输出扭矩小，能耗大，效率低的问题，通过采用变频调速电机，使调速更精确，同时提高输出扭矩，降低能耗，提升效率。

为提高整机各部可调性，使用电机单独驱动，参数如下：锯台电机 5.5 kW，喂入机构 3 kW，线速度 20～40 m/min，最后一组拨麻轮转速 54～108 r/min，碎茎电机 4 kW，线速度 20～40 m/min，碎茎辊转速 35～70 r/min。碎茎夹持带电机 3 kW，线速度 20～40 m/min，上夹持带转速 22～44 r/min，上下夹持带速比 2：3。预剥轮电机 5.5 kW，预剥轮转速 400～600 r/min，一号梳理机电机 11 kW，二号梳理机电机 7.5 kW，三号梳理机电机 7.5 kW，四号梳理机电机 7.5 kW，转速 12～240 r/min，梳理机夹持带电机 15 kW，线速度 20～40 m/min，上夹持带转速 6～12 r/min，上下夹持带速比 30：51，整机 67.5 kW，电机调速采用变频调速，调速更精确，同时不会损失功率，节能。整机调整依据各部线速度一致，这样既不会出现堵塞，又不会空转。

改进后设备参数调整，拨麻轮转速 81 r/min，碎茎辊转速 53 r/min，碎茎上夹持带驱动轴 32 r/min，碎茎下夹持带驱动轴 48 r/min，根部预剥轮转速 500 r/min，剥麻上夹持带驱动轴 9.4 r/min，剥麻下夹持带驱动轴 16 r/min，一号梳理机剥麻轮 455 r/min，二号梳理机剥麻轮 365 r/min，三号梳理机剥麻轮 455 r/min，四号梳理机剥麻轮 365 r/min，麻皮强度高，各部转速可适当提高 10%～20%。

黑龙江省科学院大庆分院从乌克兰引进技术，加工出长麻剥麻机，经过 3 年的运行及不断改进完善，已基本定型。通过改进喂入机构的传动结构，使其喂入厚度均匀的秆茎麻层，减少每班用工人数，降低用工成本。通过改进增加防缠结构，大幅度降低停机处理时间，从而大幅提高剥麻效率。通过改进碎茎辊形状及结构，使其更适合汉麻秆茎碎茎，提高碎茎效果，降低梳理时间，降低长麻破损，提高长麻率。

就汉麻生产过程各个环节机械化水平而言，我国与国外存在着很大的距离，主要表现为种植与初加工机械设备比较落后。黑龙江省汉麻种植加工产业快速发展，汉麻的配套机械设备需求量猛增，随着越来越高的用工成本及未来的机械化农业的发展趋势，研制出汉麻长麻机将进一步推动国内汉麻产业机械化的进程。

第七节　汉麻机械发展前景展望

近年来，世界汉麻种植面积逐步增加，国内外汉麻产业发展迅速，汉麻的育种、产业化和综合利用方面也得到了相应的发展。国内汉麻种植与加工的机械化水平与国外一些国家相比较低，缺少自主核心技术，是影响汉麻的大规模种植的直接因素和制约着汉麻产业发展的主要原因之一。在汉麻田间机械化收获环节严重滞后，主要依靠人工进行作业，与汉麻产业的快速发展十分不协调。我国汉麻配套专用机械空缺，有一些机械设备也都是通过其他作物机械改制而成的，作业性能与效果都不理想，无法满足汉麻的生产需求，现国内急需研制专用于汉麻的配套机械设备。

国内汉麻由于品种、地域、播种期和栽培标准等条件的不同，生理特性如高矮、粗细、出麻率等也有较大差异。北部地区汉麻的生育期较短，而南部汉麻的生育期较长。汉麻性状表现差异较大，导致汉麻机械化装备的研发带来较大难度，汉麻生产所需的机械设备很多是空白，少量的科研产品也没有形成适合汉麻专用机械的核心技术。

农村劳动力大量向城市转移，汉麻生产所需的人工劳动力出现严重短缺情况，导致雇工费用大量增加，汉麻的生产依旧采用传统的耕作模式，导致生产效率低、工期长、经济效益低等几方面，影响汉麻产品的品质及市场销售价格，直接制约汉麻产业的发展。

随着汉麻的应用越来越广泛，汉麻大面积种植，汉麻机械的研究也逐步被人们关注，我国汉麻配套机械设备的研究还处于起步阶段。随着国家对汉麻政策的放开及扶持，以及对国防和军事科技方面的支持和投入，对汉麻产业的发展起着重要的推动作用，汉麻的种植和应用市场也在逐步扩大，与其配套的汉麻机械装备也将迎来良好的发展机遇。

第十四章 汉麻活性成分提取纯化与分析技术研究进展

汉麻（汉麻）植物中含有多种不同类别的生物活性化合物，其中一些属于初级代谢产物，如氨基酸类、脂肪酸类、甾体类等，而汉麻素类、二苯乙烯类、黄酮类、木脂素类、萜类、生物碱类为次级代谢产物（如图 14-1）。目前已鉴定出了 500 多种生物活性成分，而这些成分含量取决于植物组织类型、生长时间、品种和生长阶段。汉麻植物的药理特性已经流行了几千年，大量研究表明它们可用于治疗多种疾病。如今，虽然关于汉麻生物活性成分使用争议仍然存在，但越来越多的研究证明了汉麻植物的应用潜力。

图 14-1 汉麻植株中有价值化合物及分布部位

第一节　汉麻生物活性成分

一、植物汉麻素

（一）植物汉麻素结构分类

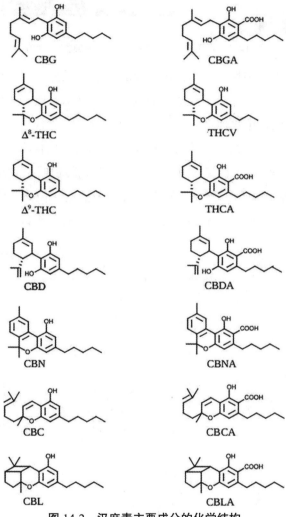

图 14-2　汉麻素主要成分的化学结构

汉麻素是指动物体内与汉麻素受体相互作用的内源性、天然和合成化合物，植物汉麻素是汉麻植物中常见的衍生萜酚类化合物家族，包括其羧酸类似物和转化产物。植物汉麻素族中第一个分离鉴定的化合物是四氢大麻酚（THC），随后大麻二酚（CBD）、大麻萜酚（CBG）、大麻色原烯（CBC）、次大麻二酚（CBDV），大麻酚（CBN）和次四氢大麻素（THCV）等化合物相继被鉴定出来。汉麻素活性成分化学结构如图 14-2 所示。汉麻植物中汉麻素主要富集在花和叶片中，或者称为腺状和非腺状表皮附属物——毛状体中，是花和叶表面的透明腺状"毛"（如图 14-3）。

毛状体
可乐果
雌蕊
花萼
糖叶
花
种子
茎
茎节
扇叶
20 μm
50 μm
20 μm
100 μm
10 μm
10 μm

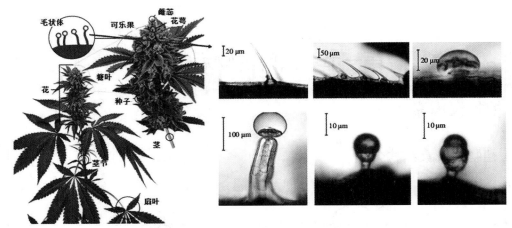

图 14-3　汉麻植株形态解剖及 6 种典型毛状体

植物汉麻素是萜酚类化合物，中性分子形式的汉麻素由21个碳原子组成的结构骨架，按照汉麻素的结构式对植物汉麻素的主要骨骼类型的拓扑分类如图14-4所示。汉麻素成分主要以羧酸形式存在于新鲜植物中，汉麻素酸的脱羧反应也可以在植物体中自然发生（如图14-5）。然而，储存条件或加热条件均可加速脱羧转化过程。汉麻植物中萜酚类成分按照结构分为两类：汉麻素类化合物和非汉麻素类化合物。目前，汉麻植物中已发现110多种植物汉麻素，而汉麻植物生长条件受到胁迫时植物汉麻素的含量可靶向增加，植物汉麻素通常使用3个首字母缩写简称，该方法来自汉麻领域的第一位研究者。药理研究表明，汉麻素成分对汉麻素受体（CB1和 CB2）表现出明显的差异性，其中一些成分表现出高亲和力，如图14-6所示。

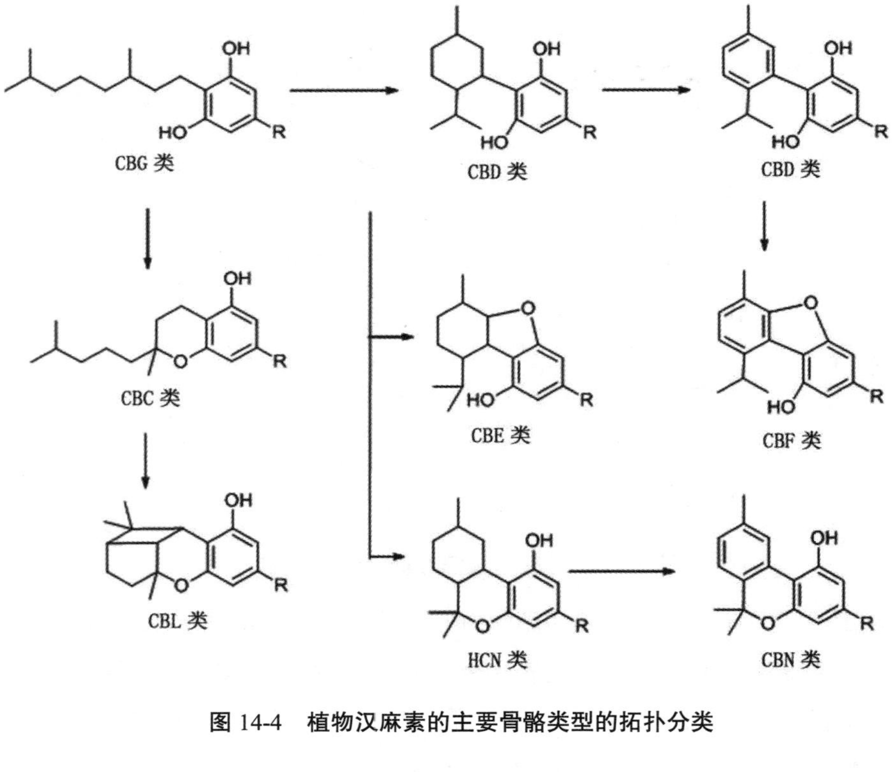

CBG 类
CBD 类
CBD 类
CBC 类
CBE 类
CBF 类
CBL 类
HCN 类
CBN 类

图 14-4　植物汉麻素的主要骨骼类型的拓扑分类

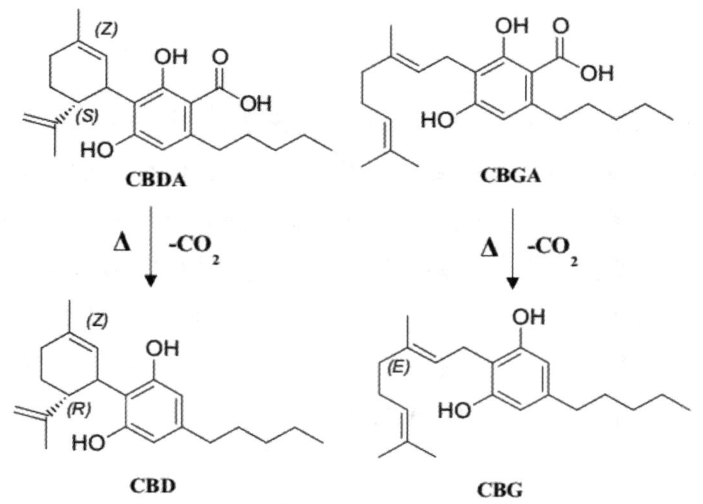

图 14-5 汉麻素酸脱羧转化中性产物

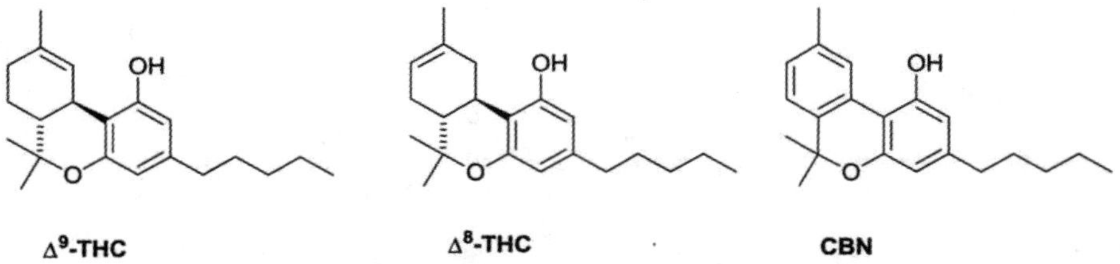

图 14-6 高亲和力汉麻素受体的植物汉麻素配体

汉麻素分子结构命名规则，当萜烯基和间苯二酚基体系之间存在氧桥时，根据 IUPAC 规则化合物结构成为相应的杂环体系。尽管这种分类隐藏了生物遗传学上对应的碳之间的关系，因此所有对甲烷型植物汉麻素最初以相同的方式编号，使用类异戊二烯部分作为基本系统，但是由于甲烷基团起始碳的阳离子变化（萜类编号被杂环取代），导致 THC 和 CBD 虽然结构相关但编号方式不同（图 14-7）。

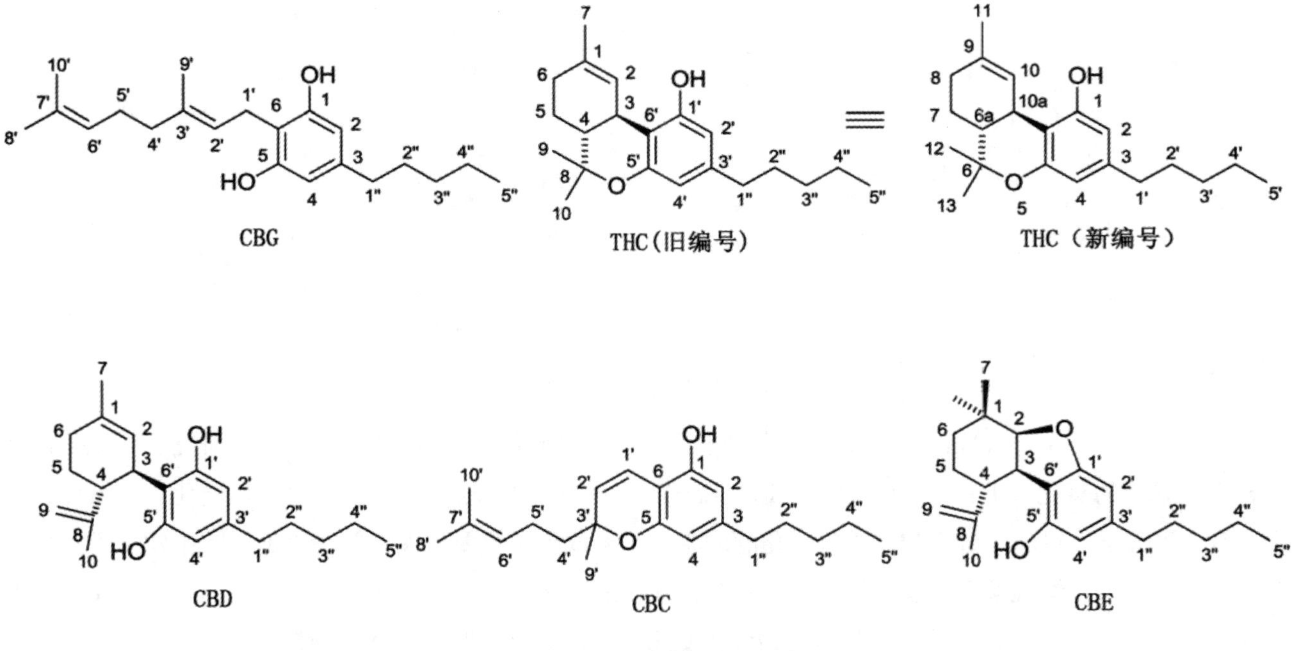

图 14-7 植物汉麻素成分结构编号

（二）植物汉麻素的生物合成

中性植物汉麻素长期以来被认为是汉麻植物存在的真正化学结构，Schulz 和 Haffner 在研究新鲜汉麻植物样品时发现，它们的主要成分不是 CB，而是其羧化形式（CBDA 或 CBD 前体）。目前认为，所有中性植物汉麻素都来源于其相应羧化形式的非酶脱羧，橄榄酸而不是橄榄醇是它们实际的生物合成芳香前体。早期汉麻素生物合成理论是在聚酮生物合成基础上阐述汉麻素生物合成路线（如图 14-8），确定了当时已知部分化合物之间的一些基本关系。现代研究表明，汉麻素生物合成第一步为己酰辅酶 A 和三个活化乙酸单元缩合产生橄榄酸的二酮互变异构体。生物遗传学家 Farmilo 是第一个阐述植物汉麻素以天然羧化分子形式存在，在分子结构鉴定之前就预测了 THCA 的分子形式。

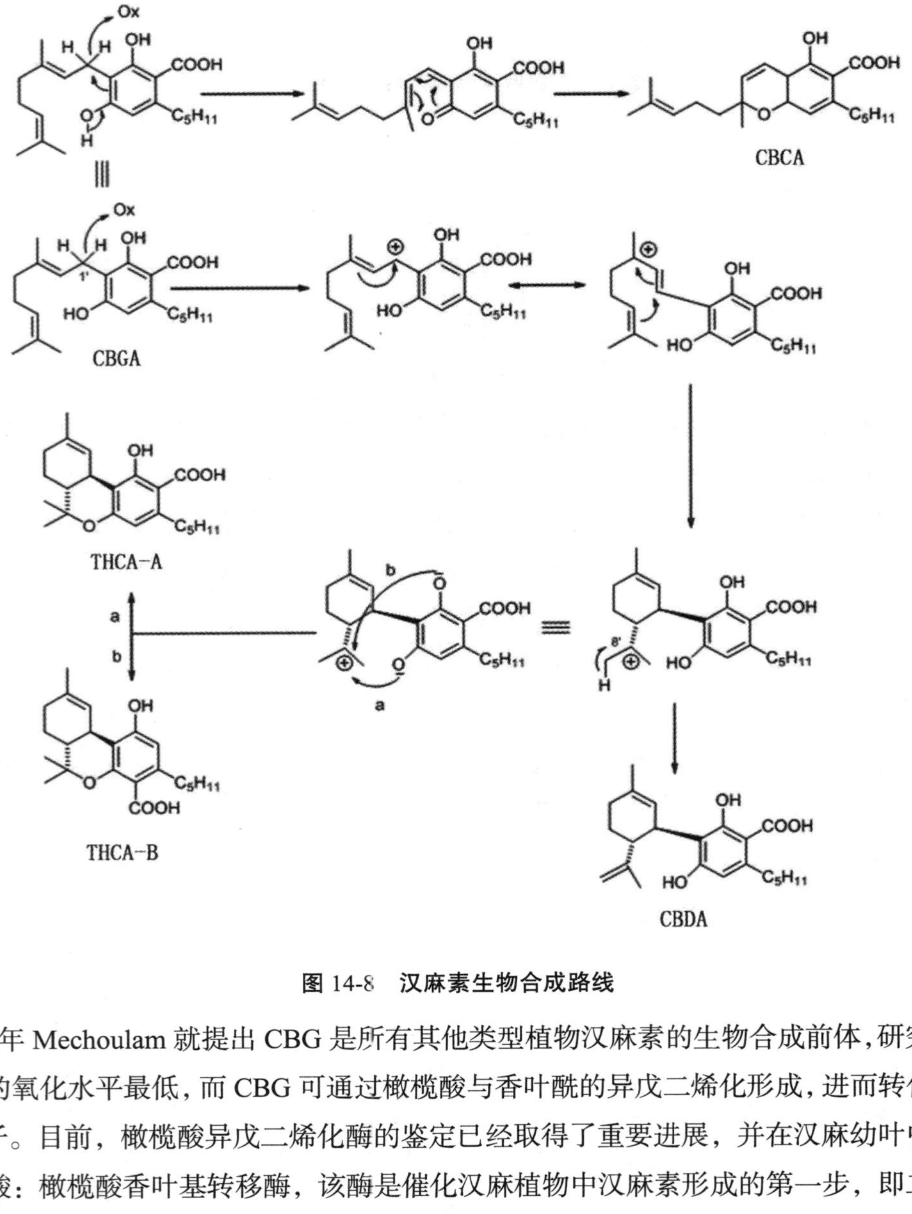

图 14-8　汉麻素生物合成路线

早在 1964 年 Mechoulam 就提出 CBG 是所有其他类型植物汉麻素的生物合成前体，研究认为该化合物对异戊二烯基的氧化水平最低，而 CBG 可通过橄榄酸与香叶酰的异戊二烯化形成，进而转化为 CBD、THC 和 CBN 等分子。目前，橄榄酸异戊二烯化酶的鉴定已经取得了重要进展，并在汉麻幼叶中发现了一种名为香叶基二磷酸：橄榄酸香叶基转移酶，该酶是催化汉麻植物中汉麻素形成的第一步，即二羟基戊基苯甲酸的异戊二烯化，并以香叶基二磷酸为生物合成底物，形成大麻二酚和大麻二酚酸的混合产物。

（三）植物汉麻素反应

汉麻素可通过热和光照等条件诱导脱羧和降解反应（图 14-9），而酸性和中性汉麻素的理化性质和生物活性存在显著差异，可应用于不同领域，汉麻素和萜类成分存在协同作用。因此，汉麻素的转化方法选择非常重要。

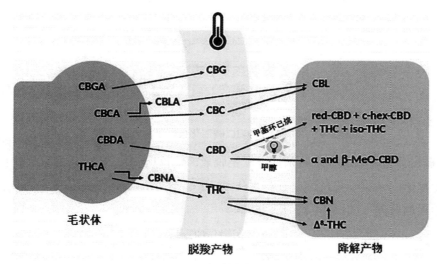

图 14-9　汉麻素的脱羧和降解反应

CBG 在酸和碱条件下不稳定，在强碱中近端双键异构化为苯基共轭的 E-$\Delta^{1'}$-异构体，该反应通过 $C^{-1'}$ 的去质子化介导。苄位质子的离去可能涉及酚盐离子介导的质子转移，因为双-氧-甲基 CBG 在这些条件下是稳定的，如图 14-10 所示。

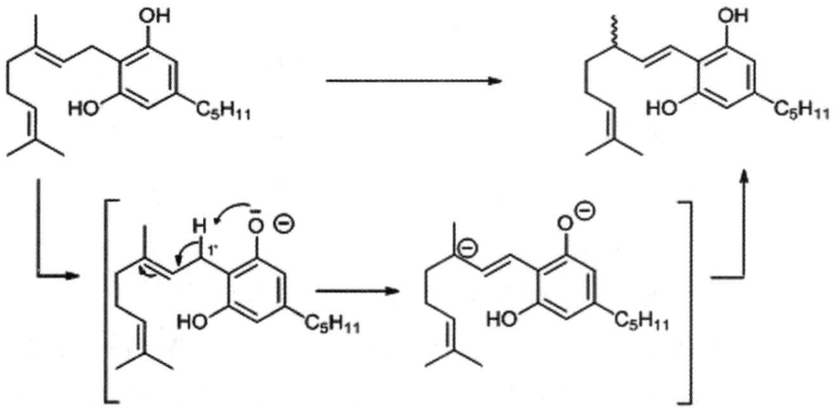

图 14-10　CBG 异构化反应

CBD 和 THC 在结构上具有相似性，但这两个化合物却表现出截然不同的生物学活性，CBD 可通过酸处理发生亲电环化转化为 THC，但这两个化合物是其共同前体 CBGA 独立氧化环化的结果，在汉麻组织中并不相互转化。THC 和 CBD 的氧化稳定性也存在较大差异。THC 结构大致是平面的，苯烯丙基质子的离去导致了共轭自由基，但是 CBD 两个环位于不同的平面，因此，CBD 生成的苄基自由基不能与芳香环结合。在碱性体系的作用下，CBD 和 THC 异构化产物不同，如图 14-11 所示。

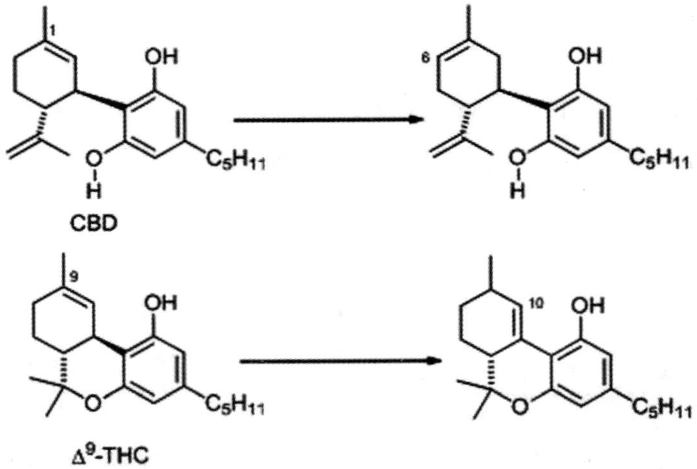

图 14-11 CBD 和 THC 碱催化条件下异构化反应

Δ⁸ 系列汉麻素化合物可在酸和碱的条件下发生脱氢卤化反应转化为 Δ⁹ 汉麻素异构体。机制研究推断为发生了酚盐离子分子内去质子化过程，有利于从 C-10 而不是从与 C-9 相邻的其他碳上去质子化，这种推断的反应热力学更加合理。如图 14-12 所示。

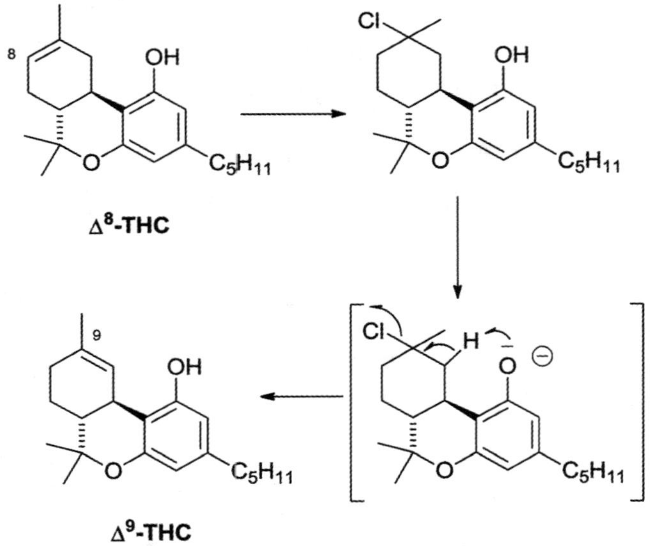

图 14-12　Δ8-THC 转化为 Δ⁹-THC 的反应过程

Δ⁹-THC 作为纯化合物单体不稳定，易变成棕色的无定形胶体，降解产物主要为 BN（图 14-13），但粗品形式更稳定，可以储存在冷藏的甲醇溶液中，同时还可发生其他形式的氧化降解反应（图 14-14）。路易斯酸处理可将外消旋的 Δ⁹-cis-THC 转化为外消旋的 Δ⁸-trans-THC，反应过程可能是打开氧桥得到一个 Δ⁴, ⁸-CBD 中间体，然后重新关环反应生成反式异构体，如图 14-15 所示。

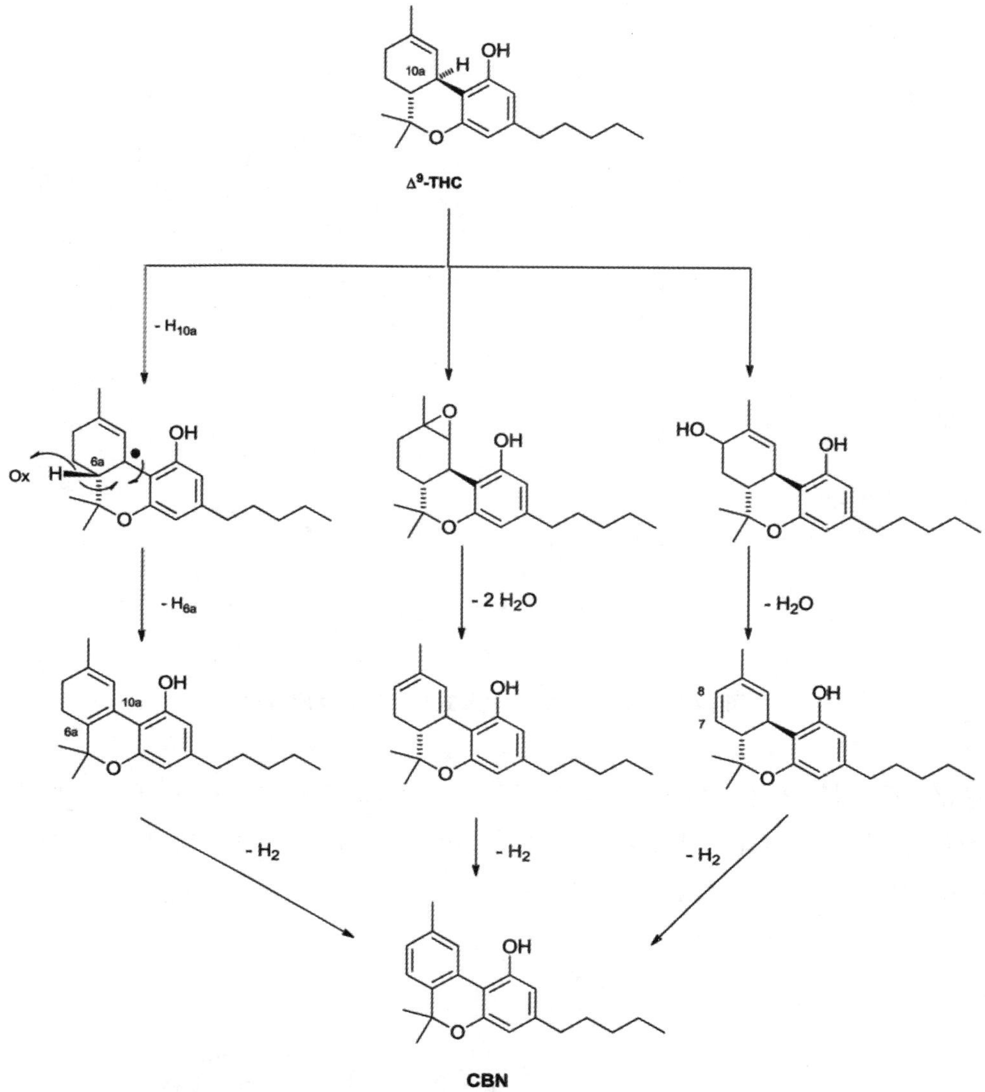

图 14-13　Δ^9-THC 氧化降解形成 CBN 的反应过程

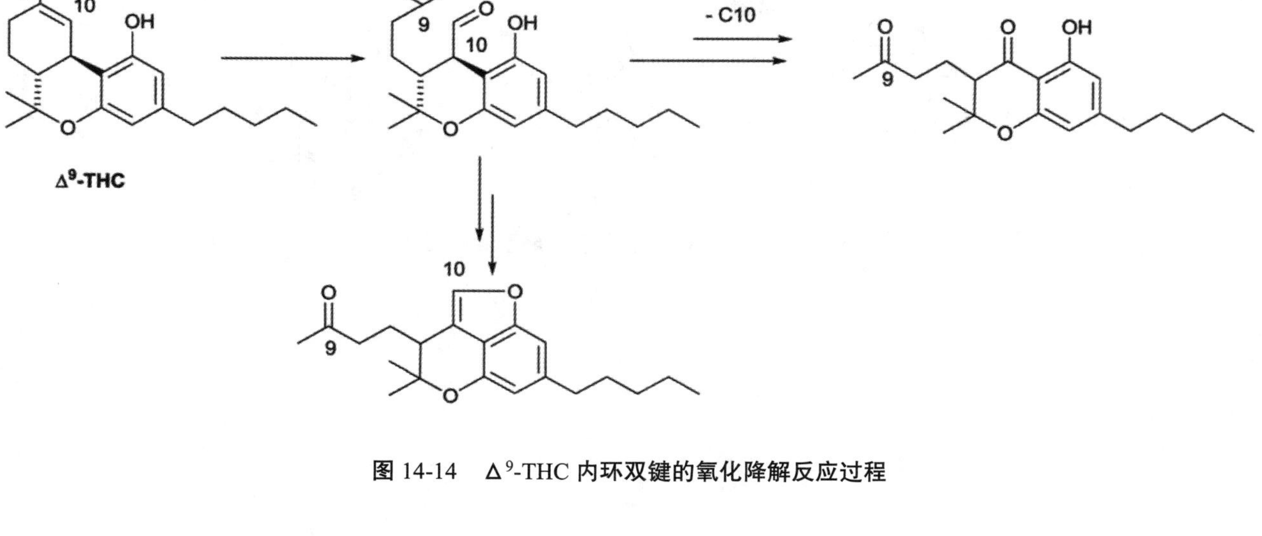

图 14-14　Δ^9-THC 内环双键的氧化降解反应过程

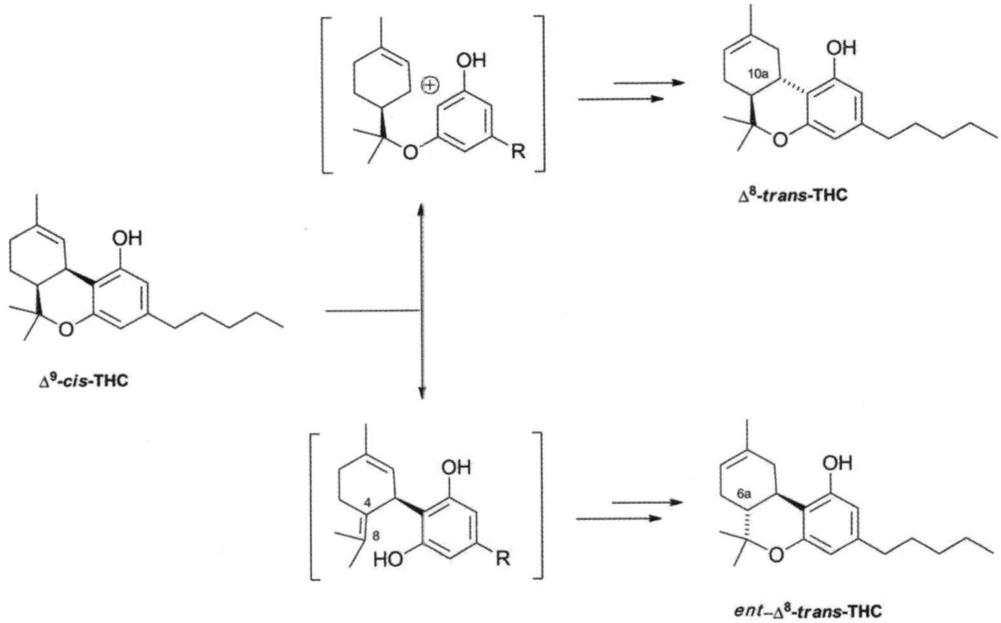

图 14-15 顺式 THC 转化反式异构化的反应过程

　　CBD 通过化学反应制备稀有的汉麻素类活性成分，从而提高 CBD 药用应用潜力，如图 14-16 所示。CBD 的很好的光反应性，可制备不同结构的化合物，如图 14-17 所示。由 CBD 制备的汉麻喹啉类化合物具有很好的药物活性，如图 14-18 所示。

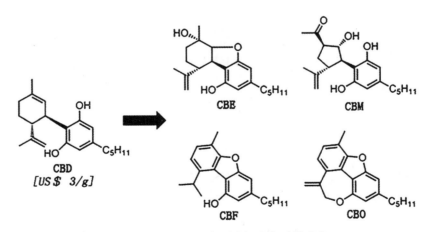

图 14-16 由 CBD 制备稀有汉麻素活性成分

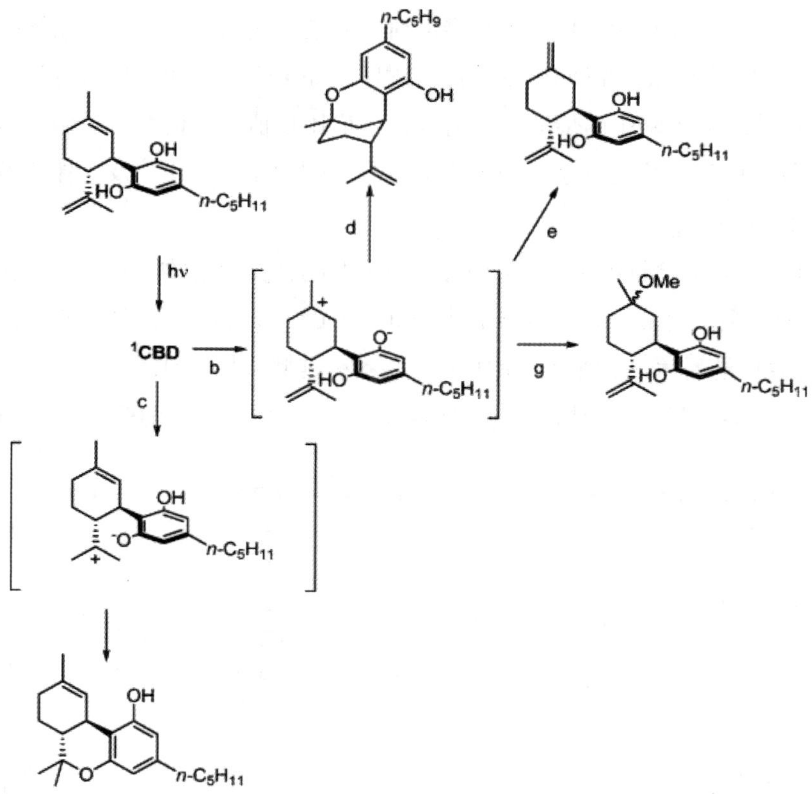

图 14-17　CBD 的光化学反应研究

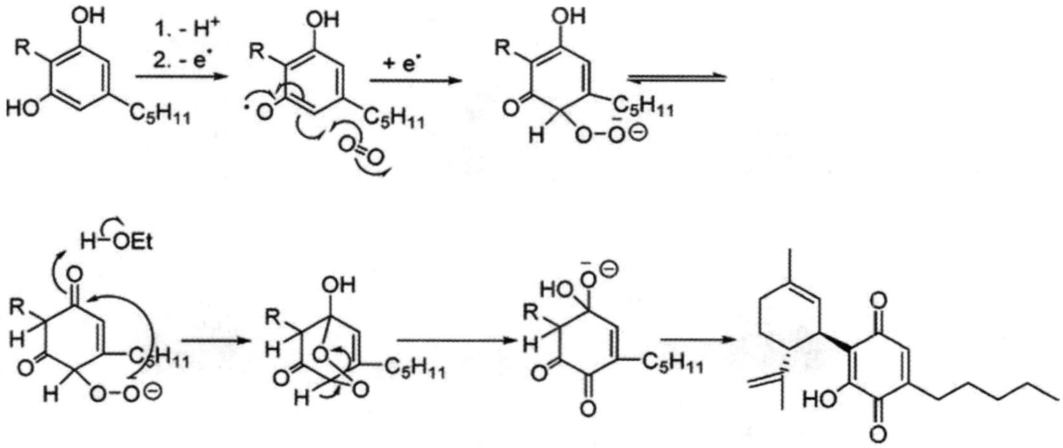

图 14-18　CBD 氧化为汉麻喹素的反应过程

二、萜类化合物

　　萜烯化合物通常用于药妆品、香水和芳香疗法等领域。最近研究表明，汉麻中的萜烯化合物可能在 CBD 的药用特性和功能方面发挥 "伴随效应"，即 "1+0＞1" 中发挥重要作用。这种植物汉麻素与萜类协同作用可提高炎症、疼痛、焦虑和感染的治疗效果。此外，萜烯本身具有治疗和药物价值，由于其在汉麻植物中的丰富多样性，汉麻萜烯是未来功能性食品成分的很有前途的来源。随着汉麻素有益成分的蓬勃发展，萜烯也引起了食品工业和学术界越来越多的研究兴趣。然而，由于汉麻萜烯的高挥发性和热不稳定性导致其应用并不容易，特别是在汉麻植物的加工阶段，如干燥、脱羧和提取等过程，萜烯会发生蒸发和氧化降解。目前，可获取的汉麻中萜烯成分具有很好的应用价值，但仍然需要做更多的研究来收集加工过程中损失萜类化合物。此外，萜类化合物与汉麻素成分之间的相互作用以及"伴随效应"中的作用机制仍不清楚，还需要更好地深入研究。

如图14-19（a）所示，单萜和倍半萜是汉麻中主要的萜类化合物。从分子结构和组成来看，萜类化合物属于非极性分子，在水溶液中溶解度极低（0.005～0.03 mg/mL）。此外，它们一般具有较高的挥发性，每种萜烯都有其独特的香气。汉麻植物中发现的一些典型萜烯类化合物，其香气特征和替代来源如图14-19（b）所示。大多数萜类化合物沸点为119～198℃，萜类化合物热稳定性差易被氧化。

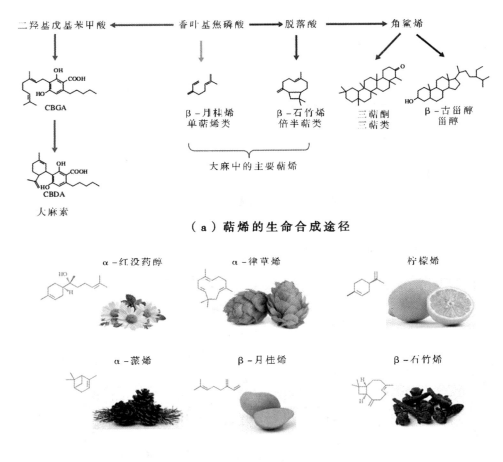

（a）萜烯的生命合成途径

（b）双麻植物中常见萜烯及其香气特征

图14-19 典型萜烯类化合物的合成途径和香气特征

基于萜烯化合物的特点，分子蒸馏技术已广泛应用于汉麻素中萜烯类化合物的处理过程。分子蒸馏也称为短程蒸馏，通常是汉麻浸膏净化的第一步，如图14-20所示。分子蒸馏涉及蒸发和冷凝过程，一般由进料系统、电机系统和刮膜器刀片和用于收集不同物质的内部和外部冷凝器组成。蒸发冷凝室处于高真空环境，有利于目标物质的分子蒸发。提取浸膏通过刮膜刀片扩散成薄薄料层附着在加热的内壁上，轻组分（如汉麻素和萜烯）蒸发并从蒸发器逃逸到冷凝器，然后在内部冷凝器的表面冷凝成液体。因此，轻组分凝结并被收集，而重物质回收到单独的收集器。经过分子蒸馏分离后，汉麻素、较重的着色剂、脂质和蜡被分离出来，而萜烯的挥发性高，可以实现单独收集。

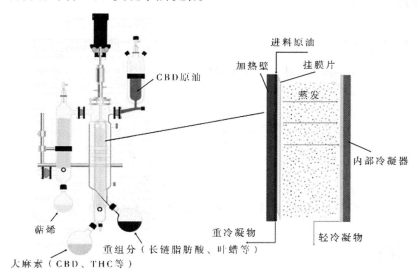

图 14-20　分子蒸馏系统示意图

汉麻萜类化合物在人体中的作用尚不清楚，对汉麻萜类化合物的研究还相对较少。萜类化合物可调节多种第二信使和神经递质系统。一些研究证据虽然有限但已表明萜类化合物具有特定的受体靶点。由于它们的亲脂性及其细胞效应可能归因于它们直接作用到细胞膜。汉麻中萜烯的药理活性作用如图 14-21 所示。值得注意的是，虽然汉麻素大多存在于汉麻植物中，单萜类化合物也可以由其他植物产生。

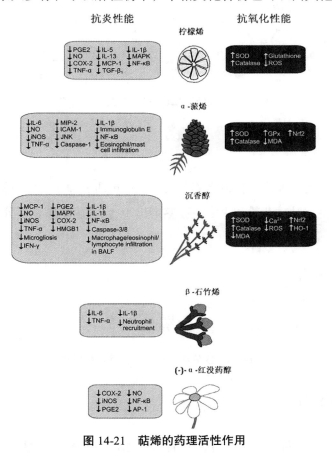

图 14-21　萜烯的药理活性作用

三、黄酮类化合物

黄酮类化合物是植物界中广泛存在的化学物质，在植物的生理、生态和生物化学中承担着许多功能。汉麻中的黄酮类成分主要存在于花、叶、花粉和小枝的组织中。汉麻中常见的黄酮类化合物结构如图14-22所示。

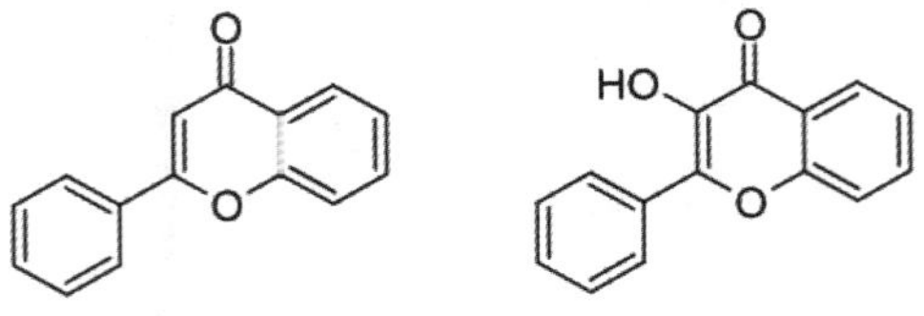

图14-22　汉麻组织中常见的黄酮类化合物结构

四、芪类化合物

芪类化合物是分布于植物中的一类酚类化合物，它们在植物中的功能包括组成型和诱导型防御机制、生长抑制和休眠信号。通常存在于茎、叶和树脂中，具有抗真菌和抗菌活性或对昆虫具有驱避作用。汉麻植物中已被鉴定出19种芪类化合物，主要成分结构如图14-23所示。

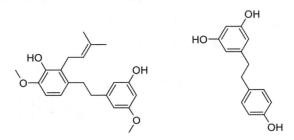

图14-23　汉麻组织中常见的芪类化合物

五、生物碱

生物碱也是汉麻植物中的主要次生代谢产物，大多含有单质氮原子，可由氨基酸衍生而来，具有广泛的生物活性。汉麻的根、茎、叶、花粉和果实中已鉴定出10余种生物碱，部分结构如图14-24所示。

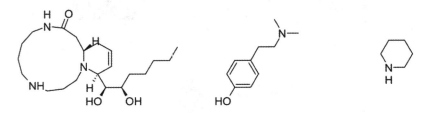

图14-24　汉麻组织中常见的生物碱结构

六、酰胺类化合物

汉麻植物中已鉴定出10余种酰胺类成分，分别为酚类酰胺和木质素酰胺（图14-25）。酚类酰胺具有抗紫外线作用，木质素酰胺在开花过程中起着重要的杀虫剂作用。

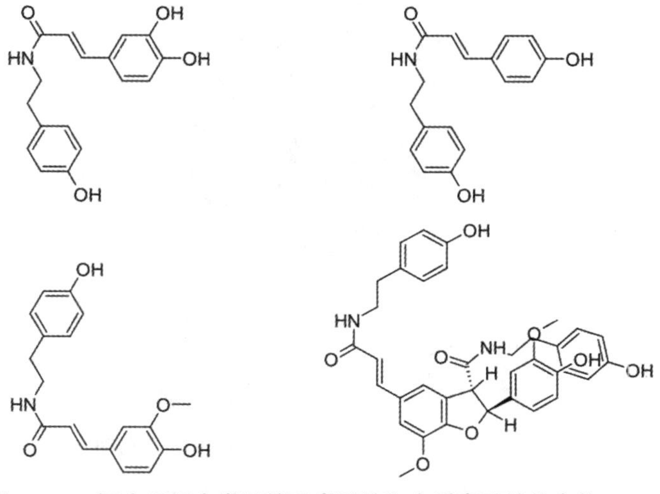

图 14-25 汉麻组织中常见的酚类酰胺和木质素酰胺化合物

第二节 汉麻素生物活性成分提取技术

由于汉麻生物活性物质的抗氧化、抗肿瘤、抗炎、抗真菌和抗菌等特性，近年来汉麻及其提取物的应用已经引起了科学界和工业界的广泛关注。因此，汉麻提取物及其含汉麻素的配方正在通过各种提取方法积极开发，以治疗多种危及生命的疾病。目前，已经开发了多种提取技术来分离纯化汉麻成分。图 14-26 和 14-27 概述了所采用的技术以及它们各自的应用领域。

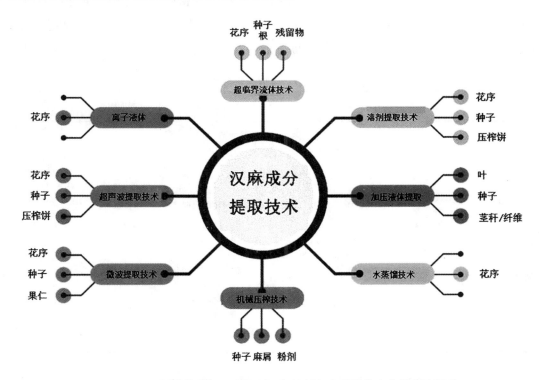

图 14-26 已报道的从汉麻植物不同部位制备有价值化合物的提取技术

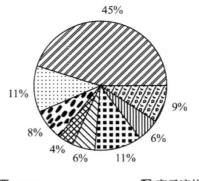

图 14-27　已报道的提取技术的分布图

一般来说，根据所需产品特性来选择最合适的提取方法。从汉麻植物中提取汉麻素的方法已有很多报道，汉麻素提取方法如表 14-1 所示。可将汉麻素提取过程分为两类，第一类溶剂提取方法：将植物材料浸渍在有机溶剂中，通过减压去除溶剂来浓缩提取物。这种方法会造成汉麻素成分受到热和酸的联合作用，可能使汉麻素成分发生改变，因此，该方法的缺点之一是与提取的组分的热塑性有关——目标成分的化学结构由于高温而发生改变。解决的办法是：可以通过耦合超声或微波处理来提高产率。第二类方法，如超临界流体萃取（SFE）等创新方法意味着要使用加压溶剂。二氧化碳（CO_2）是常用的超临界溶剂，尽管它在溶解极性化合物方面效率低下，为了达到极性物质的溶解度，需要添加助溶剂或改性剂，使极性成分在超临界二氧化碳（$ScCO_2$）中完全混溶。溶解度取决于 $ScCO_2$ 的密度，并随压力的增加而增加，在接近临界点的条件下，较小的压差对密度有显著的影响，提高压力会增加密度，而温度升高通常会降低密度。在较高温度下密度降低，但蒸气压增加而使溶解度增加。这些综合作用促使 SFE 的提取方法更优异。

表 14-1　汉麻素提取方法

提取方法	样品形态	目标成分	参考文献方法	提取溶剂	技术特点/优势
微波辅助	麻仁	CBN、CBD	超声辅助、SFE、索式和热回流	甲醇	用最少的溶剂，在最短的时间内获得最高的提取率（6.09 ug/g）
固相微萃取	粉末状大麻	CBN、CBD、THC	-	-	曝光时间的增加使得产量增加
硬盖浓缩咖啡萃取	粉末状的大麻茎、花、芽	CBN、CBD、THC	超声辅助提取	分散剂	灵敏快速提取大麻素（1 min）
索式提取法	汉麻根茎叶	大麻素	-	乙酸乙酯	提取大量大麻素
高通量均化	汉麻	CBG、CBDV CBDA、THCA 萜类	-	乙醇	大麻素含量 0.3% ~ 3.5% 萜烯含量为 0.03% ~ 1.5%
超声辅助提取	汉麻	大麻素、黄酮类化合物和多酚	无超声波处理的溶剂萃取	水/甲醇	大麻素产量显著提高
减压蒸馏	汉麻	CBD、THC	超临界流体、有机溶剂、湿冷法	椰子油	在 157 ~ 160℃的温度下，THC 内容物蒸发并分离
溶液萃取	生物样品（血清）	合成大麻素	-	正己烷	0.01 ~ 2.00 ng/mL 检出限范围

目标化合物在溶剂中达到最佳溶解度时，表明该种提取方法的选择是成功的。为了达到这一目标，破坏植物细胞结构是非常有必要的，以便使材料更充分地与溶剂相互作用。汉麻素是从汉麻植物原料中获得

的，通常是从花序中获取。汉麻素提取要经过多种处理过程，包括控制植物组织中的水分、提高比表面积，提高溶剂和活性成分之间的接触面。由于汉麻素集中在毛状体中，对汉麻植物切割、研磨或粉碎可能造成活性成分损失。

传统植物活性化合物的提取方法是在水中浸渍，直到大部分成分溶解到水中。汉麻素化合物在极性溶剂中的溶解度很低，所以使用有机溶剂而不是水来提取。常用的有机溶剂如乙醇、乙醚、三氯甲烷和甲醇。有机溶剂的提取物包含各种化合物组成，杂质成分较多给后续分离纯化带来很大困难，同时高温会导致热敏性化合物降解，如脱羧或降解反应。因此，当获取高纯度的汉麻素成分时，需要进一步去除提取杂质，这一过程需要较长的处理周期。此外，药品生产所用溶剂有严格限制，在制造药品和剂型时应使用毒性较小的溶剂，并对药品中残留溶剂（有机挥发性杂质）设定含量限制，并评估残留溶剂对人类健康风险。有机试剂的使用分为三类：第1类包括应避免的溶剂，它们是已知的致癌物和对环境有严重危害（如四氯化碳、苯和1，1，1-三氯乙烷）；第2类是限制溶剂，非遗传毒性致癌物或其他不可逆毒性试剂，如甲醇和正己烷；第3类含有对人体毒性较低的溶剂，如乙醇和乙酸乙酯，特别是乙醇被认为是一种普遍公认的安全溶剂。目前报道的汉麻素有机试剂提取方法大多是由丙酮、乙腈、苯、丁醇、三氯甲烷组、三氯甲烷、环己烷、1，2-二氯乙烷、二氯甲烷、二乙醚、N，N-二甲基甲酰胺、乙醇、乙酸乙酯、正己烷、异丙醇、甲醇、甲基丁基酮、甲基环己烷、戊烷、丙醇、四氢呋喃、甲苯、二甲苯和这些化学品的各种组合，存在极大的毒性试剂残留风险。

一、超临界二氧化碳提取

大多数提取技术并不被认为是绿色的，提取残渣和提取试剂会对环境造成潜在危害。因此，需要发展高效、高选择性的高效提取和分离技术。二氧化碳（CO_2）由于其良好的分馏能力、溶剂化能力、高选择性、对环境的安全性等，广泛地应用于超临界提取流体。此外，在相对温和的条件下，如压力（7.38 MPa）和温度（31.3 ℃），就可以达到超临界状态（图14-28）。尽管超临界二氧化碳（$ScCO_2$）的非极性特点使非极性和弱极性化合物的溶剂化非常理想，但通过加入极性共溶剂可以扩大其溶剂化范围。

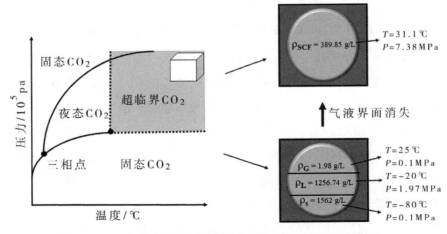

图14-28 二氧化碳相图和不同状态下的纯二氧化碳密度范围

$ScCO_2$装置示意图如图14-29所示。实验时在提取器填充适当质量样品，液体二氧化碳通过高压泵进入提取器，共溶剂可以与液体二氧化碳混合进入也可以手动放置提取器中，以调节二氧化碳的极性和密度。

在设定的温度和压力条件下达到 $ScCO_2$ 状态，以溶解样品中的目标成分。实验结束后，混合物转移到气旋分离器上，在气旋分离器中逐步减压来降低二氧化碳密度进而分离样品中的各种组分。汉麻素在 $ScCO_2$ 的溶解度如图 14-30 所示。

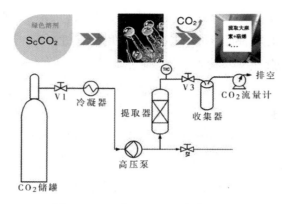

图 14-29 超临界二氧化碳装置示意图

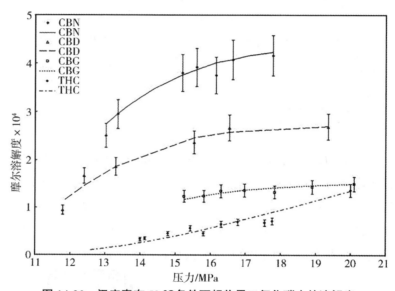

图 14-30 汉麻素在 53 ℃条件下超临界二氧化碳中的溶解度

汉麻素可通过一步和多步方法从汉麻植物材料（叶、芽）中提取。采取多步提取法，即连续增加压力 17、24、34 MPa，产量为 82.99 ± 1.87 g，汉麻素提取物提供了在不同步骤下调节提取速度和总产量的可能性，但它不如在较高压力下的一步提取有效（即汉麻素提取物的产量为 92.57 ± 2.14 g）。高压意味着增加了溶剂化能力，导致更快的提取速率，同时降低了溶剂消耗[在 24 MPa 时需要溶剂/原料比（质量比）>70 才能获得与在 34 MPa 时溶剂/原料比（质量比）= 40 相同的萃取效率]。然而，提取行为取决于所使用植物材料的构成，例如，植物材料中汉麻素浓度越低，提取率就越低，提取速率就越慢。无论选择何种 $ScCO_2$ 提取方法，汉麻素酸在提取过程中都会发生部分脱羧。

共溶剂对提取效率的影响，采用两种不同添加模式评价共溶剂对一步法 $ScCO_2$ 提取汉麻素的影响。采用恒定速率和脉冲模式添加乙醇共溶剂，实验结果如图 14-31 所示。与预期结果相符合，极性共溶剂的使用增加了 $ScCO_2$ 对极性分子的溶剂化能力，从而提高了汉麻素的整体提取率和提取速率。脉冲模式实验与恒定速率实验使用相同体积分数的乙醇，即以较短的间隔提供更大体积分数的乙醇。虽然两种模式整体提取产量是相当的，但是脉冲模式的提取率更高，这意味着在相同的时间内在脉冲模式消耗下的乙醇较少。

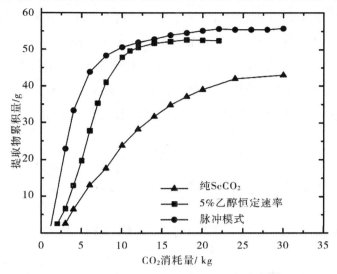

图 14-31　纯 ScCO₂、恒定流速和脉冲模式添加共溶剂对提取效率的影响

（一）材料粒径对汉麻素提取率的影响

评价了粒径范围 0.063 mm < d < 0.8 mm（其中 d 为粒径）的汉麻素提取率，实验结果表明汉麻素目标成分都能够完全提取，但汉麻素的质量浓度随粒径变化而不同，当粒径为 0.063 mm < d < 0.125 mm 时，汉麻素目标成分的含量最高（图 14-32）。

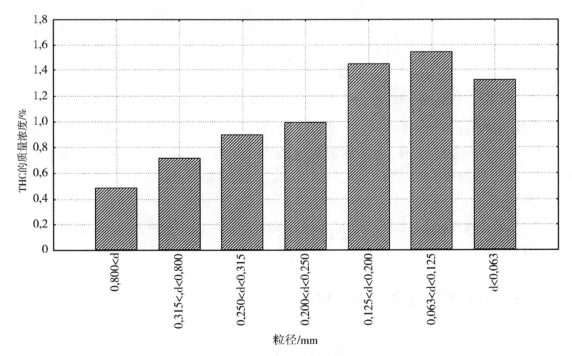

图 14-32　粒径大小对提取成分效率的影响

（二）脱羧和冬化除蜡对汉麻素含量的影响

汉麻素脱羧过程为将汉麻素转化为中性化合物，冬化是将 $ScCO_2$ 提取物保留到有机溶剂中，过滤脱除叶蜡。研究表明脱羧有利于中性汉麻素成分提取物富集，而冬化过程对提取物中汉麻素含量的影响微乎其微。$ScCO_2$ 提取汉麻植物中挥发性成分研究表明，尽管从脱羧样品中获得挥发性成分的总收率较低，但有利于汉麻素成分的选择性提取，因为脱羧样品中存在的汉麻素酸性成分的数量要少得多。而通过调整 $ScCO_2$ 参数可以回收不同化学成分的挥发性化合物馏分，与传统水蒸馏提取过程不同，低温提取温度不会导致热不稳定成分降解。

（三）$ScCO_2$ 与离子液体（ILS）联合用于汉麻素提取

近年来，有 $ScCO_2$ 与离子液体（ILs）联合用于从汉麻中提取大麻素的方法报道，提取技术过程如图 14-33 所示。

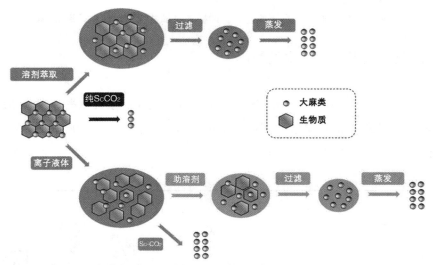

图 14-33　超临界二氧化碳与离子液体联合用于汉麻素提取对比分析

目前，利用 $ScCO_2$ 从汉麻植物中提取生物活性成分是很有前途的技术方法，除了生态环保外，还具有其他的优点，通过简单的减压操作从提取溶剂中高效地分离产物，这对于食品和制药应用是一个非常有吸引力的特点，因为没有溶剂残留且对产品无污染，提高了提取速率和提取选择性，通过压力和温度参数可调节提取物的组成。

尽管 $ScCO_2$ 在汉麻行业中被广泛商业化，但在研究水平上仍处于一个起步阶段，还有空间进一步了解 $ScCO_2$ 应用的可能性。

二、离子液体和深共熔溶剂提取

离子液体（ILs）仅由离子组成且熔点低于100℃。离子液体具有独特的性质，如微不足道的蒸气压，宽泛的溶解度范围，非易燃性和可调性质，通过简单变化阴离子和阳离子组成，便可适用于广泛天然活性成分的提取和分离。离子液体认为是一种可持续的提取方法，可以取代有毒和易燃的有机溶剂，减少化学试剂排放,从而使产品具有安全性。离子液体适合生物质的提取,传统溶剂很难打破木质纤维素聚合物之间的强氢键,而离子液体能够破坏这些强氢键,从而获得活性目标化合物的能力更强(图14-34)。

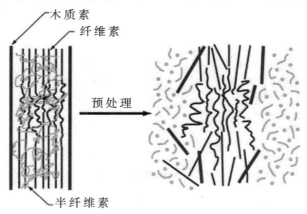

图 14-34 木质纤维素材料的预处理示意图

深共熔溶剂(DESs)是由两种或两种以上组分形成的共晶混合物。深共熔溶剂具有低毒性和低蒸气压优点,同时具有价格成本低和可生物降解优点,能够与环境兼容,是替代传统溶剂的良好选择。深共熔溶剂技术提取汉麻素如表14-2所示

表 14-2 离子液体/深共熔溶剂提取汉麻素实验数据

输入样本	粒径/mm	条件	萃取化合物
汉麻叶(干燥粉末状 0.2 g)	0.25	68% DEs(氯化胆碱/(+)-二乙基-酒石酸盐),48 ℃,55 min(超声辅助)	CBD:1.2
汉麻花序 0.02 g	未报道	0.8 mL DES (i-薄荷醇/乙酸),30 ℃,10 min	THC:6.32 ± 0.72,THCA:7.92 ± 1.44,
汉麻叶(干燥粉末状)	0.25	[C6 mim][NTf2],60 ℃,50 min	CBD:0.72

深共熔溶剂与常用的有机溶剂进行比较,结果表明,深共熔溶剂具有优越的提取性能,如图 14-35 所示。溶剂提取条件与结果如表 14-3 所示。

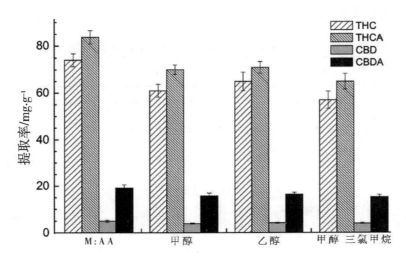

图 14-35 不同有机溶剂与薄荷醇与乙酸(M:AA)提取率比较

表 14-3　溶剂基提取条件与结果分析

输入样本	溶剂	条件	萃取化合物
汉麻雌花蕊（风干，磨碎）	石脑油、石油醚、乙醇、橄榄油-水、橄榄油	98 ℃，20～120 min，4～20 mL/g	THC: 5～33 THCA: 67～95 β-苯乙烯: 7.5 甲苯: 23.1, β-菲兰烯: 8.4, 顺式罗勒烯: 12.1, 丁二烯: 43.8 甲苯二酚: 5.2, 腐殖质: 14.8 丰亚那: 14.4 卡地烯: 12.4
汉麻种子（磨碎），5 g	正己烷	20～70 ℃，5～15 min，3～10 mL/g	麻仁油: 26.6～30.4
汉麻种子（磨碎），5 g	正己烷	20～70 ℃，10 min，3～10 mL/g	麻仁油: 25.6～30.0
汉麻花序，5 g	橄榄油	35～145 ℃，40～120 min，10 mL/g	THC: 0.3～15 THCA: 0.01～15.5
幼苗汉麻和成熟汉麻的地上部分（磨碎），5 g	水、乙醇	RT，24 h，20 mL/g	酚类: 6.2～17.1 类黄酮: 1.8～11.2
汉麻压榨饼	200 mmol/L NaCl, pH 12	RT，30 min，用 NaOH 或 HCl 调节 pH，10%(质量/质量)压滤饼悬浮液，室温，12 h(pH 调节后)	总酚含量: 81

三、超声辅助提取

超声是频率高于人耳可听到频率（>20 kHz）的机械波，可用于增强从植物质中提取目标化合物。超声辅助提取（UAE）具有耗能少，投资成本低的优点，但需要较大的溶剂体积。作用机制研究表明当溶剂的抗拉强度小于产生的压力时，就会产生气泡内爆（空化），从而产生大湍流和扰动。这种靠近液-固界面的空化导致了快速流动的液体流，通过表面空腔对植物材料表面产生了侵蚀、颗粒分解和表面剥离的影响，从而促进目标化合物从植物材料中释放出来，由于能量的增加，获得了更高的提取效率。因此，细胞破坏和有效能量被认为是超声辅助提取的主要因素。与其他提取技术相比，超声波可以改变加工条件，实现较低的压力和温度，可应用于提取耐热化合物。

表 14-4　超声辅助提取汉麻种子的提取条件及实验结果

输入样本	溶剂	条件	萃取化合物
汉麻种子（磨碎），5 g	正己烷	25 ℃，100～300 W，15～40 min，1～15 mL/g	麻仁油: 21.4～26.4
汉麻种子（磨碎），10 g	正己烷	25 ℃，20～100 W，10～30 min	麻仁油: 31.9～36.1
汉麻种子饼（磨碎），5 g	甲醇：丙酮：水（7：7：6 v/v/v）	20～70 ℃，200 W，20～40 min，8～20 mL/g	黄酮类化合物 5.6～38.3 酚类: 475.4～2563.5
汉麻籽饼（磨碎），5 g	甲醇：丙酮：水（7：7：6 v/v/v）	70 ℃，200 W，20 min	类黄酮: 6.4～19.2 酚类: 467.5～1328.9
汉麻冷压籽饼（磨碎），1 g	甲醇（70%），丙酮(80%)，甲醇：丙酮（1：1 v/v）	1 min，3～9 mL/g	4 种主要酚类: 2.2～2.8
汉麻籽，花，叶，壳（干燥）	80%甲醇	130 W，15 min	总酚含量 312.452 总黄酮 28.173 铁还原抗氧化能力: 18.79

超声频率、波长、振幅、功率和反应器的形状对提取效率起着重要的作用。表 14-4 总结了超声辅助提

取汉麻种子条件的实验结果。Lin 等人首次报道了超声波对汉麻籽油产量的影响。采用单因素实验评估了提取时间、固溶质量比、作用开关比和超声功率对汉麻籽油产率的影响（图 14-36）。

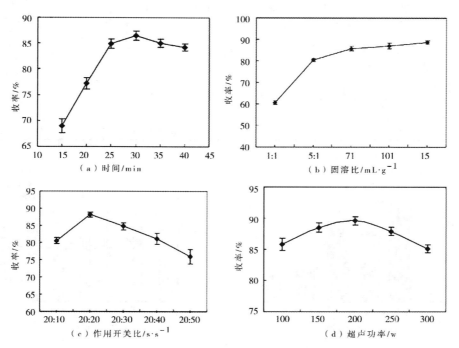

图 14-36　汉麻籽油产率与超声参数关系

四、微波辅助提取

微波辅助提取（MAE）产生频率为 300 MHz 至 300 GHz。微波效应通过偶极极化和离子传导直接将电磁能量转化为热，具有偶极矩的分子在微波作用下产生分子摩擦、碰撞，将热能释放到介质中，引起快速介电加热。离子传导也对热能传导发挥重要作用，离子传导比无离子组成的溶液产生更高的温度和更快的加热。具有高介电常数和高耗散因子溶剂促进了热量在样品/基体上的扩散，导致了更高的提取速率，但非极性溶剂不受微波的影响。

微波辅助提取具有提取时间短、提取率高、选择性高、质量好等优点，但也可以增强化学反应，对化合物化学结构进行修饰等负面影响。此外，使用非极性溶剂提取非极性化合物时，微波辅助不能发挥作用，同时也不适用于提取热不稳定化合物。微波辅助提取受微波功率、频率、微波辐照时间、提取温度和压力、植物材料的含水量和粒径、溶剂性质和浓度等因素影响，微波辅助提取条件与结果分析如表 14-5 所示。Chang 等人开发了一种从汉麻仁中高效回收汉麻素微波辅助提取方法，并与其他提取方法进行了比较，如热回流提取（HRE）、索氏提取（SE）、超临界流体（SFE）和超声辅助提取（UAE）。采用响应面（RSM）的方法，获得了最佳的微波辅助提取条件（图 14-37）。

表 14-5　微波辅助提取汉麻植物材料分析

输入样本	溶剂	条件	萃取化合物
汉麻仁，1 g	甲醇，乙醇，乙腈，异丙醇，乙酸乙酯	$40 \sim 160$ ℃，$100 \sim 1300$ W，$5 \sim 35$ min，12 mL/g	THC：$(1.4 \sim 2.7) \times 10^{-4}$ CBD：$(1.5 \sim 2.6) \times 10^{-4}$ CBN：$(0.8 \sim 1) \times 10^{-4}$
汉麻花序，（压碎），55 g	蒸馏水	$400 \sim 600$ W，$46 \sim 100$ min	精油：0.15 CBD：9.3 酚类：$0.9 \sim 2.7$ 黄酮类化合物：$0.5 \sim 1.4$
汉麻叶，花，苞片（磨碎）	乙醇	$10 \sim 30$ min，$0.07 \sim 0.2$ mL/g	THC：$0.03 \sim 0.06$ CBD：$0.2 \sim 1.8$
汉麻种子（磨碎），15 g	正己烷	$300 \sim 600$ W，$5 \sim 15$ min，10 mL/g	麻仁油：$25.7 \sim 36.0$

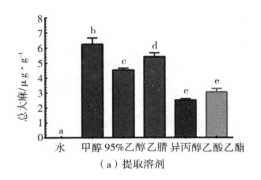

（a）提取溶剂

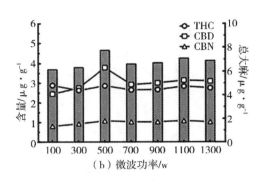

（b）微波功率/w

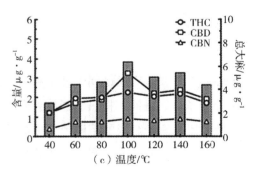

（c）温度/℃

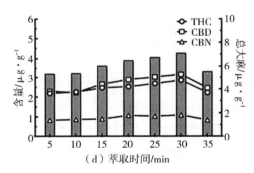

（d）萃取时间/min

图 14-37　提取溶剂、微波功率、温度和萃取时间对汉麻素产率的影响

注：不同的字母（a、b、c、d、e）表示有显著性差异（单因素方差分析，$p<0.05$）

五、加压液体提取

加压液体提取（PLE）或加速溶剂萃取是基于使用高温（$50 \sim 200$ ℃）和高压（$3.5 \sim 20$ MPa）来提取固体或半固体样品中的目标化合物。一方面，高压通过促进细胞通透性来促进能量。另一方面，随着溶剂黏度的降低，高温增强了溶剂进入样品的扩散。此外，还通过增加目标化合物的溶解度来提高提取速率。该方法简单，萃取安全、提取速度快，溶剂消耗低、萃取时间短、重现性高、精度高。操作参数可以及时调整，可以实现自动化。但具有成本高、高温导致目标化合物降解，选择性提取差和设备维护成本高等方面缺点。提取效率受温度、压力、溶剂类型和循环次数等因素影响。表 14-6 总结了加压液体提取汉麻植物材料的条件和效率。

表 14-6　加压液体提取汉麻植物材料的条件和效率

输入样本	溶剂	条件	萃取化合物
汉麻种子（粉碎），5 g	水	20 ~ 200 ℃，5 ~ 60 min	THC：0.02 ~ 3.2 CBD：0.1 ~ 9.9 CBN：2×10^{-3} ~ 0.7 CBG：0.03 ~ 4.5 CBC：0.03 ~ 6.7
汉麻芽叶和茎，0.2 g	异丙醇	500 mL/g	THC：1.6 ~ 9.5(芽)，0087% ~ 072%(叶、茎) CBD：0.015 ~ 0.024(芽)，$<7.6 \times 10^3$(叶、茎) CBN：0.43% ~ 2.1%(芽)，0.09% ~ 0.97%(叶、茎)
汉麻花、叶、茎，7.5 ~ 43.2 g	乙醇	25 ~ 100 ℃，1 ~ 150 x10^5pa，10 ~ 1000 min，0.045 ~ 0.1g/mL	THC：4.9 ~ 10.7，CBD：0.1 ~ 0.37
汉麻花、叶、茎，7.5 ~ 43.2 g	乙醇	25 ~ 100 ℃，1 ~ 150 x10^5pa，10 ~ 1000 min，0.045 ~ 0.1g/mL	THC：8.2 ~ 19.8，CBD：1.5 ~ 2.6

六、水蒸馏法

水蒸馏法是从植物中提取生物活性物质的一种常用方法。蒸气蒸馏和水蒸馏的区别是：蒸气蒸馏使用蒸气，而水蒸馏使用水、蒸气或两者的结合。由于这一过程中没有有机溶剂，可认为是一种环境友好的提取方法。另一方面，该方法需要相对较高的温度，挥发性和热不稳定的化合物可能在此过程中损失。表 14-7总结了水蒸馏提取汉麻材料条件和提取效率。

表 14-7　水蒸馏提取汉麻材料条件和提取效率

输入样本	溶剂	条件	萃取化合物
汉麻花序，100 g	水	240 min，35 mL/g	CBD：4.6 ~ 9.1 α-蒎烯：0.5 ~ 8.1 月桂烯：1 ~ 11.5 丁香烯氧化物：10 ~ 22.5
汉麻花序、叶、茎	水	240 min，1 ~ 5 kg/L	CBD：23.83 α-蒎烯：10 ~ 78 β-罗勒烯：7.02 β-月桂烯：6.74 α-异松油烯：2.55 柠檬烯：1.82

七、机械压榨

机械压榨是一种用于从油籽中提取油的固-液分离过程，该方法使用机械压力。该技术可以分为两类，第一类使用高温压榨（＞49 ℃）称为热压，第二类使用温度≤49 ℃称为冷压榨。机械压榨是一种简单、自动、低成本、环保的工艺，不使用溶剂，应用广泛。主要缺点是效率低，所得产品质量的重现性低。其产油率受喷嘴尺寸、螺旋转速和温度等设备参数和工艺参数影响。此外预处理也是一个关键参数，包括剥离、干燥、溶剂或酶处理。表 14-8 为机械压榨汉麻籽油的条件和提取效率。

表 14-8　机械压榨汉麻籽油的条件和提取效率

输入样本	条件	萃取化合物
汉麻籽	压力机喷嘴直径：4 ~ 10 mm	汉麻籽油：24 ~ 30
汉麻籽，1000 g	40 ~ 70 ℃，压力机喷嘴直径：8 ~ 12 mm	汉麻籽油：26 酚类：10 ~ 50 非酚类化合物：10 ~ 78 黄酮类：5 ~ 75
汉麻籽，1000 g	50 ~ 70 ℃，压力机喷嘴直径：8 mm，转速：22 ~ 32 r/min	汉麻籽油：17 ~ 23
汉麻籽（磨碎）	20 min，(294 ~ 410) x10⁵pa	汉麻籽油：28 ~ 33
粗亚麻（干燥）	50 ℃，60%乙醇，13%氢氧化钠，进料速度：2.2 ~ 2.5 kg/h，转速：200 r/min	阿魏酸：99 香豆酸：1814 多酚：5.8
汉麻粉（干燥）	50 ℃，60%乙醇，21%氢氧化钠，进料速度：2.2 ~ 2.5 kg/h，转速：200 r/min	阿魏酸：95 香豆酸：1150 多酚：9.0

八、提取方法比较分析

使用三种提取技术比较汉麻精油提取效率，超临界 CO_2 提取（SFE），蒸气蒸馏（SD）和水蒸馏（HD），Naz 等人报道温度对提取效率的影响。排除超临界 CO_2 提取压力影响因素。水蒸馏情况下，温度升高意味着蒸气压升高，导致转移速率增加，从而获得更高的提取率。蒸气蒸馏情况下，在较低的温度下有利于提取效率，这种条件限制了水力扩散、水解和热降解副作用。两种方法相比较，蒸气蒸馏获得了更高的提取效率，这种方法的水解速率更低，减少热分解，从而提供更高的提取效率（图 14-38）。

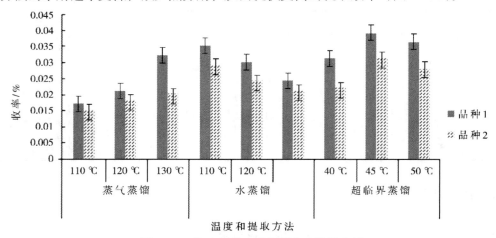

图 14-38　汉麻精油三种提取方法比较分析

汉麻籽油的不同提取方法比较研究，采用索氏提取（SOX）、渗滤（PER）、超临界提取（SFE）、超声（ULT）、热解（PYR）、超声辅助 SOX（UTS）和超声辅助 SOX（STU）方法（图 14-39）。实验结果表明 SFE 提供了最高纯度的产品，脂肪酸含量受提取方法影响显著。SFE 和 SOX 不仅在提取效率方面最高，而且从膳食角度来看，它们还提供了 ω-6 与 ω-3 酸的理想比例（3.22 和 2.4）。相比之下，通过 UTS 获得的高比率（9.24）使其不适合提取用于营养目的的脂肪酸。

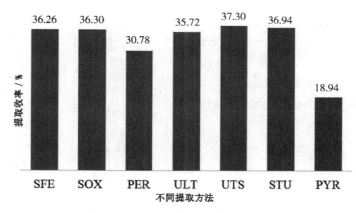

图 14-39　不同提取工艺获得的汉麻籽油提取收率比较分析

在过去的几年里，世界范围内的人们对汉麻植物的化学物质越来越感兴趣，这主要是由于它们的医疗价值，以及它们在工业领域的应用潜力，相关的研究报道也快速增长（如图 14-40）。尽管汉麻植物研究方面有了巨大的提升，但高附加值产品的提取及应用开发仍处于早期阶段，因为还有很多新的生物活性化合物还没有发现，汉麻生物活性成分的分离纯化依然是有挑战性的任务。

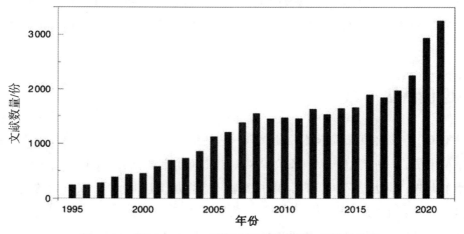

图 14-40　基于 SciFinder 数据库汉麻素相关文献数量分析

需要指出的是，目前还没有通用的提取技术，因为每种提取技术都有优缺点（表 14-9）。此外，它还取决于所使用的植物部位和目标化合物的性质。根据目标化合物的性质选择预处理方法和提取技术是汉麻生物活性成分提取的必要条件。

表 14-9　不同提取技术的优缺点比较分析

提取方法	原理	优点	缺点
超临界流体	低黏度高扩散性	无毒，不燃	仅限于非极性和弱极性化合物 高能耗 需要特殊设备
离子液体和共晶溶剂	由离子组成的低蒸气压液体	无溶剂残留 易于与产品分离	成本高 黏度问题
溶剂型索式萃取	有机溶剂	提取效率高 安全性高	溶剂消耗量大 易燃

续表

提取方法	原理	优点	缺点
超声辅助	空化产生的局部热点	低能耗 成本低	溶剂消耗量大 易燃
微波辅助	电磁能直接转化为热能	提取时间短 提取率高	对非极性目标化合物无效 不适用于热不稳定化合物
加压液体	应用高温(由于黏度降低而增强溶剂扩散)和压力(促进细胞渗透性)	快速	成本高
水蒸馏	水/蒸气用于提取	低溶剂消耗 可重复性 不含有机溶剂	挥发性和热不稳定化合物可能会被降解
机压成型	机械压力	工艺简单 低成本	产率低重复性差

第三节　汉麻素分析技术

由于汉麻素应用研究的快速发展，汉麻生物活性成分定性和定量方法的开发越来越多，而用于测定汉麻素的定性定量方法应满足应用领域的需求。植物材料分析一般用于汉麻（纤维或药物型）类型的确定、药用材料质量控制或生物技术研究中的生物合成研究。相反，对生物基质的分析，如尿液、血液、头发等，主要是提供药物滥用的证据或药物动力学研究。不同的需求目的，要求在样品制备和分析中使用不同的技术方法。

一、薄层色谱法（TLC）

薄层色谱（TLC）与其他更复杂技术相比具有一些优势，主要用于提取物中汉麻素含量的初步半定量分析。Sarma 等人开发了一种简单的快速高效 TLC（HPTLC）定量方法（如图 14-41），该方法具有准确和可重复性的优点。此外，该方法还可以对汉麻中其他汉麻素进行定性分析。汉麻素的鉴定通常是基于保留因子（RF）值与真实标准值的比较，而视觉评价是通过将薄层色谱板浸入快蓝 B 水溶液（FBB）中选择性显色。此外，该方法可应用于极性和非极性 C18 硅胶板，提供相反的洗脱顺序。薄层色谱法在特异性和敏感性方面仍有一些局限性，与其他精密分析仪器相比其结果误差较大。

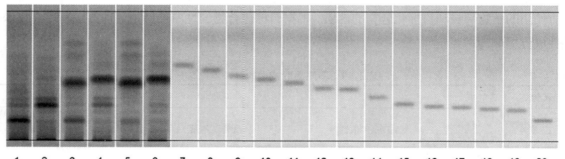

图 14-41　11 种汉麻素的 HPTLC 图谱和 3 种汉麻化学型在脱羧作用前后的指纹图谱

1：四氢大麻酚型汉麻；2：脱羧四氢大麻酚型汉麻；3：四氢大麻酚/CBD 中间型汉麻；
4：脱羧四氢大麻酚/CBD 中间型汉麻；5：CBD 型汉麻；6：脱羧 CBD 型汉麻；7：CBDV；
8：CBDVA；9：CBG；10：CBD；11：CBDA；12：THCV；13：CBGA；14：CBN；
15：Δ^9-THC；16：Δ^8-THC；17：CBL；18：THCVA；19：CBC；20：Δ^9-THCA。

二、气相色谱法（GC）

气相色谱法（GC）是分析植物材料和生物基质中汉麻素最常用的方法之一。然而，该分析方法不能对提取样品进行直接分析，因为色谱分离之前需要高温（约 280 ℃）加热样品，将液体样品转化为其气相形式。样品加热过程会导致汉麻素酸脱羧形成中性汉麻素。为了避免这种现象，有必要对汉麻素酸进行衍生化操作，该操作也可区分酸和中性形式的汉麻素成分。然而，需要考虑的是 100%衍生化汉麻素酸很难实现。因此，汉麻素总量值应该通过分别测定酸和中性形式的含量来获得会更加合理。GC 对汉麻素标准品分析如图 14-42 所示。Attard 等人报道了从复杂汉麻提取物通过前处理简单、快速地分离纯化了汉麻素，并用气相方法对其进行定性定量分析，如图 14-43 所示。

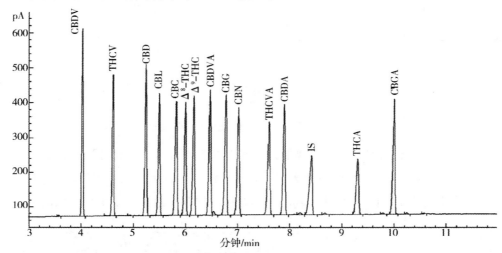

图 14-42　利用 GC 谱分析汉麻素标准品

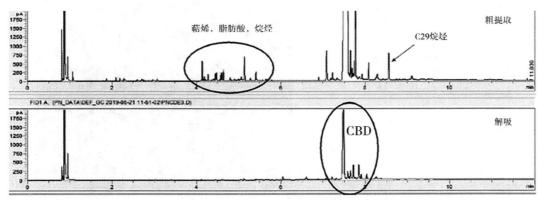

图 14-43　气相色谱分析分离纯化后大麻二酚（CBD）成分

三、高效液相色谱法（HPLC）

近年来，高效液相色谱法结合质谱法（HPLC-MS）成为汉麻素定性和定量测定的首选方法。与 GC 相比 HPLC 方法不会造成样品分解，由于是在室温条件下进行色谱分析，可以直接分析提取样品中的汉麻素酸。高压液相色谱柱是基于反相（RP）C18 固定相，亲水作用液相色谱（HILIC）固定相也可应用分析。使用反相（RP）C18 固定相色谱的优点是分析速度快和分离效率高，研究表明在植物材料和生物液体样本中主要汉麻素最佳分离的固定相是 RP C18（如图 14-44）。值得注意的是，汉麻素在植物组织中是光学纯的，因此很少有工作报道汉麻素的手性分离。汉麻素在提取溶剂和体内给药后生物体液中的立体稳定性特点，对于汉麻素的药理研究和产品使用者至关重要，因此可以相对容易地分析其代谢转化过程。

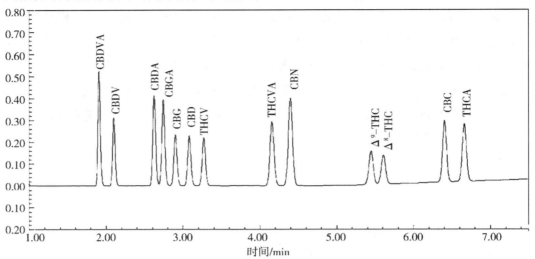

图 14-44　液相色谱分析汉麻素主要成分

利用二维色谱可以显著提高 HPLC 的分离能力，该技术涉及不同分离机制两个维度的串联组合，从第一个维度收集整个洗脱液或选定的馏分并注入第二个维度，通过正交分离机制进一步分离（如图 14-45）。二维色谱的优点是适用于多种化合物的色谱解析，特别是对汉麻素中异构体的分离效果更好。

项目	分子量	暂定物质
a	282.38	CBV
b	286.41	CBCV
		CBDV
		CBLV
c	288.42	CBGV
d	310.43	CBN
e	314.46	CBC
		CBD
		CBL
f	316.48	CBG
g	330.46	CBE
h	346.46	CBT
i	354.44	CBNA
j	358.47	CBCA
		CBDA
		CBLA
k	360.49	CBGA

（a）　　　　　　　　　　　（b）

图 14-45　已鉴定汉麻素成分的典型二维图谱分析

HPLC 分离汉麻素并不是一项简单的技术，特别是通过等度洗脱方法实现汉麻素高效分离，实际上大多数文献报道液相色谱分离方法是通过梯度洗脱条件的高效分离的。HPLC 可使用不同类型的检测器，如紫外线（UV）、荧光（FLD）和质谱（MS），紫外线检测是植物材料中汉麻素分析中最常用的方法，测定的汉麻素含量相对较高。紫外线检测是基于对取代酚环的发色基团吸收，酚环是汉麻素中常见的结构单元，而酚环的烷基侧链不影响紫外吸收，如 THCA（C5-侧链）和 THCVA（C3-侧链）吸收值没有差异。紫外线检测器虽然是应用最广泛的检测器，但也存在灵敏度和特异性不足的缺点，所以紫外法很少应用于生物液体中汉麻素定性和定量测定。汉麻素酸与中性汉麻素具有不同的吸收光谱，可通过光电二极管阵列检测器（PDA）来克服低特异性（如图 14-46）。同时紫外检测器很难鉴别 CBG 和 CBD 这样分离时间接近的中性汉麻素，在这种情况下质谱提供了更高水平的检测线，根据其分子离子的 m/z 来区分各种汉麻素，因为 CBG 和 CBD 有不同的 m/z，所以很容易通过质谱法鉴别（图 14-47），但对于 Δ8-THC 和 Δ9-THC 这样的汉麻素异构体通过质谱法也无法鉴别。

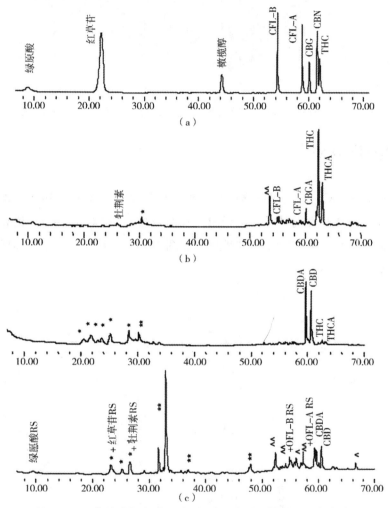

图 14-46　高效液相色谱法使用 PDA 检测　微量汉麻素成分

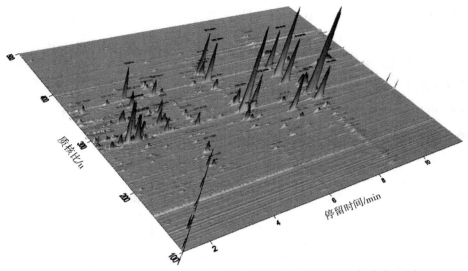

图 14-47　正电离（ESI⁺）模式下汉麻提取物的三维总离子色谱（TIC）

四、核磁共振仪分析

区别于传统的 HPLC 和 GC，测定汉麻素的另一种方法是核磁共振（NMR）光谱，定量核磁共振一直被认为是一种高度准确和可重复性的技术，分析时间相对较短。与 LC 和 GC 色谱相比，这种技术的主要优点是对植物材料中杂质如叶绿素和脂质敏感性低（如图 14-48）。然而，由于仪器成本高和对高度专业化人员的需求，这种定量技术并不普遍使用。

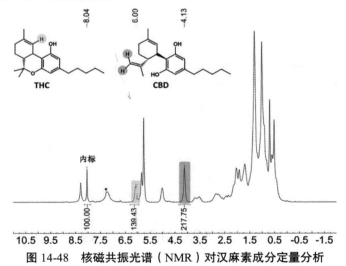

图 14-48　核磁共振光谱（NMR）对汉麻素成分定量分析

五、拉曼光谱分析（RS）

Sanchez 等人报道了利用拉曼光谱（RS）在不破坏样品的情况下，区分工业汉麻、富含 CBD 的汉麻和汉麻（富含 THCA）之间的区分（图 14-49），准确率达到 100%。

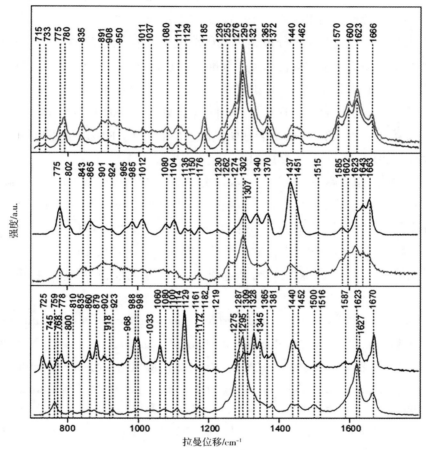

图 14-49　四氢大麻酚（红色）、THCA（栗色）、CBD（黑色）和
CBDA（绿色）、CBG（蓝色）、CBGA（紫色）的拉曼光谱

　　总之，测定植物材料和生物基质中汉麻素的方法主要是基于气相色谱和液相色谱技术。液相色谱方法适用范围更广泛，相比于气相色谱操作，其温度低，汉麻素不易发生脱羧，不需要衍生操作。质谱、核磁共振光谱和拉曼光谱对于一些难分离的汉麻素成分和苛刻的基质提供了更好的选择方法，基于成本和操作条件，相比于液相色谱和气相色谱核磁共振光谱还没有规模化应用。因此根据测试需求选择合理的测试方法是汉麻素成分测定遵循的原则。

参考文献

[1] 张天真.作物育种学总论[M].北京：中国农业出版社，2003.

[2] 王书瑞，张虞.汉麻种质资源分布及新品种培育情报分析[J].黑龙江科学，2014，5（11）：22-25.

[3] 孙安国.中国是大麻的起源地[J].中国麻作，1983，5（3）：45-18.

[4] 戴蕃瑨.中国大麻起源、用途及其地理分布[J].西南师范大学学报（自然科学版），1989（3）：114-119.

[5] 粟建光，戴志刚.大麻种质资源描述规范和数据标准[M].北京：中国农业出版社，2006.

[6] 杨明.野生大麻与栽培大麻观察简报[J].中国麻作，1992，14（3）：44-45.

[7] 龚友才，粟建光.麻类作物诱变育种的现状与进展[J].中国麻业，2002（4）：14-18.

[8] 姜颖，孙宇峰，韩喜财，等.大麻 THCA 合成酶基因（CsTHCA）RNA 干扰载体的构建及遗传转化[J].植物遗传资源学报，2019，20（1）：207-214.

[9] 李秋实，孟莹，陈士林.药用大麻种质资源分类与研究策略[J].中国中药杂志，2019，44（20）：4309-4316.

[10] 曹永生，张贤珍，白建军，等.中国主要农作物种质资源地理分布[J].地理学报，1997（01）：10-17.

[11] 关凤芝.大麻遗传育种与栽培技术[M].哈尔滨：黑龙江人民出版社，2010.

[12] 高自然.作物种植资源流失与保护[J].湖南农业科学，2009（10）：12-14.

[13] 戴志刚，粟建光，陈基权，等.我国麻类作物种质资源保护与利用研究进展[J].植物遗传资源学报，2012，13（5）：714-719.

[14] FEENEY M，PUNJA Z K. Tissue culture and Agrobacterium-mediated transformation of hemp （Cannabis sativa L.） [J]. In Vitro Cellular & Developmental Biology - Plant，2003，39（6）：578-585.

[15] SLUSARKIEWICZ-JARZINA A，PONITKA A，KACZMAREK Z. Influence of cultivar， explant source and plant growth regulator on callus induction and plant regeneration of Cannabis sativa L[J]. Acta Biological Cracoviensla Series Botanica，2005，47（2）：145-151.

[16] 佟金凤，高南，李凝，等.大麻试管苗生根培养基的优化[J].安徽农业科学，2008，36（33）：14438-14440，14442.

[17] 粟建光，陈基权，谢小美.大麻育种现状与前景[J].中国麻业，2006，28（4）：212-217.

[18] 曹焜，王晓楠，孙宇峰，等.中国汉麻品种选育研究进展[J].中国麻业科学，2019，41（04）：187-192.

[19] 张晓艳，孙宇峰，曹焜，等.黑龙江省汉麻育种现状及展望[J].作物杂志，2019（3）：15-19.

[20] 张建春，张华.汉麻纤维的结构性能与加工技术[J].高分子通报，2008（12）：44-51.

[21] LANDI S，BERNI R，CAPASSO G， et al. Impact of Nitrogen Nutrition on Cannabis sativa：An Update on the Current Knowledge and Future Prospects[J]. International journal of molecular sciences，2019，20（22）：5803.

[22] PAIN S. A potted history[J]. Nature， 2015， 525（7570）：S10-11.

[23] HESAMI M，BAITON A，ALIZADEH M，et al. Advances and Perspectives in Tissue Culture and Genetic Engineering of Cannabis[J]. International journal of molecular sciences，2021，22（11）：5671.

[24] LUBELL J D，BRAND M H. Foliar sprays of silver thiosulfate produce male flowers on female hemp plants. HortTechnology. 2018，28（6）：743-747.

[25] 潘瑞炽. 植物组织培养[M]. 广州：广东高等教育出版社， 2000.

[26] 李秀霞. 植物组织培养[M]. 沈阳：东北大学出版社， 2014.

[27] 王清连. 植物组织培养[M]. 北京：中国农业出版社， 2003.

[28] 任杰. 植物组培快繁技术案例与实训[M]. 银川：宁夏人民教育出版社， 2010.

[29] 边境， 田玉杰， 高宇， 等. 大麻扦插生根影响因素研究 [J]. 特种经济动植物， 2020， 23（10）：27-30.

[30] 李晓玲，吕寻，胡勐鸿，等. 野葛扦插生根的影响因素研究 [J]. 西南林业大学学报：自然科学，2020，40（4）：1-7.

[31] 王一峰， 宫峥嵘，王瀚， 等. 不同插穗处理对油橄榄扦插生根的影响 [J]. 湖北民族大学学报：自然科学版，2020，38（2）：142-146.

[32] ERNEST S. Evolution and classification of Cannabis sativa（marijuana，hemp）in relation to human utilization[J]. BotRev，2015，81（3）：189-294.

[33] KOVALCHUK I，PELLINO M，RIGAULT P，et al. The genomics of Cannabis and its close relatives[J].Annu Rev Plant Biol，2020，71：713-739.

[34] REN G P，ZHANG X，LI Y，et al. Large-scale whole-genome resequencing unravels the domestication history of *Cannabis sativa*[J]. Sci Adv，2021，7（29）.

[35] HYEHYUN O，BOYOUNG S，SEUNGHWAN L，et al. Two complete chloroplast genome sequences of *Cannabis sativa* varieties[J]. Mitochondrial DNA A，2016，27（4）：2835-2837.

[36] ZHANG S D，SOLTIS D，YANG Y，et al. Multi-gene analysis provides a well-supported phylogeny of Rosales[J]. Mol Phylogenet Evol，2011，60：21-28.

[37] DENG G，YANG M，ZHAO K Y，et al. The complete chloroplast genome of *Cannabis sativa* variety Yunma 7[J]. Mitochondrial DNA B，2021，6（2）：531-532.

[38] MATIELO C，LEMOS R，SARZI D，et al. Whole plastome sequences of two drug-type cannabis：insights into the use of plastid in forensic analyses[J]. J Forensic Sci，2020，65（1）：259-265.

[39] FAUX A M，DRAYE X，FLAMAND M C，et al. Identification of QTLs for sex expression in dioecious and monoecious hemp (*Cannabis sativa* L.)[J]. Euphytica，2016，209（2）：357-376.

[40] WEIBLEN G D，WENGER J P，CRAFT K J，et al.Gene duplication and divergence affecting drug content in *Cannabis sativa*[J]. New Phytol，2015，208（4）：1241-1250.

[41] MEIJER E，HAMMOND K M， SUTTON A. The inheritance of chemical phenotype in *Cannabis sativa* L.（Ⅳ）：cannabinoid-free plants[J]. Euphytica，2009，168（1）：95-112.

[42] HETTY V D B，MALIEPAARD C，EBSKAMP M，et al.Differential expression of genes involved in C1 metabolism and lignin biosynthesis in wooden core and bast tissues of fibre hemp （*Cannabis sativa* L.）[J]. Plant Sci，2008，174（2）：205-220.

[43] SAWLER J，STOUT J M，GARDNER K M，et al. The genetic structure of marijuana and hemp[J]. PLoS One，2015，10（8）：1332-1392.

[44] LYNCH R，VERGARA D，TITTES S，et al. Genomic and chemical diversity in Cannabis[J]. CRC Crit Rev Plant Sci，2016，35：349-363.

[45] DUFRESNES C，JAN C，BIENERT F，et al. Broad-Scale Genetic Diversity of *Cannabis* for Forensic

Applications[J].PLoS One，2017，12（1）：1705-1722.

[46] HENRY P，KHATODIA S，KAPOOR K，et al. A single nucleotide polymorphism assay sheds light on the extent and distribution of genetic diversity， population structure and functional basis of key traits in cultivated north American cannabis[J].J Cannabis Res，2020，26(2).

[47] JIANG Y. Effects and Mechanisms of Uniconazole on Alleviating Drought Damage in *Cannabis sativa* L. at Seedling Stage[D]. Daqing Heilongjiang Bayi Agricultural University of College of Agriculture，2021.

[48] CAO K，SUN Y F，HAN C W，et al. The transcriptome of saline-alkaline resistant industrial hemp （*Cannabis sativa* L.） exposed to NaHCO₃ stress[J]. Ind Crops Prod，2021， 170：1137-1166.

[49] 赵越，张晓艳，曹焜，等. 汉麻抗逆生理及分子机制研究进展[J]. 中国农学通报，2022，38（6）：102-106.

[50] RUSSO E B. Taming THC：potential cannabis synergy and phytocannabinoid-terpenoid entourage effects[J].Br J Pharmacol，2011，163：1344-1364.

[51] POTTER D J. The propagation， characterisation and optimisation of *Cannabis sativa* L. as a phytopharmaceutical[D].London：Kings College，2009.

[52] GLIVAR T，ERZEN J，KREFT S，et al. Cannabinoid content in industrial hemp（*Cannabis sativa* L.） varieties grown in Slovenia[J].Ind Crop Prod，2020，145：1-9.

[53] KNIGHT G，HANSEN S，CONNOR M，et al. The results of an experimental indoor hydroponic Cannabis growing study， using the 'Screen of Green'（ScrOG） method-Yield， tetrahydrocannabinol（THC） and DNA analysis[J]. Forensic Sci Int，2010，202（1）：36-44.

[54] FOLINA A，KAKABOUKI I，TOURKOCHORITI E，et al. Evaluation of the Effect of Topping on Cannabidiol（CBD） Content in Two Industrial Hemp（*Cannabis sativa* L.） Cultivars[J]. Bulletin UASVM Horticulture，2020，77（1）：46-52.

[55] 伍菊仙，杨明，郭孟璧，等. 不同栽培措施对大麻酚类物质含量的影响[J].中国麻业科学，2010，32（2）：94-98.

[56] 赵洪涛，李初英，黄其椿，等.不同栽培密度和施肥量对巴马火麻生长发育及麻籽产量的影响[J].南方农业学报，2015，46（2）：232-235.

[57] 付文敏，苏秀娟，曲延英，等. 种植密度对棉花常规制种产量和品质的影响[J].西北农业学报，2015，24（2）：79-83.

[58] 吴姗，程超华，粟建光，等. 外源激素浸种对大麻种子萌发、生殖生长及四氢大麻酚的影响[J]. 中国麻业科学，2019，41（4）：158-164.

[59] 许东升，张昆鹏，林绍武，等. 打顶方式与上部叶优化措施对烤烟烟碱含量的影响[J]. 长江大学学报：自然科学版，2017，14（14）：5-9.

[60] 李合生.现代植物生理学[M].3 版.北京：高等教育出版社，2012.

[61] 董钻，沈秀瑛. 作物栽培学总论[M].2 版.北京：中国农业出版社，2014.

[62] MOHER M，JONES M，ZHENG Y B. Photoperiodic Response of In Vitro *Cannabis sativa* Plants[J]. HortScience，2020，56（1）：108-113.

[63] 张静，唐蜻，邓灿辉，等.不同光照时长对生殖生长期汉麻生长及大麻素含量的影响[J].华北农学报，2022，37（A1）：178-185.

[64] BLOOM A J，ZWIENIECKI M A，PASSIOURA J B，et al.Water relations under root chilling in a sensitive

and tolerant tomato species[J].Plant Cell & Environment，2004，27（8）：971-979.

[65] GARRATT L C，JANAGOUDAR B S，LOWE K C，et al.Salinity tolerance and antioxidant status in cotton cultures[J].Free Radical Biology & Medicine，2002，33（4）：502-511.

[66] 张晓艳，王晓楠，赵越，等.3个国外引进汉麻（*Cannabis sativa* L.）品种的吸水及萌发特性研究[J].中国麻业科学，2021，43（02）：66-72.

[67] 曹焜，孙宇峰，张晓艳，等.盐碱胁迫对汉麻生长发育的影响[J].种子，2022，41（11）：37-46.

[68] 欧景，王佳音，孟园园，等.硼和镁元素缺乏对汉麻生长及大麻二酚（CBD）含量的影响[J].云南大学学报：自然科学版，2022，44（06）：1314-1320.

[69] BURGEL L，HARTUNG J，GRAEFF S. Impact of Different Growing Substrates on Growth，Yield and Cannabinoid Content of Two *Cannabis sativa* L. Genotypes in a Pot Culture[J].Horticulturae，2020，6（4）：62.

[70] POTTER D J，DUNCOMBE P.The effect of electrical lighting power and irradiance on indoorgrown cannabis potency and yield[J].J Forensic Sci，2011，57(3)：618-622.

[71] MARTI G，SCHNE S，ANDREY Y，et al.Study of leaf metabolome modifications induced by UV-C radiations in representative Vitis，Cissus and Cannabis species by LC-MS based metabolomics and antioxidant assays[J].Molecules，2014，19：14004-14021.

[72] MAGAGNINI G，GRASSI G，KOTIRANTA S.The Effect of Light Spectrum on the Morphology and Cannabinoid Content of *Cannabis sativa* L.[J].Med Cannabis Cannabinoids，2018，1（1）：19-27.

[73] AMREIN P ，RINNER S，PITTORINO T，et al.Influence of Light Spectra on the Production of Cannabinoids[J]. Med Cannabis Cannabinoids，2020，3（2）：103-110.

[74] AMADUCCI S，AMADUCCI M T，BENATI R，et al.Crop yield and quality parameters of four annual fibre crops（hemp，kenaf，maize and sorghum）in the North of Italy[J].Industrial Crops and Products，2000，11（2-3）：179-186.

[75] COSENTINO S L，RIGGI E，TESTA G，et al. Evaluation of European developed fibre hemp genotypes（*Cannabis sativa* L.） in semi-arid Mediterranean environment[J]. Industrial Crops and Products，2013，50：312-324.

[76] TANG K，STRUIK P C，AMADUCCI S，et al. Hemp（*Cannabis sativa* L.）leaf photosynthesis in relation to nitrogen content and temperature：Implications for hemp as a bio-economically sustainable crop[J].GCB Bioenergy，2017，9：1573-1587.

[77] 孙宇峰.纤维大麻高产栽培技术的研究现状[J].中国麻业科学，2017，39（3）：153-158.

[78] 张建春，张华，张华鹏，等. 汉麻综合利用技术［M］. 北京：长城出版社，2005：61-173.

[79] HALL J，BHATTARAI S P，MIDMORE D J.The Effects of Photoperiod on Phenological Development and Yields of Industrial Hemp［J］. Journal of Natural Fibers，2014，11（11）：87-106.

[80] 杜光辉，周波，李熠，等.云南大麻品种抗旱性研究初报[J].中国麻业科学，2014，36（06）：289-298.

[81] 吴克宁，赵瑞.土壤质地分类及其在我国应用探讨[J].土壤学报，2019，56(01)：227-241.

[82] 宋宪友，张利国，房郁妍，等.黑龙江省发展大麻的优势与主要栽培技术[J].中国麻业科学，2011，33（1）：27-30.

[83] 赵洪涛，李初英，黄其椿，等.不同栽培密度和施肥量对巴马火麻生长发育及麻籽产量的影响[J].南方

农业学报，2015，46（2）：232-235.

[84] 江谷驰弘，陈学文，余健，等.施肥及栽培密度对汉麻产量的影响[J].湖南农业大学学报：自然科学版，2018，44（1）：22-25.

[85] 赵越，王晓楠，孙宇峰，等.汉麻纤维产量、品质影响因素及纤维发育相关基因研究进展[J].中国麻业科学，2021，43（3）：155-160.

[86] CAI S，Pittelkow C M，ZHAO X，et al. Winter legume-rice rotations can reduce nitrogen pollution and carbon footprint while maintaining net ecosystem economic benefits[J]. Journal of Cleaner Production，2018，195（10）：289-300.

[87] 宋宪友，张利国，房郁妍，等. 氮、磷、钾施用对大麻原茎产量影响的研究初报[J].中国麻业科学，2012，34（3）：115-117.

[88] 刘青海，毕君，张俊梅，等.大麻纤维产量 2000 千克每公顷的优化栽培模型研究[J].中国麻作，2000，22（2）：19-22.

[89] BENBI D K，BISWAS C R. Nitrogen balance and N recovery after 22 years of maize-wheat-cowp a cropping in a long term experiments [J]. Nutrient Cycling in Agroeco systems，1996，47（2）：107-114.

[90] 刘浩.影响汉麻产量因素的研究[D].昆明：云南大学，2015.

[91] 郭鸿彦，刘正博，胡学礼，等.汉麻种衣剂的筛选[J].中国麻业，2006，28（1）：25-29.

[92] 谷登斌，李怀记. 种子包衣技术及发展应用[J]. 种子，2000（1）：26-28.

[93] 刘飞虎，杨明，杜光辉，等.汉麻的基础与应用[M].北京：科学出版社，2019.

[94] 何建群，陈贵荟.冬亚麻害虫种类及其综合防治技术[J].中国麻业科学，2005（6）：312-315.

[95] 韩喜财，韩承伟，赵越，等.黑龙江汉麻田间杂草防除研究[J].中国麻业科学，2018，40（5）：219-225.

[96] 龙涛.大麻田杂草种群调查及化学防治研究[D]. 长沙：湖南农业大学，2012.

[97] 李敏.汉麻主要病虫草害防治技术研究进展[J].中国麻业科学，2021，43（6）：340-344.

[98] 王学东，李明，崔琳. 赤霉素对亚麻纤维发育及产量的影响[J].中国麻业. 2002，24（3）：13-14.

[99] FRANK H，UTE M，JORG M G.The influence of changing sowing rate and harvest time on yield and quality for the dual use of fibers and seeds of hemp （Cannabis sativa L.）[C].4th International Crop Science Congress，2004.

[100] 张晓艳，王晓楠，曹焜，等.5 个汉麻品种（系）纤维产量及产量构成因素的相关性分析[J].作物杂志，2020（4）：121-126.

[101] 杜光辉，邓纲，杨阳，等.大麻籽的营养成分、保健功能及食品开发[J].云南大学学报：自然科学版，2017，39（4）：712-718.

[102] 张云云，苏文君，杨阳，等. 汉麻种子的营养特性与保健品开发[J].作物研究，2013，26（6）：734-736.

[103] LAYTON C，REUTER W M. Analysis of cannabinoids in hemp seed oils by HPLC using PDA detection[J].Functional & Medical Foods，Liquid Chromatography，2015，2（4）：37-53.

[104] JING M，ZHAO S，HOUSE J D. Performance and tissue fatty acid profile of broiler chickens and laying hens fed hemp oil and HempOmegaTM[J]. Poultry Science，2017，96（6）：1809-1819.

[105] FEED A P. Scientific opinion on the safety of hemp (Cannabis genus) for use as animal feed[J]. Efsa Journal，2011，9（3）：1-41.

[106] PORTO C D, DECORTI D, TUBARO F. Fatty acid composition and oxidation stability of hemp (*Cannabis sativa* L.) seed oil extracted by supercritical carbon dioxide[J]. Industrial Crops and Products, 2012, 36(1): 401-404.

[107] SAPINO S, CARLOTTI M E, PEIRA E, et al. Hemp-seed and olive oils: Their stability against oxidation and use in O/W emulsions[J]. Journal of Cosmetic Science, 2005, 56(4): 355-355.

[108] RAIKOSN V, KONSTANTINIDI V, DUTHIE G. Processing and storage effect on the oxidative stability of hemp(*Cannabis sativa* L.) oil-in water emulsions[J]. Journal of Food Science & Technology, 2015, 50(10): 2316-2322.

[109] RAVICHANDRA D, PULI R K, CHANDRAMOHAN V P, et al.Experimental analysis of deccan hemp oil as a new energy feedstock for compression ignition engine[J]. Journal of Ambient Energy, 2018, 39(1): 1-11.

[110] HEBBAL O D, REDDY K V, RAJAGOPAL K. Performance characteristics of a diesel engine with deccan hemp oil[J].Fuel, 2006, 85(14, 15): 2187-2194.

[111] CHEN T, HE J, ZHANG J, et al. The isolation and identification of two compounds with predominant radical scavenging activity in hemp seed (seed of Cannabis sativa L.)[J]. Food Chemistry, 2013, 134(2): 1030-1037.

[112] FLORES-SANCHEZ I J, VERPOORTE R. Secondary metabolism in cannabis [J]. Phytochemistry Reviews, 2008, 7(3): 615-639.

[113] BONINI S A PREMOLI M, TAMBARO S, et al. Cannabis sativa: a comprehensive ethnopharmacological review of a medicinal plant with a long history[J]. J Ethnopharmacol, 2018, 227: 300-315.

[114] Callaway, J C. A more reliable evaluation of hemp THC levels is necessary and possible[J].J Ind Hemp, 2008, 13(13): 117-144.

[115] 宁康, 董林林, 李孟芝, 等. 非精神活性药用大麻的应用及开发[J].中国实验方剂学杂志, 2020, 26(8): 236-248.

[116] KEIMPEMA E, DI M V, HARKANY T. Biological basis of cannabinoid medicines[J].Science, 2021, 374(6574): 1449-1450.

[117] STRUEMPLER R E, GORDON N, URRY F M. A Poritive cannabinoids workplace drug test following the ingestion of commercially available hemp seed oil.[J]. Anal Tox, 21(4): 283.

[118] LATTA R P, EATON B J. Seasonal fluctuation in cannabinoiud content of Kansas marijuana[J]. Economic Botany, 1975, 29(2): 153-163.

[119] 宁康, 董林林, 李孟芝, 等.非精神活性药用大麻的应用及开发[J].中国实验方剂学杂志. 2020, 26(8): 230-248.

[120] 卫德林.药用大麻室内栽培技术[M].北京: 中华大百科全书出版社, 2021.

[121] STOCKINGS E, ZAGIC D, CAMPBELL G, et al. Evidence for cannabis and cannabinoids for epilepsy: a systematic review of controlled and observational evidence[J]. Journal of Neurology, Neurosurgery, and Psychiatry, 2018, 89(7): 741-753.

[122] LUO X, REITER M A, Espaux L D, et al. Complete biosynthesis of cannabinoids and their unnatural analogues in yeast[J]. Nature, 2019, 567(7746): 123.

汉麻育种与栽培
HANMA YUZHONG YU ZAIPEI

[123] BURSTEIN，SUMNE. Cannabidiol（CBD）and its analogs：a reviewof their effects on inflammation[J]. Bioorgan Med Chem，2015，23（7）：1377.

[124] RIBAUT J M，VICENTE M C，Delannay X. Molecular breeding indeveloping countries：challenges and perspectives[J]. Curr Opin Plant Biol，2010，13（2）：213-218。

[125] DEVINSKY O，CROSS J H，LAUX L，et al. Trial of cannabidiol for drug-resistant seizures in the Dravet syndrome[J]．N Engl J Med，2017，376（21）：2011.

[126] CLARKE R C，MERLIN M D．Cannabis domestication，breeding history，present-day genetic diversity，and future prospects[J]．Crit Rev Plant Sci，2016，35（5/6）：293.

[127] APPENDINO G，GIBBONS S，GIANA A，et al. Antibacterial cannabinoids from Cannabis sativa：a structure-activity study[J]. J Nat Prod，2008，71(8)：1427－1430.

[128] 刘晓亮.秸秆打捆机的研究现状及发展趋势[J].农机使用与维修，2022（3）：34-36.

[129] 赵一荣.打捆机捡拾机构设计分析[J].农业技术与装备，2020（1）：9-10+14.

[130] 王开生.秸秆打捆机研究现状及发展趋势[J].农机使用与维修，2022（9）：30-32.

[131] 邵利国，杜鹏，王德强，等.圆草捆打捆机的设计及优化[J].拖拉机与农用运输车，2022，49（1）：34，36+51.

[132] 王春海.汉麻捆包收获技术[J].农机使用与维修，2020（11）：9-11.

[133] 董波.关于研发大麻翻麻机、打捆机、打卷机、脱粒机和退卷机的建议[J].西部皮革，2019，41（14）：74.

[134] 张治国，朱浩，于革.自走式汉麻打捆机的设计与试验[J].中国麻业科学，2018，40（2）：79-84.

[135] 双子涵，岑海堂，司学克.D 型双结打结器架体结构设计与模态分析[J].机械设计，2021，38（S2）：118-122.

[136] 于革，张治国，朱浩.汉麻收获机械研究现状与发展前景[J].农业工程，2018，8（3）：14-16.

[137] 吴修明，鲁乃远，邹全连，等.谷物联合收割机发展现状与展望分析[J].南方农机，2022，53（20）：57-59.

[138] 徐世良，王春海.籽粒大麻的机械收获与常用机型特点[J].农机使用与维修，2021（2）：9-10.

[139] 向伟，李镔桦，马兰，等.汉麻机械化收获技术研究现状与发展分析[J].中国麻业科学，2022，44（3）：190-200.

[140] 王春海，徐世良.药用大麻的收获技术[J].农机使用与维修，2021（3）：39-40.

[141] 牟雪雷，王春海，潘超然，等.汉麻收获技术及机具研究[J].农机使用与维修，2022（03）：10-12.

[142] 公衍峰，张媛媛，王孝波，等.汉麻（纤维）播种机设计[J].农业机械，2021（10）：100，101，104.

[143] 赵金.一年两熟区小麦密行种植关键技术及装备研究[D].保定：河北农业大学，2021.

[144] 张晋国，张小丽.小麦播种机关键部件的改进与试验[J].农机化研究，2009，31（09）：159-161.

[145] 邹继军，张立明，王志远.药用大麻专用播种机关键部件的研究设计[J].农机使用与维修，2020（12）：12-13.

[146] 赵金辉，杨学军，周军平，等.播种机开沟器及其性能测试装置的现状分析[J].农机化研究，2014，36（1）：238-241，246.

[147] 周杨，李显旺，沈成，等.汉麻机械化收割技术的研究[J].农机化研究，2017，39（2）：253-258.

[148] 张梅，FISHER D K，马伟.温室智能装备系列之九十六　新型背负式电动喷药机的设计[J].农业工程技术，2017，37（25）：41-42.

[149] 张华，张建春，张杰.汉麻——一种高值特种生物质资源及应用[J].高分子通报，2011（08）：1-7.

[150] 韩彩锐，舒彩霞，李磊，等. 4SY-1.8 型油菜割晒机液压驱动系统的设计[J].华中农业大学学报，2015，34（01）：136-141.

[151] 吕江南，马兰，刘佳杰，等. 黑龙江省汉麻产业发展及收获加工机械情况调研[J]. 中国麻业科学，2017，39（02）：94-102.

[152] 李耀明，李有为，徐立章，等.联合收获机割台机架结构参数优化[J]. 农业工程学报，2014，30（18）：30-37.

[153] 马世伦，赵春花，陈凯.小型牧草割压机拨禾轮的设计与试验研究[J]. 农业装备与车辆工程，2015，53（07）：26-29.

[154] BORILLE B T，ORTIZ R S，MARIOTTI K C，et al. Chemical profiling and classification of cannabis through electrospray ionization coupled to Fourier transform ion cyclotron resonance mass spectrometry and chemometrics[J]. Analytical Methods，2017，9（27）：4070-4081.

[155] DEBACKER B，MAEBE K，VERSTRAETE A G，et al. Evolution of the content of THC and other major cannabinoids in Drug-Type cannabis cuttings and seedlings during growth of plants[J]. Journal of forensic sciences，2012，57（4）：918-922.

[156] THOMAS，BRIAN F. Chapter 2－biosynthesis and pharmacology of phytocannabinoids and related chemical constituents[J]. Analytical Chemistry of Cannabis，2016：27-41.

[157] Russo E B，Marcu J. Chapter Three-Cannabis Pharmacology：The Usual Suspects and a Few Promising Leads[J]. Advances in Pharmacology，2017，80：67-134.

[158] PAUL F. Comprehensive natural products II：Chemistry and biology，volumes[J]. Journal of the American Chemical Society，2010，10：1033-1084.

[159] CAPRIOGLIO D，MATTOTEIA D，POLLASTRO F，et al. The Oxidation of phytocannabinoids to cannabinoquinoids[J]. Journal of Natural Products. 2020，83：1711-1715.

[160] ANAND U，PACCHETTI B，ANAND P，et al., Cannabis-based medicines and pain：a review of potential synergistic and entourage effects[J]. Pain Manag. 2021，11（4）：395-403.

[161] MARTINS，MÓNIA A.R，SILVA L P，et al. Terpenes solubility in water and their environmental distribution[J].Journal of Molecular Liquids，2017，241：996-1002.

[162] FERBER S，NAMDAR D，HEN-SHOVAL D，et al. The "Entourage Effect"：Terpenes coupled with cannabinoids for the treatment of mood disorders and anxiety disorders[J]. Current Neuropharmacology，2020，18（2）：87-96.

[163] LOPES M S，LOPES M.S.，MACIEL F R，et al. Cracking of petroleum residues by reactive molecular distillation[J]. Procedia Engineering，2012，41：329-334.

[164] TARMO N. Medicinal properties of terpenes found in cannabis sativa and humulus lupulus[J].European Journal of Medicinal Chemistry，2018，157：198-228.

[165] BEHR，M SERGEANT K LECLERCQC，ET al. Insights into the molecular regulation of monolignol-derived product biosynthesis in the growing hemp hypocotyl[J]. BMC Plant Biol，2018（1）：1-18.

[166] EGGERS R，JAEGER P，TZIA C. Extraction optimization in food engineering[M]. New York ：Marcel Dekker Inc，2003.

[167] CINZIA C，DANIELA B，MARIA， et al. Pharmaceutical and biomedical analysis of cannabinoids：A critical review[J]. Journal of Pharmaceutical and Biomedical Analysis，2018，147，565-579.

[168] FISCHEDICK J，GLAS R， HAZEKAMP A，et al. A qualitative and quantitative HPTLC densitometry method for the analysis of cannabinoids in Cannabis sativa L，Phytochem. Anal，2009，20：421-426.

[169] SARMA N D，WAYE A，ELSOHLY M. Cannabis inflorescence for medical purposes：USP considerations for quality attributes[J]. Journal of Natural Products，2020，83（4）：1334-1351.

[170] MUHAMMAD，TAYYAB，DURRE，et al. GCMS analysis of Cannabis sativa L. from four different areas of Pakistan[J]. Egyptian Journal of Forensic Sciences，2015，5：114-125.

[171] UCHIYAMA N， KIKURA-HANAJIRI R，OGATA J，et al. Chemical analysis of synthetic cannabinoids as designer drugs in herbal products[J]. Forensic Science International，2010， 198：31-38.

[172] HAZEKAMP A，PELTENBURG A，VERPOORTE R，et al.Chromatographic and spectroscopic Data of cannabinoids from cannabis sativa L[J].Journal of Liquid Chromatography & Related Technologies，2005，28（15）：2361-2382.

[173] DUSSY F E，HAMBERG C，LUGINBÜHL M，et al.Isolation of Delta（9）-THCA-A from hemp and analytical aspects concerning the determination of Delta（9）-THC in cannabis products[J]. Forensic Science International，2005，149（1）：3-10.

[174] CHUAN H H，ZUKOWSKI J，JENSEN D S，et al. Separation of cannabinoids on three different mixed-mode columns containing carbon/nanodiamond/amine-polymer superficially porous particles[J]. Journal of Separation Science，2015，38：2968-2974.

[175] PANDOHEE J，HOLLAND B J，LI B，et al. Screening of cannabinoids in industrial-grade hemp using two-dimensional liquid chromatography coupled with acidic potassium permanganate chemiluminescence detection[J]. Journal of Separation Science，2015，38（12）：2024-2032.

[176] BATTISTI U，CITTI C，LARINI M，et al. "Heart-cut" bidimensional achiral-chiral liquid chromatography applied to the evaluation of stereoselective metabolism，in vivo biological activity and brain response to chiral drug candidates targeting the central nervous system[J]. Journal of chromatography，A：Including electrophoresis and other separation methods，2016，1443：152-161.

[177] HAPPYANA N，AGNOLET S，MUNTENDAM R，et al.Analysis of cannabinoids in laser-microdissected trichomes of medicinal Cannabis sativa using LCMS and cryogenic NMR[J]. Phytochemistry，2013，87：51-59.

[178] Weinmann W，VOGT S，Goerke R，et al.Simultaneous determination of THC-COOH and THC-COOH-glucuronide in urine samples by LC/MS/MS[J]. Forensic Science International， 2000， 113：381-387.

[179] HAZEKAMP A，CHOI Y，VERPOORTE R，Quantitative analysis of cannabinoids from Cannabis sativa using 1H-NMR[J]. Chemical & Pharmaceutical Bulletin，2004，52：718-721.

[180] SANCHEZ L，BALTENSPERGER D，KUROUSKI D. Raman-Based Differentiation of Hemp，Cannabidiol-Rich Hemp， and Cannabis[J]. Analytical Chemistry，2020，92（11）：7733-7737.

[181] PERROTIN-BRUNEL H，KROON M，ROOSMALEN J，et al. Solubility of non-psychoactive cannabinoids in supercritical carbon dioxide and comparison with psychoactive cannabinoids[J]. Journal of Supercritical Fluids，2010，55：603-608.

[182] SECCAMANI P，FRANCO C，PROTTI S，et al. Photochemistry of Cannabidiol（CBD）Revised. A Combined Preparative and Spectrometric Investigation[J]. Journal of Natural Products，2021，84：2858-2865.

[183] COELHO M P，DUART P，CALADO M. The current role of cannabis and cannabinoids in health：A comprehensive review of their therapeutic potential[J]. Life Sciences，2023，7：1218-1238.

[184] MAAYAH Z D，TAKAHARA S，FERDAOUSSI M，et al. The molecular mechanisms that underpin the biological benefits of full-spectrum cannabis extract in the treatment of neuropathic pain and inflammation[J]. Molecular Basis of Disease，2020，1886（7）：1657-1671.

[185] SANTAROSSA T M，SO R，SMYTH P，et al. Medical cannabis use in Canadians with multiple sclerosis[J]. Multiple Sclerosis and Related Disorders，2022，59：1036-1038.